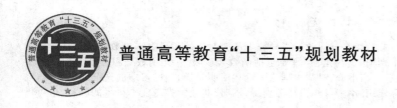
普通高等教育"十三五"规划教材

高等数学

（第 2 版）（上）

北京邮电大学高等数学双语教学组　编

北京邮电大学出版社
www.buptpress.com

内 容 简 介

本书是根据国家教育部非数学专业数学基础课教学指导分委员会制定的工科类本科数学基础课程教学基本要求编写的教材,全书分为上、下两册,此为上册,主要包括函数与极限、一元函数微积分及其应用和微分方程三部分.本书对基本概念的叙述清晰准确,对基本理论的论述简明易懂,例题习题的选配典型多样,强调基本运算能力的培养及理论的实际应用.本书可作为高等理工科院校非数学类专业本科生的教材,也可供其他专业选用和社会读者阅读.

图书在版编目(CIP)数据

高等数学. 上 / 北京邮电大学高等数学双语教学组编. -- 2 版. -- 北京:北京邮电大学出版社,2017.9
(2024.7 重印)
ISBN 978-7-5635-5266-5

Ⅰ.①高… Ⅱ.①北… Ⅲ.①高等数学—高等学校—教材 Ⅳ.①O13

中国版本图书馆 CIP 数据核字(2017)第 214379 号

书　　　名：	高等数学(第 2 版)(上)
著作责任者：	北京邮电大学高等数学双语教学组　编
责任编辑：	彭　楠
出版发行：	北京邮电大学出版社
社　　　址：	北京市海淀区西土城路 10 号(邮编:100876)
发 行 部：	电话:010-62282185　传真:010-62283578
E-mail：	publish@bupt.edu.cn
经　　　销：	各地新华书店
印　　　刷：	保定市中画美凯印刷有限公司
开　　　本：	787 mm×1 092 mm　1/16
印　　　张：	17
字　　　数：	442 千字
版　　　次：	2012 年 8 月第 1 版　2017 年 9 月第 2 版　2024 年 7 月第 5 次印刷

ISBN 978-7-5635-5266-5　　　　　　　　　　　　　　　　定价:42.00 元

・如有印装质量问题,请与北京邮电大学出版社发行部联系・

前　　言

　　高等数学(微积分)是一门研究运动和变化的数学,产生于16世纪至17世纪,是受当时科学家们在研究力学问题时对相关数学的需要而逐渐发展起来的。在高等数学中,微分处理的是当函数已知时,如何求该函数变化率的问题,如曲线的斜率、运动物体的速度和加速度等;而积分处理的是当函数的变化率已知时,如何求该函数的问题,如通过物体当前的位置及作用在该物体上的力来预测该物体的未来位置,计算不规则平面区域的面积,计算曲线的长度等。现在,高等数学已经成为高等院校学生尤其是工科学生最重要的数学基础课程之一,学生在这门课程上学习情况的好坏对其后续课程能否顺利学习有着至关重要的影响。

　　本书第二版是在第一版的基础上,根据北邮高等数学双语教学组多年的教学实践及第一版教材的使用情况进行全面修订而成。本书上册各章节具体的撰写分工如下:第一章由艾文宝教授编写,第二章和第三章由李晓花副教授编写,第四章和第五章由袁健华教授编写,第六章由默会霞副教授编写。全书由艾文宝教授进行内容审核。本书在内容编排和讲解上适当吸收了欧美国家微积分教材的一些优点,新版教材尽量做到逻辑严谨、叙述清晰、直观性强、例题丰富。本套教材中文版、英文版及习题解答是相互配套的,特别适合双语高等数学的教学需要。由于作者水平有限,加上时间匆忙,书中出现一些错误在所难免,欢迎并感谢读者通过邮箱 jianhuayuan@bupt.edu.cn 指出错误,以便我们及时纠正。

编　者

目 录

第 1 章 微积分基础知识 ··· 1
  1.1 映射与函数 ·· 1
    1.1.1 集合及运算 ·· 1
    1.1.2 映射与函数 ·· 6
    1.1.3 函数的初等特性 ·· 10
    1.1.4 复合函数与反函数 ·· 12
    1.1.5 基本初等函数和初等函数 ··· 14
  习题 1.1 A ··· 20
  习题 1.1 B ··· 22
  1.2 数列极限 ·· 23
    1.2.1 数列极限的定义 ·· 23
    1.2.2 数列极限的性质 ·· 27
    1.2.3 数列极限的运算 ·· 30
    1.2.4 数列极限存在准则 ·· 33
  习题 1.2 A ··· 38
  习题 1.2 B ··· 40
  1.3 函数的极限 ··· 40
    1.3.1 函数极限的概念 ·· 40
    1.3.2 函数极限的性质和运算法则 ·· 46
    1.3.3 两个重要极限 ··· 51
  习题 1.3 A ··· 53
  习题 1.3 B ··· 55
  1.4 无穷小与无穷大量 ·· 55
    1.4.1 无穷小量 ·· 55
    1.4.2 无穷大量 ·· 57
    1.4.3 无穷小量和无穷大量的阶 ··· 59
  习题 1.4 A ··· 62
  习题 1.4 B ··· 64
  1.5 连续函数 ·· 64
    1.5.1 函数的连续性 ··· 64

  1.5.2 连续函数的性质和运算 ··· 67
  1.5.3 初等函数的连续性 ··· 68
  1.5.4 间断点及其类型 ·· 70
  1.5.5 闭区间连续函数的性质 ·· 73
习题 1.5 A ··· 76
习题 1.5 B ··· 78

第 2 章 导数和微分 ··· 79

 2.1 导数的概念 ·· 79
  2.1.1 引例 ··· 79
  2.1.2 导数的定义 ··· 80
  2.1.3 导数的几何意义 ·· 83
  2.1.4 函数连续性和可导性的关系 ··· 84
 习题 2.1 A ··· 85
 习题 2.1 B ··· 86
 2.2 函数的求导法则 ··· 87
  2.2.1 导数的四则运算法则 ··· 87
  2.2.2 复合函数求导法则 ·· 88
  2.2.3 反函数的求导法则 ·· 90
  2.2.4 基本求导法则与导数公式 ··· 91
 习题 2.2 A ··· 92
 习题 2.2 B ··· 93
 2.3 高阶导数 ·· 94
 习题 2.3 A ··· 96
 习题 2.3 B ··· 97
 2.4 隐函数和由参数方程所确定函数的求导法则,相对变化率 ······························ 97
  2.4.1 隐函数求导法则 ·· 97
  2.4.2 由参数方程所确定的函数的求导法则 ·· 99
  2.4.3 相对变化率 ··· 103
 习题 2.4 A ·· 104
 习题 2.4 B ·· 106
 2.5 函数的微分 ··· 106
  2.5.1 微分的概念 ··· 106
  2.5.2 微分的几何意义 ·· 108
  2.5.3 微分公式与微分运算法则 ·· 108
  2.5.4 微分在近似计算中的应用 ·· 109
 习题 2.5 ··· 110

第 3 章 微分中值定理与导数的应用 ·· 112

 3.1 微分中值定理 ··· 112

  3.1.1 罗尔中值定理 ……………………………………………………… 112
  3.1.2 拉格朗日中值定理 …………………………………………………… 114
  3.1.3 柯西中值定理 ………………………………………………………… 116
 习题 3.1 A ………………………………………………………………………… 117
 习题 3.1 B ………………………………………………………………………… 118
 3.2 洛必达法则 ……………………………………………………………………… 118
 习题 3.2 A ………………………………………………………………………… 123
 习题 3.2 B ………………………………………………………………………… 124
 3.3 泰勒公式 ………………………………………………………………………… 125
  3.3.1 泰勒公式 ……………………………………………………………… 125
  3.3.2 泰勒公式的应用 ……………………………………………………… 128
 习题 3.3 A ………………………………………………………………………… 129
 习题 3.3 B ………………………………………………………………………… 130
 3.4 函数的单调性、极值与最值 …………………………………………………… 130
  3.4.1 函数单调性 …………………………………………………………… 130
  3.4.2 函数的极值 …………………………………………………………… 132
  3.4.3 函数的最大（小）值及其应用 ……………………………………… 134
 习题 3.4 A ………………………………………………………………………… 136
 习题 3.4 B ………………………………………………………………………… 137
 3.5 曲线的凹凸性与拐点 …………………………………………………………… 138
 习题 3.5 A ………………………………………………………………………… 142
 习题 3.5 B ………………………………………………………………………… 142
 3.6 曲线的渐近线、函数作图 ……………………………………………………… 142
 习题 3.6 …………………………………………………………………………………… 146

第 4 章 不定积分 …………………………………………………………………… 147

 4.1 不定积分的概念和性质 ………………………………………………………… 147
  4.1.1 不定积分的定义 ……………………………………………………… 147
  4.1.2 不定积分的基本公式 ………………………………………………… 148
  4.1.3 不定积分的运算法则 ………………………………………………… 149
 习题 4.1 A ………………………………………………………………………… 151
 习题 4.1 B ………………………………………………………………………… 151
 4.2 换元积分法 ……………………………………………………………………… 152
  4.2.1 第一类换元法 ………………………………………………………… 152
  4.2.2 第二类换元法 ………………………………………………………… 155
 习题 4.2 A ………………………………………………………………………… 159
 习题 4.2 B ………………………………………………………………………… 161
 4.3 分部积分法 ……………………………………………………………………… 161
 习题 4.3 A ………………………………………………………………………… 166
 习题 4.3 B ………………………………………………………………………… 167

4.4　有理函数的不定积分 ………………………………………………… 168
　　4.4.1　有理函数的预备知识 ……………………………………………… 168
　　4.4.2　有理函数的不定积分 ……………………………………………… 170
　　4.4.3　不能表示为初等函数的不定积分 …………………………………… 173
　习题 4.4 ……………………………………………………………………… 174

第 5 章　定积分

　5.1　定积分的概念和性质 …………………………………………………… 175
　　5.1.1　实例 …………………………………………………………… 175
　　5.1.2　定积分的定义 …………………………………………………… 178
　　5.1.3　定积分的性质 …………………………………………………… 181
　习题 5.1　A ………………………………………………………………… 185
　习题 5.1　B ………………………………………………………………… 186
　5.2　微积分基本定理 ………………………………………………………… 186
　　5.2.1　微积分第一基本定理 ……………………………………………… 187
　　5.2.2　定积分计算的基本公式 …………………………………………… 189
　习题 5.2　A ………………………………………………………………… 190
　习题 5.2　B ………………………………………………………………… 192
　5.3　定积分的换元法与分部积分法 ………………………………………… 193
　　5.3.1　定积分中的换元法 ………………………………………………… 193
　　5.3.2　定积分的分部积分法 ……………………………………………… 195
　习题 5.3　A ………………………………………………………………… 197
　习题 5.3　B ………………………………………………………………… 198
　5.4　反常积分 ………………………………………………………………… 199
　　5.4.1　无穷区间上的积分 ………………………………………………… 199
　　5.4.2　具有无穷间断点的反常积分 ……………………………………… 202
　习题 5.4　A ………………………………………………………………… 205
　习题 5.4　B ………………………………………………………………… 206
　5.5　定积分的应用 …………………………………………………………… 206
　　5.5.1　建立积分表达式的微元法 ………………………………………… 206
　　5.5.2　平面图形的面积 …………………………………………………… 208
　　5.5.3　曲线的弧长 ………………………………………………………… 211
　　5.5.4　立体的体积 ………………………………………………………… 214
　　5.5.5　定积分在物理中的应用 …………………………………………… 216
　习题 5.5　A ………………………………………………………………… 219
　习题 5.5　B ………………………………………………………………… 220

第 6 章　微分方程

　6.1　微分方程的基本概念 …………………………………………………… 222
　　6.1.1　微分方程举例 …………………………………………………… 222

  6.1.2 基本概念 ··· 223
 习题 6.1 ·· 225
 6.2 一阶微分方程 ·· 225
  6.2.1 一阶可分离变量方程 ··· 225
  6.2.2 可化为分离变量的微分方程 ··· 226
  6.2.3 一阶线性微分方程 ··· 230
  6.2.4 伯努利微分方程 ·· 232
  6.2.5 其他可化为一阶线性微分方程的例子 ···························· 233
 习题 6.2 ·· 235
 6.3 可降阶的二阶微分方程 ·· 236
 习题 6.3 ·· 238
 6.4 高阶线性微分方程 ·· 239
  6.4.1 高阶线性微分方程举例 ·· 239
  6.4.2 线性微分方程解的结构 ·· 241
 习题 6.4 ·· 243
 6.5 常系数线性微分方程 ··· 244
  6.5.1 常系数线性齐次微分方程 ··· 244
  6.5.2 常系数线性非齐次方程 ·· 248
 习题 6.5 ·· 253
 6.6 *欧拉微分方程 ·· 254
 习题 6.6 ·· 255
 6.7 微分方程的应用 ·· 255
 习题 6.7 ·· 259

参考文献 ··· 261

第 1 章

微积分基础知识

高等数学(微积分)是研究运动和变化的数学,其研究对象就是变化的量.函数关系是变量之间的依赖关系.微积分中研究函数的基本工具就是极限.本章介绍微积分的基础知识,如集合、函数、极限和函数的连续性等基本概念,以及它们的一些性质.

1.1 映射与函数

1.1.1 集合及运算

1. 集合的概念

集合是数学中的一个基本概念.在研究具体问题时,我们通常遇到一个个的对象,这些研究对象被称为**元素**(element),某些对象(即元素)的总体就叫**集合**(set,简称集).通俗说来,所谓集合是指具有某种特定性质的事物的总体.

一般地,我们用大写拉丁字母 $A,B,C,\cdots$ 表示集合,用小写拉丁字母 $a,b,c,\cdots$ 表示集合的元素.如果 a 是集合 A 的元素,则说 a **属于** A,记作 $a\in A$;如果 a 不是集合 A 的元素,则说 a **不属于** A,记作 $a\notin A$ 或 $a\bar{\in}A$.

表示集合的方法通常有两种,枚举法和描述法.例如,考虑一年的四个季节构成的集合 A,可表示为
$$A=\{春季,夏季,秋季,冬季\}.$$
考虑 1 到 100 之间的所有正整数的集合 B,可表示为
$$B=\{1,2,3,4,\cdots,98,99,100\}.$$
这种将集合的全体元素一一列举出来表示集合的方法称为枚举法.但是并不是每个集合都可以用枚举法来表示.此时,可采用指出集合中的元素的特性来表示该集合,即用描述法来表示集合.若集合 S 是由具有某种性质 P 的元素 x 的全体所组成的,就可以表示成
$$S=\{x|x \text{ 具有性质 } P\}.$$
例如,考虑全体肉食动物构成的集合 C,可表示为
$$C=\{x|x \text{ 为肉食动物}\}.$$
考虑方程 $x^2-4=0$ 的解的集合 D,可表示为
$$D=\{x|x^2-4=0\}.$$
若集合 S 由 n 个元素组成,这里的 n 是一个确定的自然数,则称集合 S 是**有限集**(finite

set),不是有限集的集合称为**无限集**(infinite set). 例如,$A=\{a,b,c,d\}$ 和 $B=\{1,2,3,4,5\}$ 都是有限集,$C=\{x|x$ 为大于 1 的实数$\}$ 是无限集.

考虑数集,下面给出一些常用的数集表示:

$\mathbf{N}=\{x|x$ 为自然数$\}=\{0,1,2,\cdots\}$;

$\mathbf{N}_+=\{x|x$ 为正自然数$\}=\{1,2,\cdots\}$;

$\mathbf{Z}=\{x|x$ 为整数$\}=\{0,\pm1,\pm2,\cdots\}$;

$\mathbf{Q}=\{x|x$ 为有理数$\}$;

$\mathbf{R}=\{x|x$ 为实数$\}$.

对于数集,有时我们在表示数集的字母的右上角标上"*"来表示该数集内排除 0 的集,用下标"+"来表示该数集内排除负数的集,如 $\mathbf{R}^*$ 为排除 0 的实数集合,$\mathbf{R}_+$ 为全体非负实数的集合.

设 A,B 是两个集合,如果集合 A 的元素都是集合 B 的元素,则称 A 是 B 的**子集**(subset),记作 $A\subseteq B$(读作 A 包含于 B),或 $B\supseteq A$(读作 B 包含 A). 若 A 不是 B 的子集,则记 $A\nsubseteq B$ (图 1.1.1). 例如,$\mathbf{N}\subseteq\mathbf{Q}\subseteq\mathbf{R},\mathbf{Q}\nsubseteq\mathbf{R}_+$.

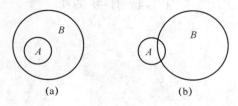

图 1.1.1

如果集合 A 与集合 B 互为子集,即 $A\subseteq B$ 且 $B\subseteq A$,则称两个集合 A 与 B **相等**(equal),记作 $A=B$. 若 A 与 B 不相等,则记 $A\neq B$. 例如,若
$$A=\{-1,1\},\quad B=\{x|x^2-1=0\},$$
则 $A=B$.

对于集合 A 和集合 B,若 $A\subseteq B$ 且 $A\neq B$,则称集合 A 是集合 B 的**真子集**(proper subset),记作 $A\subset B$. 例如,$\mathbf{N}\subset\mathbf{Z},\mathbf{Z}\subset\mathbf{Q},\mathbf{Q}\subset\mathbf{R}$.

不含任何元素的集合是**空集**,记作 $\varnothing$. 例如,方程 $x^2+1=0$ 的实根所组成的集合
$$\{x|x\in\mathbf{R}\text{ 且 }x^2+1=0\}$$
就是个空集. 规定空集是任何集合的子集,即任给一集合 A,有 $\varnothing\subseteq A$.

例 1.1.1 写出集合 $A=\{1,2,3\}$ 的所有子集.

解 $\varnothing,\{1\},\{2\},\{3\},\{1,2\},\{2,3\},\{1,3\},\{1,2,3\}$. ∎

例 1.1.2 设集合 $A=\{-2,-1,1,2\},B=\{x|x^3-x^2-4x+4=0,x\in\mathbf{R}\}$,判断 $A=B$ 是否成立.

解 方程 $x^3-x^2-4x+4=0$ 的实根为 $x_1=1,x_2=2,x_3=-2$. 故
$$B=\{1,2,-2\}.$$
可知 $B\subseteq A,A\nsubseteq B$,所以 $A\neq B$. ∎

2. 集合的运算

集合的基本运算有**并**(union),**交**(intersection),**差**(difference)和**补**(complement)四种.

(1) 并集 $A \cup B$

设 A,B 是两个集合，由所有属于 A 或者属于 B 的元素组成的集合，称为 A 与 B 的**并集**（union），记作 $A \cup B$（图 1.1.2(a)），即
$$A \cup B = \{x \mid x \in A \text{ 或 } x \in B\}.$$

例如
$$\{1,2,3\} \cup \{2,3,4\} = \{1,2,3,4\};$$
$$\{x \mid x \in \mathbf{R} \text{ 且 } x \leqslant 0\} \cup \{x \mid x \in \mathbf{R} \text{ 且 } x \geqslant 0\} = \mathbf{R}.$$

(2) 交集 $A \cap B$

设 A,B 是两个集合，由所有既属于 A 又属于 B 的元素组成的集合，称为 A 与 B 的**交集**（intersection），记作 $A \cap B$（图 1.1.2(b)），即
$$A \cap B = \{x \mid x \in A \text{ 且 } x \in B\}.$$

例如
$$\{1,2,3\} \cap \{2,3,4\} = \{2,3\};$$
$$\{x \mid x \in \mathbf{R} \text{ 且 } x \leqslant 0\} \cap \{x \mid x \in \mathbf{R} \text{ 且 } x \geqslant 0\} = \{0\}.$$

(3) 差集 $A - B$

设 A,B 是两个集合，由所有属于 A 而不属于 B 的元素组成的集合，称为 A 与 B 的**差集**（difference），记作 $A - B$，或 $A \backslash B$（图 1.1.2(c)），即
$$A - B = \{x \mid x \in A \text{ 且 } x \notin B\}.$$

例如
$$\{1,2,3\} - \{2,3,4\} = \{1\};$$
$$\{x \mid x \in \mathbf{R} \text{ 且 } x \leqslant 2\} - \{x \mid x \in \mathbf{R} \text{ 且 } x > 0\} = \{x \mid x \in \mathbf{R} \text{ 且 } x \leqslant 0\}.$$

(4) 补集 A^c

研究具体问题时，将所有可能的元素构成的集合 X 称为**全集**（universal set），所研究的其它集合 A 都是 X 的子集，A 的**补集**或**余集**（complement）A^c（图 1.1.2(d)）定义为
$$A^c = X - A.$$

例如，在实数集 $\mathbf{R}$ 中，集合 $A = \{x \mid 0 < x \leqslant 1\}$ 的补集就是
$$A^c = \{x \mid x \leqslant 0 \text{ 或 } x > 1\}.$$

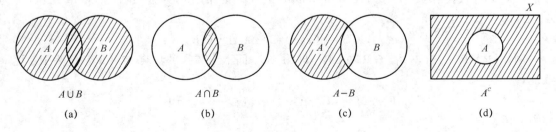

  (a) $A \cup B$ (b) $A \cap B$ (c) $A - B$ (d) A^c

图 1.1.2

(5) 基本集合运算规律

定理 1.1.1(集合运算律) 设 A,B 及 C 为集合，则有

① **交换律**(commutative law) $A \cup B = B \cup A$；$A \cap B = B \cap A$.

② **结合律**(associative law) $(A \cup B) \cup C = A \cup (B \cup C)$；$(A \cap B) \cap C = A \cap (B \cap C)$.

③ **分配律**(distributive law)　$(A\cup B)\cap C=(A\cap C)\cup(B\cap C)$；
　　　　　　　　　　　　　　$(A\cap B)\cup C=(A\cup C)\cap(B\cup C)$；
　　　　　　　　　　　　　　$(A\setminus B)\cap C=(A\cap C)\setminus(B\cap C).$

④ **幂等律**(idempotent law)　$A\cup A=A; A\cap A=A.$

⑤ **吸收律**(absorption law)　$A\cup\varnothing=A; A\cap\varnothing=\varnothing.$ 若 $A\subseteq B$，则 $A\cup B=B$ 且 $A\cap B=A.$

以上法则都可以根据集合相等的定义验证，现以分配律中的第一个性质为例，给出 $A\cap(B\cup C)=(A\cap B)\cup(A\cap C)$ 的证明．其余留给读者．

例 1.1.3　设 A,B,C 为任意三个集合，证明 $A\cap(B\cup C)=(A\cap B)\cup(A\cap C).$

证明　首先证明 $A\cap(B\cup C)\subseteq(A\cap B)\cup(A\cap C).$

$x\in A\cap(B\cup C)\Rightarrow x\in A$ 且 $x\in B\cup C$，

$\Rightarrow x\in A$ 且 "$x\in B$ 或 $x\in C$"，

$\Rightarrow$ "$x\in A$ 且 $x\in B$" 或 "$x\in A$ 且 $x\in C$"，

$\Rightarrow x\in A\cap B$ 或 $x\in A\cap C$，

$\Rightarrow x\in(A\cap B)\cup(A\cap C).$

接下来证明 $(A\cap B)\cup(A\cap C)\subseteq A\cap(B\cup C).$

$x\in(A\cap B)\cup(A\cap C)\Rightarrow x\in A\cap B$ 或 $x\in A\cap C$，

$\Rightarrow$ "$x\in A$ 且 $x\in B$" 或 "$x\in A$ 且 $x\in C$"，

$\Rightarrow x\in A$ 且 "$x\in B$ 或 $x\in C$"，

$\Rightarrow x\in A$ 且 $x\in B\cup C$，

$\Rightarrow x\in A\cap(B\cup C).$

综上，$A\cap(B\cup C)=(A\cap B)\cup(A\cap C).$ ∎

注　以上证明中，符号"$\Rightarrow$"表示"推出"(或"蕴含")．如果在上例第一段"$A\cap(B\cup C)\subseteq(A\cap B)\cup(A\cap C)$"证明中，将符号"$\Rightarrow$"改用"$\Leftrightarrow$"(表示"等价")，则上例证明的第二段可省略．

(6) 集合的笛卡儿积 $A\times B$

在两个集合之间还可以定义**笛卡儿积**(Cartesian product，也称为集合的直积)．设 A,B 是任意两个集合，在集合 A 中任意取一个元素 x，在集合 B 中任意取一个元素 y，组成一个有序对 (x,y)，由这样的有序对为元素所组成的集合称为集合 A 与集合 B 的笛卡儿积，记为 $A\times B$，即

$$A\times B=\{(x,y)\mid x\in A \text{ 且 } y\in B\}.$$

例如，$\mathbf{R}\times\mathbf{R}=\{(x,y)\mid x\in\mathbf{R}, y\in\mathbf{R}\}$，即为 xOy 面上全体点的集合．$\mathbf{R}\times\mathbf{R}$ 常记为 $\mathbf{R}^2$．更一般地，

$$\mathbf{R}^n=\{(x_1,x_2,\cdots,x_n)\mid x_1,x_2,\cdots,x_n\in\mathbf{R}\}$$

称为 n 维空间．

3. 区间与邻域

我们主要讨论实数集 $\mathbf{R}$ 的子集，简称**数集**．区间是用得较多的一类数集．设 a 和 b 都是实数且 $a\leqslant b$，闭区间 $[a,b]$，开区间 (a,b)，半开区间 $[a,b)$ 和 $(a,b]$ 分别指的是下列数集：

$$[a,b]=\{x\mid a\leqslant x\leqslant b\};$$

$$(a,b)=\{x\mid a<x<b\};$$

$$[a,b)=\{x\mid a\leqslant x<b\};$$

$$(a,b] = \{x \mid a < x \leq b\}.$$

其中,数 a 和 b 称为区间的端点,对开区间 (a,b) 而言,$a \notin (a,b)$ 且 $b \notin (a,b)$. 以上这些区间都称为有限区间. 数 $b-a$ 称为这些区间的长度. 从数轴上看,有限区间是数轴上长度有限的线段(如图 1.1.3 所示).

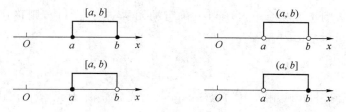

图 1.1.3

此外,我们还能遇到端点含 $\pm\infty$ 的区间,即所谓的无限区间. 例如

$$[a, +\infty) = \{x \mid x \geq a\};$$
$$(-\infty, b) = \{x \mid x < b\};$$
$$(-\infty, +\infty) = \{x \mid x \in \mathbf{R}\} = \mathbf{R}.$$

这里"$+\infty$"与"$-\infty$"分别读作"正无穷大"和"负无穷大". 无限区间 $[a, +\infty)$ 和 $(-\infty, b)$ 在数轴上的表示如图 1.1.4 所示.

图 1.1.4

以后在不需要辨明所讨论区间是否包含区间端点,以及区间是有限区间还是无限区间的场合,就简单称之为"**区间**"(interval),且常用 I 表示.

另外一个常用的概念是**邻域**(neighborhood),以点 a 为中心的任何开区间称为点 a 的邻域,记作 $U(a)$. 设 $a \in \mathbf{R}, \delta > 0$,则开区间 $(a-\delta, a+\delta)$ 就是点 a 的一个邻域,称之为 a **的 δ 邻域**. 它表示与 a 距离小于 δ 的全体实数的集合,记作 $U(a, \delta)$,即

$$U(a, \delta) = \{x \mid a-\delta < x < a+\delta\} = \{x \mid |x-a| < \delta\}.$$

点 a 称为该邻域的中心,δ 称为该邻域的半径(图 1.1.5).

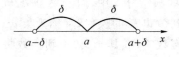

图 1.1.5

集合 $U(a, \delta) - \{a\}$ 表示点 a 的 δ 邻域去掉中心 a 后的数集,称为点 a 的**去心 δ 邻域**,记作 $\overset{\circ}{U}(a, \delta)$,即

$$\overset{\circ}{U}(a, \delta) = \{x \mid 0 < |x-a| < \delta\}.$$

为了方便,有时把开区间 $(a-\delta, a)$ 称为点 a 的**左 δ 邻域**,把开区间 $(a, a+\delta)$ 称为 a 的**右 δ 邻域**.

1.1.2 映射与函数

*1. 映射的概念

定义 1.1.1(映射) 设 A 和 B 是两个非空集合. 如果存在一个对应法则 f,使得对集合 A 中每个元素 x,按法则 f 在集合 B 中有唯一确定的元素 y 与之对应,则称 f 为从集合 A 到集合 B 的**映射**(mapping),记为

$$f: A \to B,$$

或

$$f: x \to y = f(x), \quad x \in A.$$

其中元素 y 称为元素 x 在映射 f 下的**像**(image),而元素 x 称为元素 y 在映射 f 下的一个**原像**(inverse image). 集合 A 称为映射 f 的**定义域**(domain 或 domain of definition),记作 D_f,即 $D_f = A$. A 中所有元素的像所构成的集合称为映射 f 的**值域**(range),记作 R_f 或 $f(A)$,即

$$R_f = f(A) = \{f(x) \mid x \in A\}.$$

注 (1) 构成映射的三要素为:定义域 A,值域范围 B 和对应法则 f;

(2) 对于每个 $x \in A$,其在映射 f 下的像是唯一的;而对于每个 $y \in R_f$,其原像不一定是唯一的;

(3) 映射 f 的值域 R_f 是 B 的一个子集,即 $R_f \subseteq B$,不一定有 $R_f = B$.

例 1.1.4 设 $f: \mathbf{R} \to \mathbf{R}$,对于每个 $x \in \mathbf{R}, f(x) = x^2$,求 R_f.

解 值域 $R_f = \{y \mid y \geq 0\}$. ∎

例 1.1.5 设 $f: \left[-\frac{\pi}{2}, \frac{\pi}{2}\right] \to [-1, 1]$,对于每个 $x \in \left[-\frac{\pi}{2}, \frac{\pi}{2}\right], f(x) = \sin x$,求 R_f.

解 值域 $R_f = [-1, 1]$. ∎

设 f 是从集合 A 到集合 B 一个映射. 若集合 B 中任一元素 y 都是 A 中某元素的像,即值域 $R_f = B$,则称 f 为从集合 A 到集合 B 上的**满射**;若对于 A 中任意两个不同元素,它们对应的像都不同,即任给 $x_1, x_2 \in A, x_1 \neq x_2$,有 $f(x_1) \neq f(x_2)$,则称映射 f 为集合 A 到集合 B 的**单射**;若映射 f 既是单射,又是满射,则称 f 为**一一映射**或**双射**(bijection).

对于 $f: \mathbf{R} \to \mathbf{R}, f(x) = x^2$,易知 f 既非单射,又非满射;而对于 $f: \left[-\frac{\pi}{2}, \frac{\pi}{2}\right] \to [-1, 1]$, $f(x) = \sin x$,易知 f 既是单射,又是满射,因此 f 是一一映射.

映射又被称为**算子**,在不同的数学分支中,由于集合 A 与 B 的不同情形,映射又有不同的惯用名称. 例如,从非空集合 A 到数集 B 的映射,又称为集合 A 上的**泛函**;从非空集合 A 到 A 的映射,又称为 A 上的**变换**;从实数集(或其子集)A 到实数集 B 的映射通常称为定义在 A 上的**函数**(function).

定义 1.1.2(逆映射) 设 A 和 B 是两个非空集合,f 是 A 到 B 的单射,即对于每个 $y \in R_f$,有唯一的 $x \in A$ 使得 $f(x) = y$,于是可定义一个从 R_f 到 A 的新映射 g,即

$$g: R_f \to A.$$

对于每个 $y \in R_f$,规定 $g(y) = x$,使得元素 x 满足 $f(x) = y$,这个映射 g 称为 f 的**逆映射**(inverse mapping),记作 f^{-1},其定义域 $D_{f^{-1}} = R_f$,值域 $R_{f^{-1}} = A$.

由逆映射的定义可知,只有单射才存在逆映射. 例如,$f: \mathbf{R} \to \mathbf{R}, f(x) = x^2$ 不是单射,不存在逆映射,但 $f: \left[-\frac{\pi}{2}, \frac{\pi}{2}\right] \to [-1, 1], f(x) = \sin x$ 为单射,存在逆映射.

例 1.1.6 写出映射 $f:[-\frac{\pi}{2},\frac{\pi}{2}]\to[-1,1], f(x)=\sin x$ 的逆映射，并求出 $D_{f^{-1}}, R_{f^{-1}}$.

解 f^{-1} 为反正弦函数，即
$$f^{-1}(x)=\arcsin x, \quad x\in[-1,1].$$

其定义域 $D_{f^{-1}}=[-1,1]$，值域 $R_{f^{-1}}=[-\frac{\pi}{2},\frac{\pi}{2}]$.

定义 1.1.3(复合映射) 设有两个映射
$$g:A\to B, \quad f:C\to D,$$
其中 $B\subseteq C$，则由映射 g 和 f 可以定义一个从 A 到 D 的新的对应法则，使得任给 $x\in A$，有 $f[g(x)]\in D$. 该对应法则确定了一个从集合 A 到集合 D 的映射，称为映射 g 和 f 构成的**复合映射**(composite mapping)，记作 $f\circ g$，即
$$f\circ g:A\to D.$$
$$(f\circ g)(x)=f[g(x)], \quad x\in A.$$

注 （1）由复合映射的定义可知，映射 g 和 f 构成复合映射的条件是映射 g 的值域 R_g 必须包含在映射 f 的定义域内，即 $R_g\subseteq D_f$；

（2）映射 g 和映射 f 的复合是有顺序的，$f\circ g$ 有意义并不表明 $g\circ f$ 有意义，即使 $f\circ g$ 与 $g\circ f$ 都有意义，复合映射 $f\circ g$ 与 $g\circ f$ 也未必相同.

例 1.1.7 设有映射 $g:\mathbf{R}\to[-1,1]$ 且 $g(x)=\sin x$，映射 $f:[-1,1]\to[0,1]$ 且 $f(u)=\sqrt{1-u^2}$，求 $f\circ g$.

解 任给 $x\in\mathbf{R}$，有
$$f[g(x)]=f(\sin x)=\sqrt{1-\sin^2 x}=|\cos x|,$$
故
$$(f\circ g)(x)=|\cos x|, \quad x\in\mathbf{R}.$$

2. 函数的概念

定义 1.1.4(函数) 设 X 和 Y 为两个非空数集，若对每个 $x\in X$，按对应法则 f，总有唯一确定的 Y 中的元素 y 与之对应，则称 f 是一个从集合 X 到集合 Y 的**函数**(function)，记为
$$y=f(x), \quad x\in X.$$

其中 x 称为**自变量**(independent variable)，y 称为**因变量**(dependent variable). X 称为**定义域**(domain 或 domain of definition)，记作 D_f，即 $D_f=X$.

注 （1）函数定义中，与 x 按照法则 f 对应的唯一值 y 称为函数 f 在 x 处的函数值(value)，记作 $f(x)$，即 $y=f(x)$；

（2）因变量 y 与自变量 x 之间的依赖关系通常称为函数关系；

（3）函数值 $f(x)$ 的全体所构成的集合称为函数 f 的值域(range)，记作 R_f 或 $f(X)$，即
$$R_f=f(X)=\{y|y=f(x), x\in X\}.$$
值域不一定就是 Y，仅有 $R_f\subseteq Y$ 成立.

例 1.1.8 已知函数 $f(x)=\sqrt{\sin x}$，求其定义域 D_f 和值域 R_f.

解 只有当根号内的 $\sin x$ 非负时，这个函数才有意义，可见它的定义域为
$$D_f=\{x|x\in[2n\pi,(2n+1)\pi], n\in\mathbf{Z}\}.$$
值域为
$$R_f=[0,1].$$

例 1.1.9 已知函数 $f(x)=\dfrac{1}{\sqrt{x^2+x-2}}$，求其定义域 D_f 和值域 R_f.

解 函数 $f(x) = \dfrac{1}{\sqrt{x^2+x-2}}$ 的定义域为满足不等式
$$x^2 + x - 2 = (x+2)(x-1) > 0$$
的全部 x 值，即 $x < -2$ 或 $x > 1$，则
$$D_f = \{x \mid x < -2 \text{ 或 } x > 1\},$$
且
$$R_f = (0, +\infty).$$

例 1.1.10 求函数的定义域：
$$y = \sqrt{1 - |x|} + \ln(2x - 1). \tag{1.1.1}$$

解 定义域为使 y 可以用式(1.1.1)定义的所有 x 的集合. 若记 $y_1 = \sqrt{1-|x|}$ 且 $y_2 = \ln(2x-1)$，则 y_1 在 $|x| \leqslant 1$ 或 $-1 \leqslant x \leqslant 1$ 时有定义，y_2 在 $x > \dfrac{1}{2}$ 或 $\dfrac{1}{2} < x < +\infty$ 时有定义. 由于 y_1 和 y_2 需要同时有定义，故
$$x \in A = \{x \mid -1 \leqslant x \leqslant 1\} \cap \left\{x \;\Big|\; \dfrac{1}{2} < x < +\infty\right\} = \left\{x \;\Big|\; \dfrac{1}{2} < x \leqslant 1\right\}.$$
因此，式(1.1.1)定义的函数的定义域为
$$D_f = \left\{x \;\Big|\; \dfrac{1}{2} < x \leqslant 1\right\}.$$

特别注意，表示函数的记号是可以任意选取的，除了常用的 f 外，还可用其他的英文字母和希腊字母，如"g","h","F","φ"等. 相应地，函数可以记作 $y = g(x), y = h(x), y = F(x), y = \varphi(x)$ 等. 当然，函数本质上与记号所采用字母没有关系，对于两个函数 f 和 g 当且仅当它们有相同的定义域 X，且对于 X 内的每一个实数 x，它们有相同的函数值，才能称这两个函数相等，记为 $f = g$，否则就是不同的. 也就是说构成函数的要素是定义域和对应法则. 由于函数的值域总在 $\mathbf{R}$ 内，两函数相等时，它们的值域也必相同.

例 1.1.11 判断下列每组函数是否相等：

(1) $f(x) = \sin x$，$g(x) = \dfrac{x \sin x}{x}$；

(2) $f(x) = x^2 + 2x + 1$，$g(t) = t^2 + 2t + 1$.

解 (1) $f(x)$ 的定义域为 $(-\infty, +\infty)$，$g(x)$ 的定义域为 $(-\infty, 0) \cup (0, +\infty)$. 因为它们的定义域不一样，所以这两个函数并不相等.

(2) 函数 $f(x)$ 与 $g(x)$ 的定义域相同，都是 $(-\infty, +\infty)$，且对于每一个实数，它们有相同的函数值，虽然两个函数的记号不同，但是这两个函数是相等的.

还应该注意的是，在函数概念中，并没有标明变量之间的函数关系式非得用一个式子来表达不可. 事实上，表示函数的主要方法有三种：**表格法，图形法和解析式法（公式法）**. 例如，火车时刻表是用列表的方法来表示火车出站和进站车次与时间的函数关系，这就是表格法；而气象站中的温度记录器是用自动描绘在纸带上的一条连续不断的曲线来记录温度与时间的一种函数关系，这就是图形法.

一般地，用图形法来表示函数是基于函数图像的概念，即坐标平面上的点集
$$\{(x, y) \mid y = f(x), x \in X\}$$
称为函数 $y = f(x), x \in X$ 的图像. 通过这个方法可以绘制一个函数的图像，并很容易看出函数的趋势.

下面给出几个函数的例子.

例 1.1.12(常函数) 函数 $y=2$ 的定义域为 $X=(-\infty,+\infty)$，值域为 $Y=\{2\}$. 它的图像是一条平行于 x 轴的直线，如图 1.1.6 所示.

例 1.1.13(表格法引入函数) 给出表 1.1.1，容易验证该表格确实定义了一个函数.

表 1.1.1

x	1	2	3	4	5	6	7	8	9	10
$f(x)$	3	4	10	5	9	3	5	6	8	1

例 1.1.14 分段函数

$$u(t)=\begin{cases} t, & 0\leqslant t\leqslant 1, \\ 2-t, & 1\leqslant t\leqslant 2. \end{cases}$$

函数的图像见图 1.1.7，函数的定义域为 $[0,2]$.

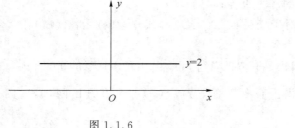

图 1.1.6　　　　　　　　　　图 1.1.7

例 1.1.15(最大整数函数) 最大整数函数定义为求不超过给定实数 x 的最大整数的函数. 这个函数记为 $[x]$，其中 $x\in(-\infty,+\infty)$. 其图像如图 1.1.8 所示.

例 1.1.16(符号函数) 符号函数的定义为

$$y=\operatorname{sgn} x=\begin{cases} 1, & x>0, \\ 0, & x=0, \\ -1, & x<0. \end{cases}$$

其图像如图 1.1.9 所示.

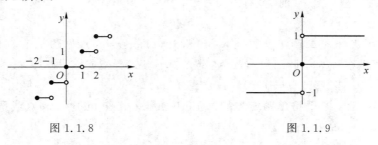

图 1.1.8　　　　　　　　　　图 1.1.9

例 1.1.17(Dirichlet 函数) 令 c 及 $d\neq c$ 为两个实数(通常选取 $c=1$ 且 $d=0$). Dirichlet 函数定义为

$$D(x)=\begin{cases} c, & \text{当 } x \text{ 为有理数}, \\ d, & \text{当 } x \text{ 为无理数}. \end{cases} \tag{1.1.2}$$

绘制这个函数的图像非常困难，因为这个函数在任何地方都不连续.

从例 1.1.14 到例 1.1.17 可以看到，有时一个函数要用几个式子表示. 这种在自变量不同变化范围中,对应法则用不同式子来表示的函数,称为**分段函数**.

1.1.3 函数的初等特性

下面将介绍函数的初等特性:有界性,单调性,奇偶性,周期性.这些概念在中学课程中叙述过,这里只简单介绍一下.

定义 1.1.5(有界性) 设函数 $f(x)$ 的定义域为 D_f,且数集 $X \subseteq D_f$,如果存在数 $M>0$,使得

$$|f(x)| \leqslant M$$

对任一 $x \in X$ 都成立,则称函数 $f(x)$ 在 X 上**有界**(bounded);如果这样的 M 不存在,就称函数 $f(x)$ 在 X 上**无界**,也就是说,对于任意的 $M>0$,总存在 $x_0 \in X$,使得 $|f(x_0)|>M$,那么函数在 X 上无界.

注 (1) 若存在数 K_1,使得 $f(x) \leqslant K_1$,对于任一 $x \in X \subseteq D_f$ 都成立,则称函数 $f(x)$ 在 X 上**有上界**,而 K_1 称为函数 $f(x)$ 在 X 上的一个上界;

(2) 若存在数 K_2,使得 $f(x) \geqslant K_2$,对于任一 $x \in X \subseteq D_f$ 都成立,则称函数 $f(x)$ 在 X 上**有下界**,而 K_2 称为函数 $f(x)$ 在 X 上的一个下界.

例如,函数 $f(x)=\sin x$ 在 $(-\infty,+\infty)$ 内是有界的,且 $|f(x)| \leqslant 1$ 对于任意的 $x \in (-\infty,+\infty)$ 都成立. 函数 $f(x)=\dfrac{1}{x}$ 在开区间 $(0,1)$ 内没有上界有下界,$f(x)=\dfrac{1}{x}$ 在开区间 $(0,1)$ 内是无界的.

命题 1.1.1 函数 $f(x)$ 在数集 X 上有界的充分必要条件是 $f(x)$ 在 X 上既有上界又有下界.

该命题的证明留给读者.

定义 1.1.6(单调性) 设函数 $f(x)$ 的定义域为 D_f,且数集 $X \subseteq D_f$,若对于 X 内任意两点 x_1,x_2,当 $x_1<x_2$ 时,恒有

$$f(x_1) \leqslant f(x_2),$$

则称函数 $f(x)$ 在 X 上是**单调增加**的(monotonically increasing)(见图 1.1.10(a));如果对 X 内任意两点 x_1,x_2,当 $x_1<x_2$ 时,恒有

$$f(x_1) \geqslant f(x_2),$$

则称函数 $f(x)$ 在 X 上是**单调减少**的(monotonically decreasing)(见图 1.1.10(b)). 单调增加和单调减少的函数统称为单调函数. 若上述定义中不等式严格成立,即 $x_1>x_2$ 时,有

$$f(x_1)<f(x_2)(\text{或 } f(x_1)>f(x_2)),$$

则称函数 $f(x)$ 在 X 上是**严格单调增加**的(strictly monotonic increasing)(或**严格单调减少**的 (strictly monotonic decreasing)).

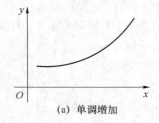

(a) 单调增加

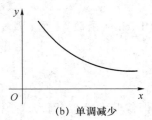

(b) 单调减少

图 1.1.10

例如,对于函数 $f(x)=x^2$,设 $x_1<x_2$,考虑
$$f(x_2)-f(x_1)=x_2^2-x_1^2=(x_2-x_1)(x_2+x_1).$$
由于 $x_2-x_1>0$,因此当 $x_2>x_1>0$ 时,$f(x_2)-f(x_1)>0$;而 $x_1<x_2<0$ 时,$f(x_2)-f(x_1)<0$. 故可知 $f(x)=x^2$ 在区间 $(0,+\infty)$ 上是严格单调增加的,而在区间 $(-\infty,0)$ 上是严格单调减少的(见图 1.1.11).

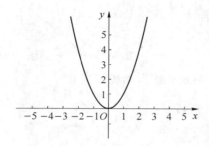

图 1.1.11

定义 1.1.7(奇偶性) 设函数 $f(x)$ 的定义域为 D_f,且关于原点对称. 如果对任一 $x \in D_f$,有
$$f(-x)=f(x)$$
恒成立,则称函数 $f(x)$ 为**偶函数**(even function)(如图 1.1.12(a)所示).

若对任一 $x \in D_f$,有
$$f(-x)=-f(x)$$
恒成立,则称函数 $f(x)$ 为**奇函数**(odd function)(如图 1.1.12(b)所示).

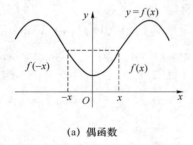   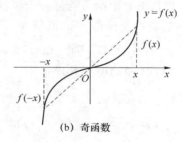

(a) 偶函数   (b) 奇函数

图 1.1.12

注 偶函数的图像关于 y 轴对称,奇函数的图像关于原点对称.

例如,函数 $y=x^2$ 在区间 $(-\infty,+\infty)$ 内为偶函数,函数 $y=x^3$ 在区间 $(-\infty,+\infty)$ 内为奇函数.

定义 1.1.8(周期性) 设函数 $f(x)$ 的定义域为 $D_f=(-\infty,+\infty)$,如果存在一个 $T>0$,对于任一 $x \in D_f$ 有
$$f(x+T)=f(x),$$
则称函数 $f(x)$ 为**周期函数**(periodic function),如图 1.1.13 所示. T 称为函数 $f(x)$ 的**周期**(period),通常我们说周期函数的周期是指最小正周期.

例如,函数 $\sin x, \cos x$ 都是以 2π 为周期的周期函数,函数 $\tan x$ 是以 π 为周期的函数.

易见,若 T 为 f 的一个周期,则 $2T, 3T, \cdots$ 都是 f 的周期. 在这些周期中,最小的正周期是最为重要的.

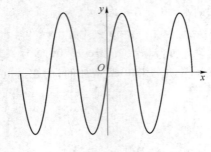

图 1.1.13

思考 能否构造一个没有最小正周期的周期函数？

1.1.4 复合函数与反函数

1. 复合函数

复合函数的概念可以表述如下.

定义 1.1.9（复合函数） 设函数 $y=f(u)$ 的定义域为 D_f，函数 $u=g(x)$ 的值域为 R_g，且 $R_g \subseteq D_f$，则可由

$$y=f[g(x)], \quad x \in D_g$$

确定一个新的函数，该函数称为由函数 $y=f(u)$ 和函数 $u=g(x)$ 构成的**复合函数**（composite function），通常可记为 $f \circ g$，即

$$(f \circ g)(x)=f[g(x)], \quad x \in D_g.$$

该复合函数的定义域为 D_g，变量 u 称为**中间变量**（intermediate variable）.

复合函数是将一个函数与另一个函数复合而成的，g 与 f 能按"先 g 后 f"的次序构成复合函数 $f \circ g$ 的条件是函数 g 的值域 R_g 必须包含在函数 f 的定义域 D_f 内，即 $R_g \subseteq D_f$，否则不能构成复合函数. 例如，考虑 $y=f(u)=\sqrt{u}$ 和 $u=g(x)=\tan x$ 两个函数，$f(u)$ 的定义域为 $D_f=[0,+\infty)$，$g(x)$ 的值域 $R_g=(-\infty,+\infty)$，显然 $R_g \not\subseteq D_f$，故 g 与 f 不能直接构成复合函数. 但是，若将 $g(x)$ 限制在定义域的一个子集 $X=\{x \mid k\pi \leqslant x<(k+\frac{1}{2})\pi, k \in \mathbf{Z}\}$ 上，令 $g(x)=\tan x$，$x \in X$，则 $R_g \subseteq D_f$，f 与 g 可以复合成

$$(f \circ g)(x)=\sqrt{\tan x}, \quad x \in X.$$

一般来说，我们仍将函数 $\sqrt{\tan x}$ 视为由 $u=\tan x$ 与 $y=\sqrt{u}$ 复合而成的复合函数. 在构成复合函数时，需要限定 $u=g(x)$ 的定义域，使得它的值域不超过函数 $y=f(u)$ 的定义域，这是极重要的.

例 1.1.18 设函数 $f(x)=2x^2+1$，$g(x)=\cos x$，求 $(f \circ g)(x)$，$(g \circ f)(x)$ 和 $(f \circ f)(x)$.

解 设 $f(u)=2u^2+1$，$u=g(x)=\cos x$，则有

$$(f \circ g)(x)=f[g(x)]=2\cos^2 x+1, \quad x \in \mathbf{R};$$

设 $g(u)=\cos u$，$u=f(x)=2x^2+1$，则有

$$(g \circ f)(x)=g[f(x)]=\cos(2x^2+1), \quad x \in \mathbf{R};$$

设 $f(u)=2u^2+1$，$u=2x^2+1$，则有

$$(f \circ f)(x)=f[f(x)]=2(2x^2+1)^2+1=8x^4+8x^2+3, \quad x \in \mathbf{R}. \quad\blacksquare$$

例 1.1.19 设函数 $f(x)=x^2$，$g(x)=\arcsin x$，$h(x)=x+1$，求 $(f \circ g \circ h)(x)$ 和 $(h \circ g \circ f)(x)$.

解 设 $f(u)=u^2, u=g(v)=\arcsin v, v=h(x)=x+1$，则有
$$(f\circ g\circ h)(x)=f[g(h(x))]=[\arcsin(x+1)]^2, \quad x\in[-2,0];$$
设 $h(u)=u+1, u=g(v)=\arcsin v, v=f(x)=x^2$，则有
$$(h\circ g\circ f)(x)=h[g(f(x))]=\arcsin x^2+1, \quad x\in[-1,1].$$

从以上例题可以看出，一般 $f\circ g\neq g\circ f$，即复合函数并不满足交换律. 若对于两个函数 g 和 f，有 $f\circ g=g\circ f$，则称之为**可交换**(commute)的.

例如，考虑 $f(x)=x-3, g(x)=x+3$，有
$$(f\circ g)(x)=f[g(x)]=x, \quad x\in \mathbf{R};$$
$$(g\circ f)(x)=g[f(x)]=x, \quad x\in \mathbf{R}.$$
即
$$(f\circ g)(x)=(g\circ f)(x).$$

2. 反函数

反函数的概念可以表述如下.

定义 1.1.10 设函数 $y=f(x)$ 的定义域为 X，值域为 Y，并且对 Y 内任何一个实数 y，它在 X 中的原像 x 有且只有一个，于是我们可以定义一个从 Y 到 X 的新函数，使得 X 中每一个 x 是某一个 y 在这个新函数下的像，这个新函数是由函数 f 所产生的，称为函数 f 的**反函数**(inverse function)，记为 f^{-1}，它在 y 的对应值记为 $f^{-1}(y)$，即
$$x=f^{-1}(y), \quad y\in Y.$$

这时，f 当然也是 f^{-1} 的反函数，或者说，f 和 f^{-1} 互为反函数.

由反函数的定义可知，若 f 和 f^{-1} 互为反函数，前者的定义域和后者的值域相同，前者的值域和后者的定义域相同，并且不难验证，$f^{-1}(f(x))=x$ 或 $f(f^{-1}(y))=y$.

由于我们习惯用 x 表示自变量，y 表示因变量，于是 $y=x^3, x\in\mathbf{R}$ 的反函数通常写作 $y=x^{\frac{1}{3}}, x\in\mathbf{R}$. 一般地，$y=f(x), x\in X$ 的反函数记为 $y=f^{-1}(x), x\in R_f$.

考虑函数 $y=x^2, x\in\mathbf{R}$，其值域为 $[0,+\infty)$，该函数不是单射，它不存在反函数. 但是，如果我们把 $y=x^2$ 的定义域限制为 $[0,+\infty)$，这时它就存在反函数 $y=\sqrt{x}, x\in[0,+\infty)$，而把 $y=x^2$ 的定义域限制为 $(-\infty,0]$，也存在反函数 $y=-\sqrt{x}, x\in[0,+\infty)$.

那么，在什么条件下反函数一定存在呢？我们有下面的定理.

定理 1.1.2(反函数存在定理) 设函数 $y=f(x)$ 是定义在 X 上的严格单调增加(或减少)函数，其值域为 $Y=f(X)$，那么必存在反函数 $x=f^{-1}(y)$，反函数的定义域为 Y，值域为 X，它在 Y 内也是严格单调增加(或减少)函数.

证明 若 $y=f(x)$ 是定义在 X 上的严格单调函数，这表明对 Y 内的每一个 y，在 X 内一定不会有两个不同的点 x_1, x_2，使得 $f(x_1)=f(x_2)=y$，即 $f: X\rightarrow Y$ 是单射，于是 f 的反函数 f^{-1} 必存在.

下面再证明 $x=f^{-1}(y)$ 是 Y 内的严格单调函数. 不妨设函数 $y=f(x)$ 在 X 内严格单调增加，即任取 $x_1, x_2\in X$，当 $x_1<x_2$ 时，有 $f(x_1)<f(x_2)$. 我们可证 $x=f^{-1}(y)$ 在 Y 内也是严格单调增加的.

设 y_1, y_2 是 Y 内任意两点，且 $y_1<y_2$，设
$$x_1=f^{-1}(y_1), \quad x_2=f^{-1}(y_2).$$
对于这两个 x_1, x_2，只有三种可能，即 $x_1>x_2, x_1=x_2, x_1<x_2$. 如果 $x_1>x_2$，由于 $f(x)$ 单调增

加,必有 $y_1 > y_2$;如果 $x_1 = x_2$,则 $y_1 = y_2$,这都与 $y_1 < y_2$ 矛盾.故只有 $x_1 < x_2$ 成立,即
$$f^{-1}(y_1) < f^{-1}(y_2).$$
从而证明了 $x = f^{-1}(y)$ 是 Y 内严格单调增加函数.

若限定自变量用 x 表示,因变量用 y 表示,从图形上看,函数 $y = f(x)$ 和它的反函数 $y = f^{-1}(x)$ 有如下关系:

曲线 $y = f(x)$ 和 $y = f^{-1}(x)$ 关于直线 $y = x$ 互相对称(图 1.1.14),这是因为如果 $P(a,b)$ 是 $y = f(x)$ 图形上的点,则有 $b = f(a)$,按反函数的定义,有 $a = f^{-1}(b)$,故 $Q(b,a)$ 在 $y = f^{-1}(x)$ 的图形上;反之,若 $Q(b,a)$ 是 $y = f^{-1}(x)$ 的图形上的点,易知点 $P(a,b)$ 一定在 $y = f(x)$ 的图形上,而点 $P(a,b)$ 和 $Q(b,a)$ 是关于直线 $y = x$ 互相对称的,这就说明了曲线 $y = f(x)$ 和 $y = f^{-1}(x)$ 关于直线 $y = x$ 互相对称.

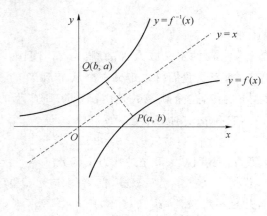

图 1.1.14

例 1.1.20 求 $y = \sqrt{1-x^2}, x \in [-1, 0]$ 的反函数,并给出反函数的定义域.

解 $y = \sqrt{1-x^2}$ 的定义域是 $[-1, 0]$,值域是 $[0, 1]$.易求它的反函数为
$$x = -\sqrt{1-y^2}, \quad y \in [0, 1].$$
通常自变量用 x 表示,因变量用 y 表示.故函数 $y = \sqrt{1-x^2}, x \in [-1, 0]$ 的反函数为
$$y = -\sqrt{1-x^2},$$
其定义域为 $[0, 1]$.

1.1.5 基本初等函数和初等函数

1. 基本初等函数

在中学课程中,我们已经学过幂函数、指数函数、对数函数、三角函数和反三角函数这几类函数.以上五类函数统称为基本初等函数.

① **幂函数**
$$y = x^\mu \quad (\mu \in \mathbf{R} \text{ 是常数}).$$
幂函数表达式 x^μ 表示"x 的 μ 次幂".当 $\mu \geq 0$ 时,其定义域为 $(-\infty, +\infty)$;当 μ 为负整数时,定义域为 $(-\infty, 0) \cup (0, +\infty)$;当 $\mu = \dfrac{1}{n}$ (n 为正整数)时,若 n 为奇数,定义域为 $(-\infty, +\infty)$,若

n 为偶数,定义域为 $[0,+\infty)$;当 μ 为有理数时,其定义域情形较多,请读者考虑;当 μ 为无理数时,其定义域为 $(0,+\infty)$.

一些幂函数在第一象限内的图像如图 1.1.15 所示,可见当 $\mu>0$ 时,函数 x^μ 是严格单调增加的;当 $\mu<0$ 时,函数 x^μ 是严格单调减少的.不论 μ 为何值,函数图像都经过点 $(1,1)$.

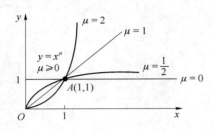 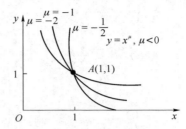

图 1.1.15

注 在这里,将常函数 $y=1$ 视为 $\mu=0$ 的幂函数.

② **指数函数**
$$y=a^x \quad (a>0 \text{ 且 } a\neq 1).$$

指数函数 $y=a^x$ 的定义域是 $(-\infty,+\infty)$,值域是 $(0,+\infty)$.当 $a>1$ 时,指数函数是严格单调增加的;当 $0<a<1$ 时,指数函数是严格单调减少的.一些指数函数的图像如图 1.1.16 所示.当 $a>0$ 且 $a\neq 1$ 时,函数图像始终经过点 $(0,1)$.此外函数 $y=a^x$ 和 $y=(\frac{1}{a})^x$ 的图像是关于 y 轴对称的.

③ **对数函数**
$$y=\log_a x \quad (a>0,a\neq 1).$$

特别地,当 $a=\mathrm{e}$ 时,记为 $y=\ln x$.

对数函数 $\log_a x$ 的定义域为 $(0,+\infty)$,值域为 $(-\infty,+\infty)$.对数函数与指数函数互为反函数.一些对数函数的图像如图 1.1.17 所示.当 $a>1$ 时,对数函数是严格单调增加的;当 $0<a<1$ 时,对数函数是严格单调减少的.不论 a 为何值($a>0,a\neq 1$),函数图像都经过点 $(1,0)$.

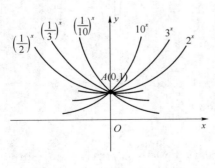 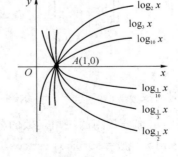

图 1.1.16 图 1.1.17

④ **三角函数**

正弦函数 $y=\sin x$,余弦函数 $y=\cos x$,正切函数 $y=\tan x$,余切函数 $y=\cot x$,正割函数 $y=\sec x$ 和余割函数 $y=\csc x$ 的图像分别见图 1.1.18、图 1.1.19 和图 1.1.20.

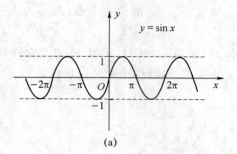
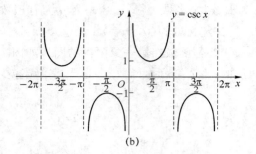

图 1.1.18

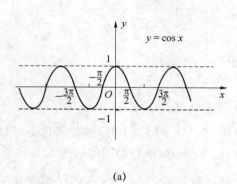
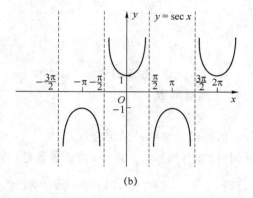

图 1.1.19

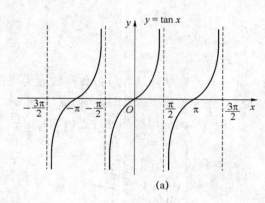
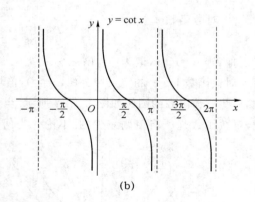

图 1.1.20

其中,正割函数 $y=\sec x=\dfrac{1}{\cos x}$,余割函数 $y=\csc x=\dfrac{1}{\sin x}$.

下面给出部分常用的三角函数的公式:

$$\sin(x\pm y)=\sin x\cos y\pm\cos x\sin y, \quad \cos(x\pm y)=\cos x\cos y\mp\sin x\sin y;$$

$$\sin 2x=2\sin x\cos x, \quad \cos 2x=\cos^2 x-\sin^2 x=2\cos^2 x-1=1-2\sin^2 x;$$

$$\sin\frac{x}{2}=\pm\sqrt{\frac{1-\cos x}{2}}, \quad \cos\frac{x}{2}=\pm\sqrt{\frac{1+\cos x}{2}};$$

$$\sin x+\sin y=2\sin\frac{x+y}{2}\cos\frac{x-y}{2}, \quad \sin x-\sin y=2\cos\frac{x+y}{2}\sin\frac{x-y}{2};$$

$$\cos x+\cos y=2\cos\frac{x-y}{2}\cos\frac{x+y}{2}, \quad \cos x-\cos y=-2\sin\frac{x+y}{2}\sin\frac{x-y}{2}.$$

⑤ **反三角函数**

下面给出反三角函数的简单描述：

$$y=\arcsin x, \text{定义域}[-1,1], \text{值域}\left[-\frac{\pi}{2},\frac{\pi}{2}\right];$$

$$y=\arccos x, \text{定义域}[-1,1], \text{值域}[0,\pi];$$

$$y=\arctan x, \text{定义域}(-\infty,+\infty), \text{值域}\left(-\frac{\pi}{2},\frac{\pi}{2}\right);$$

$$y=\operatorname{arccot} x, \text{定义域}(-\infty,+\infty), \text{值域}(0,\pi).$$

其中 $y=\arcsin x$ 与 $y=\arctan x$ 的图像见图 1.1.21 和图 1.1.22.

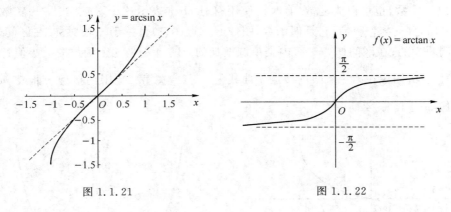

图 1.1.21　　　　　　　　　图 1.1.22

2. 函数的运算

设函数 f 和 g 的定义域分别为 X_1 和 X_2，且 $X=X_1\cap X_2\neq\varnothing$，则可在集合 X 上定义这两个函数的四则运算.

① 和（差）运算

$$(f\pm g)(x)=f(x)\pm g(x), \quad x\in X;$$

② 积运算

$$(f\cdot g)(x)=f(x)\cdot g(x), \quad x\in X;$$

③ 商运算

$$\left(\frac{f}{g}\right)(x)=\frac{f(x)}{g(x)}, \quad x\in X\setminus\{x\mid g(x)=0, x\in X\}.$$

3. 初等函数

定义 1.1.11（初等函数）　由常数和基本初等函数经过有限次的四则运算和复合运算得到的函数称为**初等函数**（elementary function）.

例如

$$y=x^2+\ln x+3, \quad y=\sin^2 x+\tan x, \quad y=\sqrt{\cot x}$$

都是初等函数.

在工程技术应用问题中，常见的一类初等函数为双曲函数. 下面简单介绍由 $y=e^x$ 和 $y=e^{-x}$ 产生的双曲函数及它们的反函数——反双曲函数.

定义 1.1.12（双曲函数）　**双曲正弦**（hyperbolic sine）定义为

$$\sinh x = \frac{e^x - e^{-x}}{2},$$

其中 x 既可以是实数,又可以是复数. 有时也用符号 $\text{sh}\, x$ 表示此函数. 当 x 为实数时,该函数的图像如图 1.1.23 所示.

双曲正弦的定义域为 $(-\infty, +\infty)$;它是奇函数,图像通过原点且关于原点对称,在区间 $(-\infty, +\infty)$ 内它是单调增加的;当 x 的绝对值很大时,它的图像在第一象限内接近于曲线 $y = \frac{1}{2}e^x$;在第三象限内接近于曲线 $y = -\frac{1}{2}e^{-x}$.

双曲余弦(hyperbolic cosine)定义为

$$\cosh x = \frac{e^x + e^{-x}}{2},$$

其中 x 可以为实数,也可以为复数. 有时也使用符号 $\text{ch}\, x$ 表示这个函数. 当 x 为实数时,双曲余弦的定义域是 $(-\infty, +\infty)$;它是偶函数,图像通过点 $(0, 1)$ 且关于 y 轴对称. 在区间 $(-\infty, 0)$ 内它是单调减少的;在区间 $(0, +\infty)$ 内是单调增加的. $\text{ch}\, 0 = 1$ 是这个函数的最小值;当 x 的绝对值很大时,它的图像在第一象限内接近于曲线 $y = \frac{1}{2}e^x$,在第二象限内接近于曲线 $y = \frac{1}{2}e^{-x}$. 该函数图像如图 1.1.24 所示.

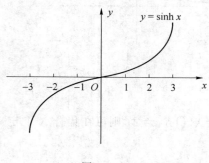

图 1.1.23

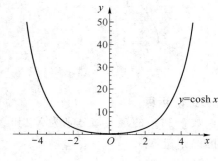

图 1.1.24

双曲正切(hyperbolic tangent)定义为

$$\tanh x = \frac{\sinh x}{\cosh x} = \frac{e^x - e^{-x}}{e^x + e^{-x}} = \frac{e^{2x} - 1}{e^{2x} + 1},$$

其中 x 可以为实数,也可以为复数. 有时也用符号 $\text{th}\, x$ 表示该函数. 当 x 为实数时,双曲正弦的定义域为 $(-\infty, +\infty)$,它是奇函数,图像通过原点且关于原点对称,在区间 $(-\infty, +\infty)$ 内它是单调增加的;它的图形夹在 $y = 1$ 及 $y = -1$ 之间;且当 x 的绝对值很大时,它的图像在第一象限内接近于直线 $y = 1$,在第三象限内接近于直线 $y = -1$. 该函数的图像如图 1.1.25 所示.

双曲余切(hyperbolic cotangent)定义为

$$\coth x = \frac{\cosh x}{\sinh x} = \frac{e^x + e^{-x}}{e^x - e^{-x}} = \frac{e^{2x} + 1}{e^{2x} - 1},$$

其中 x 可以为实数或复数. 有时也用符号 $\text{cth}\, x$ 表示该函数. 当 x 为实数时,双曲余切的定义域是 $(-\infty, 0) \cup (0, +\infty)$. 它是奇函数,图像关于原点对称,在 $(-\infty, 0)$ 上是单调递减的,在 $(0, +\infty)$ 也是单调递减的. 当 x 的绝对值很大时,它的图像在第一象限内接近于直线 $y = 1$,在第三象限内接近于直线 $y = -1$. 该函数的图像如图 1.1.26 所示.

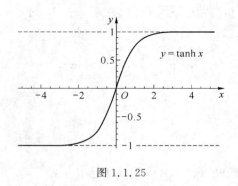
图 1.1.25

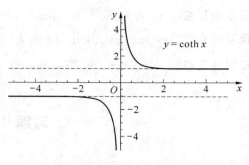
图 1.1.26

双曲正割(hyperbolic secant)定义为
$$\operatorname{sech} x = \frac{1}{\cosh x} = \frac{2}{e^x + e^{-x}},$$
其中 x 可以为实数或复数.当 x 为实数时,双曲正割的定义域是 $(-\infty, +\infty)$.它是偶函数,图像关于 y 轴对称,在 $(-\infty, 0)$ 上是单调递增的,在 $(0, +\infty)$ 是单调递减的.当 x 的绝对值很大时,它的图像在第一、二象限接近于直线 $y=0$.该函数的图像如图 1.1.27 所示.

双曲余割(hyperbolic cosecant)定义为
$$\operatorname{csch} x = \frac{1}{\sinh x} = \frac{2}{e^x - e^{-x}},$$
其中 x 也可以为实数或复数.当 x 为实数时,双曲余割的定义域是 $(-\infty, 0) \cup (0, +\infty)$.它是奇函数,图像关于原点对称,在 $(-\infty, 0)$ 上是单调递减的,在 $(0, +\infty)$ 也是单调递减的.当 x 的绝对值很大时,它的图像在第一象限内接近于直线 $y=0$,在第三象限内也接近于直线 $y=0$.该函数的图像如图 1.1.28 所示.

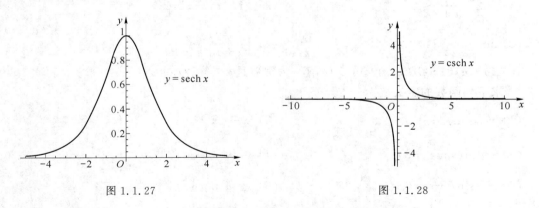

图 1.1.27　　　　　　　　　　图 1.1.28

注 （1）和三角函数一样,双曲函数也有一些运算规则,例如：
$$\sinh(x \pm y) = \sinh x \cosh y \pm \cosh x \sinh y;$$
$$\cosh(x \pm y) = \cosh x \cosh y \pm \sinh x \sinh y;$$
$$\cosh^2 x - \sinh^2 x = 1;$$
$$\sinh 2x = 2 \sinh x \cosh x;$$
$$\cosh 2x = \cosh^2 x + \sinh^2 x.$$

读者还可以得到更多的规则.

（2）(**反双曲函数**) 此处仅给出三个反双曲函数.

反双曲正弦(inverse-hyperbolic sine)　　$\operatorname{arcsinh} x = \ln(x+\sqrt{x^2+1}), x\in(-\infty,+\infty)$;

反双曲余弦(inverse-hyperbolic cosine)　　$\operatorname{arccosh} x = \ln(x+\sqrt{x^2-1}), x\in[1,+\infty)$;

反双曲正切(inverse-hyperbolic tangent)　　$\operatorname{arctanh} x = \frac{1}{2}\ln\left(\frac{1+x}{1-x}\right), x\in(-1,1)$.

习题 1.1　A

1. 令 A 和 B 为两个按照如下的方式给定的集合. 试求 $A\cup B, A\cap B, A\backslash B$ 及 $B\backslash A$.

    (1) $A=\{1,3,5,7,8\}, B=\{2,4,6,8\}$；

    (2) A 为所有平行四边形组成的集合，B 为所有矩形组成的集合；

    (3) $A=\{1,2,3,\cdots\}, B=\{2,4,6,\cdots\}$.

2. 令 $X=\{1,2,3,\cdots,10\}, A_1=\{2,3\}, A_2=\{2,4,6\}, A_3=\{3,4,6\}, A_4=\{7,8\}$, $A_5=\{1,8,10\}$. 试求 $\bigcap_{i=1}^{5} A_i^C$，其中 A_i^C 为 A_i 相对于全集 X 的补集，$i=1,2,3,4,5$.

3. 令 $A=\left\{x\,\bigg|\,\frac{1}{\sqrt{x-1}}>1\right\}, B=\{x\,|\,x^2-5x+6\leqslant 0\}$. 试求 $A\cup B$ 和 $A\cap B$.

4. 设集合 A 与 B 为如下给定的集合，在直角坐标系内绘制 $A\times B$.

    (1) $A=\{x\,|\,1\leqslant x\leqslant 2\}\cup\{x\,|\,5\leqslant x\leqslant 6\}\cup\{3\}, B=\{y\,|\,1\leqslant y\leqslant 2\}$；

    (2) $A=\{x\,|\,-1\leqslant x\leqslant 1\}, B=\left\{y\,\bigg|\,-\frac{\pi}{2}\leqslant y\leqslant\frac{\pi}{2}\right\}\cap\left\{\left\{y\,\bigg|\,\sin y=\frac{\sqrt{2}}{2}\right\}\cup\left\{y\,\bigg|\,\sin y=-\frac{\sqrt{2}}{2}\right\}\right\}$.

5. 解下列不等式，并求出 x 的范围：

    (1) $-2<\frac{1}{x+2}<2$;　　(2) $|1-x|-x\geqslant 0$；

    (3) $\sin x\geqslant\frac{\sqrt{3}}{2}$；　　(4) $\left|\frac{x-2}{x+1}\right|>\frac{x-2}{x+1}$;

    (5) $(x-\alpha)(x-\beta)(x-\gamma)>0$　(α,β,γ 为常数且 $\alpha<\beta<\gamma$).

6. 求下列函数的定义域：

    (1) $y=\sin\sqrt{x}$；　　(2) $y=-x+\frac{1}{x}$；

    (3) $y=\arcsin(x+3)$；　　(4) $y=\frac{1}{\sqrt{9-x^2}}$；

    (5) $x=\sin\theta+\cos\theta$；　　(6) $y=\alpha^2\tan\alpha$；

    (7) $y=\frac{1}{(x-1)(x+2)}$；　　(8) $y=e^{\frac{1}{\sqrt{x}}}$；

    (9) $y=\ln(\ln x)$；　　(10) $y=\ln(4-x^2)+\sqrt{\sin x}$.

7. 假设 $f(x)$ 为定义在区间 $[0,1]$ 上的函数，试求下列函数的定义域：

    (1) $f(\sqrt{x+1})$；　　(2) $f(x^n)$；

    (3) $f(\sin x)$；　　(4) $f(x+a)-f(x-a)$　$(a>0)$.

8. 判别下列每对函数是否相等：

    (1) $f(x)=\frac{x^2}{x}, g(x)=x$；　　(2) $f(x)=(\sqrt{x})^2, g(x)=\sqrt{x^2}$；

(3) $f(x)=x, g(x)=\sqrt{x^2}$；　　　　(4) $f(x)=\sqrt{x^2}, g(x)=|x|$；

(5) $f(x)=\sqrt{1-\cos^2 x}, g(x)=\sin x$；

(6) $f(x)=2^x+x+1, g(t)=2^t+t+1$；

(7) $f(x)=x^0, g(x)=1$；

(8) $f(x)=\ln(x+\sqrt{x^2-1}), g(x)=-\ln(x-\sqrt{x^2-1})$；

(9) $f(x)=\log_2(x-2)+\log_2(x-3), g(x)=\log_2(x-2)(x-3)$；

(10) $f(x)=\dfrac{\sqrt[3]{x-1}}{x}, g(x)=\sqrt[3]{\dfrac{x-1}{x^3}}$.

9. 令 $M(x,y)$ 为抛物线 $y=x^2$ 上的一点（图 1.1.29），回答下列问题：

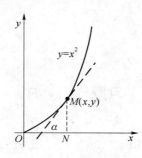

图 1.1.29

(1) 由 $y=x^2$，x 轴和直线 MN 所围的曲边三角形的面积是否为 x 的一个函数？

(2) 弧长 $\overparen{OM}$ 是否为 x 的一个函数？

(3) 抛物线 $y=x^2$ 在点 M 处的切线夹角 α 是否为 x 的函数？

10. 令函数 $f(x)=\begin{cases}\sin|x|, & \dfrac{\pi}{6}\leqslant|x|\leqslant\pi, \\ \dfrac{1}{2}, & |x|<\dfrac{\pi}{6},\end{cases}$ 试求 $f\left(-\dfrac{\pi}{12}\right), f\left(\dfrac{\pi}{6}\right), f\left(\dfrac{\pi}{4}\right), f\left(-\dfrac{\pi}{2}\right)$ 及 $f(-2)$，并绘制 $f(x)$ 的图像.

11. 将函数 $f(x)=2|x-2|+|x-1|$ 表示为分段函数，并绘制其图像.

12. 令 $f:x\to x^3-x, \phi:x\to\sin 2x$. 求 $(f\circ\phi)(x),(\phi\circ f)(x)$ 及 $(f\circ f)(x)$.

13. 设 $f(x)=\begin{cases}-1, & |x|<1, \\ 0, & |x|=1, \\ 1, & |x|>1,\end{cases} g(x)=\mathrm{e}^x$. 求 $(f\circ g)(x)$ 及 $(g\circ f)(x)$.

14. 求下列函数的反函数：

(1) $y=\sqrt{1-x^2}, \quad -1\leqslant x\leqslant 0$；　　　(2) $y=1+\ln(x+2)$；

(3) $y=2\sin 3x, \quad -\dfrac{\pi}{6}\leqslant x\leqslant\dfrac{\pi}{6}$；　　　(4) $y=\dfrac{3^x}{3^x+1}$；

(5) $y=\dfrac{\sqrt{2x+1}-1}{\sqrt{2x+1}+1}$；　　　(6) $y=\begin{cases}x, & -\infty<x<1, \\ x^2, & 1\leqslant x\leqslant 4, \\ 2^x, & 4<x<+\infty.\end{cases}$

15. 利用反函数的定义，导出双曲正弦和双曲余弦函数的反函数：

$$\operatorname{arcsinh} x=\ln(x+\sqrt{x^2+1}), \quad \operatorname{arccosh} x=\ln(x+\sqrt{x^2-1}).$$

16. 求下列函数的定义域,并写出每一个函数是由哪些基本初等函数复合而成.

(1) $y=(\sin\sqrt{1-2x})^3$;

(2) $y=\arccos\left(\dfrac{x-2}{2}\right)$;

(3) $y=\dfrac{1}{1+\arctan 2x}$;

(4) $y=(1+2x)^{10}$;

(5) $y=(\arcsin x^2)^2$;

(6) $y=\ln(1+\sqrt{1+x^2})$.

17. 证明下列恒等式:

(1) $\sinh(x\pm y)=\sinh x\cosh y\pm\cosh x\sinh y$;

(2) $\cosh(x\pm y)=\cosh x\cosh y\pm\sinh x\sinh y$;

(3) $\cosh^2 x-\sinh^2 x=1$;

(4) $\sinh 2x=2\sinh x\cosh x$;

(5) $\cosh 2x=\cosh^2 x+\sinh^2 x$.

习题 1.1 B

1. 设 $f(\cos^2 x)=\cos 2x-\cot^2 x$,其中 $0<x<1$.试求 $f(x)$.

2. 令函数 $f:\mathbf{R}\to\mathbf{R}$,并设对每一 $x,y\in\mathbf{R}$,有
$$f(xy)=f(x)f(y)-x-y,$$
求 $f(x)$ 的表达式.

3. 令函数 $f:\mathbf{R}\to\mathbf{R}$,并设对每一 $x,y\in\mathbf{R}$,有
$$f(xy)=xf(x)+yf(y),$$
证明 $f(x)\equiv 0$.

4. 令 $f\left(x+\dfrac{1}{x}\right)=x^2+\dfrac{1}{x^2}$,求 $f(x)$ 及 $f\left(x-\dfrac{1}{x}\right)$.

5. 设 $f(x)=\dfrac{1}{x+1}$,求 $f(f(x)),f(f(f(x)))$ 及 $f\left(\dfrac{1}{f(x)}\right)$.

6. 考虑如下两组函数:

(1) $f:x\to\sqrt{x^2-1}$, $g:x\to\sqrt{1-x^2}$;

(2) $f(x)=\begin{cases}2x, & x\in[-1,1],\\ x^2, & x\in(1,3),\end{cases}$ $g(x)=\dfrac{1}{2}\arcsin\left(\dfrac{x}{2}-1\right)$.

每组函数是否可以进行复合?如果可以,求在合适集合上定义的复合函数 $(f\circ g)(x)$ 和 $(g\circ f)(x)$.

7. 求分段函数
$$f(x)=\begin{cases}x^2-1, & x\in[-1,0),\\ x^2+1, & x\in[0,1]\end{cases}$$
的反函数,并绘制它们的图像.

8. 设 f 和 g 均为区间 I 上的正的、单调增函数,证明 $f\cdot g$ 在 I 上也是单调增的.

9. 设 f 和 g 均为 $\mathbf{R}$ 上的严格单调递增函数,证明复合函数 $h=f\circ g$ 在 $\mathbf{R}$ 上也是严格单调递增的.若 f 严格单调递增,而 g 严格单调递减,则可以得到什么结论?

10. 一个无盖的锥形杯子是由一个如图 1.1.30 所示的扇形围成的. 给出以扇形圆心角 θ 为自变量的杯子容积的函数，并指出其定义域.

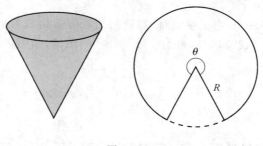

图 1.1.30

1.2 数列极限

为了掌握变量的变化规律，往往需要从它的变化过程来判断它的变化趋势. 极限就是微积分中用来研究变化趋势的重要工具. 本节将介绍数列极限的定义、性质及数列极限的计算等.

1.2.1 数列极限的定义

不甚严格地说，**数列**(sequence)就是一组有序数字的列表，无穷多个数 $a_1, a_2, \cdots, a_n, \cdots$ 按次序一个接一个排列下去就构成了数列. 先简单给出数列的概念.

定义 1.2.1(数列) 如果按照某一个法则，对每个 $n \in \mathbf{N}_+$，对应着一个确定的实数 a_n，这些实数 a_n 按下标 n 从小到大排列得到一个序列

$$a_1, a_2, \cdots, a_n, \cdots$$

就叫作**数列**，简记为数列 $\{a_n\}$，数列中的每一个数叫数列的**项**，表示第 n 项的 a_n 就叫**数列的通项**(general term).

例如，表 1.2.1 给出了一些简单数列及其通项的例子.

表 1.2.1

数列	通项
(a) $1, \sqrt{2}, \sqrt{3}, \sqrt{4}, \cdots, \sqrt{n}, \cdots$	$a_n = \sqrt{n}$
(b) $1, \dfrac{1}{2}, \dfrac{1}{3}, \cdots, \dfrac{1}{n}, \cdots$	$a_n = \dfrac{1}{n}$
(c) $1, -\dfrac{1}{2}, \dfrac{1}{3}, -\dfrac{1}{4}, \cdots, (-1)^{n+1} \dfrac{1}{n}, \cdots$	$a_n = (-1)^{n+1} \dfrac{1}{n}$
(d) $0, \dfrac{1}{2}, \dfrac{2}{3}, \dfrac{3}{4}, \cdots, \dfrac{n-1}{n}, \cdots$	$a_n = \dfrac{n-1}{n}$
(e) $0, -\dfrac{1}{2}, \dfrac{2}{3}, -\dfrac{3}{4}, \cdots, (-1)^{n+1}\left(\dfrac{n-1}{n}\right), \cdots$	$a_n = (-1)^{n+1}\left(\dfrac{n-1}{n}\right)$
(f) $3, 3, 3, \cdots, 3, \cdots$	$a_n = 3$

在几何上,数列$\{a_n\}$可看作数轴上一个动点,它依次取数轴上的点$a_1,a_2,\cdots,a_n,\cdots$,如图 1.2.1(a)所示,数列$\{a_n\}$还可以看作自变量为正整数$n$的函数

$$a_n = f(n), \quad n \in \mathbf{N}_+.$$

当自变量n依次取$1,2,3,\cdots$一切正整数时,对应的函数值就构成数列$\{a_n\}$. 这时,可以在平面上通过绘制点$(n,a_n)(n=1,2,3,\cdots)$,来给出数列$\{a_n\}$的图像,如图 1.2.1(b)所示.

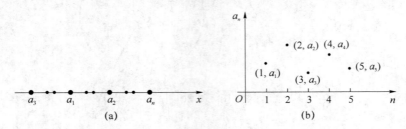

图 1.2.1

我们现在来讨论这样一种数列$\{a_n\}$,在它的变化过程中,随着n的不断增大,a_n将不断接近一个数. 例如,数列$\left\{\dfrac{1}{n}\right\}$和$\left\{(-1)^{n+1}\dfrac{1}{n}\right\}$随着$n$的不断增大而越来越接近0,数列$\left\{\dfrac{n-1}{n}\right\}$随着$n$的不断增大而越来越接近1,但是数列$\left\{(-1)^{n+1}\dfrac{n+1}{n}\right\}$却没有这一特征.

下面,考察数列$\left\{\dfrac{n-1}{n}\right\}$. 虽然,从直观上能得到数列$\left\{\dfrac{n-1}{n}\right\}$越来越接近1,但是如何用数学的语言定量描述这一变化趋势并不是很显然. 下面我们将对数列$\left\{\dfrac{n-1}{n}\right\}$进行分析,从而抽象出数列极限的定义.

所谓数列$\left\{\dfrac{n-1}{n}\right\}$越来越接近1是指,随着项数$n$的增大,$\left\{\dfrac{n-1}{n}\right\}$和1的差越来越接近0, 也可以说,当$n$相当大时,$\dfrac{n-1}{n}$与1的差距可以相当小.

在数学上,两个数a和b之间的接近程度可用$|a-b|$来度量,就数列$\left\{\dfrac{n-1}{n}\right\}$而言, $a_n = \dfrac{n-1}{n}$,而

$$|a_n - 1| = \left|\dfrac{n-1}{n} - 1\right| = \dfrac{1}{n}.$$

由此可见,当n越来越大时,$\dfrac{1}{n}$越来越小. 因为只要n足够大,$|a_n-1|$即$\dfrac{1}{n}$可以小于任意给定的正数,所以当n无限增大时,a_n无限接近1. 用数学语言来说,无论给定一个多么小的正数ε,a_n和1的差距总会小于这个ε,而这一点成立的条件是n必须充分大. 但n要取多大呢? 只要按照下面的方法去做就可以了.

为了使得

$$|a_n - 1| = \dfrac{1}{n} < \varepsilon,$$

我们解上述不等式可知,只要满足

$$n > \dfrac{1}{\varepsilon}$$

就可以了. 也就是说, 对于任意给定的 $\varepsilon>0$, 只要 $n>\dfrac{1}{\varepsilon}$, 就能保证 $|a_n-1|<\varepsilon$ 都成立.

这就是当 $n\to\infty$ 时数列 $a_n=\dfrac{n-1}{n}(n=1,2,\cdots)$ 无限接近 1 的实质. 由此我们可以抽象出数列极限的定义.

定义 1.2.2(数列极限) 设 $\{a_n\}$ 是一个数列. 如果存在常数 A, 对于任意给定 $\varepsilon>0$, 总存在一个正整数 N, 当 $n>N$ 时, 不等式
$$|a_n-A|<\varepsilon$$
都成立, 那么就称 A 是数列 $\{a_n\}$ 的**极限**(limit), 或者称数列 $\{a_n\}$ **收敛**(converge), 且收敛于 A, 记为
$$\lim_{n\to\infty}a_n=A,$$
或
$$a_n\to A\quad(n\to\infty).$$

如果不存在这样的常数 A, 则称数列 $\{a_n\}$ 没有极限, 或者称数列 $\{a_n\}$ **发散**(diverge).

注 (1) 数列极限的定义用直观的话来说就是, 对于任意给定的一个小的正数 ε, 只要 n 充分大 $(n>N)$, 就能够保证 $|a_n-A|$ 小于这个 ε;

(2) 定义中正数 ε 是可以任意给定的. 这一点很重要, 因为只有这样, 不等式 $|a_n-A|<\varepsilon$ 才能表达出 a_n 和 A 无限接近的意思;

(3) 定义中的正整数 N 与任意给定的正数 ε 有关, 它随 ε 的给定而选定.

现在, 我们给出数列极限的几何解释, 将数列 $\{a_n\}$ 及常数 A 在数轴上用它们对应点表示出来, 并将不等式 $|a_n-A|<\varepsilon$ 代表的开区间 $(A-\varepsilon,A+\varepsilon)$ 在数轴上标出, 得图 1.2.2. 即由
$$|a_n-A|<\varepsilon,$$
可得
$$A-\varepsilon<a_n<A+\varepsilon.$$
故当 $n>N$ 时, 所有点 a_n 都落在开区间 $(A-\varepsilon,A+\varepsilon)$ 内. 对数列 $\{a_n\}$ 而言, 只有有限个(至多只有 N 个)点在该区间外.

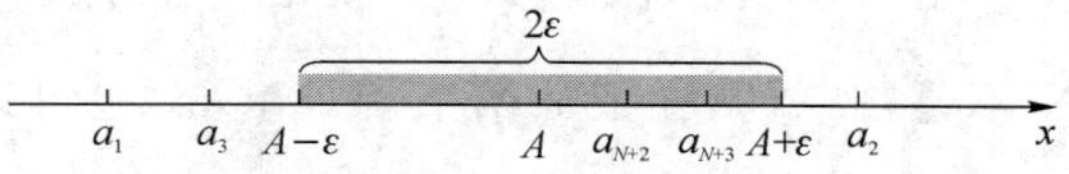

(第 N 项以后的一切项全部落在阴影区间中)

图 1.2.2

引入数学符号 "$\forall$"(表示"对于任意给定的"或"对于每一个")和 "$\exists$"(表示"存在"), 数列极限的定义可表达为
$$\lim_{n\to\infty}a_n=A \Leftrightarrow \forall\varepsilon>0,\exists N\in\mathbf{N}_+,\text{当 }n>N\text{ 时,有 }|a_n-A|<\varepsilon.$$

从定义可以看出, 一个数列是否有极限, 只与它从某一项后的项有关, 而与它前面的有限个项无关. 因此, 在讨论数列的极限时, 可以添加、去掉或改变数列的有限个项的数值, 这些操作都不会改变数列的收敛性和极限.

下面我们举几个例子来说明如何用定义来考察数列的极限.

例 1.2.1 证明 $\lim\limits_{n\to\infty}\dfrac{(-1)^{n+1}}{n}=0$.

证明 现在要证明:对于任意给定 $\varepsilon>0$,总能找到正整数 N,当 $n>N$ 时,不等式
$$\left|\frac{(-1)^{n+1}}{n}-0\right|\leqslant\frac{1}{n}<\varepsilon$$
成立.

由 $\frac{1}{n}<\varepsilon$ 容易看出,只有 $n>\frac{1}{\varepsilon}$ 就可以了. 所以可以取 $N=\left[\frac{1}{\varepsilon}\right]$.

于是,$\forall \varepsilon>0$,取 $N=\left[\frac{1}{\varepsilon}\right]$,则当 $n>N$ 时,有
$$\left|\frac{(-1)^{n+1}}{n}-0\right|<\varepsilon$$
成立,即
$$\lim_{n\to\infty}\frac{(-1)^{n+1}}{n}=0. \qquad\blacksquare$$

例 1.2.2 证明 $\lim\limits_{n\to\infty}\frac{1}{n^k}=0, k\in\mathbf{N}_+$.

证明 现在要证明,对任意给定 $\varepsilon>0$,总能找到正整数 N,当 $n>N$ 时,不等式
$$\left|\frac{1}{n^k}-0\right|<\varepsilon$$
成立.

由于对 $k\geqslant 1, \frac{1}{n^k}\leqslant\frac{1}{n}$,故要使不等式 $\left|\frac{1}{n^k}-0\right|<\varepsilon$ 成立,只需 $\frac{1}{n}<\varepsilon$ 或 $n>\frac{1}{\varepsilon}$. 由此,可取 $N=\left[\frac{1}{\varepsilon}\right]$.

于是,$\forall \varepsilon>0$,取 $N=\left[\frac{1}{\varepsilon}\right]$,则当 $n>N$ 时,有
$$\left|\frac{1}{n^k}-0\right|<\varepsilon$$
成立,即
$$\lim_{n\to\infty}\frac{1}{n^k}=0. \qquad\blacksquare$$

从上面两个例子可以看到怎样寻找 N. 基本思路就是从不等式 $|a_n-A|<\varepsilon$ 中解出 n,从而获得 N. 要注意的是,N 不是唯一的,在上面两个例子里,N 也可以取 $\left[\frac{1}{\varepsilon}\right]+1, \left[\frac{1}{\varepsilon}\right]+10$ 等. 一般地,N 是依赖于给定的 ε 的,并且当 ε 是一个很小的值时,N 有可能会取一个很大的值. 对于这种依赖性,也常用记号 $N(\varepsilon)$ 来表示定义中的 N.

例 1.2.3 证明 $\lim\limits_{n\to\infty}q^n=0$,其中 q 为常数且满足 $|q|<1$.

证明 若 $q=0$,数列的所有项都是 0,显然 $\lim\limits_{n\to\infty}q^n=0$ 成立.

当 $q\neq 0$,需要证明,对任意给定的 $\varepsilon>0$,总能找到正整数 N,使当 $n>N$ 时,有
$$|q^n|<\varepsilon,$$
即
$$n\ln|q|<\ln\varepsilon.$$

因 $|q|<1, \ln|q|<0$,故上述不等式等价于
$$n>\frac{\ln\varepsilon}{\ln|q|} \quad (\text{不妨假定 } \varepsilon<|q|),$$

因此可取
$$N(\varepsilon)=\left[\frac{\ln\varepsilon}{\ln|q|}\right].$$

于是,$\forall \varepsilon>0$,$\exists N(\varepsilon)=\left[\dfrac{\ln \varepsilon}{\ln |q|}\right]$,当 $n>N(\varepsilon)$ 时,有
$$|q^n-0|<\varepsilon$$
成立,即
$$\lim_{n\to\infty} q^n=0 \quad (|q|<1).$$

例 1.2.4 证明 $\lim\limits_{n\to\infty}\sqrt[n]{a}=1$,其中 a 为常数且 $a>1$.

证明 由于 $a>1$,可记为 $\sqrt[n]{a}=1+b_n$,其中 $b_n>0$,所以 $a=(1+b_n)^n>1+nb_n$,即 $b_n<\dfrac{a-1}{n}$. 对于任意给定的 $\varepsilon>0$,考察不等式
$$|\sqrt[n]{a}-1|=b_n<\dfrac{a-1}{n}<\varepsilon,$$
解之得 $n>\dfrac{a-1}{\varepsilon}$,即可选取 $N(\varepsilon)=\left[\dfrac{a-1}{\varepsilon}\right]$.

于是,$\forall \varepsilon>0$,$\exists N(\varepsilon)=\left[\dfrac{a-1}{\varepsilon}\right]$,当 $n>N(\varepsilon)$ 时,有
$$|\sqrt[n]{a}-1|<\varepsilon$$
成立,即
$$\lim_{n\to\infty}\sqrt[n]{a}=1 \quad (a>1).$$

上面例子提供了另一种求解 N 的技巧. 在直接解不等式 $|a_n-A|<\varepsilon$ 不太方便时,可以将 $|a_n-A|$ 适当放大. 例如使 $|a_n-A|<b_n$,再解不等式 $b_n<\varepsilon$,可以较容易得到 N.

1.2.2 数列极限的性质

定理 1.2.1(极限的唯一性(uniqueness)) 若数列 $\{a_n\}$ 收敛,则它的极限必唯一.

证明 用反证法. 设数列 $\{a_n\}$ 有两个不同的极限 A 和 B. 不妨设 $A>B$,为将 A 与 B 分离,可取正数 ε_0,使得 $B+\varepsilon_0 \leqslant A-\varepsilon_0$ 成立. 这里,我们令 $\varepsilon_0=\dfrac{A-B}{2}$.

由于 $\lim\limits_{n\to\infty} a_n=A$,对于该取定的 ε_0,一定存在 $N_1 \in \mathbf{N}_+$,对所有 $n>N_1$,有
$$|a_n-A|<\varepsilon_0$$
成立,即
$$\dfrac{A+B}{2}=A-\varepsilon_0<a_n<A+\varepsilon_0.$$

也就是说,存在正整数 N_1,当 $n>N_1$ 时,有 $a_n>\dfrac{A+B}{2}$ 成立.

同样,由 $\lim\limits_{n\to\infty} a_n=B$ 可知必存在正整数 N_2,当 $n>N_2$ 时,
$$|a_n-B|<\varepsilon_0,$$
即
$$B-\varepsilon_0<a_n<B+\varepsilon_0=\dfrac{A+B}{2}.$$

若令 $N=\max\{N_1,N_2\}$,则当 $n>N$ 时,同时有
$$a_n>\dfrac{A+B}{2} \quad 及 \quad a_n<\dfrac{A+B}{2}$$
成立,这是不可能的. 定理得证,即得数列 $\{a_n\}$ 的极限存在必唯一.

例 1.2.5 证明数列 $(-1)^{n+1}(n=1,2,\cdots)$ 发散.

证明 令 $a_n=(-1)^{n+1}(n=1,2,\cdots)$,假设该数列收敛. 根据定理 1.2.1,它有唯一的极

限. 设 $\lim\limits_{n\to\infty}a_n=A$,取 $\varepsilon=\dfrac{1}{4}$,由极限定义可知,$\exists N\in \mathbf{N}_+$,当 $n>N$ 时,

$$|a_n-A|<\dfrac{1}{4}$$

成立,即当 $n>N$ 时,a_n 都落在区间 $\left(A-\dfrac{1}{4},A+\dfrac{1}{4}\right)$ 内,但这是不可能的. 因为 n 趋于无穷大时,数列 $\{a_n\}$ 的项重复取 -1 和 1 两个数,这两个数不可能同时属于长度为 $\dfrac{1}{2}$ 的开区间 $\left(A-\dfrac{1}{4},A+\dfrac{1}{4}\right)$ 内,所以数列 $(-1)^{n+1}$ 发散. ∎

下面,我们先引入数列的有界性概念,然后证明有极限的数列是有界的.

定义 1.2.3(有界数列) 对于数列 $\{a_n\}$,如果存在 $M>0$,使得对于一切 a_n,满足不等式

$$|a_n|\leqslant M,$$

则称 $\{a_n\}$ 为**有界数列**. 如果这样的 M 不存在,就说数列 $\{a_n\}$ 是**无界的**.

注 (1) 若存在 A,使得对一切 a_n 有 $a_n\leqslant A$,则称 $\{a_n\}$ 为**上有界的**(bounded above);若存在数 B,使得对一切项 a_n 有 $a_n\geqslant B$,则称 $\{a_n\}$ 为**下有界的**(bounded below).

(2) 有界数列的界不是唯一的. 在定义中 M 是数列 $\{a_n\}$ 的界,那么 $M+1,M+2,M+C$ ($C>0$) 都是 $\{a_n\}$ 的界.

定理 1.2.2(收敛数列的有界性(boundedness)**)** 收敛数列必有界.

证明 给定数列 $\{a_n\}$,假设该数列收敛,即

$$\lim_{n\to\infty}a_n=A.$$

由定义 1.2.2,对给定的 $\varepsilon=1$,存在一个 $N\in\mathbf{N}_+$,使得 $|a_n-A|<1$ 对所有的 $n>N$ 成立. 因此,当 $n>N$ 时,有

$$|a_n|-|A|\leqslant|a_n-A|<1,$$

即 $|a_n|<1+|A|$ 成立.

注意到,在区间 $[-(1+|A|),(1+|A|)]$ 外,至多有 N 个点:$a_1,a_2,\cdots,a_N$. 若令

$$M=\max\{|a_1|,|a_2|,\cdots,|a_n|,1+|A|\},$$

则对所有 $n\in\mathbf{N}_+$,有 $|a_n|\leqslant M$,这意味着数列 $\{a_n\}$ 有界. ∎

特别注意,定理 1.2.2 的逆命题是不成立的,也就是有界数列不一定是收敛的. 例如数列 $\{(-1)^{n+1}\}$,即 $1,-1,1,-1,\cdots$,这是个有界数列,但它是发散的,所以数列有界是数列收敛的必要条件,但不是充分条件.

定理 1.2.3(收敛数列的保号性) 若 $\lim\limits_{n\to\infty}a_n=A$,且 $A\neq 0$,则存在 $N\in\mathbf{N}_+$,当 $n>N$ 时,a_n 与 A 同号,即

(1) 当 $A>0$,存在 $N\in\mathbf{N}_+$,当 $n>N$ 时,有 $a_n>0$;

(2) 当 $A<0$,存在 $N\in\mathbf{N}_+$,当 $n>N$ 时,有 $a_n<0$.

证明 就 $A>0$ 的情形证明 ($A<0$,可类似证明).

由于 $\lim\limits_{n\to\infty}a_n=A$,令 $\varepsilon=\dfrac{A}{2}>0$,$\exists N\in\mathbf{N}_+$,当 $n>N$ 时,有

$$|a_n-A|<\dfrac{A}{2},$$

从而

$$a_n>A-\dfrac{A}{2}=\dfrac{A}{2}>0,$$

故得证. ∎

推论1.2.1 若存在一个 $N\in\mathbf{N}_+$,当 $n>N$ 时,$a_n\geqslant 0$(或 $a_n\leqslant 0$)成立,且数列 $\{a_n\}$ 的极限为 A,则 $A\geqslant 0$(或 $A\leqslant 0$).

证明 给定数列 $\{a_n\}$,设 $n>N$,$a_n\geqslant 0$. 现用反证法证明 $A\geqslant 0$ 成立.

设 $\lim\limits_{n\to\infty}a_n=A<0$,则由定理1.2.3可知,$\exists K\in\mathbf{N}_+$,使得当 $n>K$ 时,有 $a_n<0$ 成立. 令 $N_1=\max\{N,K\}$,当 $n>N_1$ 时,按假定 $a_n\geqslant 0$,而按定理1.2.3,有 $a_n<0$,这是不可能的. 所以必有 $A\geqslant 0$ 成立.

收敛数列 $\{a_n\}$ 从某项起 $a_n\leqslant 0$ 的情形可类似证明. ∎

定理1.2.4(收敛数列的保序性) 若 $\lim\limits_{n\to\infty}a_n=A$,$\lim\limits_{n\to\infty}b_n=B$,且 $A>B$,则总存在 $N\in\mathbf{N}_+$,当 $n>N$ 时,不等式 $a_n>b_n$ 成立.

证明 令 $\varepsilon_0=\dfrac{A-B}{2}$,由 $\lim\limits_{n\to\infty}a_n=A$ 可知,$\exists N_1\in\mathbf{N}_+$,当 $n>N_1$ 时,有
$$|a_n-A|<\varepsilon_0=\frac{A-B}{2},$$
即
$$\frac{A+B}{2}<a_n<\frac{3A-B}{2}.$$
同样,由 $\lim\limits_{n\to\infty}b_n=B$ 可知,$\exists N_2\in\mathbf{N}_+$,当 $n>N_2$ 时,有
$$|b_n-B|<\varepsilon_0=\frac{A-B}{2},$$
即
$$\frac{3B-A}{2}<b_n<\frac{A+B}{2}.$$
由此可知,令 $N=\max\{N_1,N_2\}$,当 $n>N$ 时,有
$$b_n<\frac{A+B}{2}<a_n$$
成立. 故定理得证. ∎

推论1.2.2 若 $\lim\limits_{n\to\infty}a_n=A$,$\lim\limits_{n\to\infty}b_n=B$,且存在 $N\in\mathbf{N}_+$,当 $n>N$ 时,不等式 $a_n\geqslant b_n$ 成立,则 $A\geqslant B$.

证明 用反证法. 如果在所给定条件下,$A<B$ 成立,则由定理1.2.4可知,必存在 $N_1\in\mathbf{N}_+$,当 $n>N_1$ 时,不等式 $a_n<b_n$ 成立,与推论所设条件矛盾. 从而推论中 $A\geqslant B$ 是成立的. ∎

下面,我们介绍数列子列的概念及收敛数列与其子列关系的一个定理——聚合原理.

定义1.2.4(子列) 在数列 $\{a_n\}$ 中任意抽取无限多项,并保持这些项在原数列 $\{a_n\}$ 中的先后顺序不变,这样得到的一个数列称为原数列 $\{a_n\}$ 的一个**子列**(subsequence).

由子列的定义可知,一个数列可以有无限多个子列. 为方便起见,用另一种下标来表示它. 在选取子列时,将第一项记为 a_{n_1},第二项记为 a_{n_2},第 k 项记为 a_{n_k},于是可将 $\{a_n\}$ 的子列表示为
$$a_{n_1},\ a_{n_2},\ \cdots,\ a_{n_k},\cdots,$$
k 表示 a_{n_k} 在子列中是第 k 项,n_k 表示 a_{n_k} 在原数列中是第 n_k 项. 显然,对于每一个 k,有 $n_k\geqslant k$. 而对 $\forall h,k\in\mathbf{N}_+$,若 $h\geqslant k$,则有 $n_h\geqslant n_k$;反之,若 $n_h\leqslant n_k$,则 $h\leqslant k$.

用子列 $\{a_{n_k}\}$ 来考察子列的收敛性. 因为子列 $\{a_{n_k}\}$ 中的下标是 k 而不是 n_k,故数列 $\{a_{n_k}\}$ 收敛于数 A 等价于,对任意给定的 $\varepsilon>0$ 及常数 A,$\exists K\in\mathbf{N}_+$,当 $k>K$ 时有
$$|a_{n_k}-A|<\varepsilon$$

成立,记为 $\lim_{k\to\infty} a_{n_k} = A$.

现在的问题是,若给定一个收敛数列 $\{a_n\}$,它的任何子列是否也收敛呢?子列的极限与原数列的极限有何关系?下面的定理回答了这些问题.

定理 1.2.5(聚合原理) 给定数列 $\{a_n\}$,$\lim_{n\to\infty} a_n = A$ 的充要条件为对 $\{a_n\}$ 的每一个子列 $\{a_{n_k}\}$ 均有 $\lim_{k\to\infty} a_{n_k} = A$.

证明 (1) 先证明必要性.

由于 $\lim_{n\to\infty} a_n = A$,所以 $\forall \varepsilon > 0$,$\exists N \in \mathbf{N}_+$,当 $n > N$ 时,有
$$|a_n - A| < \varepsilon$$
成立.

取 $K = N$,当 $k > K$ 时,$n_k > n_K = n_N \geq N$,也有
$$|a_{n_k} - A| < \varepsilon,$$
即
$$\lim_{k\to\infty} a_{n_k} = A.$$

(2) 再证明充分性.

若对 $\{a_n\}$ 的任何一个子列 $\{a_{n_k}\}$ 有 $\lim_{k\to\infty} a_{n_k} = A$,现取一特殊子列,下标 $n_1 = 1, n_2 = 2, \cdots, n_k = k$,即 $\{a_n\}$ 本身.由所设条件可知:
$$\lim_{n\to\infty} a_n = \lim_{k\to\infty} a_{n_k} = A$$
成立. ∎

由定理 1.2.5 可知,如果数列 $\{a_n\}$ 有两个子列收敛于不同的极限或至少有一个子列极限不存在,那么数列 $\{a_n\}$ 是发散的.例如,数列
$$0, 1, 0, 1, \cdots$$
的子列 $\{a_{2k-1}\}$ 收敛于 0,而子列 $\{a_{2k}\}$ 收敛于 1,因此该数列一定是发散的.

例 1.2.6 设 $a_n = \sin\dfrac{n\pi}{4}$,$n \in \mathbf{N}_+$,判别数列 $\{a_n\}$ 的敛散性.

解 取数列 $\{a_n\}$ 中的两个子列,第一个子列中 $n_k = 4k$,即该子列为
$$\sin\frac{4\pi}{4}, \sin\frac{8\pi}{4}, \sin\frac{12\pi}{4}, \cdots, \sin\frac{4k\pi}{4}, \cdots.$$

易知,该子列的极限为 0.第二个子列中 $n_k = (8k+2)$,即该子列为
$$\sin\frac{10\pi}{4}, \sin\frac{18\pi}{4}, \sin\frac{26\pi}{4}, \cdots, \sin\frac{(8k+2)\pi}{4}, \cdots.$$

易知,该子列的极限为 1.因此,原数列 $\left\{\sin\dfrac{n\pi}{4}\right\}$ 是发散的. ∎

1.2.3 数列极限的运算

本节讨论极限的求法,主要介绍数列极限的四则运算法则.

定理 1.2.6(数列极限的四则运算法则) 设数列 $\{a_n\}$ 和 $\{b_n\}$ 都收敛,且 $\lim_{n\to\infty} a_n = A$ 及 $\lim_{n\to\infty} b_n = B$,则有

(1) 加(减)法法则:$\lim_{n\to\infty}(a_n \pm b_n) = \lim_{n\to\infty} a_n \pm \lim_{n\to\infty} b_n = A \pm B$;

(2) 乘法法则:$\lim_{n\to\infty}(a_n \cdot b_n) = \lim_{n\to\infty} a_n \cdot \lim_{n\to\infty} b_n = AB$;

(3) 除法法则：若 $B\neq 0$，$\lim\limits_{n\to\infty}\dfrac{a_n}{b_n}=\dfrac{\lim\limits_{n\to\infty}a_n}{\lim\limits_{n\to\infty}b_n}=\dfrac{A}{B}$.

证明 这里仅证明 $\lim\limits_{n\to\infty}(a_n+b_n)=A+B$ 和 $\lim\limits_{n\to\infty}\dfrac{a_n}{b_n}=\dfrac{A}{B}$，其余证明留给读者.

(1) 由于 $\lim\limits_{n\to\infty}a_n=A$，$\lim\limits_{n\to\infty}b_n=B$，则对 $\forall \varepsilon>0$，$\exists N_1\in\mathbf{N}_+$，当 $n>N_1$ 时，有
$$|a_n-A|<\varepsilon,$$
且 $\exists N_2\in\mathbf{N}_+$，当 $n>N_2$ 时，有
$$|b_n-B|<\varepsilon.$$
令 $N=\max\{N_1,N_2\}$，则当 $n>N$ 时，上面两个不等式同时成立. 利用三角不等式，有
$$|(a_n+b_n)-(A+B)|\leqslant|a_n-A|+|b_n-B|<2\varepsilon,$$
即
$$\lim\limits_{n\to\infty}(a_n+b_n)=A+B.$$

(3) 由于 $\lim\limits_{n\to\infty}a_n=A$，$\lim\limits_{n\to\infty}b_n=B$，则对 $\forall \varepsilon>0$，$\exists N_1\in\mathbf{N}_+$，当 $n>N_1$ 时，有
$$|a_n-A|<\varepsilon,$$
且 $\exists N_2\in\mathbf{N}_+$，当 $n>N_2$ 时，有
$$|b_n-B|<\varepsilon.$$
令 $N^*=\max\{N_1,N_2\}$，则当 $n>N^*$ 时，上面两个不等式同时成立，可作以下估计：
$$\left|\dfrac{a_n}{b_n}-\dfrac{A}{B}\right|=\dfrac{|Ba_n-Ab_n|}{|b_n||B|}\leqslant\dfrac{|B||a_n-A|+|A||b_n-B|}{|b_n||B|}.$$
由于 $B\neq 0$，利用本定理(2)可得，$|Bb_n|\to B^2>\dfrac{B^2}{2}(n\to\infty)$. 由保序性可知，$\exists K\in\mathbf{N}_+$，当 $n>K$ 时，有
$$|Bb_n|>\dfrac{B^2}{2}.$$
取 $N=\max\{N^*,K\}$，则 $n>N$ 时，有
$$\left|\dfrac{a_n}{b_n}-\dfrac{A}{B}\right|\leqslant\dfrac{(|A|+|B|)\varepsilon}{\dfrac{B^2}{2}}=\dfrac{2(|A|+|B|)}{B^2}\varepsilon,$$
即
$$\lim\limits_{n\to\infty}\dfrac{a_n}{b_n}=\dfrac{A}{B}. \qquad\blacksquare$$

注 上面定理的(1)(2)可推广到有限个数列的情形. 例如，如果 $\lim\limits_{n\to\infty}a_n=A$，$\lim\limits_{n\to\infty}b_n=B$ 及 $\lim\limits_{n\to\infty}c_n=C$，则有
$$\lim\limits_{n\to\infty}(a_n+b_n-c_n)=A+B-C,$$
$$\lim\limits_{n\to\infty}(a_n\cdot b_n\cdot c_n)=ABC.$$

此外，四则运算法则中，必须满足分母的极限不是 0，对于分子和分母都收敛到 0 的情形，今后将专门讨论.

由极限四则运算法则，易得如下推论.

推论 1.2.3 若 $\lim\limits_{n\to\infty}a_n=A$，且 k 为任意常数，则
$$\lim\limits_{n\to\infty}(ka_n)=k\lim\limits_{n\to\infty}a_n=kA.$$

推论 1.2.4 若 $\lim\limits_{n\to\infty}a_n=A$，且 $m\in\mathbf{N}_+$，则

$$\lim_{n\to\infty}(a_n)^m=(\lim_{n\to\infty}a_n)^m=A^m.$$

例 1.2.7 求下列极限：

(1) $\lim\limits_{n\to\infty}\dfrac{n-1}{n}$；

(2) $\lim\limits_{n\to\infty}\dfrac{5}{n^2}$；

(3) $\lim\limits_{n\to\infty}\dfrac{4-7n^6}{n^6+3}$；

(4) $\lim\limits_{n\to\infty}\dfrac{3n^2-2n-1}{2n^3-n^2+5}$.

解 (1) $\lim\limits_{n\to\infty}\dfrac{n-1}{n}=\lim\limits_{n\to\infty}\left(1-\dfrac{1}{n}\right)=\lim\limits_{n\to\infty}1-\lim\limits_{n\to\infty}\left(\dfrac{1}{n}\right)=1-0=1$；

(2) $\lim\limits_{n\to\infty}\dfrac{5}{n^2}=5\times\lim\limits_{n\to\infty}\dfrac{1}{n^2}=5\times 0=0$；

(3) $\lim\limits_{n\to\infty}\dfrac{4-7n^6}{n^6+3}=\lim\limits_{n\to\infty}\dfrac{\dfrac{4}{n^6}-7}{1+\dfrac{3}{n^6}}=\dfrac{\lim\limits_{n\to\infty}\left(\dfrac{4}{n^6}-7\right)}{\lim\limits_{n\to\infty}\left(1+\dfrac{3}{n^6}\right)}=\dfrac{\lim\limits_{n\to\infty}\left(\dfrac{4}{n^6}\right)-7}{1+\lim\limits_{n\to\infty}\left(\dfrac{3}{n^6}\right)}=\dfrac{0-7}{1+0}=-7$；

(4) $\lim\limits_{n\to\infty}\dfrac{3n^2-2n-1}{2n^3-n^2+5}=\lim\limits_{n\to\infty}\dfrac{3\dfrac{1}{n}-2\dfrac{1}{n^2}-\dfrac{1}{n^3}}{2-\dfrac{1}{n}+\dfrac{5}{n^3}}=\dfrac{3\lim\limits_{n\to\infty}\dfrac{1}{n}-2\lim\limits_{n\to\infty}\dfrac{1}{n^2}-\lim\limits_{n\to\infty}\dfrac{1}{n^3}}{2-\lim\limits_{n\to\infty}\dfrac{1}{n}+5\lim\limits_{n\to\infty}\dfrac{1}{n^3}}=\dfrac{0}{2}=0$.

例 1.2.8 考察

$$\lim_{n\to\infty}\dfrac{a_0 n^k+a_1 n^{k-1}+\cdots+a_k}{b_0 n^l+b_1 n^{l-1}+\cdots+b_l},$$

其中 k,l 都是正整数，$k\leqslant l$，a_m,b_m 都是与 n 无关的数且 $a_0\neq 0,b_0\neq 0$.

解 由于

$$\dfrac{a_0 n^k+a_1 n^{k-1}+\cdots+a_k}{b_0 n^l+b_1 n^{l-1}+\cdots+b_l}=n^{k-l}\dfrac{a_0+\dfrac{a_1}{n}+\cdots+\dfrac{a_k}{n^k}}{b_0+\dfrac{b_1}{n}+\cdots+\dfrac{b_l}{n^l}},$$

且

$$\lim_{n\to\infty}\left(a_0+\dfrac{a_1}{n}+\cdots+\dfrac{a_k}{n^k}\right)=a_0,$$

$$\lim_{n\to\infty}\left(b_0+\dfrac{b_1}{n}+\cdots+\dfrac{b_l}{n^l}\right)=b_0,$$

$$\lim_{n\to\infty}n^{k-l}=\begin{cases}0, & k<l,\\ 1, & k=l,\end{cases}$$

则有

$$\lim_{n\to\infty}\dfrac{a_0 n^k+a_1 n^{k-1}+\cdots+a_k}{b_0 n^l+b_1 n^{l-1}+\cdots+b_l}=\lim_{n\to\infty}n^{k-l}\cdot\dfrac{a_0}{b_0}=\begin{cases}0, & k<l,\\ \dfrac{a_0}{b_0}, & k=l.\end{cases}$$

在例 1.2.8 中，我们只讨论了 $k\leqslant l$ 的情形，对于 $k>l$ 的情形将在第四节中讨论.

例 1.2.9 设 $a_n=\dfrac{1^2+2^2+\cdots+n^2}{n^3}$，求 $\lim\limits_{n\to\infty}a_n$.

解 因为 $\dfrac{1^2+2^2+\cdots+n^2}{n^3}=\dfrac{n(n+1)(2n+1)}{6n^3}=\dfrac{1}{6}\left(1+\dfrac{1}{n}\right)\left(2+\dfrac{1}{n}\right)$，

故

$$\lim_{n\to\infty}\dfrac{1^2+2^2+\cdots+n^2}{n^3}=\lim_{n\to\infty}\left[\dfrac{1}{6}\left(1+\dfrac{1}{n}\right)\left(2+\dfrac{1}{n}\right)\right]$$

$$=\dfrac{1}{6}\lim_{n\to\infty}\left(1+\dfrac{1}{n}\right)\lim_{n\to\infty}\left(2+\dfrac{1}{n}\right)$$

$$= \frac{1}{6}\left(\lim_{n\to\infty}1 + \lim_{n\to\infty}\frac{1}{n}\right)\left(\lim_{n\to\infty}2 + \lim_{n\to\infty}\frac{1}{n}\right)$$
$$= \frac{1}{6}(1+0)\times(2+0) = \frac{1}{3}.$$

思考 若采用如下的方法求例 1.2.9 中的极限

$$\lim_{n\to\infty}\frac{1^2+2^2+\cdots+n^2}{n^3} = \lim_{n\to\infty}\left(\frac{1^2}{n^3}+\frac{2^2}{n^3}+\cdots+\frac{n^2}{n^3}\right)$$
$$= \lim_{n\to\infty}\frac{1^2}{n^3} + \lim_{n\to\infty}\frac{2^2}{n^3} + \cdots + \lim_{n\to\infty}\frac{n^2}{n^3}$$
$$= 0+0+\cdots+0 = 0,$$

于是,此处得到了不同的结果.哪一个错了呢? 为什么?

例 1.2.10 设 $a>0$,a 为常数.求 $\lim\limits_{n\to\infty}\sqrt[n]{a}$.

解 若 $a>1$,由例 1.2.4 可知,$\lim\limits_{n\to\infty}\sqrt[n]{a}=1$.

若 $a=1$,显然 $\lim\limits_{n\to\infty}\sqrt[n]{a}=1$.

现考察 $0<a<1$ 的情形.设 $a=\dfrac{1}{b}$,此时 $b>1$ 且 $\sqrt[n]{a}=\dfrac{1}{\sqrt[n]{b}}$,所以

$$\lim_{n\to\infty}\sqrt[n]{a} = \lim_{n\to\infty}\frac{1}{\sqrt[n]{b}} = \frac{1}{1} = 1.$$

综上可得,对于任何 $a>0$,有 $\lim\limits_{n\to\infty}\sqrt[n]{a}=1$.

1.2.4 数列极限存在准则

数列极限的四则运算法则及其推论都在极限存在的情形下使用.下面将介绍极限存在的判别准则及应用准则的例子.

首先,介绍单调数列的概念和单调有界收敛准则.

定义 1.2.5(单调数列) 若数列 $\{a_n\}$ 满足条件

$$a_1 \leqslant a_2 \leqslant \cdots \leqslant a_n \leqslant a_{n+1} \leqslant \cdots,$$

即 $a_n \leqslant a_{n+1}$ 对任意 n 都成立,则称数列 $\{a_n\}$ 是**单调增加**的(monotonically increasing);若数列 $\{a_n\}$ 满足条件

$$a_1 \geqslant a_2 \geqslant \cdots \geqslant a_n \geqslant a_{n+1} \geqslant \cdots,$$

即 $a_n \geqslant a_{n+1}$ 对任意 n 都成立,则称数列 $\{a_n\}$ 是**单调减少**的(monotonically decreasing).单调增加和单调减少的数列统称为**单调数列**(见图 1.2.3).

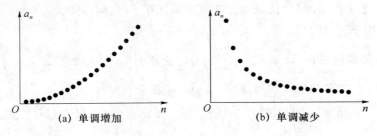

图 1.2.3

注 如果定义 1.2.5 的条件为 $a_{n+1} > a_n$（或 $a_{n+1} < a_n$），则称其为**严格**（strictly）**单调增加**（**减少**）.

我们知道收敛的数列一定有界，也知道有界数列不一定收敛. 但是，如果数列不仅有界，并且是单调的，那么这个数列的极限必定存在，即这个数列一定收敛.

定理 1.2.7（单调有界收敛准则） 单调有界数列必有极限.

这个定理从直观上看很明显的，但是要证明它却不容易，对该定理我们不做证明，而给出它的几何解释.

从数轴上来看，对应单调数列 $\{a_n\}$ 的点只可能向一个方向移动. 即只有两种可能：点 a_n 沿数轴上移向无穷远（这种变化趋势可记为 $a_n \to +\infty$ 或 $a_n \to -\infty$，我们将在第四节讨论）；或点 a_n 无限趋近于某个定点 A（见图 1.2.4）. 但是现在给定的数列是有界的，这表明点 a_n 不可能沿着数轴移向无穷远，所以单调有界数列的点 a_n 会无限趋近于某一个定点 A，即数列 $\{a_n\}$ 趋近于一个极限.

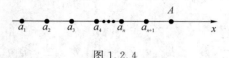

图 1.2.4

注 （1）我们知道，改变数列有限项的值，并不改变数列的敛散性（若数列为收敛的也不改变其极限），所以，若 $\exists N \in \mathbf{N}_+$，当 $n > N$ 时，$a_n \leqslant a_{n+1}$（或 $a_n \geqslant a_{n+1}$）成立，且 $|a_n| \leqslant M$，则数列 $\{a_n\}$ 也是收敛的（见图 1.2.5）.

（2）定理 1.2.7 是一个数列收敛的充分条件. 一个收敛的数列并不一定是单调的. 例如，数列 $\left\{\dfrac{(-1)^n}{n}\right\}$ 收敛，但并不单调（见图 1.2.6）.

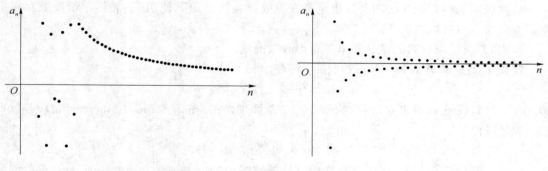

图 1.2.5　　　　　图 1.2.6

（3）定理 1.2.7 也可改写为：若 $\{a_n\}$ 单调减少且有下界，则 $\{a_n\}$ 收敛. 类似地，若 $\{a_n\}$ 单调增加且有上界，则 $\{a_n\}$ 也收敛.

例 1.2.11（重要极限） 设 $a_n = \left(1 + \dfrac{1}{n}\right)^n$，讨论数列 $\{a_n\}$ 的收敛性.

解 先证明 a_n 为单调增加数列. 应用二项式定理展开，可得

$$a_n = 1 + n\frac{1}{n} + \frac{n(n-1)}{2!}\frac{1}{n^2} + \frac{n(n-1)(n-2)}{3!}\frac{1}{n^3} + \cdots + \frac{n(n-1)(n-2)\cdots 3 \cdot 2 \cdot 1}{n!} \cdot \frac{1}{n^n}$$

$$= 1 + 1 + \frac{1}{2!}\left(1 - \frac{1}{n}\right) + \frac{1}{3!}\left(1 - \frac{1}{n}\right)\left(1 - \frac{2}{n}\right) + \cdots + \frac{1}{n!}\left(1 - \frac{1}{n}\right)\left(1 - \frac{2}{n}\right)\cdots\left(1 - \frac{n-1}{n}\right).$$

而 $a_{n+1}=1+1+\frac{1}{2!}(1-\frac{1}{n+1})+\frac{1}{3!}(1-\frac{1}{n+1})(1-\frac{2}{n+1})+\cdots+$
$\frac{1}{n!}(1-\frac{1}{n+1})(1-\frac{2}{n+1})\cdots(1-\frac{n-1}{n+1})+\frac{1}{(n+1)!}(1-\frac{1}{n+1})(1-\frac{2}{n+1})\cdots(1-\frac{n}{n+1}).$

由于
$$1-\frac{1}{n}<1-\frac{1}{n+1},$$
$$1-\frac{2}{n}<1-\frac{2}{n+1},$$
$$\vdots$$
$$1-\frac{n-1}{n}<1-\frac{n-1}{n+1},$$

所以除前两项外,a_n 的每一项都小于 a_{n+1} 对应的项,并且 a_{n+1} 还多了一项且这项显然大于零.因此
$$a_n<a_{n+1},$$
故 $\{a_n\}$ 是单调增加数列.

下面证明 $\{a_n\}$ 的有界性.

易知
$$0<a_n<1+1+\frac{1}{2!}+\frac{1}{3!}+\cdots+\frac{1}{n!}$$
$$<1+1+\frac{1}{2}+\frac{1}{2^2}+\cdots+\frac{1}{2^{n-1}}$$
$$=1+\frac{1-\frac{1}{2^n}}{1-\frac{1}{2}}\leqslant 3-\frac{1}{2^{n-1}}<3,$$

即 $\{a_n\}$ 为有界数列.根据单调有界收敛准则,$\lim_{n\to\infty}\left(1+\frac{1}{n}\right)^n$ 存在.

这个极限是个无理数,记为 e,它就是自然对数的底,即
$$\lim_{n\to\infty}\left(1+\frac{1}{n}\right)^n=e.$$

例 1.2.12 设 $a_n=\left(1+\frac{1}{n}\right)^{n+1}$,求 $\lim_{n\to\infty}a_n$.

解 $\lim_{n\to\infty}\left(1+\frac{1}{n}\right)^{n+1}=\lim_{n\to\infty}\left(1+\frac{1}{n}\right)^n\cdot(1+\frac{1}{n})$
$$=\lim_{n\to\infty}\left(1+\frac{1}{n}\right)^n\cdot\lim_{n\to\infty}(1+\frac{1}{n})$$
$$=e\cdot 1=e.$$

例 1.2.13 设 $a_1=\sqrt{a},a_2=\sqrt{a+\sqrt{a}},a_3=\sqrt{a+\sqrt{a+\sqrt{a}}},a_n=\sqrt{a+\sqrt{a+\sqrt{a+\sqrt{a+\cdots+\sqrt{a}}}}}$,
其中 $a>0$.证明 $\{a_n\}$ 是收敛的,并求出 $\lim_{n\to\infty}a_n$.

证明 由这个数列的构造来看,易知 $\{a_n\}$ 是单调增加的.下面证明 $\{a_n\}$ 是有界的.

由 $a_n=\sqrt{a+a_{n-1}}$,可得
$$a_n^2=a+a_{n-1}.$$

由于 $\{a_n\}$ 为单调增加的,即 $a_{n-1}<a_n$,于是

$$a_n^2 < a + a_n.$$

又由 $a_n \geqslant \sqrt{a} > 0$,可得

$$\sqrt{a} \leqslant a_n < \frac{a}{a_n} + 1 \leqslant \frac{a}{\sqrt{a}} + 1 = \sqrt{a} + 1.$$

即 $\{a_n\}$ 为有界数列. 根据单调有界收敛准则,数列 $\{a_n\}$ 为收敛数列.

下面求 $\lim\limits_{n \to \infty} a_n$. 设 $\lim\limits_{n \to \infty} a_n = A$,则对 $a_n^2 = a + a_{n-1}$ 两边同时取极限可得

$$\lim_{n \to \infty} a_n^2 = \lim_{n \to \infty}(a + a_{n-1}),$$

由此有

$$A^2 = a + A \quad \text{即} \quad A^2 - A - a = 0,$$

解方程得

$$A = \frac{1 \pm \sqrt{1 + 4a}}{2}.$$

由于 $a_n \geqslant \sqrt{a} > 0$,故 A 不可取负数,舍去负数得

$$\lim_{n \to \infty} a_n = \frac{1 + \sqrt{1 + 4a}}{2}.$$

例 1.2.13 不仅告诉我们如何应用"单调有界收敛准则"来判断极限的存在性,而且告诉我们当数列极限存在的情形下,如何运用极限的运算来求极限.

下面,我们介绍另一个重要的判别准则.

定理 1.2.8(夹逼准则) 如果数列 $\{a_n\}$,$\{b_n\}$ 及 $\{c_n\}$ 满足下列条件:

(1) 从某项起,即 $\exists N \in \mathbf{N}_+$,当 $n > N$ 时,有

$$b_n \leqslant a_n \leqslant c_n;$$

(2)
$$\lim_{n \to \infty} b_n = A, \quad \lim_{n \to \infty} c_n = A,$$

则数列 $\{a_n\}$ 是收敛的,且 $\lim\limits_{n \to \infty} a_n = A$.

证明 由于 $\lim\limits_{n \to \infty} b_n = A, \lim\limits_{n \to \infty} c_n = A$,根据数列极限的定义,$\forall \varepsilon > 0$,$\exists N_1 \in \mathbf{N}_+$,当 $n > N_1$ 时,有

$$|b_n - A| < \varepsilon,$$

即

$$A - \varepsilon < b_n < A + \varepsilon,$$

$\exists N_2 \in \mathbf{N}_+$,当 $n > N_2$ 时,有

$$|c_n - A| < \varepsilon,$$

即

$$A - \varepsilon < c_n < A + \varepsilon.$$

取 $N^* = \max\{N_1, N_2, N\}$,则当 $n > N^*$ 时,有

$$A - \varepsilon < b_n \leqslant a_n \leqslant c_n < A + \varepsilon,$$

也就是说 $|a_n - A| < \varepsilon$ 成立,故

$$\lim_{n \to \infty} a_n = A.$$

例 1.2.14 求下列极限:

(1) $\lim\limits_{n \to \infty} \dfrac{\cos n}{n}$; (2) $\lim\limits_{n \to \infty} \dfrac{1}{2^n}$;

(3) $\lim\limits_{n \to \infty} \left[(-1)^n \dfrac{1}{n}\right]$; (4) $\lim\limits_{n \to \infty} \sqrt[m]{1 + \dfrac{1}{n^p}}$,其中 $m, p \in \mathbf{N}_+$.

解 (1) 因为 $-\dfrac{1}{n} \leqslant \dfrac{\cos n}{n} \leqslant \dfrac{1}{n}$,且 $\lim\limits_{n \to \infty} \dfrac{1}{n} = 0$,所以由夹逼准则可知

$$\lim_{n\to\infty}\frac{\cos n}{n}=0.$$

(2) 因为 $0 \leqslant \frac{1}{2^n} \leqslant \frac{1}{n}$，且 $\lim\limits_{n\to\infty}\frac{1}{n}=0$，所以由夹逼准则可知

$$\lim_{n\to\infty}\frac{1}{2^n}=0.$$

(3) 因为 $-\frac{1}{n} \leqslant (-1)^n \frac{1}{n} \leqslant \frac{1}{n}$，且 $\lim\limits_{n\to\infty}\left(-\frac{1}{n}\right)=0, \lim\limits_{n\to\infty}\frac{1}{n}=0$，所以由夹逼准则可知

$$\lim_{n\to\infty}\left[(-1)^n \frac{1}{n}\right]=0.$$

(4) 因为 $1 < \sqrt[m]{1+\frac{1}{n^p}} \leqslant 1+\frac{1}{n^p}$，且 $\lim\limits_{n\to\infty}\left(1+\frac{1}{n^p}\right)=1$，所以由夹逼准则可知

$$\lim_{n\to\infty}\sqrt[m]{1+\frac{1}{n^p}}=1.$$

例 1.2.15 求 $\lim\limits_{n\to\infty}\left(\frac{1}{\sqrt{n^2+1}}+\frac{1}{\sqrt{n^2+2}}+\cdots+\frac{1}{\sqrt{n^2+n}}\right)$.

解
$$\frac{n}{\sqrt{n^2+n}} \leqslant \frac{1}{\sqrt{n^2+1}}+\frac{1}{\sqrt{n^2+2}}+\cdots+\frac{1}{\sqrt{n^2+n}} \leqslant \frac{n}{\sqrt{n^2+1}},$$

且
$$\lim_{n\to\infty}\frac{n}{\sqrt{n^2+n}}=\lim_{n\to\infty}\frac{1}{\sqrt{1+\frac{1}{n}}}=1,$$

$$\lim_{n\to\infty}\frac{n}{\sqrt{n^2+1}}=\lim_{n\to\infty}\frac{1}{\sqrt{1+\frac{1}{n^2}}}=1,$$

由夹逼准则可得

$$\lim_{n\to\infty}\left(\frac{1}{\sqrt{n^2+1}}+\frac{1}{\sqrt{n^2+2}}+\cdots+\frac{1}{\sqrt{n^2+n}}\right)=1.$$

* **柯西(Cauchy)极限存在准则**

定理 1.2.9（柯西极限存在准则） 数列 $\{a_n\}$ 收敛的充分必要条件是：$\forall \varepsilon > 0, \exists N \in \mathbf{N}_+$，使得当 $n > N, m > N$ 时，有

$$|a_n - a_m| < \varepsilon.$$

证明 （1）先证明必要性.

设 $\lim\limits_{n\to\infty} a_n = A$，则 $\forall \varepsilon > 0, \exists N \in \mathbf{N}_+$，使得当 $n > N$ 时，有

$$|a_n - A| < \frac{\varepsilon}{2},$$

且当 $m > N$ 时，有

$$|a_m - A| < \frac{\varepsilon}{2},$$

故
$$|a_n - a_m| = |(a_n - A) - (a_m - A)|$$
$$\leqslant |a_n - A| + |a_m - A| < \frac{\varepsilon}{2} + \frac{\varepsilon}{2} = \varepsilon.$$

（2）定理充分性证明超过本书讨论范围，这里不予证明.

柯西极限存在准则的充要条件是：在收敛数列$\{a_n\}$中必存在这样一项a_N，在这项以后任意两项相差的绝对值任意小．它在几何上表示，数列$\{a_n\}$收敛的充要条件是对于给定的正数ε，在数轴上一切具有足够大下标号的点a_n中，任意两点间的距离小于ε．

柯西极限存在准则有时也叫**柯西审敛原理**．这个定理给出的是数列收敛的充要条件，因此可用来判定某些数列不收敛．

例 1.2.16 设 $a_n = 1 + \dfrac{1}{2} + \dfrac{1}{3} + \cdots + \dfrac{1}{n}$，证明$\{a_n\}$是发散的．

证明 对任意$n \in \mathbf{N}_+$，取$m = 2n$，有

$$|a_m - a_n| = \frac{1}{n+1} + \frac{1}{n+2} + \cdots + \frac{1}{2n} \geqslant \frac{1}{2n} + \frac{1}{2n} + \cdots + \frac{1}{2n} = \frac{n}{2n} = \frac{1}{2},$$

可知对于任意小于$\dfrac{1}{2}$的ε，不存在正整数N，使得$n > N$时有

$$|a_m - a_n| < \varepsilon,$$

故数列$\{a_n\}$是发散的． ■

习题 1.2 A

1．写出下列数列的前五项：

(1) $a_n = [(-1)^n + 1]\dfrac{n+1}{n}$； (2) $a_n = \dfrac{1}{3n}\sin n^3$；

(3) $a_n = \dfrac{1}{\sqrt{n^2+1}} + \dfrac{1}{\sqrt{n^2+2}} + \cdots + \dfrac{1}{\sqrt{n^2+n}}$．

2．下列各题中，哪些数列收敛？哪些数列发散？对收敛数列，通过观察$\{a_n\}$的变化趋势写出极限．

(1) $a_n = \dfrac{1}{3^n}$； (2) $a_n = \dfrac{n-1}{n+1}$；

(3) $a_n = \sqrt{n+1} - \sqrt{n}$； (4) $a_n = n - \dfrac{1}{n}$；

(5) $a_n = (-1)^n n$； (6) $a_n = [(-1)^n + 1]\dfrac{n+1}{n}$．

3．下列哪一个说法可以用作数列$\{a_n\}$收敛的定义？为什么？

(1) 对数列$\{\varepsilon_i\}_1^\infty$，存在一个$N \in \mathbf{N}_+$，使得对所有的$\varepsilon_i$，$|a_n - A| < \varepsilon_i$对一切$n > N$成立；

(2) $\forall \varepsilon > 0$，$\exists N \in \mathbf{N}_+$，使得$|a_n - A| \leqslant \varepsilon$对一切$n > N$成立；

(3) $\forall m \in \mathbf{N}_+$，$\exists N \in \mathbf{N}_+$，使得$|a_n - A| < \dfrac{1}{m}$对一切$n > N$成立；

(4) $\forall \varepsilon > 0$，$\exists N \in \mathbf{N}_+$，使得$|a_n - A| < \varepsilon$对无穷多个$n > N$成立．

4．根据数列极限的定义证明：

(1) $\lim\limits_{n \to \infty} \dfrac{1}{n^2} = 0$； (2) $\lim\limits_{n \to \infty} \dfrac{5n+2}{6n-3} = \dfrac{5}{6}$；

(3) $\lim\limits_{n\to\infty}\left(\dfrac{1}{n}\cos\dfrac{n\pi}{2}\right)=0$; (4) $\lim\limits_{n\to\infty}\dfrac{1+(-1)^n}{\sqrt{n}}=0$.

5. 证明下列数列是发散的：

(1) $\left\{\sin\dfrac{n\pi}{4}\right\}$; (2) $\{n^{(-1)^n}\}$.

6. 判断以下运算是否正确，为什么？

(1) $\lim\limits_{n\to\infty}\dfrac{1+2+\cdots+n}{n^2}=\lim\limits_{n\to\infty}\left(\dfrac{1}{n^2}+\dfrac{2}{n^2}+\cdots+\dfrac{n}{n^2}\right)=\lim\limits_{n\to\infty}\dfrac{1}{n^2}+\lim\limits_{n\to\infty}\dfrac{2}{n^2}+\cdots+\lim\limits_{n\to\infty}\dfrac{n}{n^2}=0$;

(2) $\lim\limits_{n\to\infty}\left(1+\dfrac{1}{n}\right)^n=\lim\limits_{n\to\infty}\left(1+\dfrac{1}{n}\right)\cdot\lim\limits_{n\to\infty}\left(1+\dfrac{1}{n}\right)\cdots\lim\limits_{n\to\infty}\left(1+\dfrac{1}{n}\right)=1$;

(3) $\lim\limits_{n\to\infty}\dfrac{n^2+2n}{2n^2+3n+1}=\lim\limits_{n\to\infty}\dfrac{\dfrac{1}{n}+\dfrac{2}{n^2}}{\dfrac{2}{n}+\dfrac{3}{n^2}+\dfrac{1}{n^3}}=\dfrac{\lim\limits_{n\to\infty}\dfrac{1}{n}+\lim\limits_{n\to\infty}\dfrac{2}{n^2}}{\lim\limits_{n\to\infty}\dfrac{2}{n}+\lim\limits_{n\to\infty}\dfrac{3}{n^2}+\lim\limits_{n\to\infty}\dfrac{1}{n^3}}=1$.

7. 求下列极限：

(1) $\lim\limits_{n\to\infty}\dfrac{4n^3+2n^2-n+6}{n^3+3n+2}$; (2) $\lim\limits_{n\to\infty}\dfrac{2n^2-5n+1}{n^3+2n^2+2}$;

(3) $\lim\limits_{n\to\infty}\left[\left(1-\dfrac{1}{\sqrt[n]{2}}\right)\dfrac{3n^2+6}{2n^3+n^2-1}\right]$; (4) $\lim\limits_{n\to\infty}\dfrac{(n+1)(n+2)(n+3\,000)}{2n^3+1}$;

(5) $\lim\limits_{n\to\infty}\dfrac{3^n-(-1)^n}{3^{n+1}+(-1)^{n+1}}$; (6) $\lim\limits_{n\to\infty}\dfrac{(-2)^n+3^n}{(-2)^{n+1}+3^{n+1}}$;

(7) $\lim\limits_{n\to\infty}\dfrac{1+\dfrac{1}{2}+\cdots+\dfrac{1}{2^n}}{1+\dfrac{1}{4}+\cdots+\dfrac{1}{4^n}}$; (8) $\lim\limits_{n\to\infty}\dfrac{1}{\sqrt{n}(\sqrt{n+1}-\sqrt{n})}$.

8. 利用单调有界数列必有极限证明下列数列 $\{a_n\}$ 的极限存在，并求出极限.

(1) $a_1=\sqrt{2},a_2=\sqrt{2\sqrt{2}},\cdots,a_n=\sqrt{2a_{n-1}}$;

(2) $a_1=a,a_{n+1}=1-\sqrt{1-a_n}$，其中 $0<a<1$;

(3) $a_1=\sqrt{2},a_2=\sqrt{2+\sqrt{2}},\cdots,a_n=\sqrt{2+a_{n-1}}$.

9. 利用单调有界数列必存在极限证明下列数列 $\{a_n\}$ 存在极限.

(1) $a_n=1+\dfrac{1}{2^2}+\dfrac{1}{3^2}+\cdots+\dfrac{1}{n^2}$;

(2) $a_n=\dfrac{1}{3+1}+\dfrac{1}{3^2+1}+\cdots+\dfrac{1}{3^n+1}$;

(3) $a_n=\sqrt[n]{a}$ $(a\geqslant 0)$.

10. 求下列极限：

(1) $\lim\limits_{n\to\infty}\sqrt[n]{1+2^n}$; (2) $\lim\limits_{n\to\infty}\sqrt[n]{1+3^n+5^n+7^n}$;

(3) $\lim\limits_{n\to\infty}\left(\dfrac{1}{n^3+1}+\dfrac{4}{n^3+2}+\cdots+\dfrac{n^2}{n^3+n}\right)$; (4) $\lim\limits_{n\to\infty}\left[n\left(\dfrac{1}{n^2+\pi}+\dfrac{1}{n^2+2\pi}+\cdots+\dfrac{1}{n^2+n\pi}\right)\right]$.

习题 1.2 B

1. 若数列 $\{a_n\}$ 和 $\{b_n\}$ 均是发散的,则数列 $\{a_n\pm b_n\}$ 及 $\{a_nb_n\}$ 是否也发散? 如果 $\{a_n\}$ 收敛,而 $\{b_n\}$ 发散,则数列 $\{a_n\pm b_n\}$ 及 $\{a_nb_n\}$ 的敛散性呢?

2. (1) 按定义证明,若 $\lim\limits_{n\to\infty}a_n=A$,则 $\lim\limits_{n\to\infty}|a_n|=|A|$. 并举例说明,如果数列 $\{|a_n|\}$ 有极限,但数列 $\{a_n\}$ 未必有极限.

   (2) 按定义证明,若 $\lim\limits_{n\to\infty}|a_n|=0$,则 $\lim\limits_{n\to\infty}a_n=0$.

3. 使用数列极限的定义证明,若 $\lim\limits_{n\to\infty}a_n=A>0,a_n>0$,则 $\lim\limits_{n\to\infty}\sqrt{a_n}=\sqrt{A}$.

4. 判断数列 $\{x_n\}$ 的敛散性:
$$x_n=a_0+a_1q+a_2q^2+\cdots+a_nq^n \quad (|q|<1,|a_k|\leqslant M,M>0,k=0,1,2,\cdots).$$

5. 对数列 $\{a_n\}$,若 $\lim\limits_{k\to\infty}a_{2k}=A,\lim\limits_{k\to\infty}a_{2k+1}=A$,证明
$$\lim_{n\to\infty}a_n=A.$$

6. 设 $n\to\infty$ 时,$a_n\to 0$,且 $\{b_n\}$ 有界,证明 $\lim\limits_{n\to\infty}(a_nb_n)=0$.

7. 设 $b_n=\dfrac{a_1+a_2+\cdots+a_n}{n}$,证明:

   (1) 若 $a_n\to 0$,则 $b_n\to 0,n\to\infty$;

   (2) 若 $a_n\to A(A\neq 0)$,则 $b_n\to A,n\to\infty$.

8. 证明下列数列是收敛的,并求它们的极限:

   (1) $x_1=1, \quad x_{n+1}=2-\dfrac{1}{1+x_n} \quad (n=1,2,\cdots)$;

   (2) $a_n=(1+2^n+3^n)^{\frac{1}{n}} \quad (n=1,2,\cdots)$;

   (3) $x_1>0, \quad x_{n+1}=\dfrac{1}{2}\left(x_n+\dfrac{a}{x_n}\right) \quad (a>0,n=1,2,\cdots)$.

9. 设 $\{a_n\}$ 为单调增加的数列. 若它存在一个收敛到 A 的子列,证明 $\lim\limits_{n\to\infty}a_n=A$.

10. 应用 Cauchy 收敛准则证明数列 $\{a_n\}$ 的收敛性,其中通项
$$a_n=\frac{\sin 1}{1^2}+\frac{\sin 2}{2^2}+\cdots+\frac{\sin n}{n^2}.$$

1.3 函数的极限

本节中,我们将介绍函数极限的定义、性质与运算法则等.

1.3.1 函数极限的概念

上一节中,我们介绍了数列极限,数列 $\{a_n\}$ 可看作自变量为 n 的函数,即 $a_n=f(n)$,$n\in \mathbf{N}_+$. 数列 $\{a_n\}$ 极限为 A 的粗略说法是:当自变量 n 取正整数且无限增大(即 $n\to\infty$)时,对

应的函数值 $f(n)$ 会无限接近于常数 A(即 $a_n \to A$). 函数极限和数列极限有许多相似之处,粗略地讲,一个函数 $f(x)$ 在自变量 x 的某个变化过程中,对应的函数值 $f(x)$ 无限接近于某个确定的数 A,那么就称函数 $f(x)$ 在这一变化过程中的极限为 A.

特别注意,函数的极限与自变量的变化过程是密切相关的. 利用函数图形分析函数在自变量的某个变化过程中的变化趋势可以看出这一点. 例如,考虑函数 $f(x) = \dfrac{1}{x}$ ($x>0$) (见图 1.3.1),可知当 x 无限增大(即 $x \to +\infty$)时,对应的函数值无限接近于 0;当 x 接近点 1(即 $x \to 1$)时,对应的函数值无限接近于 1. 也就是说,由于自变量的变化过程不同,函数的极限表现为不同的形式.

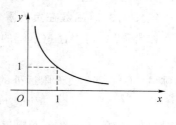

图 1.3.1

本节中,我们将先研究自变量的如下两种变化过程.

(1) 自变量 x 无限增大的情形. 具体而言,考虑以下三种情形:x 沿 x 轴正向趋于正无穷大(记作 $x \to +\infty$),x 沿 x 轴负向趋于负无穷大(记为 $x \to -\infty$),以及 $|x|$ 无限增大,即 x 的绝对值趋向于无穷大(记作 $x \to \infty$)时对应的函数值 $f(x)$ 的变化过程;

(2) 自变量任意接近于有限值 x_0 的情形. 具体而言,考虑如下三种情形:x 充分接近 x_0 或 x 趋向于有限值 x_0 (记作 $x \to x_0$),x 沿 x_0 的右侧 ($x>x_0$) 充分接近 x_0 (记作 $x \to x_0^+$),以及 x 沿 x_0 左侧 ($x<x_0$) 充分接近 x_0 (记作 $x \to x_0^-$)时,对应的函数值 $f(x)$ 的变化过程.

1. 函数在无限远处的极限

图 1.3.2 和图 1.3.3 中画了两个函数,它们的共同特征是当自变量 x 无限增大时,函数值 $f(x)$ 将随之越来越接近一个定数 A. 我们就说函数 $f(x)$ 在正无限远处或 x 趋向于正无穷大时的极限为 A,记为

$$\lim_{x \to +\infty} f(x) = A,$$

或

$$f(x) \to A (x \to +\infty).$$

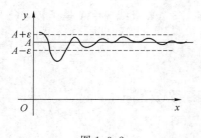

图 1.3.2

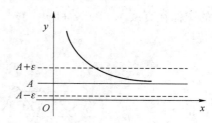

图 1.3.3

下面,与数列极限类似,我们给出函数在正无限远处的极限的定义.

定义 1.3.1(函数在正无限远处的极限) 设函数 $f(x)$ 在某区间 $[a, +\infty)$ 上有定义,如果存在常数 A,对于任意给定的 $\varepsilon > 0$,存在 $X > 0$,使得当 $x > X$ 时,总有

$$|f(x) - A| < \varepsilon,$$

则称 A 为 $f(x)$ 在**正无限远处的极限**,或称 A 是 $x \to +\infty$ 时 $f(x)$ 的**极限**,记为

$$\lim_{x \to +\infty} f(x) = A \quad \text{或} \quad f(x) \to A \quad (x \to +\infty).$$

这时,也称函数 $f(x)$ 在正无限远处极限存在.

定义 1.3.1 可简单地表达为
$$\lim_{x\to+\infty}f(x)=A \Leftrightarrow \forall \varepsilon>0, \exists X>0, 当 x>X 时, 有 |f(x)-A|<\varepsilon.$$
类似地,可定义函数在负无限远处的极限.

定义 1.3.2(函数在负无限远处的极限) 设函数 $f(x)$ 在某一区间 $(-\infty,b]$ 上有定义. 如果存在常数 A, 对于任意给定的 $\varepsilon>0$, 存在 $X>0$, 使得当 $x<-X$ 时, 总有
$$|f(x)-A|<\varepsilon,$$
则称 A 为 $f(x)$ 在**负无限远处的极限**, 或称 A 是 $x\to-\infty$ 时 $f(x)$ 的**极限**, 记为
$$\lim_{x\to-\infty}f(x)=A \quad 或 \quad f(x)\to A \quad (x\to-\infty).$$
这时也称函数 $f(x)$ 在负无限远处的极限存在.

定义 1.3.2 可简单地表述为
$$\lim_{x\to-\infty}f(x)=A \Leftrightarrow \forall \varepsilon>0, \exists X>0, 当 x<-X 时, 有 |f(x)-A|<\varepsilon.$$
在实际问题中,有时需要考察自变量 x 的绝对值无限增大的情形,即 $|x|\to+\infty$ 时,函数 $f(x)$ 的变化趋势. 将 x 的绝对值无限增大记作 $x\to\infty$, 有下述极限的定义.

定义 1.3.3(函数在无限远处的极限) 设函数 $f(x)$ 在 $|x|$ 大于某一正数时有定义, 如果存在常数 A, 对于任意给定的 $\varepsilon>0$, 存在 $X>0$, 使得当 $|x|>X$ 时, 总有
$$|f(x)-A|<\varepsilon,$$
则称 A 为 $f(x)$ 在**无限远处的极限**, 或称 A 是 $x\to\infty$ 时 $f(x)$ 的**极限**, 记为
$$\lim_{x\to\infty}f(x)=A \quad 或 \quad f(x)\to A \quad (x\to\infty).$$
这时也称函数 $f(x)$ 在无限远处的极限存在.

定义 1.3.3 可简单地描述为
$$\lim_{x\to\infty}f(x)=A \Leftrightarrow \forall \varepsilon>0, \exists X>0, 当 |x|>X 时, 有 |f(x)-A|<\varepsilon.$$
从几何上来说, $\lim_{x\to\infty}f(x)=A$ 的意义是: 任意给定一正数 ε, 有平行于 x 轴的两条直线 $y=A-\varepsilon$ 和 $y=A+\varepsilon$, 则总存在一个正数 X, 使得当自变量 x 满足 $x<-X$ 或 $x>X$ 时, 函数 $y=f(x)$ 的图像在直线 $y=A-\varepsilon$ 和 $y=A+\varepsilon$ 之间(图 1.3.4). 直线 $y=A$ 是函数 $f(x)$ 的图像的水平渐近线.

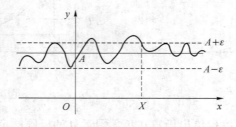

图 1.3.4

例 1.3.1 证明 $\lim\limits_{x\to\infty}\dfrac{1}{x}=0$.

证明 对任意给定的 $\varepsilon>0$, 需要证明存在一个 $X>0$, 当 $|x|>X$ 时, 不等式
$$\left|\frac{1}{x}-0\right|=\frac{1}{|x|}<\varepsilon$$
成立. 由

$$\frac{1}{|x|}<\varepsilon \Leftrightarrow |x|>\frac{1}{\varepsilon}$$

可知 X 可取 $\frac{1}{\varepsilon}$. 也就是说，$\forall \varepsilon>0$，$\exists X=\frac{1}{\varepsilon}$，当 $|x|>X$ 时，有不等式

$$\left|\frac{1}{x}-0\right|<\varepsilon,$$

即
$$\lim_{x\to\infty}\frac{1}{x}=0. \qquad \blacksquare$$

例 1.3.2 证明 $\lim\limits_{x\to\infty}\dfrac{2x^2+x}{x^2}=2$.

证明 对于任意给定的 $\varepsilon>0$，需要证明存在一个 $X>0$，当 $|x|>X$ 时，不等式

$$\left|\frac{2x^2+x}{x^2}-2\right|<\varepsilon$$

成立. 由于

$$\left|\frac{2x^2+x}{x^2}-2\right|=\left|\frac{x}{x^2}\right|=\frac{1}{|x|},$$

可得，当 $|x|>\dfrac{1}{\varepsilon}$ 时，$\left|\dfrac{2x^2+x}{x^2}-2\right|<\varepsilon$ 成立. 于是，$\forall \varepsilon>0$，$\exists X=\dfrac{1}{\varepsilon}$，当 $|x|>\dfrac{1}{\varepsilon}$ 时，有不等式

$$\left|\frac{2x^2+x}{x^2}-2\right|<\varepsilon$$

成立，所以

$$\lim_{x\to\infty}\frac{2x^2+x}{x^2}=2. \qquad \blacksquare$$

2. 函数在自变量趋于一点时的极限

设函数 $f(x)$ 在点 x_0 的某个邻域内有定义，现在考虑自变量的变化过程为 $x\to x_0$. 如果在 $x\to x_0$ 的过程中，对应的函数值 $f(x)$ 无限接近于确定的数值 A，则称 A 是函数 $f(x)$ 当 $x\to x_0$ 时的极限. 这意味着只要 x 充分接近 x_0，函数 $f(x)$ 和 A 的差会相当小，或者更确切地说，要使 $|f(x)-A|$ 相当小，只要 x 充分接近 x_0 就可以了. 若把这句话用数学记号写出，就可以得到 $f(x)$ 在 x_0 点的极限的定义.

如同已学过的极限概念中所阐述的"$|f(x)-A|$ 相当小（或任意小）"这件事可以用"$|f(x)-A|<\varepsilon$"来表达，其中 ε 是任意给定的正数. 而"x 充分接近 x_0"这件事可以表达为"$0<|x-x_0|<\delta$"，其中 δ 是某一个正数. 从几何上来看，满足不等式 $0<|x-x_0|<\delta$ 的 x 全体是点 x_0 的去心 δ 邻域，而邻域半径 δ 体现了 x 与 x_0 的接近程度.

由此，函数在 $x\to x_0$ 时极限的精确定义如下.

定义 1.3.4（函数在 $x\to x_0$ 时的极限） 设函数 $f(x)$ 在点 x_0 的某一去心邻域内有定义. 如果存在常数 A，对于任意给定的 $\varepsilon>0$，总存在 $\delta>0$，使得当 x 满足 $0<|x-x_0|<\delta$ 时，有

$$|f(x)-A|<\varepsilon,$$

则称 A 为 $f(x)$ 当 $x\to x_0$ 时的极限，记作

$$\lim_{x\to x_0}f(x)=A \quad \text{或} \quad f(x)\to A \ (x\to x_0).$$

这时也称函数 $f(x)$ 在 $x\to x_0$ 时的极限存在，其极限值是 A.

定义 1.3.4 可简单地描述为

$$\lim_{x \to x_0} f(x) = A \Leftrightarrow \forall \varepsilon > 0, \exists \delta > 0, \text{当 } 0 < |x - x_0| < \delta \text{ 时，有 } |f(x) - A| < \varepsilon.$$

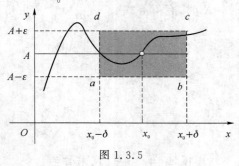

图 1.3.5

图 1.3.5 给出了函数 $f(x)$ 当 $x \to x_0$ 时极限为 A 的几何解释. 任意给定一个正数 ε，画直线 $y = A - \varepsilon$ 和 $y = A + \varepsilon$. 函数 $f(x)$ 在 x_0 点的极限为 A，表明对于给定的 ε，存在着点 x_0 的一个 δ 邻域 $(x_0 - \delta, x_0 + \delta)$. 直线 $x = x_0 - \delta$，$x = x_0 + \delta$，$y = A - \varepsilon$ 和 $y = A + \varepsilon$ 构成矩形区域 $abcd$. 当 $x \neq x_0$ 时，曲线 $y = f(x)$ 的图形总在矩形 $abcd$ 内.

注 定义中 $0 < |x - x_0|$ 表示 $x \neq x_0$. 所以当 $x \to x_0$ 时 $f(x)$ 的极限存在与否与 $f(x)$ 在 x_0 处是否有定义并无关系.

例 1.3.3 证明 $\lim\limits_{x \to 1}(3x - 1) = 2$.

证明 由定义可知，只需证明对任意给定的 $\varepsilon > 0$，存在 $\delta > 0$，使得 $|f(x) - A| < \varepsilon$ 对 $0 < |x - x_0| < \delta$ 成立即可. 由于

$$|f(x) - A| = |3x - 1 - 2| = 3|x - 1|,$$

要使 $|f(x) - A| < \varepsilon$ 成立，只要

$$3|x - 1| < \varepsilon,$$

即

$$|x - 1| < \frac{\varepsilon}{3}.$$

所以 $\forall \varepsilon > 0$，取 $\delta = \frac{\varepsilon}{3}$，当 $0 < |x - 1| < \delta$ 时，

$$|(3x - 1) - 2| < \varepsilon$$

成立，即

$$\lim_{x \to 1}(3x - 1) = 2.$$ ∎

例 1.3.4 证明 $\lim\limits_{x \to 0}(\sin x) = 0$.

证明 由于

$$|\sin x - 0| = |\sin x| \leqslant |x|,$$

要使 $|\sin x - 0| < \varepsilon$ 成立，只要令 $|x| < \varepsilon$ 即可. 于是，$\forall \varepsilon > 0$，取 $\delta = \varepsilon$，当 $0 < |x| < \delta$ 时，有

$$|\sin x - 0| < \varepsilon,$$

即

$$\lim_{x \to 0}(\sin x) = 0.$$ ∎

例 1.3.5 证明 $\lim\limits_{x \to 2} \dfrac{x^2 - 4}{x - 2} = 4$.

证明 注意函数 $f(x) = \dfrac{x^2 - 4}{x - 2}$ 在 $x = 2$ 时没有定义，但函数 $f(x)$ 当 $x \to 2$ 时极限存在与否与 $f(x)$ 在 $x = 2$ 时有无定义并无关系.

对于任意给定的 $\varepsilon > 0$，由

$$\left| \frac{x^2 - 4}{x - 2} - 4 \right| = |x + 2 - 4| = |x - 2|$$

可知,要使 $\left|\dfrac{x^2-4}{x-2}-4\right|<\varepsilon$ 成立,只需 $0<|x-2|<\varepsilon$ 即可.也就是说,可以取 $\delta=\varepsilon$.故 $\forall \varepsilon>0$,取 $\delta=\varepsilon$,当 $0<|x-2|<\delta$ 时,有

$$\left|\dfrac{x^2-4}{x-2}-4\right|<\varepsilon,$$

即

$$\lim_{x\to 2}\dfrac{x^2-4}{x-2}=4. \blacksquare$$

例 1.3.6 设函数 $f(x)=\begin{cases}1, & x\neq 0,\\ 0, & x=0,\end{cases}$ 证明 $\lim\limits_{x\to 0}f(x)=1$.

证明 当 $x\neq 0$ 时,

$$|f(x)-1|=|1-1|=0.$$

故对于任意给定的 $\varepsilon>0$,任取 $\delta>0$,当 $0<|x|<\delta$ 时,总有

$$|f(x)-1|=0<\varepsilon$$

成立,由此可知

$$\lim_{x\to 0}f(x)=1. \blacksquare$$

在定义 1.3.4 中,自变量 $x\to x_0$ 时,x 是既从 x_0 的左侧又从 x_0 的右侧趋于 x_0 的.有时,需考虑 x 仅从 x_0 的右侧趋于 x_0(即 $x\to x_0^+$)的情形,或 x 仅从 x_0 左侧趋近于 x_0(即 $x\to x_0^-$)的情形.此时,函数 $f(x)$ 的极限若存在,我们称之为单侧极限存在.类似于定义 1.3.4,有如下定义.

定义 1.3.5(右极限) 设函数 $f(x)$ 在 x_0 的某个右邻域 $(x_0,x_0+\eta)$ 内有定义,其中 $\eta>0$.如果存在常数 A,对于任意给定的 $\varepsilon>0$,存在一个实数 $\delta>0$,使得当 x 满足 $x_0<x<x_0+\delta$ 时有

$$|f(x)-A|<\varepsilon,$$

则称 A 为 $f(x)$ 当 $x\to x_0^+$ 时的极限或 $f(x)$ 当 $x\to x_0$ 时的**右极限**,记作

$$\lim_{x\to x_0^+}f(x)=A \quad \text{或} \quad f(x)\to A \ (x\to x_0^+) \quad \text{或} \quad f(x_0+0)=A.$$

定义 1.3.6(左极限) 设函数 $f(x)$ 在 x_0 的某个左邻域 $(x_0-\eta,x_0)$ 内有定义,其中 $\eta>0$.如果存在常数 A,对于任意给定的 $\varepsilon>0$,存在一个实数 $\delta>0$,使得当 x 满足 $x_0-\delta<x<x_0$ 时有

$$|f(x)-A|<\varepsilon,$$

则称 A 为 $f(x)$ 当 $x\to x_0^-$ 时的极限或 $f(x)$ 当 $x\to x_0$ 时的**左极限**,记作

$$\lim_{x\to x_0^-}f(x)=A \quad \text{或} \quad f(x)\to A \ (x\to x_0^-) \quad \text{或} \quad f(x_0-0)=A.$$

右极限和左极限统称为**单侧极限**.上述定义也可以简记为

$$\lim_{x\to x_0^+}f(x)=A\Leftrightarrow \forall \varepsilon>0, \exists \delta>0, \text{当 } x_0<x<x_0+\delta \text{ 时,有 } |f(x)-A|<\varepsilon;$$

$$\lim_{x\to x_0^-}f(x)=A\Leftrightarrow \forall \varepsilon>0, \exists \delta>0, \text{当 } x_0-\delta<x<x_0 \text{ 时,有 } |f(x)-A|<\varepsilon.$$

由函数 $f(x)$ 在点 x_0 处的极限的定义以及右极限和左极限的定义,不难知道

$$\lim_{x\to x_0}f(x)=A\Leftrightarrow \lim_{x\to x_0^+}f(x)=\lim_{x\to x_0^-}f(x)=A.$$

即函数 $f(x)$ 当 $x\to x_0$ 时极限存在的充要条件是右极限和左极限都存在并相等.特别注意,若右极限和左极限都存在但是不相等,则 $\lim\limits_{x\to x_0}f(x)$ 不存在.

例 1.3.7 设函数
$$f(x)=\begin{cases}\sin x-1, & x<0,\\ 0, & x=0,\\ \sin x+1, & x>0,\end{cases}$$
证明当 $x\to 0$ 时,$f(x)$ 的极限不存在.

证明 由于
$$\lim_{x\to 0^+}f(x)=\lim_{x\to 0^+}(\sin x+1)=1,$$
$$\lim_{x\to 0^-}f(x)=\lim_{x\to 0^-}(\sin x-1)=-1,$$
即左右极限存在但不相等,所以函数 $f(x)$ 在 $x\to 0$ 时的极限不存在. ■

1.3.2 函数极限的性质和运算法则

与收敛数列的性质完全相仿,函数极限也有类似的性质. 这些性质都可以根据函数极限的定义类似证明. 由于函数极限的定义按自变量的变化过程有不同形式,下面仅以"$x\to x_0$(或 $x\to x_0^-$)"的情形为代表给出函数极限的性质,并给出其中几个的证明.

定理 1.3.1(函数极限的局部有界性) 若 $\lim\limits_{x\to x_0}f(x)=A$,则存在 $\delta>0$,使得 $f(x)$ 在去心邻域 $(x_0-\delta,x_0)\cup(x_0,x_0+\delta)$ 内有界. 也就是说,$\exists M>0$ 及 $\delta>0$,当 x 满足 $0<|x-x_0|<\delta$ 时,有
$$|f(x)|\leqslant M.$$

证明 由于 $\lim\limits_{x\to x_0}f(x)=A$,令 $\varepsilon_0=1$,由函数极限的定义可知,$\exists \delta>0$,当 $0<|x-x_0|<\delta$ 时,有
$$A-\varepsilon_0<f(x)<A+\varepsilon_0,$$
即
$$A-1<f(x)<A+1.$$
取 $M=|A|+1$,可知 $|f(x)|\leqslant M$ 对所有 $0<|x-x_0|<\delta$ 成立. 所以函数 $f(x)$ 在 $0<|x-x_0|<\delta$ 内有界. ■

定理 1.3.2(函数极限的局部保号性) 若 $\lim\limits_{x\to x_0}f(x)=A$,且 $A>0$(或 $A<0$),则 $\exists \delta>0$,使得当 $0<|x-x_0|<\delta$ 时,有
$$f(x)>0 \quad (或 f(x)<0).$$

证明 下面只就 $A>0$ 的情形证明($A<0$ 的情形可类似证明).

由于 $\lim\limits_{x\to x_0}f(x)=A>0$,取 $\varepsilon_0=\dfrac{A}{2}>0$,由函数极限的定义可知,$\exists \delta>0$,当 $0<|x-x_0|<\delta$ 时,有
$$|f(x)-A|<\frac{A}{2},$$
即 $A-\dfrac{A}{2}<f(x)<A+\dfrac{A}{2}$. 由此 $f(x)>A-\dfrac{A}{2}=\dfrac{A}{2}>0$ 成立,故定理得证. ■

推论 1.3.1 若 $\lim\limits_{x\to x_0}f(x)=A$,且 $\exists \delta>0$,使得当 x 满足 $0<|x-x_0|<\delta$ 时,有 $f(x)\geqslant 0$(或 $\leqslant 0$),则必有 $A\geqslant 0$(或 $A\leqslant 0$).

推论的证明留给读者.

定理 1.3.3(函数极限的保序性) 若 $\lim\limits_{x\to x_0}f(x)=A$,$\lim\limits_{x\to x_0}g(x)=B$,且 $A>B$,则 $\exists \delta>0$,当

$0<|x-x_0|<\delta$ 时,有 $f(x)>g(x)$.

证明 取 $\varepsilon_0=\dfrac{A-B}{2}>0$. 由 $\lim\limits_{x\to x_0}f(x)=A$ 可知 $\exists\delta_1>0$,当 $0<|x-x_0|<\delta_1$ 时,有
$$f(x)>A-\varepsilon_0=\frac{A+B}{2}.$$

由于 $\lim\limits_{x\to x_0}g(x)=B$,则 $\exists\delta_2>0$,当 $0<|x-x_0|<\delta_2$ 时,有
$$g(x)<B+\varepsilon_0=\frac{A+B}{2}.$$

故取 $\delta=\min\{\delta_1,\delta_2\}$,当 $0<|x-x_0|<\delta$ 时,有
$$f(x)>\frac{A+B}{2}>g(x).$$

故定理得证. ■

推论 1.3.2 若 $\lim\limits_{x\to x_0}f(x)=A$,$\lim\limits_{x\to x_0}g(x)=B$,且 $\exists\delta>0$,当 x 满足 $0<|x-x_0|<\delta$ 时,有 $f(x)\leqslant g(x)$,则 $A\leqslant B$.

该推论的证明留给读者.

定理 1.3.4(函数极限的夹逼准则) 若 $\lim\limits_{x\to x_0}f(x)=A$,$\lim\limits_{x\to x_0}g(x)=A$,且 $\exists\delta>0$,当 x 满足 $0<|x-x_0|<\delta$ 时,有 $f(x)\leqslant\varphi(x)\leqslant g(x)$,则
$$\lim_{x\to x_0}\varphi(x)=A.$$

该定理的证明留给读者.

例 1.3.8 求 $\lim\limits_{x\to 0}\left(x\sin\dfrac{1}{x}\right)$.

解 由于
$$0\leqslant\left|x\sin\frac{1}{x}\right|\leqslant|x|,$$

且 $\lim\limits_{x\to 0}|x|=0$,所以根据夹逼定理有
$$\lim_{x\to 0}\left|x\sin\frac{1}{x}\right|=0,$$

于是
$$\lim_{x\to 0}\left(x\sin\frac{1}{x}\right)=0.$$ ■

定理 1.3.5(函数的单调有界准则) 设函数 $f(x)$ 在某个区间 $(x_0-\eta,x_0)$ 内单调并有界,则 $\lim\limits_{x\to x_0^-}f(x)$ 必存在.

该定理的证明超出了读者的知识范围.

下面我们考察数列极限与函数极限的关系,没有特别指明的情况下,以"$x\to x_0$"情形为例.

在 $\overset{\circ}{U}(x_0,\delta)$ 中取任意趋向于 x_0 的数列 $\{x_n\}$,也就是说 $x_n\to x_0(n\to\infty)$. 对应的函数值数列为 $\{f(x_n)\}$. 若 $\lim\limits_{x\to x_0}f(x)=A$ 成立,显然当 $n\to\infty$ 时,数列 $\{f(x_n)\}$ 也收敛到数 A. 反之,若对于任意收敛到 x_0 的自变量数列 $\{x_n\}$,其对应的函数值数列 $\{f(x_n)\}$ 在 $n\to\infty$ 时极限存在且相等,我们可以证明 $f(x)$ 在 x_0 点极限存在且等于函数值数列的极限,因此有如下定理.

定理 1.3.6(Heine 定理) 设函数 $f(x)$ 在 x_0 的某去心邻域 $\overset{\circ}{U}(x_0)$ 内有定义,则 $\lim\limits_{x\to x_0}f(x)=A$

的充分必要条件为对任何以 x_0 为极限的数列 $\{x_n\}(x_n \neq x_0)$ 都有 $\lim\limits_{n \to \infty} f(x_n) = A$.

证明 （1）先证必要性.

由于 $\lim\limits_{x \to x_0} f(x) = A$，则 $\forall \varepsilon > 0$，$\exists \delta > 0$，当 $0 < |x - x_0| < \delta$ 时，有
$$|f(x) - A| < \varepsilon.$$

又由于 $x_n \to x_0 (n \to \infty)$ 且 $x_n \neq x_0$，故对 $\delta > 0$，$\exists N \in \mathbf{N}_+$，当 $n > N$ 时，有
$$0 < |x_n - x_0| < \delta.$$

故对于满足这个不等式的 x_n，其对应的函数值 $f(x_n)$ 满足
$$|f(x_n) - A| < \varepsilon,$$

即 $\forall \varepsilon > 0$，$\exists N \in \mathbf{N}_+$，当 $n > N$ 时，有
$$|f(x_n) - A| < \varepsilon,$$

故
$$\lim\limits_{n \to \infty} f(x_n) = A.$$

（2）再证充分性.

用反证法. 假设 $\lim\limits_{x \to x_0} f(x) \neq A$，则 $\exists \varepsilon > 0$，不能找到一个满足定义的 δ. 也就是说对于 $\forall \delta > 0$，$\exists x^*$ 满足
$$0 < |x^* - x_0| < \delta \quad \text{且} \quad |f(x^*) - A| \geqslant \varepsilon.$$

下面就特定的 δ 构造特殊的序列 $\{x_n\}$，如取 δ 为 $1, \dfrac{1}{2}, \dfrac{1}{3}, \cdots, \dfrac{1}{n}, \cdots$ 得到 $x_1, x_2, x_3, \cdots, x_n, \cdots$ 满足：

$$0 < |x_1 - x_0| < 1, |f(x_1) - A| \geqslant \varepsilon;$$
$$0 < |x_2 - x_0| < \frac{1}{2}, |f(x_2) - A| \geqslant \varepsilon;$$
$$0 < |x_3 - x_0| < \frac{1}{3}, |f(x_3) - A| \geqslant \varepsilon;$$
$$\vdots$$
$$0 < |x_n - x_0| < \frac{1}{n}, |f(x_n) - A| \geqslant \varepsilon;$$
$$\vdots$$

可得数列 $\{x_n\}$ 满足 $\lim\limits_{n \to \infty} x_n = x_0$，但 $\lim\limits_{n \to \infty} f(x_n) \neq A$，与已知条件矛盾. 故定理得证. ■

用 Heine 定理可以证明某些函数的极限不存在.

例 1.3.9 设 $f(x) = \sin \dfrac{1}{x}$，试证 $\lim\limits_{x \to 0} f(x)$ 不存在.

证明 考虑数列 $x_n^{(1)} = \dfrac{1}{n\pi}, n \in \mathbf{N}_+$，易见 $x_n^{(1)} \to 0 (n \to \infty)$，且对所有的 n，$x_n^{(1)} \neq 0$，于是有
$$\lim\limits_{n \to \infty} f(x_n^{(1)}) = \lim\limits_{n \to \infty} \sin(n\pi) = 0.$$

另外，考虑 $x_n^{(2)} = \dfrac{1}{2n\pi + \dfrac{\pi}{2}}, n \in \mathbf{N}_+$，易见 $x_n^{(2)} \to 0 (n \to \infty)$，且对所有的 n，$x_n^{(2)} \neq 0$，故有
$$\lim\limits_{n \to \infty} f(x_n^{(2)}) = \lim\limits_{n \to \infty} \sin\left(2n\pi + \frac{\pi}{2}\right) = 1.$$

最后，根据定理 1.3.6 可得 $\lim\limits_{x \to 0} f(x)$ 不存在. ■

类似于数列极限的情形，对于函数极限有如下的四则运算法则. 特别注意，下面的定理中，

记号"lim"下面没有标明自变量的变化过程,实际上对"$x \to x_0$","$x \to x_0^+$","$x \to x_0^-$","$x \to \infty$","$x \to +\infty$","$x \to -\infty$"都成立.

定理 1.3.7(函数极限的四则运算法则) 若
$$\lim f(x) = A, \quad \lim g(x) = B,$$
则

(1) 加(减)法法则:$\lim[f(x) \pm g(x)] = \lim f(x) \pm \lim g(x) = A \pm B$;

(2) 乘法法则:$\lim[f(x) \cdot g(x)] = \lim f(x) \cdot \lim g(x) = AB$;

(3) 除法法则:若 $B \neq 0$,则 $\lim \dfrac{f(x)}{g(x)} = \dfrac{\lim f(x)}{\lim g(x)} = \dfrac{A}{B}$.

这里只证明当 $x \to x_0$ 的乘法法则成立,其余的证明留给读者.

证明 若要证明 $\lim\limits_{x \to x_0}[f(x) \cdot g(x)] = AB$,需要对 $\forall \varepsilon > 0$,找到 $\delta > 0$,使得当 $0 < |x - x_0| < \delta$ 时,有
$$|f(x)g(x) - AB| < \varepsilon.$$

易知
$$|f(x)g(x) - AB| = |f(x)g(x) - f(x)B + f(x)B - AB|$$
$$\leqslant |f(x)||g(x) - B| + |B||f(x) - A|.$$

由 $\lim\limits_{x \to x_0} f(x) = A$,$\exists \delta_1 > 0$,当 $0 < |x - x_0| < \delta_1$ 时,有
$$|f(x) - A| < \varepsilon.$$

由 $\lim\limits_{x \to x_0} g(x) = B$,$\exists \delta_2 > 0$,当 $0 < |x - x_0| < \delta_2$ 时,有
$$|g(x) - B| < \varepsilon.$$

同时由函数极限的局部有界性可知,$\exists M > 0$,$\exists \delta_3 > 0$,当 $0 < |x - x_0| < \delta_3$ 时,有
$$|f(x)| \leqslant M.$$

故取 $\delta = \min(\delta_1, \delta_2, \delta_3)$,当 $0 < |x - x_0| < \delta$ 时,有
$$|f(x)g(x) - AB| \leqslant |f(x)||g(x) - B| + |B||f(x) - A| < (M + |B|)\varepsilon.$$

综上所述可得
$$\lim_{x \to x_0}[f(x) \cdot g(x)] = AB.$$

注 定理 1.3.7 中的(1)和(2)可推广到有限个函数的情形.例如,若 $\lim f(x) = A$,$\lim g(x) = B$,$\lim h(x) = C$,则有
$$\lim[f(x) - g(x) + h(x)] = \lim f(x) - \lim g(x) + \lim h(x) = A - B + C;$$
$$\lim[f(x) \cdot g(x) \cdot h(x)] = \lim f(x) \cdot \lim g(x) \cdot \lim h(x) = ABC.$$

类似于数列极限,由定理 1.3.7,我们易得如下推论.

推论 1.3.3 若 $\lim f(x) = A$,k 为常数,则
$$\lim[kf(x)] = k\lim f(x) = kA.$$

推论 1.3.4 若 $\lim f(x) = A$,且 $n \in \mathbf{N}_+$,则
$$\lim[f(x)]^n = [\lim f(x)]^n = A^n.$$

例 1.3.10 求 $\lim\limits_{x \to 1}(3x + 5)$.

解
$$\lim_{x \to 1}(3x + 5) = \lim_{x \to 1}(3x) + \lim_{x \to 1} 5$$
$$= 3\lim_{x \to 1} x + 5 = 3 + 5 = 8.$$

例 1.3.11 求 $\lim\limits_{x\to 3}\dfrac{x^2-1}{x^2-2x+3}$.

解 $\lim\limits_{x\to 3}\dfrac{x^2-1}{x^2-2x+3}=\dfrac{\lim\limits_{x\to 3}(x^2-1)}{\lim\limits_{x\to 3}(x^2-2x+3)}=\dfrac{\lim\limits_{x\to 3}x^2-1}{\lim\limits_{x\to 3}x^2-\lim\limits_{x\to 3}(2x)+3}$

$=\dfrac{9-1}{9-6+3}=\dfrac{8}{6}=\dfrac{4}{3}.$ ∎

例 1.3.12 证明 $\lim\limits_{x\to 0}(\cos x)=1$.

证明 当 $0<|x|<\dfrac{\pi}{2}$ 时,易知

$$0<|\cos x-1|=1-\cos x=2\sin^2\dfrac{x}{2}<2\left(\dfrac{x}{2}\right)^2=\dfrac{x^2}{2},$$

即

$$0<1-\cos x<\dfrac{x^2}{2}.$$

又因为 $\lim\limits_{x\to 0}\dfrac{x^2}{2}=0$,所以,由夹逼准则可得 $\lim\limits_{x\to 0}(\cos x)=1$. ∎

定理 1.3.8(复合函数的极限运算法则) 设函数 $y=(f\circ g)(x)=f[g(x)]$ 是由函数 $y=f(u)$ 和 $u=g(x)$ 复合而成,且 $f[g(x)]$ 在 x_0 的某去心邻域 $\overset{\circ}{U}(x_0)$ 内有定义.若

$$\lim\limits_{x\to x_0}g(x)=u_0,\quad \lim\limits_{u\to u_0}f(u)=A,$$

且 $\exists\delta_0>0$,当 $x\in\overset{\circ}{U}(x_0,\delta_0)$ 时,有 $g(x)\neq u_0$,则

$$\lim\limits_{x\to x_0}f[g(x)]=\lim\limits_{u\to u_0}f(u)=A.$$

证明 由于 $\lim\limits_{u\to u_0}f(u)=A$,则 $\forall\varepsilon>0$,$\exists\eta>0$,当 $u\in\overset{\circ}{U}(u_0,\eta)$ 时有

$$|f(u)-A|<\varepsilon.$$

又由于 $\lim\limits_{x\to x_0}g(x)=u_0$,故对前面的 $\eta>0$,$\exists\delta_1>0$,当 $x\in\overset{\circ}{U}(x_0,\delta_1)$ 时有

$$|g(x)-u_0|<\eta.$$

由假设,当 $x\in\overset{\circ}{U}(x_0,\delta_0)$ 时,$g(x)\neq u_0$.取 $\delta=\min(\delta_0,\delta_1)$,则当 $x\in\overset{\circ}{U}(x_0,\delta)$ 时,$0<|g(x)-u_0|<\eta$ 即 $u\in\overset{\circ}{U}(u_0,\eta)$,从而

$$|f[g(x)]-A|=|f(u)-A|<\varepsilon$$

成立,即

$$\lim\limits_{x\to x_0}f[g(x)]=A.$$ ∎

定理 1.3.8 表示,如果函数 $y=f(x)$ 和 $u=g(x)$ 满足定理条件,那么用代换 $u=g(x)$ 就可以把求 $\lim\limits_{x\to x_0}f[g(x)]$ 化为 $\lim\limits_{u\to u_0}f(u)$,这里 $u_0=\lim\limits_{x\to x_0}g(x)$.

例 1.3.13 求 $\lim\limits_{x\to 0}\dfrac{2\sin^2 x+1}{\sin^3 x+4\sin x+5}$.

证明 令 $u=\sin x$,$\lim\limits_{x\to 0}(\sin x)=0$,故

$$\lim\limits_{x\to 0}\dfrac{2\sin^2 x+1}{\sin^3 x+4\sin x+5}=\lim\limits_{u\to 0}\dfrac{2u^2+1}{u^3+4u+5}=\dfrac{2\lim\limits_{u\to 0}u^2+1}{\lim\limits_{u\to 0}u^3+4\lim\limits_{u\to 0}u+5}=\dfrac{1}{5}.$$ ∎

注 在定理 1.3.8 中,如果将条件 $\lim\limits_{x\to x_0}g(x)=u_0$ 换成 $\lim\limits_{x\to x_0}g(x)=\infty$,且把 $\lim\limits_{u\to u_0}f(u)=A$ 换成 $\lim\limits_{u\to\infty}f(u)=A$,仍可得到类似的定理.

1.3.3 两个重要极限

接下来,我们先介绍两个常用的不等式,然后证明两个重要的极限.

1. 两个常用不等式

① $\forall x\in\mathbf{R}$,有 $|\sin x|\leqslant|x|$;

② $\forall x\in(-\dfrac{\pi}{2},\dfrac{\pi}{2})$,有 $|x|\leqslant|\tan x|$.

上述两个不等式中,当且仅当 $x=0$ 时等号成立.

如图 1.3.6 所示,在四分之一的单位圆中,设圆心角 $\angle AOB=x(0<x<\dfrac{\pi}{2})$,点 A 处的切线与 OB 的延长线相交于点 C,$CA\perp OA$. 由于 $\triangle AOB$ 的面积 $<$ 扇形 AOB 的面积 $<$ $\triangle AOC$ 的面积,而 $\triangle AOB$ 的面积为 $\dfrac{1}{2}\sin x$,扇形 AOB 的面积为 $\dfrac{1}{2}x$,$\triangle AOC$ 的面积为 $\dfrac{1}{2}\tan x$,因此,当 $0<x<\dfrac{\pi}{2}$ 时,就有

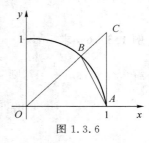

图 1.3.6

$$\sin x<x<\tan x.$$

而当 $-\dfrac{\pi}{2}<x<0$ 时,$0<-x<\dfrac{\pi}{2}$,故有

$$-\sin x<-x<-\tan x.$$

由此可得,当 $|x|<\dfrac{\pi}{2}$ 时,

$$|\sin x|\leqslant|x|\leqslant|\tan x|,$$

当 $|x|\geqslant\dfrac{\pi}{2}$ 时,显然有

$$|\sin x|\leqslant 1<\dfrac{\pi}{2}\leqslant|x|.$$

由此,不等式①②成立.

2. 两个重要极限

利用上述两个不等式可以证明两个重要的极限.

① $\lim\limits_{x\to 0}\dfrac{\sin x}{x}=1$.

证明 由于当 $0<|x|<\dfrac{\pi}{2}$ 时有

$$|\sin x|<|x|<|\tan x|,$$

故

$$1<\left|\dfrac{x}{\sin x}\right|<\left|\dfrac{\tan x}{\sin x}\right|,$$

即

$$1<\dfrac{x}{\sin x}<\dfrac{1}{\cos x} \quad \text{或} \quad \cos x<\dfrac{\sin x}{x}<1.$$

由 $\lim\limits_{x\to 0}(\cos x)=1, \lim\limits_{x\to 0} 1=1$,用夹逼准则可得

$$\lim_{x\to 0}\frac{\sin x}{x}=1.$$

例 1.3.14 求 $\lim\limits_{x\to 0}\frac{\tan x}{x}$.

解 $\lim\limits_{x\to 0}\frac{\tan x}{x}=\lim\limits_{x\to 0}\left(\frac{\sin x}{x}\cdot\frac{1}{\cos x}\right)=\lim\limits_{x\to 0}\frac{\sin x}{x}\cdot\frac{1}{\lim\limits_{x\to 0}(\cos x)}=1.$

例 1.3.15 $\lim\limits_{x\to 0}\frac{\sin mx}{\sin nx}$ $(n\neq 0, x\neq 0)$.

解 $\lim\limits_{x\to 0}\frac{\sin mx}{\sin nx}=\lim\limits_{x\to 0}\frac{m\dfrac{\sin mx}{mx}}{n\dfrac{\sin nx}{nx}}=\dfrac{m}{n}\lim\limits_{x\to 0}\dfrac{\dfrac{\sin mx}{mx}}{\dfrac{\sin nx}{nx}}=\dfrac{m}{n}\dfrac{\lim\limits_{x\to 0}\dfrac{\sin mx}{mx}}{\lim\limits_{x\to 0}\dfrac{\sin nx}{nx}}=\dfrac{m}{n}.$

例 1.3.16 求 $\lim\limits_{x\to\infty}\left(x\cdot\arcsin\dfrac{1}{x}\right)$.

解 令 $\arcsin\dfrac{1}{x}=t$,则 $\sin t=\dfrac{1}{x}$. 因此

$$\lim_{x\to\infty}\left(x\cdot\arcsin\frac{1}{x}\right)=\lim_{t\to 0}\frac{t}{\sin t}=\lim_{t\to 0}\frac{1}{\dfrac{\sin t}{t}}=1.$$

② $\lim\limits_{x\to\infty}\left(1+\dfrac{1}{x}\right)^x=\mathrm{e}.$

证明 首先讨论 $x\to+\infty$ 的情形.

令 $n=[x]$,则 $n\leqslant x<n+1$ 成立,所以易知

$$\left(1+\frac{1}{n+1}\right)\leqslant\left(1+\frac{1}{x}\right)\leqslant\left(1+\frac{1}{n}\right),$$

进一步有

$$\left(1+\frac{1}{n+1}\right)^n<\left(1+\frac{1}{x}\right)^x<\left(1+\frac{1}{n}\right)^{n+1},$$

由于 $x\to+\infty$ 时,$n=[x]$ 取正整数值且趋于正无穷,又由于

$$\lim_{n\to\infty}\left(1+\frac{1}{n+1}\right)^n=\lim_{n\to\infty}\frac{\left(1+\dfrac{1}{n+1}\right)^{n+1}}{1+\dfrac{1}{n+1}}=\mathrm{e},$$

及

$$\lim_{n\to\infty}\left(1+\frac{1}{n}\right)^{n+1}=\lim_{n\to\infty}\left(1+\frac{1}{n}\right)^n\lim_{n\to\infty}\left(1+\frac{1}{n}\right)=\mathrm{e},$$

用夹逼定理准则可得

$$\lim_{x\to+\infty}\left(1+\frac{1}{x}\right)^x=\mathrm{e}.$$

下面证明 $\lim\limits_{x\to-\infty}\left(1+\dfrac{1}{x}\right)^x=\mathrm{e}.$

令 $x=-y$,则

$$\left(1+\frac{1}{x}\right)^x=\left(1-\frac{1}{y}\right)^{-y}=\left(1+\frac{1}{y-1}\right)^y$$

$$=\left(1+\frac{1}{y-1}\right)^{y-1}\left(1+\frac{1}{y-1}\right),$$

所以 $$\lim_{x\to-\infty}\left(1+\frac{1}{x}\right)^x = \lim_{y\to+\infty}\left[\left(1+\frac{1}{y-1}\right)^{y-1}\left(1+\frac{1}{y-1}\right)\right]$$
$$=\lim_{y\to+\infty}\left(1+\frac{1}{y-1}\right)^{y-1}\lim_{y\to+\infty}\left(1+\frac{1}{y-1}\right)=\mathrm{e}.$$

由 $$\lim_{x\to+\infty}\left(1+\frac{1}{x}\right)^x=\mathrm{e},\quad \lim_{x\to-\infty}\left(1+\frac{1}{x}\right)^x=\mathrm{e}$$

可得 $$\lim_{x\to\infty}\left(1+\frac{1}{x}\right)^x=\mathrm{e}.\quad\blacksquare$$

例 1.3.17 求 $\lim\limits_{x\to\infty}\left(1-\frac{1}{x}\right)^x$.

解 $$\lim_{x\to\infty}\left(1-\frac{1}{x}\right)^x=\lim_{x\to\infty}\left[\left(1+\frac{1}{(-x)}\right)^{-x}\right]^{-1}=\frac{1}{\mathrm{e}}.\quad\blacksquare$$

注 利用复合函数的极限运算法则,在 $\lim\limits_{x\to\infty}\left(1+\frac{1}{x}\right)^x=\mathrm{e}$ 式中,作代换 $x=\frac{1}{u}$,可得到

$$\lim_{x\to\infty}\left(1+\frac{1}{x}\right)^x=\lim_{u\to 0}(1+u)^{\frac{1}{u}}=\mathrm{e},$$

也就是说 $$\lim_{x\to 0}(1+x)^{\frac{1}{x}}=\mathrm{e}$$

是重要极限②的另一种形式.

例 1.3.18 求 $\lim\limits_{x\to 0}(1-x)^{\frac{1}{x}}$.

解 $$\lim_{x\to 0}(1-x)^{\frac{1}{x}}=\lim_{x\to 0}\left[(1+(-x))^{\frac{1}{-x}}\right]^{-1}=\frac{1}{\mathrm{e}}.\quad\blacksquare$$

习题 1.3　A

1. 画出下列函数的图像,并从图像观察得到要求的极限. 如果极限不存在,说明理由.

(1) $f(x)=x^2+2x-2$,求 $\lim\limits_{x\to 0}f(x)$ 及 $\lim\limits_{x\to 1}f(x)$;

(2) $f(x)=\cos x$,求 $\lim\limits_{x\to 0}f(x)$ 及 $\lim\limits_{x\to -\infty}f(x)$;

(3) $f(x)=\begin{cases}0,&x<0,\\1,&x=0,\\2,&x>0,\end{cases}$ 求 $\lim\limits_{x\to 0}f(x)$ 及 $\lim\limits_{x\to 1}f(x)$;

(4) $f(x)=\arctan\frac{1}{x}$,求 $\lim\limits_{x\to 0^+}f(x)$ 及 $\lim\limits_{x\to 0^-}f(x)$;

(5) $f(x)=\frac{1}{x-1}$,求 $\lim\limits_{x\to 1^+}f(x)$ 及 $\lim\limits_{x\to 1^-}f(x)$.

2. 下列结论是否正确？如果结论正确,试证明之;若不正确,给出一个反例.

(1) 若 $\lim\limits_{n\to\infty}f\left(\frac{1}{n}\right)=A$,则 $\lim\limits_{x\to 0^+}f(x)=A$;

(2) 若 $\lim\limits_{x\to x_0}f(x)=A$,则 $\lim\limits_{x\to x_0}[f(x)]^k=A^k$,其中 $k\in\mathbf{N}_+$;

(3) 若 $\lim\limits_{x\to x_0}f(x)$ 及 $\lim\limits_{x\to x_0}[f(x)+g(x)]$ 都存在，则 $\lim\limits_{x\to x_0}g(x)$ 必存在；

(4) 若 $\lim\limits_{x\to x_0}f(x)$ 及 $\lim\limits_{x\to x_0}[f(x)g(x)]$ 都存在，则 $\lim\limits_{x\to x_0}g(x)$ 必存在；

(5) 若 $f(x)>0, x\in\overset{\circ}{U}(x_0)$ 且 $\lim\limits_{x\to x_0}f(x)=A$，则 $A>0$.

3. 利用函数极限的定义证明下列极限：

(1) $\lim\limits_{x\to+\infty}\dfrac{1}{x}=0$；

(2) $\lim\limits_{x\to\infty}\left(\sin\dfrac{1}{x}\right)=0$；

(3) $\lim\limits_{x\to 0^-}\left(x\sin\dfrac{1}{x}\right)=0$；

(4) $\lim\limits_{x\to\frac{1}{2}}x^2=\dfrac{1}{4}$.

4. 下列的极限存在吗？为什么？

(1) $x\to 0, f(x)=\cos\dfrac{1}{x}$；

(2) $x\to 0, f(x)=\dfrac{|x|}{x}$；

(3) $x\to+\infty, f(x)=x(1+\sin x)$；

(4) $x\to 0, f(x)=\dfrac{1}{1+2^{1/x}}$；

(5) $x\to\infty, f(x)=\arctan x$；

(6) $x\to 0, f(x)=\begin{cases}x+1, & x<0,\\ 1, & x=0,\\ 2, & x>0;\end{cases}$

(7) $x\to 0, f(x)=\begin{cases}2^x, & x>0,\\ 0, & x=0,\\ 1+x^2, & x<0;\end{cases}$

(8) $x\to 0, f(x)=\begin{cases}\dfrac{\sin x}{x}, & x<0,\\ \left(1+\dfrac{1}{x}\right)^{\frac{1}{x}}, & x>0.\end{cases}$

5. 下面的求解过程正确吗？请指出错误.

(1) $\lim\limits_{x\to 0}\dfrac{\sin x}{x}=\dfrac{\lim\limits_{x\to 0}(\sin x)}{\lim\limits_{x\to 0}x}=\dfrac{0}{0}=1$；

(2) $\lim\limits_{x\to\infty}\dfrac{\sin x}{x}=\dfrac{\lim\limits_{x\to\infty}(\sin x)}{\lim\limits_{x\to\infty}x}=0$；

(3) $\lim\limits_{x\to 0}\left(x\sin\dfrac{1}{x}\right)=\lim\limits_{x\to 0}x\cdot\lim\limits_{x\to 0}\left(\sin\dfrac{1}{x}\right)=0$.

6. 求下列极限：

(1) $\lim\limits_{x\to 1}\dfrac{x^2+x-2}{x^2+3x+2}$；

(2) $\lim\limits_{x\to 1}\dfrac{x^3+2x-5}{x^2+6x+3}$；

(3) $\lim\limits_{x\to 1}\dfrac{x^3-1}{x-1}$；

(4) $\lim\limits_{x\to 2}\dfrac{x^2-4}{x-2}$；

(5) $\lim\limits_{h\to 0}\dfrac{(x+h)^2-x^2}{h}$；

(6) $\lim\limits_{x\to\infty}\left(3-\dfrac{2}{x}+\dfrac{1}{x^2}\right)$；

(7) $\lim\limits_{x\to\infty}\left[\left(1+\dfrac{1}{x}\right)\left(2-\dfrac{1}{x^2}\right)\right]$；

(8) $\lim\limits_{x\to\sqrt{2}}\dfrac{x^2-2}{x^2+1}$.

7. 求下列极限：

(1) $\lim\limits_{x\to 0}\dfrac{\sin wx}{x}$ （w 为常数）；

(2) $\lim\limits_{x\to 0}\dfrac{\tan 3x}{x}$；

(3) $\lim\limits_{x\to 0}\left(x\cot\dfrac{x}{2}\right)$；

(4) $\lim\limits_{x\to\pi}\dfrac{\sin x}{x-\pi}$；

(5) $\lim\limits_{x\to 0}(1-2x)^{\frac{1}{x}}$；

(6) $\lim\limits_{x\to 0}(1+2x)^{\frac{1}{x}}$；

(7) $\lim_{x\to\infty}\left(1-\dfrac{2}{x}\right)^{3x}$; (8) $\lim_{x\to\infty}\left(\dfrac{1+x}{x}\right)^{2x}$.

8. 设 $f(x)=\begin{cases} 0, & x>1, \\ 1, & x=1, \\ x^2+2x, & x<1, \end{cases}$ 求 $f(x)$ 在 $x=1$ 处的左右极限.

9. 设 $f(x)=\begin{cases} x\sin\dfrac{1}{x}, & x>0, \\ 1+x^2, & x<0, \end{cases}$ 求 $f(x)$ 在 $x=0$ 处的左右极限.

习题 1.3 B

1. 用 ε-δ 定义来描述在 $x\to x_0$ 时函数 $f(x)$ 的极限不是 A.

2. 已知 $\lim\limits_{x\to\infty}\left(\dfrac{x^2+1}{x+1}-ax-b\right)=0$,求常数 a 和 b.

3. 已知 $\lim\limits_{x\to\infty}\left(\dfrac{x^2+3}{x-2}+ax+b\right)=0$,求常数 a 和 b.

4. 求下列极限:

(1) $\lim\limits_{x\to 0}\dfrac{x}{\sqrt[3]{2+x}-\sqrt[3]{2-x}}$; (2) $\lim\limits_{x\to+\infty}\left[\sin\left(\sqrt{x+1}-\sqrt{x}\right)\right]$;

(3) $\lim\limits_{\Delta x\to 0}\dfrac{\sin(x+\Delta x)-\sin x}{\Delta x}$; (4) $\lim\limits_{\Delta x\to 0}\dfrac{\cos(x+\Delta x)-\cos x}{\Delta x}$;

(5) $\lim\limits_{x\to\infty}\left(\dfrac{3x-1}{3x+1}\right)^{3x-1}$; (6) $\lim\limits_{x\to 0^+}(\cos\sqrt{x})^{\frac{1}{x}}$.

5. 设 $f:(a,b)\to\mathbf{R}$ 为一个无界函数. 试证明存在区间 (a,b) 上的数列 $\{x_n\}$,使得 $\lim\limits_{n\to\infty}f(x_n)=\infty$.

6. 证明 $\lim\limits_{x\to+\infty}f(x)=A$ 的充要条件是对任何趋向于正无穷的数列 $\{x_n\}$,对应的函数值数列满足 $\lim\limits_{n\to\infty}f(x_n)=A$.

7. 证明 $\lim\limits_{x\to 0}f(x)=\lim\limits_{x\to 0}f(x^3)$. 并判断 $\lim\limits_{x\to 0}f(x)=\lim\limits_{x\to 0}f(x^2)$ 是否成立? 为什么?

8. 求 $\lim\limits_{x\to 0}\left(\dfrac{\pi+\mathrm{e}^{\frac{1}{x}}}{1+\mathrm{e}^{\frac{4}{x}}}+\arctan\dfrac{1}{x}\right)$.

1.4 无穷小与无穷大量

1.4.1 无穷小量

在自变量的某个变化过程中,对应的函数值 $f(x)$ 趋向于零,就称函数 $f(x)$ 为在该自变量变化过程中的无穷小量. 下面以 $x\to x_0$(或 $x\to\infty$)时为例,给出无穷小量的定义.

定义 1.4.1(无穷小量(infinitesimal quantities)**)** 若一个函数 $\alpha(x)$ 当 $x\to x_0$(或 $x\to\infty$)时

的极限为零,则称函数 $\alpha(x)$ 为当 $x \to x_0$ (或 $x \to \infty$) 时的**无穷小量**(infinitesimal quantity),或简称为**无穷小**.

特别地,若 $\lim\limits_{n \to \infty} x_n = 0$,则称数列 $\{x_n\}$ 为 $n \to \infty$ 时的无穷小.

例如,$\lim\limits_{x \to 0} x^2 = 0, \lim\limits_{x \to 0}(\sin x) = 0, \lim\limits_{x \to 0}(1 - \cos x) = 0$,所以函数 $x^2, \sin x, 1 - \cos x$ 为当 $x \to 0$ 时的无穷小;因为 $\lim\limits_{x \to \infty} \dfrac{1}{x} = 0, \lim\limits_{x \to \infty} \dfrac{1}{x^2} = 0$,所以函数 $\dfrac{1}{x}$ 和 $\dfrac{1}{x^2}$ 为当 $x \to \infty$ 时的无穷小量.

注 (1) 不要把无穷小量与很小的数混为一谈. 无穷小是在 $x \to x_0$ (或 $x \to \infty$) 过程中,函数趋向于零的一个函数. 零是唯一一个可以作为无穷小的常数.

(2) 一个函数是否为无穷小依赖于自变量的变化. 例如,简单地称函数 $\dfrac{1}{x}$ 为无穷小是错误的,正确的说法是当 $x \to \infty$ 时,$\dfrac{1}{x}$ 为一个无穷小.

(3) 定义 1.4.1 同样适用于"$x \to x_0^-$","$x \to x_0^+$","$x \to -\infty$","$x \to +\infty$"的情形.

下面的定理说明无穷小与函数极限的关系. 该定理中,记号"lim"下面没有标明自变量的变化过程,表明该结论对自变量的任何变化情况都适用.

定理 1.4.1 $\lim f(x) = A$ 的充要条件是 $f(x) = A + \alpha(x)$,其中 $\alpha(x)$ 是一个自变量同一变化过程的无穷小.

我们就 $x \to x_0$ 的情形给出证明过程,其余情形留给读者.

证明 (1) 先证明必要性.

设 $\lim\limits_{x \to x_0} f(x) = A$,令 $\alpha(x) = f(x) - A$,则有
$$\lim_{x \to x_0} \alpha(x) = 0,$$
即 $\alpha(x)$ 为当 $x \to x_0$ 时的无穷小,且 $f(x) = A + \alpha(x)$.

(2) 再证明充分性.

设 $f(x) = A + \alpha(x)$ 且 $\lim\limits_{x \to x_0} \alpha(x) = 0$,则
$$\lim_{x \to x_0} f(x) = \lim_{x \to x_0} (A + \alpha(x)) = A + 0 = A.$$

于是定理得证. ∎

利用极限的四则运算法则易得下面的定理,定理的证明留给读者.

定理 1.4.2 有限个无穷小的和也是无穷小.

定理 1.4.3 有限个无穷小的乘积也是无穷小.

注 定理 1.4.2 和定理 1.4.3 中若考虑无限个无穷小的和或乘积,结论不一定成立.

对于无穷小量,还有如下应用相当广泛的定理.

定理 1.4.4 有界函数与无穷小量的乘积是无穷小.

该定理在 $x \to x_0$ 时可具体阐述为:设函数 $f(x)$ 在 $\mathring{U}(x_0)$ 内局部有界,且 $\alpha(x)$ 在 $x \to x_0$ 时是一个无穷小量,则 $\alpha(x) f(x)$ 在 $x \to x_0$ 时也是一个无穷小量. 下面我们就 $x \to x_0$ 的情形给出定理 1.4.4 的证明.

证明 由于函数 $f(x)$ 在 $\mathring{U}(x_0)$ 内局部有界,则 $\exists$ 常数 $M > 0$,当 $x \in \mathring{U}(x_0)$,有
$$|f(x)| \leqslant M,$$

故 $$|\alpha(x)f(x)| \leqslant M|\alpha(x)|, \quad \forall x \in \overset{\circ}{U}(x_0),$$

即 $$-M|\alpha(x)| \leqslant \alpha(x)f(x) \leqslant M|\alpha(x)|, \quad \forall x \in \overset{\circ}{U}(x_0).$$

由 $\alpha(x)$ 在 $x \to x_0$ 时为一个无穷小量,可得 $\lim\limits_{x \to x_0} \alpha(x) = 0$,故 $\lim\limits_{x \to x_0} |\alpha(x)| = 0$.

由于 M 为常数,使用夹逼定理,可以得到

$$\lim_{x \to x_0} [\alpha(x)f(x)] = 0,$$

即 $\alpha(x)f(x)$ 在 $x \to x_0$ 时为一无穷小量. ∎

例 1.4.1 求 $\lim\limits_{x \to 0} \left(x^2 \sin \dfrac{1}{x} \right)$.

解 $\lim\limits_{x \to 0} x^2 = 0$,$\left| \sin \dfrac{1}{x} \right| \leqslant 1$,由无穷小乘有界量仍为无穷小可得

$$\lim_{x \to 0} \left(x^2 \sin \dfrac{1}{x} \right) = 0.$$ ∎

1.4.2 无穷大量

在自变量变化的某个过程中,对应的函数值的绝对值 $|f(x)|$ 无限增大,就称函数 $f(x)$ 为在该自变量变化过程中的无穷大量. 下面以 $x \to x_0$(或 $x \to \infty$)时为例,给出无穷大量的精确定义.

定义 1.4.2(无穷大量(infinite quantity)**)** 设函数 $f(x)$ 在 x_0 的某一个去心邻域 $\overset{\circ}{U}(x_0)$ 内有定义(或在 $|x|$ 大于某一正数时有定义). 若 $\forall M > 0$,$\exists \delta > 0$(或 $X > 0$),对满足 $0 < |x - x_0| < \delta$(或 $|x| > X$)的 x,总有

$$|f(x)| > M,$$

则称函数 $f(x)$ 为当 $x \to x_0$(或 $x \to \infty$)时的**无穷大量**,简称**无穷大**.

特别注意,无穷大不是数,不可与很大的数混为一谈. 若函数 $f(x)$ 为自变量某个变化过程中的无穷大量,按函数极限的定义来说,极限是不存在的,但为了方便起见,我们也称函数的极限是无穷大,并记作

$$\lim f(x) = \infty.$$

例如,定义 1.4.2 中的无穷大量可记为 $\lim\limits_{x \to x_0} f(x) = \infty$(或 $\lim\limits_{x \to \infty} f(x) = \infty$).

在定义 1.4.2 中,若把不等式 $|f(x)| > M$ 换成 $f(x) > M$(或 $f(x) < -M$),则函数 $f(x)$ 为当 $x \to x_0$(或 $x \to \infty$)时的**正(负)无穷大量**(positive (negative) infinity),记作

$$\lim_{x \to x_0} f(x) = +\infty \quad (\text{或} \lim_{x \to x_0} f(x) = -\infty),$$

$$\lim_{x \to \infty} f(x) = +\infty \quad (\text{或} \lim_{x \to \infty} f(x) = -\infty).$$

从几何上看,如果 $\lim\limits_{x \to x_0} f(x) = \infty$,则直线 $x = x_0$ 是函数 $y = f(x)$ 的图像的铅直渐近线(如图 1.4.1 所示).

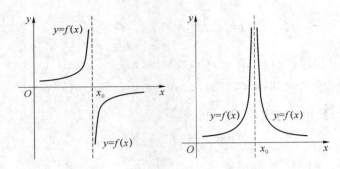

图 1.4.1

类似地,读者可以给出当"$x \to x_0^-$","$x \to x_0^+$","$x \to -\infty$"及"$x \to +\infty$"时无穷大量的定义.

例 1.4.2 证明函数 $\dfrac{1}{x-1}$ 为当 $x \to 1$ 时的无穷大量.

证明 要证明函数 $\dfrac{1}{x-1}$ 为当 $x \to 1$ 时的无穷大量,就要证明

$$\lim_{x \to 1} \frac{1}{x-1} = \infty.$$

$\forall M > 0$,要使 $\left|\dfrac{1}{x-1}\right| > M$,只要 $|x-1| < \dfrac{1}{M}$,故取 $\delta = \dfrac{1}{M}$,只要 x 满足 $0 < |x-1| < \delta$,就有

$$\left|\frac{1}{x-1}\right| > M.$$

按定义可知

$$\lim_{x \to 1} \frac{1}{x-1} = \infty.$$ ∎

无穷大量与无穷小量有密切关系,如下面的定理所示.

定理 1.4.5(无穷大与无穷小的关系) 在自变量的同一变化过程中,若 $f(x)$ 为无穷大量,则 $\dfrac{1}{f(x)}$ 为无穷小量;反之,若 $f(x)$ 是一个无穷小量且 $f(x) \neq 0$,则 $\dfrac{1}{f(x)}$ 是一个无穷大量.

用定义很容易证明该定理,具体证明过程留给读者.

关于无穷大量,我们有如下的运算法则.

定理 1.4.6 在自变量的同一变化过程中,

(1) 若 $f(x)$ 和 $g(x)$ 都是正(或负)无穷大,则 $f(x) + g(x)$ 也是正(或负)无穷大;

(2) 若 $f(x)$ 和 $g(x)$ 都是无穷大,则 $f(x)g(x)$ 仍为无穷大;

(3) 若 $f(x)$ 为无穷大,$g(x)$ 为有界(或局部有界)函数,则 $f(x) \pm g(x)$ 仍为无穷大;

(4) 若 $f(x)$ 为无穷大,$\lim g(x) = A(A \neq 0)$,则 $f(x)g(x)$ 仍为无穷大.

上述定理的证明留给读者.

例 1.4.3 设 $x_n = \dfrac{a_0 n^k + a_1 n^{k-1} + \cdots + a_k}{b_0 n^l + b_1 n^{l-1} + \cdots + b_l}$,其中 $a_0 \neq 0, b_0 \neq 0, k > l$,讨论数列 $\{x_n\}$ 的极限情况.

解 $x_n = n^{k-l} \cdot \dfrac{a_0 + \dfrac{a_1}{n} + \cdots + \dfrac{a_k}{n^k}}{b_0 + \dfrac{b_1}{n} + \cdots + \dfrac{b_l}{n^l}}$,易知

$$\lim_{n\to\infty}\frac{a_0+\dfrac{a_1}{n}+\cdots+\dfrac{a_k}{n^k}}{b_0+\dfrac{b_1}{n}+\cdots+\dfrac{b_l}{n^l}}=\frac{a_0}{b_0}\neq 0.$$

而 $k>l$ 时，$\lim\limits_{n\to\infty} n^{k-l}=\infty$，故由定理 1.4.6 得

$$\lim_{n\to\infty} x_n=\infty.$$

将例 1.4.3 和本章第二节中例 1.2.8 合并起来，我们将得到如下结论：当 $a_0\neq 0$, $b_0\neq 0$ 时，

$$\lim_{n\to\infty}\frac{a_0 n^k+a_1 n^{k-1}+\cdots+a_k}{b_0 n^l+b_1 n^{l-1}+\cdots+b_l}=\begin{cases}0, & k<l,\\ \dfrac{a_0}{b_0}, & k=l,\\ \infty, & k>l.\end{cases}$$

该结论说明，这种形式的分式的极限状况取决于分子与分母中 n 的最高次数.

1.4.3 无穷小量和无穷大量的阶

我们知道两个无穷小的和、差和乘积仍为无穷小，但是，关于两个无穷小的商却会出现不同的情况. 例如，当 $x\to 0$ 时，$6x, 2x^2, \sin x$ 都是无穷小，但

$$\lim_{x\to 0}\frac{2x^2}{6x}=0,\quad \lim_{x\to 0}\frac{\sin x}{6x}=\frac{1}{6},\quad \lim_{x\to 0}\frac{6x}{2x^2}=\infty.$$

对于两个无穷大量的商也有类似的情形. 例如，当 $x\to\infty$ 时，$x, 3x^2, 6x^2$ 都是无穷大，但

$$\lim_{x\to\infty}\frac{x}{3x^2}=0,\quad \lim_{x\to\infty}\frac{3x^2}{6x^2}=\frac{1}{2},\quad \lim_{x\to\infty}\frac{3x^2}{x}=\infty.$$

实际上，两个无穷小（或无穷大）之比的极限的各种情况，反映了不同的无穷小趋于零（或无穷大趋于无穷）的快慢程度. 例如，考虑当 $x\to 0$ 时，上面提到的三个无穷小量中，$2x^2$ 比 $6x$ 趋于零"快些"，反过来，$6x$ 比 $2x^2$ 趋于零"慢些"，而 $\sin x$ 与 $6x$ 趋于零"快慢相仿"；而考虑当 $x\to\infty$ 时，x 比 $3x^2$ 趋于无穷"慢些"，反过来，$3x^2$ 比 x 趋于无穷"快些"，而 $3x^2$ 和 $6x^2$ 趋于无穷"快慢相仿". 下面我们将引入一些术语和记号说明两个无穷小（或无穷大）之间的比较问题.

假设函数 $\alpha(x)$ 和 $\beta(x)$ 都是同一自变量变化过程中的无穷小，且 $\beta(x)\neq 0$，$\lim\dfrac{\alpha(x)}{\beta(x)}$ 也是在这个变化过程中的极限，则有如下的无穷小量阶的定义.

定义 1.4.3（无穷小量的阶） （1）如果 $\lim\dfrac{\alpha(x)}{\beta(x)}=0$，则 $\alpha(x)$ 称为 $\beta(x)$ 的一个**高阶**（higher order）**无穷小量**，记为 $\alpha(x)=o(\beta(x))$.

（2）如果 $\lim\dfrac{\alpha(x)}{\beta(x)}=\infty$，则 $\alpha(x)$ 称为 $\beta(x)$ 的一个**低阶**（lower order）**无穷小量**.

（3）若 $\lim\dfrac{\alpha(x)}{\beta(x)}=C\neq 0$，则 $\alpha(x)$ 和 $\beta(x)$ 称为**同阶**（same order）**无穷小量**.

（4）若 $\lim\dfrac{\alpha(x)}{\beta(x)}=1$，则 $\alpha(x)$ 和 $\beta(x)$ 称为**等价无穷小量**，记为 $\alpha(x)\sim\beta(x)$.

（5）若 $\lim\dfrac{\alpha(x)}{[\beta(x)]^k}=C\neq 0$，则 $\alpha(x)$ 称为 $\beta(x)$ 的 k **阶无穷小量**.

注 （1）等价无穷小是同阶无穷小的特殊情形，即 $C=1$ 的情形.

(2) 为了记号简便,可将 $\lim \alpha(x) = 0$,即 $\alpha(x)$ 为无穷小量,记为 $\alpha(x) = o(1)$.

(3) 考虑 $x \to x_0$ 时的情形. 若 $\lim \dfrac{\alpha(x)}{(x-x_0)^k} = C \neq 0, k > 0$,可称 $\alpha(x)$ 为当 $x \to x_0$ 时的 k 阶无穷小量.

依照定义 1.4.3 可以比较两个无穷小量. 例如,因为 $\lim\limits_{x \to 0} \dfrac{2x^2}{6x} = 0$,所以当 $x \to 0$ 时,$2x^2$ 是比 $6x$ 高阶的无穷小量,即 $2x^2 = o(6x)(x \to 0)$;因为 $\lim\limits_{x \to 0} \dfrac{\sin x}{6x} = \dfrac{1}{6}$,所以当 $x \to 0$ 时,$\sin x$ 与 $6x$ 是同阶无穷小;因为 $\lim\limits_{x \to 0} \dfrac{\sin x}{x} = 1$,所以当 $x \to 0$ 时,$\sin x$ 与 x 是等价无穷小,即 $\sin x \sim x (x \to 0)$;因为 $\lim\limits_{x \to 0} \dfrac{1 - \cos x}{x^2} = \dfrac{1}{2}$,所以 $1 - \cos x$ 是 $x \to 0$ 的 2 阶无穷小量.

例 1.4.4 在 $x \to 0$ 时,比较下列无穷小的阶:

(1) $\alpha(x) = x^4 + 2x^3, \beta(x) = 2x^2$;

(2) $\alpha(x) = \tan x, \beta(x) = x$.

解 (1) 因为
$$\lim_{x \to 0} \frac{\alpha(x)}{\beta(x)} = \lim_{x \to 0} \frac{x^4 + 2x^3}{2x^2} = \lim_{x \to 0} \frac{x^2 + 2x}{2} = 0,$$
所以 $\alpha(x)$ 为 $\beta(x)$ 的高阶无穷小量,即有
$$x^4 + 2x^3 = o(2x^2) \quad (x \to 0).$$

(2) 由于 $\lim\limits_{x \to 0} \dfrac{\alpha(x)}{\beta(x)} = \lim\limits_{x \to 0} \dfrac{\tan x}{x} = \lim\limits_{x \to 0} \dfrac{\sin x}{x} \cdot \lim\limits_{x \to 0} (\cos x) = 1$,故有 $\alpha(x)$ 为 $\beta(x)$ 的等价无穷小量,即
$$\tan x \sim x \quad (x \to 0).$$

例 1.4.5 证明当 $x \to 0$ 时,$\sqrt[n]{1+x} - 1 \sim \dfrac{x}{n}$,其中 $n \in \mathbf{N}_+$.

证明 该结论等价于证明 $\lim\limits_{x \to 0} \dfrac{\sqrt[n]{1+x} - 1}{x} = \dfrac{1}{n}$. 利用公式
$$a^n - b^n = (a - b)(a^{n-1} + a^{n-2}b + \cdots + ab^{n-2} + b^{n-1}),$$
将函数有理化,可得
$$\lim_{x \to 0} \frac{\sqrt[n]{1+x} - 1}{x} = \lim_{x \to 0} \frac{(\sqrt[n]{1+x} - 1)(\sqrt[n]{(1+x)^{n-1}} + \sqrt[n]{(1+x)^{n-2}} + \cdots + 1)}{x(\sqrt[n]{(1+x)^{n-1}} + \sqrt[n]{(1+x)^{n-2}} + \cdots + 1)}$$
$$= \lim_{x \to 0} \frac{x}{x(\sqrt[n]{(1+x)^{n-1}} + \sqrt[n]{(1+x)^{n-2}} + \cdots + 1)} = \frac{1}{n}.$$

于是
$$\sqrt[n]{1+x} - 1 \sim \frac{x}{n} \quad (x \to 0).$$

例 1.4.6 证明 $\lim\limits_{x \to 0} \dfrac{\arcsin x}{x} = 1$.

证明 令 $\arcsin x = t$,则 $x = \sin t$,则有
$$\lim_{x \to 0} \frac{\arcsin x}{x} = \lim_{t \to 0} \frac{t}{\sin t} = 1,$$
即
$$\arcsin x \sim x \quad (x \to 0).$$

等价无穷小在极限计算中有重要的作用. 关于两个等价无穷小有如下的定理.

定理 1.4.7 若 $\alpha(x)$ 和 $\beta(x)$ 都是同一自变量变化过程中的无穷小，$\alpha(x) \sim \beta(x)$ 的充要条件为
$$\alpha(x) = \beta(x) + o(\beta(x)).$$

证明 首先证明必要性.

设 $\alpha(x) \sim \beta(x)$，则有
$$\lim \frac{\alpha(x)}{\beta(x)} = 1.$$

由定理 1.4.1 可知，$\frac{\alpha(x)}{\beta(x)} = 1 + \gamma(x)$，其中 $\lim \gamma(x) = 0$，则
$$\alpha(x) = \beta(x) + \beta(x)\gamma(x),$$

且
$$\lim \frac{\beta(x)\gamma(x)}{\beta(x)} = 0,$$

可得
$$\beta(x)\gamma(x) = o(\beta(x)),$$

故
$$\alpha(x) = \beta(x) + o(\beta(x)).$$

(2) 其次证明充分性.

设 $\lim \alpha(x) = 0, \lim \beta(x) = 0$，且 $\alpha(x) = \beta(x) + o(\beta(x))$，则
$$\lim \frac{\alpha(x)}{\beta(x)} = \lim \frac{\beta(x) + o(\beta(x))}{\beta(x)} = 1.$$

因此，$\alpha(x) \sim \beta(x)$.

由定理 1.4.7 及当 $x \to 0$ 时，$\sin x \sim x, \tan x \sim x, \arcsin x \sim x, 1 - \cos x \sim \frac{x^2}{2}$ 可以得

$$\sin x = x + o(x), \quad \tan x = x + o(x), \quad \arcsin x = x + o(x), \quad 1 - \cos x = \frac{x^2}{2} + o(x^2).$$

关于等价无穷小，还有如下定理.

定理 1.4.8 令 $\alpha(x) \sim \bar{\alpha}(x), \beta(x) \sim \bar{\beta}(x)$ 且 $\lim \frac{\bar{\alpha}(x)}{\bar{\beta}(x)}$ 存在，则
$$\lim \frac{\alpha(x)}{\beta(x)} = \lim \frac{\bar{\alpha}(x)}{\bar{\beta}(x)}.$$

证明 由 $\alpha(x) \sim \bar{\alpha}(x), \beta(x) \sim \bar{\beta}(x)$ 可知
$$\lim \frac{\alpha(x)}{\bar{\alpha}(x)} = \lim \frac{\bar{\beta}(x)}{\beta(x)} = 1.$$

而
$$\lim \frac{\alpha(x)}{\beta(x)} = \lim \frac{\alpha(x)}{\bar{\alpha}(x)} \frac{\bar{\alpha}(x)}{\bar{\beta}(x)} \frac{\bar{\beta}(x)}{\beta(x)} = \lim \frac{\alpha(x)}{\bar{\alpha}(x)} \cdot \lim \frac{\bar{\alpha}(x)}{\bar{\beta}(x)} \cdot \lim \frac{\bar{\beta}(x)}{\beta(x)} = \lim \frac{\bar{\alpha}(x)}{\bar{\beta}(x)}.$$

定理 1.4.8 表明求两个无穷小之比的极限时，分子和分母都可用其等价无穷小来代替. 该方法称之为"**等价无穷小替换**". 从下面的例题我们可以看出，如果用来代替的无穷小选得适当的话，可以使计算简便.

例 1.4.7 求 $\lim\limits_{x \to 0} \frac{\tan 3x}{\sin 5x}$.

解 由于当 $x \to 0$ 时，$\tan 3x \sim 3x$ 且 $\sin 5x \sim 5x$，则可得
$$\lim_{x \to 0} \frac{\tan 3x}{\sin 5x} = \lim_{x \to 0} \frac{3x}{5x} = \frac{3}{5}.$$

例 1.4.8 求 $\lim\limits_{x \to 0} \frac{x^3 + 5x}{\sin x}$.

解 由于当 $x \to 0$ 时,$\sin x \sim x$,所以
$$\lim_{x \to 0} \frac{x^3 + 5x}{\sin x} = \lim_{x \to 0} \frac{x^3 + 5x}{x} = \lim_{x \to 0}(x^2 + 5) = 5.$$

例 1.4.9 求 $\lim\limits_{x \to 0} \dfrac{(1+x^2)^{\frac{1}{4}} - 1}{\cos x - 1}$.

解
$$\lim_{x \to 0} \frac{(1+x^2)^{\frac{1}{4}} - 1}{\cos x - 1} = \lim_{x \to 0} \frac{\frac{1}{4}x^2}{-\frac{1}{2}x^2} = -\frac{1}{2}.$$

例 1.4.10 求 $\lim\limits_{x \to 0} \dfrac{\tan x - \sin x}{x^3}$.

解
$$\lim_{x \to 0} \frac{\tan x - \sin x}{x^3} = \lim_{x \to 0} \frac{(1 - \cos x)\tan x}{x^3} = \lim_{x \to 0} \frac{x \cdot \frac{x^2}{2}}{x^3} = \frac{1}{2}.$$

需要强调的是,这种替换仅能用于分数的分子或分母中,不能在加减法中使用. 例如,若将例 1.4.10 分子中的 $\tan x$ 和 $\sin x$ 替换为 x 则会得到下面的错误结论:
$$\lim_{x \to 0} \frac{\tan x - \sin x}{x^3} = \lim_{x \to 0} \frac{x - x}{x^3} = 0.$$

为什么等价无穷小替换只能对函数的分子分母整体代换?这个问题留给读者完成.

关于无穷大量的比较,也有类似于无穷小的定义. 例如,若 $f(x)$ 和 $g(x)$ 是自变量某一变化过程中的无穷大量,且 $\lim \dfrac{f(x)}{g(x)} = \infty$,则称 $f(x)$ 为 $g(x)$ 的高阶无穷大量. 无穷大量的阶也反映了函数趋于无穷的快慢问题. 本节就不再详细讨论.

习题 1.4 A

1. 根据函数极限和无穷大的定义完成表 1.4.1.

表 1.4.1

	$f(x) \to A$	$f(x) \to \infty$	$f(x) \to +\infty$	$f(x) \to -\infty$
$x \to x_0$	$\forall \varepsilon > 0, \exists \delta > 0$,使当 $0 < \|x - x_0\| < \delta$ 时,有 $\|f(x) - A\| < \varepsilon$			
$x \to x_0^+$				
$x \to x_0^-$				

续表

	$f(x)\to A$	$f(x)\to\infty$	$f(x)\to+\infty$	$f(x)\to-\infty$
$x\to\infty$		$\forall M>0, \exists M_1>0,$ 使当 $\|x\|>M_1$ 时, 有 $\|f(x)\|>M$		
$x\to+\infty$				
$x\to-\infty$				

2. 下列哪一个论述是正确的？为什么？

(1) 一个无穷小量是一个非常小的数,且无穷大量是一个非常大的数;

(2) 一个无穷小量为零且零是一个无穷小量;

(3) 无穷大量是一个无界变量,且无界变量就是一个无穷大量;

(4) 无穷多个无穷小量的和仍然是一个无穷小量;

(5) 一个无穷大量和一个有界变量的乘积仍是一个无穷大量.

3. 当 $x\to 1$ 时,无穷小 $f(x)=1-x$ 和 $g(x)=1-x^3$, $h(x)=\frac{1}{2}(1-x^2)$ 是否同阶？是否等价？

4. 证明当 $x\to 0$ 时,

(1) $\arctan x \sim x$; (2) $\sec x \sim 1-\dfrac{x^2}{2}$.

5. 下列函数中,当 $x\to 0$ 时,哪一个是 x 的高阶无穷小量,哪一个是 x 的低阶无穷小量,哪一个是 x 的同阶或 x 的等价无穷小量？试求每一个无穷小量的阶.

(1) $x^4+\sin 2x$; (2) $\sqrt{x(1-x)}, \quad x\in(0,1)$;

(3) $\dfrac{2}{\pi}\cos\left[\dfrac{\pi}{2}(1-x)\right]$; (4) $2x\cos x \sqrt[3]{\tan x}, \quad x\in\left(-\dfrac{\pi}{2}, \dfrac{\pi}{2}\right)$.

6. 下列运算是否正确？如果不正确,请指出它们的错误并给出正确结果.

(1) $\lim\limits_{n\to\infty}\left[n^3\left(\sin\dfrac{1}{n}-\tan\dfrac{1}{n}\right)\right]=\lim\limits_{n\to\infty}\left[n^3\left(\dfrac{1}{n}-\dfrac{1}{n}\right)\right]=0$;

(2) $\lim\limits_{x\to 0}\dfrac{\sin\left(x^2\sin\dfrac{1}{x}\right)}{x}=\lim\limits_{x\to 0}\dfrac{x^2\sin\dfrac{1}{x}}{x}=\lim\limits_{x\to 0}\left(x\sin\dfrac{1}{x}\right)=0$.

7. 利用无穷小量的等价替换求下列极限:

(1) $\lim\limits_{x\to 0}\dfrac{\tan 8x}{\sin 2x}$; (2) $\lim\limits_{x\to 0}\dfrac{\tan^2 x}{1-\cos x}$;

(3) $\lim\limits_{x\to 0}\dfrac{\tan x-\sin x}{\sin^3 x}$; (4) $\lim\limits_{x\to 0}\dfrac{\sin x^5}{\sin^4 x}$;

(5) $\lim\limits_{x\to 0}\dfrac{(1+x)^{\frac{1}{3}}-1}{x\sin x}$; (6) $\lim\limits_{x\to 0}\dfrac{\sin x-\tan x}{(\sqrt[3]{1+x^2}-1)(\sqrt{1+\sin x}-1)}$.

习题 1.4 B

1. 利用无穷小量的等价替换求下列极限：

(1) $\lim\limits_{x \to 0} \dfrac{(\sqrt[3]{1+\tan x}-1)(\sqrt{1+x^2}-1)}{\tan x - \sin x}$；

(2) $\lim\limits_{x \to 0^-} \dfrac{(1-\sqrt{\cos x})\tan x}{(1-\cos x)^{\frac{3}{2}}}$.

2. 设 P 为曲线 $y=f(x)$ 上的一个动点. 若点 P 沿着这个曲线从无穷远处向原点移动，它到一个给定直线 L 的距离趋向于 0，则这条直线称为曲线 $y=f(x)$ 的**渐进线**(asymptote). 若直线 L 的斜率为 $k \neq 0$，则 L 称为**斜渐进线**(oblique asymptote).

(1) 证明曲线 $y=f(x)$ 的斜渐近线为直线 $y=kx+b$ 的充要条件是

$$k = \lim\limits_{x \to \infty} \dfrac{f(x)}{x}, \quad b = \lim\limits_{x \to \infty}[f(x)-kx];$$

(2) 求曲线 $y=\dfrac{x^2+1}{x+1}, x \neq -1$ 的斜渐近线.

3. 求常数 a, b, c，使得下列表达式成立：

(1) $\lim\limits_{x \to +\infty}(\sqrt{x^2-x+1}-ax+b)=0$；

(2) $\lim\limits_{x \to 1}\dfrac{a(x-1)^2+b(x-1)+c-\sqrt{x^2+3}}{(x-1)^2}=0$.

4. 证明无穷小等价关系具有下列性质：
(1) $\alpha(x) \sim \alpha(x)$（自反性）； (2) 若 $\alpha(x) \sim \beta(x)$，则 $\beta(x) \sim \alpha(x)$（对称性）；
(3) 若 $\alpha(x) \sim \beta(x), \beta(x) \sim \gamma(x)$，则 $\alpha(x) \sim \gamma(x)$（传递性）.

1.5 连续函数

自然界中有很多现象，如气温的变化、河水的流动、受热体体积的膨胀等，都是连续地变化着，这种现象在函数关系上的反映，就是函数的连续性. 本节我们将介绍函数的连续性，间断点的类型，连续函数的性质和运算，初等函数的连续性，最后讨论闭区间上连续函数的性质.

1.5.1 函数的连续性

在微积分中有一类重要的函数就是连续函数. "连续"和"间断（或不连续）"照字面上来说是不难理解的. 如图 1.5.1 所示，图(a)中的函数 $f(x)$ 在点 x_0 是连续的，而图(b)中的函数 $g(x)$ 在点 x_0 是间断的. 所谓函数 $f(x)$ 在点 x_0 连续直观上来说就是当 x 接近 x_0 时，函数值 $f(x)$ 会越来越接近 $f(x_0)$. 这就表明 $f(x)$ 在 x_0 点是"连续"起来的（图 1.5.1(a)），而不是间断的（图 1.5.1(b)）. 为了对函数的连续性作进一步的分析和研究，需要对"连续"给予精确定义.

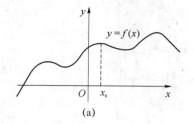
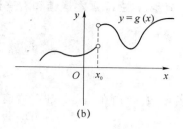

图 1.5.1

定义 1.5.1(函数在 x_0 点连续) 设函数 $f(x)$ 在 x_0 某个邻域 $U(x_0)$ 内有定义,如果
$$\lim_{x \to x_0} f(x) = f(x_0),$$
则称函数 $f(x)$ 在点 x_0 **连续**(continuous),此时称点 x_0 为 $f(x)$ 的**连续点**.

定义 1.5.1 用 $\varepsilon\text{-}\delta$ 定义形式可表达为:$\forall \varepsilon > 0, \exists \delta > 0$,当 x 满足 $|x - x_0| < \delta$ 时,有
$$|f(x) - f(x_0)| < \varepsilon,$$
则称函数 $f(x)$ 在点 x_0 连续.

从定义可知,函数在点 x_0 连续必须同时满足以下三个条件:

(1) $f(x)$ 在点 x_0 有定义;

(2) $f(x)$ 在点 x_0 的极限 $\lim\limits_{x \to x_0} f(x)$ 存在;

(3) $\lim\limits_{x \to x_0} f(x) = f(x_0)$.

以上任何一条不满足,函数 $f(x)$ 在点 x_0 就不连续.同时,由定义可知,函数在某点是否连续是函数在这个点的局部性质.

连续的特点在于自变量发生微小改变时,对应函数值的变化也微小.为了方便起见,我们可以引入增量概念,把函数 $y = f(x)$ 在点 x_0 连续的定义用不同的方式叙述.

设变量 φ 从它的一个初值 φ_1 变到终值 φ_2,终值与初值的差 $\varphi_2 - \varphi_1$ 就叫变量 φ 的**增量**(increment),记为 $\Delta\varphi$,即 $\Delta\varphi = \varphi_2 - \varphi_1$.注意,增量可以是正的,也可以是负的.$\Delta\varphi$ 为正时,说明从 φ_1 到 φ_2 变量是增大;$\Delta\varphi$ 为负时,说明从 φ_1 到 φ_2 变量是减小.

考虑函数 $y = f(x)$ 在 $U(x_0)$ 内有定义,当自变量 x 在该邻域内从 x_0 变到 $x_0 + \Delta x$ 时,函数值 y 相应地从 $f(x_0)$ 变为 $f(x_0 + \Delta x)$,即对应函数 y 的增量为
$$\Delta y = f(x_0 + \Delta x) - f(x_0).$$

此时,Δx 称为**自变量的增量**(increment of the independent variable),Δy 称为**函数增量**(increment of the function)(如图 1.5.2 所示).则定义 1.5.1 可以这样描述:函数 $y = f(x)$ 在 x_0 点连续意味着当 Δx 趋于 0 时,函数对应增量 Δy 也趋于 0.

故连续的定义也可以叙述如下.

定义 1.5.2(函数在 x_0 点连续) 设函数 $f(x)$ 在 x_0 某个邻域 $U(x_0)$ 内有定义,如果
$$\lim_{\Delta x \to 0} \Delta y = \lim_{\Delta x \to 0} [f(x_0 + \Delta x) - f(x_0)] = 0,$$
则称函数 $f(x)$ 在点 x_0 **连续**,此时称点 x_0 为 $f(x)$ 的**连续点**.

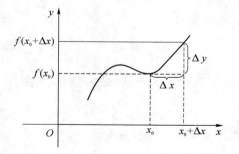

图 1.5.2

由函数左极限和右极限的定义,易得到函数在一点左连续和右连续的概念.

定义 1.5.3（函数在 x_0 点左连续和右连续） 若函数 $f(x)$ 在 $[x_0-\delta, x_0]$ 内有定义（这里 $\delta>0$）且

$$\lim_{x \to x_0^-} f(x) = f(x_0),$$

则称函数 $f(x)$ 在点 x_0 左连续.

类似地，若函数 $f(x)$ 在 $[x_0, x_0+\delta]$ 内有定义（这里 $\delta>0$）且

$$\lim_{x \to x_0^+} f(x) = f(x_0),$$

则称函数 $f(x)$ 在点 x_0 右连续.

由定义 1.5.1 和定义 1.5.3 立即可知，函数 $f(x)$ 在点 x_0 连续的充要条件是函数在此点既是左连续又是右连续.

定理 1.5.1 设函数 $f(x)$ 在 x_0 某个邻域 $U(x_0)$ 内有定义，则

$$\lim_{x \to x_0} f(x) = f(x_0) \Leftrightarrow \begin{cases} \lim_{x \to x_0^-} f(x) = f(x_0), \\ \lim_{x \to x_0^+} f(x) = f(x_0). \end{cases}$$

此定理的证明很简单，留给读者.

下面我们给出函数 $f(x)$ 在某一区间内连续的定义.

若函数 $f(x)$ 对 (a,b) 内任何一点 x_0 有

$$\lim_{x \to x_0} f(x) = f(x_0),$$

则称函数 $f(x)$ **在开区间 (a,b) 内连续**. 对于闭区间 $[a,b]$ 来说，$f(x)$ **在 $[a,b]$ 上连续**的定义是指 $f(x)$ 在 (a,b) 内连续，同时在右端点左连续，左端点右连续，即

$$f(a+0) = \lim_{x \to a^+} f(x) = f(a),$$
$$f(b-0) = \lim_{x \to b^-} f(x) = f(b).$$

以后，我们用符号 $C(I)$ 表示区间 I 上所有连续函数的集合，即

$$C(I) = \{f(x) \mid f(x) \text{ 为区间 } I \text{ 上的连续函数}\}.$$

例 1.5.1 证明 $\sin x \in C(-\infty, +\infty)$.

证明 设 x_0 是区间 $(-\infty, +\infty)$ 上任意一点，Δx 为自变量在点 x_0 处的增量，对应的函数增量为

$$\Delta y = \sin(x_0 + \Delta x) - \sin x_0 = 2\cos\left(x_0 + \frac{\Delta x}{2}\right)\sin\frac{\Delta x}{2}.$$

注意到

$$\left|\cos\left(x_0 + \frac{\Delta x}{2}\right)\right| \leq 1$$

且 $\sin\frac{\Delta x}{2}$ 当 $\Delta x \to 0$ 时是无穷小，则有

$$\lim_{\Delta x \to 0} \Delta y = 0.$$

因此 $y = \sin x$ 对任意 $x_0 \in (-\infty, +\infty)$ 是连续的，即

$$\sin x \in C(-\infty, +\infty).\ \blacksquare$$

类似可以证明 $\cos x \in C(-\infty, +\infty)$，该证明请读者自行完成.

例 1.5.2 证明 $x^2 \in C(-\infty, +\infty)$.

证明 设 x_0 是区间 $(-\infty,+\infty)$ 上任意一点,Δx 为自变量在 x_0 点处的增量,对应的函数增量为
$$\Delta y = (x_0+\Delta x)^2 - x_0^2 = 2x_0\Delta x + (\Delta x)^2.$$
由极限运算法则易知
$$\lim_{\Delta x \to 0}\Delta y = \lim_{\Delta x \to 0}[2x_0\Delta x + (\Delta x)^2] = 0.$$
因此 $y=x^2$ 对任一 $x_0 \in (-\infty,+\infty)$ 是连续的,即
$$x^2 \in C(-\infty,+\infty).$$
■

1.5.2 连续函数的性质和运算

由函数在某点连续的定义和极限的四则运算法则,立即可得出下面的定理.

定理 1.5.2 设函数 $f(x)$ 和 $g(x)$ 都在点 x_0 连续,则
$$f(x) \pm g(x), \quad f(x)g(x), \quad \frac{f(x)}{g(x)} \quad (g(x_0) \neq 0)$$
在点 $x=x_0$ 处也连续.

以 $f(x)g(x)$ 为例,由于 $\lim\limits_{x \to x_0}f(x) = f(x_0), \lim\limits_{x \to x_0}g(x) = g(x_0)$,由极限的四则运算法则可得
$$\lim_{x \to x_0}[f(x)g(x)] = \lim_{x \to x_0}f(x) \cdot \lim_{x \to x_0}g(x) = f(x_0)g(x_0),$$
即 $f(x)g(x)$ 在点 x_0 连续.

例 1.5.3 证明 $\tan x, \cot x, \sec x$ 和 $\csc x$ 在其定义域内都是连续的.

证明 由前面的例题可知
$$\sin x \in C(-\infty,+\infty), \quad \cos x \in C(-\infty,+\infty),$$
而 $\tan x = \dfrac{\sin x}{\cos x}, \quad \cot x = \dfrac{\cos x}{\sin x}, \quad \sec x = \dfrac{1}{\cos x}, \quad \csc x = \dfrac{1}{\sin x}.$

由定理 1.5.2 可知上述 4 个函数在分母不为零的点都是连续的,也就是在它们的定义域内连续. ■

思考 若 $f(x)$ 和 $g(x)$ 在点 x_0 都不连续,或者 $f(x)$ 在点 x_0 连续,但 $g(x)$ 在点 x_0 不连续,请问 $f(x) \pm g(x), f(x)g(x), \dfrac{f(x)}{g(x)}(g(x_0) \neq 0)$ 是否仍旧连续?

反三角函数的连续性由下面的定理可以得到.

定理 1.5.3 设函数 $f(x)$ 在区间 I_x 上严格单调增加(或严格单调减少)且连续,则它的反函数 $x = f^{-1}(y)$ 在对应的区间 $I_y = \{y \mid y = f(x), x \in I_x\}$ 上也是严格单调增加(或严格单调减少)和连续的.

该定理证明超过本书讨论范围,此处从略.

由定理 1.5.3 可知,反三角函数也在它们的定义域内连续.

例 1.5.4 证明 $\arcsin x \in C[-1,1]$.

证明 由于 $\sin x$ 在区间 $I_x = \left[-\dfrac{\pi}{2}, \dfrac{\pi}{2}\right]$ 上严格单调增加且连续,由定理 1.5.3 可得反三角函数,$x = \arcsin y$ 在 $I_y = [-1,1]$ 内连续,即
$$\arcsin x \in C[-1,1].$$
■

类似可以证明反三角函数 $\arccos x, \arctan x, \text{arccot } x$ 在它们的定义域内都是连续的.

关于复合函数的连续性,我们有如下的定理.

定理 1.5.4 若函数 $u=g(x)$ 在点 x_0 连续，$g(x_0)=u_0$，而函数 $y=f(u)$ 在点 u_0 连续，则复合函数 $y=(f\circ g)(x)=f[g(x)]$ 在点 x_0 连续．

证明 要证明复合函数 $y=f[g(x)]$ 在点 x_0 连续，只要证明
$$\lim_{x\to x_0}f[g(x)]=f[g(x_0)],$$
即 $\forall \varepsilon>0,\exists \delta>0$，使得当 $|x-x_0|<\delta$ 时，有
$$|f[g(x)]-f[g(x_0)]|<\varepsilon.$$

由 $y=f(u)$ 在点 u_0 连续，且 $g(x_0)=u_0$，可得，$\forall \varepsilon>0,\exists \eta>0$，使得当 $|u-u_0|<\eta$ 时，有
$$|f(u)-f(u_0)|<\varepsilon,$$
或
$$|f(u)-f[g(x_0)]|<\varepsilon.$$

由于 $u=g(x)$ 在点 x_0 连续，可得，对于该 $\eta>0,\exists \delta>0$，使得当 $|x-x_0|<\delta$ 时，有
$$|g(x)-g(x_0)|<\eta \quad \text{或} \quad |g(x)-u_0|<\eta.$$

从上述不等式和 η 的选取，可得
$$|f[g(x)]-f[g(x_0)]|<\varepsilon,$$
即
$$\lim_{x\to x_0}f[g(x)]=f[g(x_0)].$$

定理得证．

定理 1.5.4 说明了复合函数的连续性，它的结论也可写为
$$\lim_{x\to x_0}f[g(x)]=f[g(x_0)]=f[\lim_{x\to x_0}g(x)].$$
也就是说，求复合函数 $f[g(x)]$ 的极限时，函数符号 f 与极限号 $\lim\limits_{x\to x_0}$ 可以交换次序．

例 1.5.5 讨论函数 $y=\sin(1+x^2)$ 的连续性．

解 函数 $y=\sin(1+x^2)$ 可看作由函数 $u=1+x^2$ 及 $y=\sin u$ 复合而成，其定义域为 $(-\infty,+\infty)$．由于 $1+x^2$ 在 $(-\infty,+\infty)$ 内连续，$\sin u$ 在 $u\in(-\infty,+\infty)$ 内是连续的．根据定理 1.5.4，函数 $\sin(1+x^2)$ 在 $(-\infty,+\infty)$ 内是连续的．

1.5.3 初等函数的连续性

1. 三角函数和反三角函数的连续性

由本节前面的例题可知，$\sin x$ 在 $(-\infty,+\infty)$ 内连续，由复合函数的连续性定义可知 $\cos x=\sin(x+\frac{\pi}{2})$ 在 $(-\infty,+\infty)$ 内连续，而
$$\tan x=\frac{\sin x}{\cos x}, \quad \cot x=\frac{\cos x}{\sin x}, \quad \sec x=\frac{1}{\cos x}, \quad \csc x=\frac{1}{\sin x},$$
由连续函数的四则运算法则可得，$\tan x,\cot x,\sec x$ 和 $\csc x$ 在其定义域内都是连续的．

利用反函数的连续性定理易得所有的反三角函数在其定义域内是连续的．

2. 指数函数和对数函数的连续性

例 1.5.6 讨论指数函数 a^x 的连续性．

解 当 $a>1$ 时，首先证明 $\lim\limits_{x\to 0}a^x=1$ 成立．

对任意的 $x>0$，令 $n=\left[\frac{1}{x}\right]$，则有 $0<x\leqslant\frac{1}{n}$．由于 $a>1$，那么
$$0<a^x-1\leqslant a^{\frac{1}{n}}-1.$$

由 $\lim_{n\to\infty}\sqrt[n]{a}=1$,可得 $\lim_{x\to 0^+}a^x=1=a^0$. 而 $x<0$ 时,可以令 $x=-y$,则

$$\lim_{x\to 0^-}a^x=\lim_{y\to 0^+}a^{-y}=\lim_{y\to 0^+}\frac{1}{a^y}=1=a^0.$$

综上可得,$\lim_{x\to 0}a^x=1$,即 a^x 在点 $x=0$ 是连续的.

下面证明当 $a>1$ 时,a^x 在任何一点 x_0 连续.

由于
$$\lim_{x\to x_0}(a^x-a^{x_0})=a^{x_0}\lim_{x\to x_0}(a^{x-x_0}-1).$$

而 $\lim_{x\to x_0}a^{x-x_0}=\lim_{u\to 0}a^u=1$,所以 $\lim_{x\to x_0}(a^x-a^{x_0})=0$,即 $\lim_{x\to x_0}a^x=a^{x_0}$. 这证明了当 $a>1$ 时,a^x 在 $(-\infty,+\infty)$ 内连续.

当 $0<a<1$ 时,令 $a=\dfrac{1}{b}$,则 $b>1$ 成立,且 $a^x=\dfrac{1}{b^x}$,所以

$$\lim_{x\to x_0}a^x=\lim_{x\to x_0}\frac{1}{b^x}=\frac{1}{\lim_{x\to x_0}b^x}=\left(\frac{1}{b}\right)^{x_0}=a^{x_0}.$$

故当 $0<a<1$ 时,a^x 在 $(-\infty,+\infty)$ 内连续. 由此,指数函数
$$a^x\in C(-\infty,+\infty).\qquad\blacksquare$$

由 a^x 的连续性及反函数的连续性定理,即可得对数函数 $\log_a x$ 在其定义域 $(0,+\infty)$ 内连续.

3. 幂函数的连续性

例 1.5.7 讨论幂函数 $x^\alpha(\alpha\in\mathbf{R},x>0)$ 的连续性.

解 当 $x\in(0,+\infty)$ 时,
$$x^\alpha=e^{\alpha\ln x}.$$

由函数 $u=\alpha\ln x$ 和 $y=e^u$ 的连续性及复合函数的连续性定理可知,幂函数 x^α 在 $(0,+\infty)$ 内连续. $\blacksquare$

注 当 $x\in(-\infty,0]$ 时,只有对 α 的某些数值,x^α 才有定义. 幂函数 x^α 的连续性讨论留给读者完成. 如果对于 α 的各种不同取值分别讨论,可以证明(本书证明从略)幂函数在它的定义域内是连续的.

显然,常函数是连续函数,故综合起来可得如下结论:

基本初等函数在它们的定义域内是连续的.

由第一节中初等函数的定义,基于基本初等函数的连续性及本节的定理 1.5.2 和定理 1.5.4 可得:

一切初等函数在它们的定义域内是连续的.

根据函数 $f(x)$ 在点 x_0 连续的定义及初等函数连续性结论,我们可得到求极限的一个重要的方法:如果函数 $f(x)$ 是初等函数,且 x_0 是 $f(x)$ 的定义域内的点,则
$$\lim_{x\to x_0}f(x)=f(x_0)=f(\lim_{x\to x_0}x).$$

例 1.5.8 求下列极限:

(1) $\lim_{x\to 0}\dfrac{\log_a(1+x)}{x}$; (2) $\lim_{x\to 0}\dfrac{a^x-1}{x}$;

(3) $\lim_{x\to 0}\dfrac{(1+x)^\alpha-1}{x}\ (\alpha\in\mathbf{R})$; (4) $\lim_{x\to 0}(1+\sin x)^{\frac{1}{x}}$;

(5) $\lim_{x\to\infty}\left(1+\dfrac{2}{x}\right)^{3x}$.

解 (1) $\lim\limits_{x\to 0}\dfrac{\log_a(1+x)}{x}=\lim\limits_{x\to 0}\log_a(1+x)^{\frac{1}{x}}=\log_a\left[\lim\limits_{x\to 0}(1+x)^{\frac{1}{x}}\right]=\log_a e=\dfrac{1}{\ln a}.$

特别地，$\lim\limits_{x\to 0}\dfrac{\ln(1+x)}{x}=1.$

(2) 令 $a^x-1=t$，则 $x=\log_a(1+t)$，且当 $x\to 0$ 时，$t\to 0$，故
$$\lim_{x\to 0}\frac{a^x-1}{x}=\lim_{t\to 0}\frac{t}{\log_a(1+t)}=\ln a.$$

特别地，$\lim\limits_{x\to 0}\dfrac{e^x-1}{x}=1.$

(3) 令 $(1+x)^\alpha-1=t$，则 $\alpha\ln(1+x)=\ln(1+t)$，且当 $x\to 0$ 时，$t\to 0$，由此
$$\frac{(1+x)^\alpha-1}{x}=\frac{t}{\ln(1+t)}\cdot\frac{\alpha\ln(1+x)}{x}.$$

故
$$\lim_{x\to 0}\frac{(1+x)^\alpha-1}{x}=\lim_{t\to 0}\frac{t}{\ln(1+t)}\cdot\lim_{x\to 0}\frac{\alpha\ln(1+x)}{x}=\alpha.$$

(4) 因为 $(1+\sin x)^{\frac{1}{x}}=e^{\ln(1+\sin x)^{\frac{1}{x}}}=e^{\frac{1}{x}\ln(1+\sin x)},$

而 $\ln(1+\sin x)\sim \sin x \quad (x\to 0),$

所以 $\lim\limits_{x\to 0}(1+\sin x)^{\frac{1}{x}}=e^{\lim\limits_{x\to 0}\frac{1}{x}\ln(1+\sin x)}=e^{\lim\limits_{x\to 0}\frac{\sin x}{x}}=e.$

(5) 因为 $\left(1+\dfrac{2}{x}\right)^{3x}=\left(1+\dfrac{2}{x}\right)^{\frac{x}{2}\cdot 6},$

所以 $\lim\limits_{x\to\infty}\left(1+\dfrac{2}{x}\right)^{3x}=\lim\limits_{x\to\infty}\left(1+\dfrac{2}{x}\right)^{\frac{x}{2}\cdot 6}=\left[\lim\limits_{x\to\infty}\left(1+\dfrac{x}{2}\right)^{\frac{x}{2}}\right]^6=e^6.$ ∎

1.5.4 间断点及其类型

由连续的定义可知，$f(x)$ 在点 x_0 连续必须满足下列三个条件：

(1) $f(x)$ 在点 x_0 有定义；
(2) $f(x)$ 在点 x_0 的极限 $\lim\limits_{x\to x_0}f(x)$ 存在；
(3) $\lim\limits_{x\to x_0}f(x)=f(x_0).$

其中任何一条不满足，$f(x)$ 在点 x_0 就不连续，即间断．若函数 $f(x)$ 在点 x_0 间断，则称该点为函数的**不连续点或间断点**(discontinuous point)．根据上述条件，我们通常将间断点分为两类：第一类间断点和第二类间断点．如果 x_0 是函数 $f(x)$ 的间断点，但 $f(x)$ 在 x_0 点的左右极限都存在，那么称 x_0 为 $f(x)$ 的**第一类间断点**，不是第一类间断点的任何间断点称为**第二类间断点**．

对于第一类间断点 x_0，若 $f(x)$ 在点 x_0 的左右极限都存在且相等，即 $\lim\limits_{x\to x_0}f(x)$ 存在，但它不等于 $f(x_0)$ 或 $f(x)$ 在点 x_0 没有定义，这时称 x_0 为 $f(x)$ 的**可去间断点**(removable discontinuous point)；若 $f(x)$ 在点 x_0 的左右极限都存在但不相等，则称 x_0 为 $f(x)$ 的**跳跃间断点**(jump discontinuous point).

在第二类间断点中，也有两种间断点非常特殊，若函数 $f(x)$ 在间断点 x_0 的极限为无穷大，则称 x_0 为 $f(x)$ 的**无穷间断点**；若函数 $f(x)$ 在间断点 x_0 附近趋于 x_0 时是振荡的，则称 x_0 为 $f(x)$ 的**振荡间断点**．

下面举例来说明几种常见的函数间断点.

例 1.5.9 设函数
$$f(x)=\begin{cases} x, & x<0, \\ \dfrac{1}{2}, & x=0, \\ 1-x, & x>0, \end{cases}$$
讨论函数 $f(x)$ 在点 $x=0$ 处的连续性.

解 因为 $\lim\limits_{x\to 0^-}f(x)=\lim\limits_{x\to 0^-}x=0$，$\lim\limits_{x\to 0^+}f(x)=\lim\limits_{x\to 0^+}(1-x)=1$，
函数 $f(x)$ 在点 $x=0$ 左右极限存在但不相等，则 $x=0$ 为函数 $f(x)$ 的一个跳跃间断点（如图 1.5.3 所示）.

例 1.5.10 讨论函数 $f(x)=\dfrac{\sin x}{x}$ 在 $x=0$ 点的连续性.

解 函数 $f(x)$ 在 $x=0$ 处并无定义，故点 $x=0$ 为函数 $f(x)$ 的间断点，且由
$$\lim_{x\to 0}\frac{\sin x}{x}=1$$
可得点 $x=0$ 为函数 $f(x)$ 的可去间断点（如图 1.5.4 所示）.

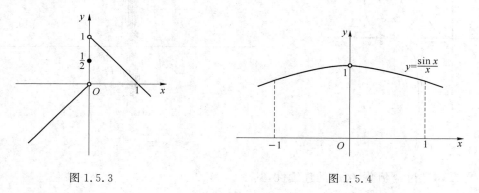

图 1.5.3 图 1.5.4

特别注意，对于可去间断点 x_0，可以通过改变函数在 x_0 处的函数值来移除. 如例 1.5.10 中，若增加定义 $f(0)=1$，则新函数
$$f(x)=\begin{cases} \dfrac{\sin x}{x}, & x\neq 0, \\ 1, & x=0 \end{cases}$$
在点 $x=0$ 连续.

例 1.5.11 设函数
$$f(x)=\begin{cases} (1+x)^{\frac{1}{x}}, & x\neq 0, \\ 1, & x=0, \end{cases}$$
讨论函数 $f(x)$ 在点 $x=0$ 处的连续性.

解 因为 $\lim\limits_{x\to 0}f(x)=\lim\limits_{x\to 0}(1+x)^{\frac{1}{x}}=\mathrm{e}\neq f(0)$，
所以点 $x=0$ 为函数 $f(x)$ 一个可去间断点. 若重新定义函数在 $x=0$ 处的取值，构造新函数
$$g(x)=\begin{cases} (1+x)^{\frac{1}{x}}, & x\neq 0, \\ \mathrm{e}, & x=0, \end{cases}$$
则函数 $g(x)$ 在 $x=0$ 连续.

例 1.5.12 讨论函数 $f(x)=\tan x$ 在 $x=\dfrac{\pi}{2}$ 处的连续性.

解 因为正切函数 $\tan x$ 在 $x=\dfrac{\pi}{2}$ 处没有定义，所以 $x=\dfrac{\pi}{2}$ 是 $\tan x$ 的间断点. 由

$$\lim_{x\to\frac{\pi}{2}}\tan x=\infty$$

可知 $x=\dfrac{\pi}{2}$ 是 $\tan x$ 的第二类间断点，且为无穷间断点（如图 1.5.5 所示）. ∎

例 1.5.13 讨论函数 $f(x)=\sin\dfrac{1}{x}$ 在 $x=0$ 的连续性.

解 因为 $f(x)=\sin\dfrac{1}{x}$ 在 $x=0$ 处无定义，左右极限都不存在，且当 $x\to 0$ 时，$f(x)$ 的函数值于 -1 到 1 之间变动无数次（如图 1.5.6 所示），所以点 $x=0$ 为函数 $f(x)$ 的第二类间断点，且为振荡间断点. ∎

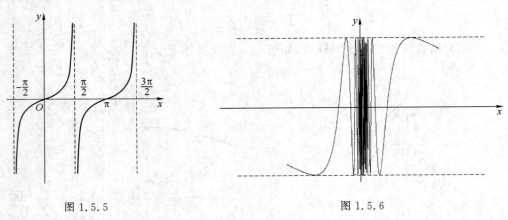

图 1.5.5　　　　　　图 1.5.6

例 1.5.14 讨论函数 $f(x)$ 的连续性，其中

$$f(x)=\begin{cases} \mathrm{e}^{\frac{1}{x-1}}, & x>0, \\ \ln(1+x), & -1<x\leqslant 0. \end{cases}$$

解 由初等函数的连续性，可知 $f(x)$ 在区间 $(-1,+\infty)$ 内除了点 $x=0$ 及 $x=1$ 外均连续.

当 $x=0$ 时，因为

$$\lim_{x\to 0^-}f(x)=\lim_{x\to 0^-}\ln(1+x)=0,$$

$$\lim_{x\to 0^+}f(x)=\lim_{x\to 0^+}\mathrm{e}^{\frac{1}{x-1}}=\mathrm{e}^{-1},$$

所以 $x=0$ 为 $f(x)$ 的跳跃间断点.

当 $x=1$ 时，因为

$$\lim_{x\to 1^-}f(x)=\lim_{x\to 1^-}\mathrm{e}^{\frac{1}{x-1}}=0,$$

$$\lim_{x\to 1^+}f(x)=\lim_{x\to 1^+}\mathrm{e}^{\frac{1}{x-1}}=+\infty,$$

所以 $x=1$ 为 $f(x)$ 的第二类间断点. ∎

1.5.5 闭区间连续函数的性质

闭区间上的连续函数具有一些重要性质.现在,我们将这些性质以定理的形式给出.从几何上看,这些性质都是十分明显的,但是要严格证明它们,还需要其他的知识点,所以本书只给出部分定理的具体证明.

1. 有界性与最大值最小值定理

定理 1.5.5(有界性) 闭区间$[a,b]$上的连续函数$f(x)$必在$[a,b]$上有界(如图 1.5.7 所示).

这就是说,如果函数$f(x)$在闭区间$[a,b]$上连续,那么存在常数$M>0$,使得对于任意的$x\in[a,b]$,有
$$|f(x)|\leqslant M.$$

定义 1.5.4(最大值和最小值) 设函数$f(x)$在区间I上有定义,如果有$x_0\in I$,使得对任意的$x\in I$都有
$$f(x)\leqslant f(x_0),$$
则称$f(x_0)$是函数$f(x)$在区间I上的**最大值**(maximum).如果有$x_0\in I$,使得对任意的$x\in I$都有
$$f(x)\geqslant f(x_0),$$
则称$f(x_0)$是函数$f(x)$在区间I上的**最小值**(minimum).

例如,函数$f(x)=x^2$在闭区间$[0,1]$上有最大值1和最小值0,函数$f(x)=\text{sgn}\, x$在$(0,+\infty)$内的最大值和最小值都是1,但是函数$f(x)=x$在开区间(a,b)内既无最大值又无最小值.

定理 1.5.6(最大(最小)值定理) 闭区间$[a,b]$上的连续函数$f(x)$在$[a,b]$上必有最大值和最小值.即若$f(x)\in C[a,b]$,则至少有两点$x_1,x_2\in[a,b]$,使得对$[a,b]$内有一切x有
$$f(x_1)\leqslant f(x)\leqslant f(x_2),$$
其中$f(x_1)=\min_{x\in[a,b]}f(x),f(x_2)=\max_{x\in[a,b]}f(x)$(如图 1.5.8 所示).

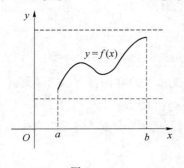

图 1.5.7

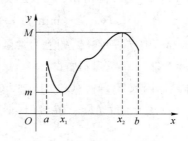

图 1.5.8

需要指出的是,如果函数在开区间内连续,或函数在闭区间上有间断点,那么函数在该区间不一定有界,也不一定有最大值和最小值.例如,函数$f(x)=\dfrac{1}{x}$在开区间$(0,1)$内是连续的,但它在开区间内是无界的,且既无最大值又无最小值;又如函数
$$f(x)=\begin{cases}x, & 0<x<1,\\ \dfrac{1}{2}, & x=0,1\end{cases}$$

在闭区间$[0,1]$上有间断点$x=0$和$x=1$,该函数在闭区间$[0,1]$上显然有界,但是既无最大值又无最小值(如图1.5.9所示).

2. 零点存在定理和介值定理

定理 1.5.7(零点存在定理) 设函数$f(x)$在闭区间$[a,b]$上连续,且$f(a)$和$f(b)$异号(即$f(a)\cdot f(b)<0$),那么在开区间(a,b)内至少存在一点ξ,使
$$f(\xi)=0.$$

使得函数值为零的自变量取值,我们称为函数的**零点**. 上面的定理表明闭区间上连续且两端点函数值异号的函数在该区间内一定存在零点. 从几何上来看,如图1.5.10所示,如果连续曲线$y=f(x)$的两个端点分别位于x轴的不同侧,那么该曲线与x轴至少有一个交点.

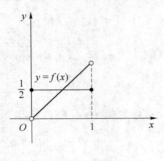

图 1.5.9

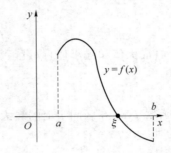

图 1.5.10

由定理1.5.7立即可以得到下面的一般性定理.

定理 1.5.8(介值定理) 闭区间$[a,b]$上的连续函数$f(x)$可以取到其最小值和最大值之间的一切值(如图1.5.11所示),即设$f(x)\in C[a,b]$且$m=\min\limits_{x\in[a,b]}f(x),M=\max\limits_{x\in[a,b]}f(x)$,那么对于任何$\mu,m<\mu<M$,至少存在一个$\xi\in[a,b]$,使得
$$f(\xi)=\mu.$$

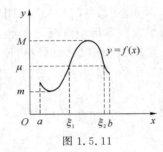

图 1.5.11

证明 由于$f(x)$在$[a,b]$上连续,则存在x_1,x_2,使得
$$f(x_1)=\min\limits_{x\in[a,b]}f(x)=m,\quad f(x_2)=\max\limits_{x\in[a,b]}f(x)=M.$$

若$m=M$,则$f(x)$在$[a,b]$上为常函数,定理结论显然成立.

若$m\neq M$,则$x_1\neq x_2$. 不妨设$x_1<x_2$($x_2<x_1$同理可证),$f(x)$在闭区间$[x_1,x_2]\subseteq[a,b]$上一定连续. 作辅助函数$F(x)=f(x)-\mu$,则$F(x)$在闭区间$[x_1,x_2]$上连续,且$F(x_1)=f(x_1)-\mu=m-\mu$与$F(x_2)=f(x_2)-\mu=M-\mu$异号. 根据零点存在定理,开区间(x_1,x_2)内至少有一点ξ,使得
$$F(\xi)=0.$$
即
$$f(\xi)=\mu,\quad \xi\in(x_1,x_2)\subseteq[a,b].$$

综上,定理得证. ∎

介值定理的几何意义是闭区间上连续函数$f(x)$的连续曲线与水平直线$y=\mu$至少相交于一点,如图1.5.11所示.

例 1.5.15 证明方程$x^3-3x^2-x+1=0$在区间$(0,1)$内至少有一个根.

证明 设函数$f(x)=x^3-3x^2-x+1$,显然$f(x)$在闭区间$[0,1]$上连续,且
$$f(0)=1>0,\quad f(1)=-2<0.$$
根据零点存在定理,在$(0,1)$内至少存在一点ξ,使得

即
$$f(\xi)=0,$$
$$\xi^3-3\xi^2-\xi+1=0.$$
故方程 $x^3-3x^2-x+1=0$ 在区间 $(0,1)$ 内至少有一个根. ∎

例 1.5.16 证明方程 $x^3+x^2-4x+1=0$ 的三个根均在区间 $(-3,2)$ 内,并求其中一个根的近似值.

解 方程 $x^3+x^2-4x+1=0$ 的根等价于函数 $f(x)=x^3+x^2-4x+1$ 的零点. 函数 $f(x)$ 在区间 $[-3,2]$ 上连续,且易知 $f(-3)=-5<0, f(0)=1>0, f(1)=-1<0, f(2)=5>0$. 由零点存在定理,我们知道在三个区间 $(-3,0),(0,1),(1,2)$ 内至少分别存在一个零点.

下面我们使用二分法求在区间 $(0,1)$ 内的根. 将区间 $[0,1]$ 分为两个区间 $\left[0,\frac{1}{2}\right]$ 和 $\left[\frac{1}{2},1\right]$. 由于在中点 $x=\frac{1}{2}$ 处,有 $f\left(\frac{1}{2}\right)=-\frac{5}{8}<0$,而 $f(0)=1>0$,则在区间 $\left(0,\frac{1}{2}\right)$ 内必存在一个根.

进一步,将区间 $\left[0,\frac{1}{2}\right]$ 等分为两个部分并计算函数在其中点的函数值. 当 $x=\frac{1}{4}$ 时, $f\left(\frac{1}{4}\right)=\frac{5}{64}>0$. 因此,在区间 $\left(\frac{1}{4},\frac{1}{2}\right)$ 内必存在一个根. 然后继续上述过程,将区间 $\left[\frac{1}{4},\frac{1}{2}\right]$ 再次进行二分. 其中点为 $x=\frac{3}{8}$,对应的函数值为 $f\left(\frac{3}{8}\right)=\frac{227}{512}>0$,因此,在区间 $\left(\frac{3}{8},\frac{1}{2}\right)$ 内必存在一个根. 若选取区间中点 $x=\frac{7}{16}$ 作为根的近似值,则其误差不超过 $\frac{1}{16}\approx 0.063$. 若这个精度仍不能满足实际问题的需要,则可继续将区间 $\left[\frac{3}{8},\frac{1}{2}\right]$ 再次二分,直到满足条件. ∎

例 1.5.17 设 $f\in C(a,b), a<x_1<x_2<\cdots<x_n<b$. 证明至少存在一个 $\xi\in(a,b)$,使得
$$f(\xi)=\frac{1}{n}\sum_{i=1}^{n}f(x_i). \tag{1.5.1}$$

证明 由于 $f\in C(a,b)$,故 $f\in C[x_1,x_n]$,由最大(最小)值定理,存在点 $\xi_1,\xi_2\in[x_1,x_n]\subset(a,b)$, 使得
$$f(\xi_1)=m, \quad f(\xi_2)=M,$$
其中 m 和 M 分别为函数在区间 $[x_1,x_n]\subset(a,b)$ 上的最小值和最大值. 为证明结论 (1.5.1),利用介值定理,只需证明表达式 (1.5.1) 的右端项的取值在 m 和 M 之间即可. 事实上,由于
$$m\leqslant f(x_i)\leqslant M \quad (i=1,2,\cdots,n),$$
故
$$nm\leqslant \sum_{i=1}^{n}f(x_i)\leqslant nM,$$
因此
$$m\leqslant \frac{1}{n}\sum_{i=1}^{n}f(x_i)\leqslant M.$$
利用介值定理,存在至少一个点 $\xi\in[x_1,x_n]\subset(a,b)$,使得式 (1.5.1) 成立. ∎

例 1.5.18 对一个圆形线圈,试证总是存在两个关于中心对称的点具有相同的温度(见图 1.5.12).

证明 设圆的半径为 R. 选择原点在圆的中心的直角坐标系,点 P_1 为圆上一点,且直径 P_1P_2 与 x 轴的夹角为 θ (如图 1.5.12 所示),则点 P_1 和 P_2 的坐标分别为 $(R\cos\theta, R\sin\theta)$ 和 $(R\cos(\pi+\theta), R\sin(\pi+\theta))$. 设圆上的温度为 $T(R\cos\theta, R\sin\theta)$,它是点 P_1 的函数. 因此,点 P_1

与 P_2 之间的温度差为
$$f(\theta)=T(R\cos\theta,R\sin\theta)-T(R\cos(\pi+\theta),R\sin(\pi+\theta)).$$
容易看到
$$f(0)=T(R,0)-T(-R,0),$$
$$f(\pi)=T(-R,0)-T(R,0).$$
因此,若 $f(0)$ 及 $f(\pi)$ 均为零,则这两个点 $(R,0)$ 和 $(-R,0)$ 就是所需要的两个点;若 $f(0)\neq f(\pi)$,则 $f(0)f(\pi)<0$. 因为温度在圆上应当为连续变化的,根据零点存在定理,至少存在区间 $(0,\pi)$ 内的一个点 θ_1,使得 $f(\theta_1)=0$,即
$$T(R\cos\theta_1,R\sin\theta_1)=T(R\cos(\pi+\theta_1),R\sin(\pi+\theta_1)).$$

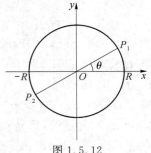

图 1.5.12

习题 1.5 A

1. 按定义证明下列函数在定义域内连续:

(1) $f(x)=\sqrt{x}$;
(2) $f(x)=x^2+2$;
(3) $f(x)=|x|$;
(4) $f(x)=\sin\dfrac{1}{x}$.

2. 画出下列函数的图像,并指出其连续范围:

(1) $f(x)=\begin{cases}\dfrac{x^2-4}{x-2}, & x\neq 2,\\ 4, & x=2;\end{cases}$
(2) $f(x)=\begin{cases}\dfrac{\sin x}{|x|}, & x\neq 0,\\ 1, & x=0.\end{cases}$

3. 判断下列陈述的对错. 如果是对的,说明理由;如果是错的,给出一个反例.
(1) 如果函数 $f(x)$ 在点 x_0 连续,那么 $|f(x)|$ 也在点 x_0 处连续;
(2) 如果函数 $f(x)$ 在点 x_0 连续,那么 $f^2(x)$ 也在点 x_0 处连续;
(3) 如果函数 $|f(x)|$ 在点 x_0 连续,那么 $f(x)$ 也在点 x_0 处连续;
(4) 如果函数 $f^2(x)$ 在点 x_0 连续,那么 $f(x)$ 也在点 x_0 处连续.

4. 利用连续函数的四则运算法则求下列函数的连续范围:

(1) $f(x)=\dfrac{1}{x^n}$;
(2) $f(x)=\sec x+\csc x$;
(3) $f(x)=\dfrac{1}{\sqrt{x}}$;
(4) $f(x)=\dfrac{1}{\sqrt{\cos x}}$;
(5) $f(x)=\dfrac{\ln x}{x^2+2}$;
(6) $f(x)=\dfrac{\ln(1+x)}{x^2-4x+4}$.

5. 求下列极限:

(1) $\lim\limits_{x\to 0}\sqrt{x^2+2x+3}$;
(2) $\lim\limits_{x\to\frac{\pi}{2}}(\sin x+\cos x)^2$;
(3) $\lim\limits_{x\to\frac{\pi}{4}}(\sec x+\csc x)$;
(4) $\lim\limits_{x\to 0}\dfrac{\sqrt{x+1}-1}{x}$;
(5) $\lim\limits_{x\to+\infty}(\sqrt{x^2+x}-\sqrt{x^2-x})$;
(6) $\lim\limits_{x\to 1}\dfrac{x^3-1}{x-1}$;

(7) $\lim\limits_{\Delta x \to 0} \dfrac{\cos(a+\Delta x)-\cos a}{\Delta x}$ (a 为常数); (8) $\lim\limits_{x \to a} \dfrac{\sin x - \sin a}{x-a}$.

6. 求下列极限:

(1) $\lim\limits_{x \to \infty} e^{\frac{1}{x}}$;

(2) $\lim\limits_{x \to 0^-} e^{\frac{1}{x}}$;

(3) $\lim\limits_{x \to \infty} \left(1+\dfrac{1}{x}\right)^{\frac{x}{2}}$;

(4) $\lim\limits_{x \to 0} (1+\tan^2 x)^{\cot^2 x}$;

(5) $\lim\limits_{x \to 1} \dfrac{\arctan x + \frac{\pi}{4} x}{\sqrt{x^2+\ln x}}$;

(6) $\lim\limits_{x \to 0^+} \dfrac{\ln(1+3x)}{\cos 3x \sin 3x}$;

(7) $\lim\limits_{x \to 0}(\cos\sqrt{x})^{\cot x}$;

(8) $\lim\limits_{x \to 0} \dfrac{\sqrt{1+\tan x}-\sqrt{1+\sin x}}{x\sqrt{1+\sin^2 x}-x}$.

7. 确定常数 a 和 b,使得下列函数在点 $x=0$ 连续:

(1) $f(x)=\begin{cases} \arctan\dfrac{1}{x}, & x<0, \\ a+\sqrt{x}, & x\geqslant 0; \end{cases}$

(2) $f(x)=\begin{cases} a+x, & x\leqslant 0, \\ \dfrac{\sin x + 2e^x - 2}{x}, & x>0; \end{cases}$

(3) $f(x)=\begin{cases} \dfrac{\sin ax}{x}, & x>0, \\ 2, & x=0, \\ \dfrac{1}{bx}\ln(1-3x), & x<0. \end{cases}$

8. 讨论下列函数的连续性;若函数存在间断点,判断其类型:

(1) $f(x)=\dfrac{x}{1+x^2}$;

(2) $f(x)=\dfrac{x-2}{x^2-4}$;

(3) $f(x)=\dfrac{1+x}{1+x^2}$;

(4) $f(x)=2^{\sin\frac{1}{x-1}}$;

(5) $f(x)=e^{x+\frac{1}{x}}$;

(6) $f(x)=\dfrac{x}{\ln x}$;

(7) $f(x)=\dfrac{x}{\sin x}$;

(8) $f(x)=\cos^2\dfrac{1}{x}$;

(9) $f(x)=\begin{cases} e^{-\frac{1}{x^2}}, & x\neq 0, \\ 1, & x=0; \end{cases}$

(10) $f(x)=\begin{cases} \dfrac{\tan x}{x}, & x<0, \\ x^2-1, & x\geqslant 0. \end{cases}$

9. 当 $x=0$ 时,下列函数 $f(x)$ 无定义. 试定义 $f(0)$ 的值,使重新定义后的函数在 $x=0$ 处连续.

(1) $f(x)=\dfrac{\sin x + \tan x}{x}$;

(2) $f(x)=\dfrac{\tan 2x}{x}$;

(3) $f(x)=(1+x)^{\frac{1}{x}}$;

(4) $f(x)=(1-2x)^{\frac{3}{x}}$;

(5) $f(x)=\sin x \cdot \sin\dfrac{1}{x}$;

(6) $f(x)=\dfrac{\sqrt{1+x}-1}{\sqrt[3]{1+x}-1}$.

10. 设 $f(x) \in C[0,1]$，且对任意 $x \in [0,1]$ 有 $0 \leqslant f(x) \leqslant 1$，试证明 $[0,1]$ 上必存在一点 t，使 $f(t)=t$（此时，t 称为函数 $f(x)$ 的不动点）.

11. 设 $f \in C[a,b]$，证明若 f 在区间 $[a,b]$ 上无零点，则 f 在区间 $[a,b]$ 上符号固定.

12. 证明下列命题：

(1) 方程 $x^5-3x-1=0$ 在区间 $[1,2]$ 上至少存在一个根；

(2) 方程 $\sin x+x+1=0$ 在区间 $\left(-\dfrac{\pi}{2},\dfrac{\pi}{2}\right)$ 内至少存在一个根；

(3) 方程 $\dfrac{5}{x-1}+\dfrac{7}{x-2}+\dfrac{9}{x-3}=0$ 在区间 $(1,3)$ 内存在两个根.

习题 1.5 B

1. 证明：若函数 $f(x)$ 在点 x_0 连续且 $f(x_0) \neq 0$，则存在 x_0 的某一邻域 $U(x_0)$，当 $x \in U(x_0)$ 时，$f(x) \neq 0$.

2. 判断下列说法是否正确，为什么？

(1) 若函数 $f(x)$ 在点 x_0 连续，而函数 $g(x)$ 在点 x_0 不连续，则 $f(x)+g(x)$ 在点 x_0 一定不连续；

(2) 若函数 $f(x)$ 和 $g(x)$ 在点 x_0 都不连续，则 $f(x)+g(x)$ 在点 x_0 一定不连续；

(3) 若函数 $f(x)$ 在点 x_0 连续，而函数 $g(x)$ 在点 x_0 不连续，则 $f(x)g(x)$ 在点 x_0 一定不连续；

(4) 若函数 $f(x)$ 和 $g(x)$ 在点 x_0 都不连续，则 $f(x)g(x)$ 在点 x_0 一定不连续.

3. 设 $f(x) \in C[a,b]$，$g(x) \in C[a,b]$，且 $\varphi(x)=\max_x\{f(x),g(x)\}$，$\psi(x)=\min_x\{f(x),g(x)\}$，证明 $\varphi(x) \in C[a,b]$，$\psi(x) \in C[a,b]$.

4. 当函数 $f(x)$ 在 $[a,+\infty)$ 连续，且 $\lim\limits_{x \to +\infty} f(x)$ 存在，证明函数 $f(x)$ 在 $[a,+\infty)$ 有界.

5. 设 $f \in C(a,b)$，$\lim\limits_{x \to a^+} f(x)$ 且 $\lim\limits_{x \to b^-} f(x)$ 均存在（或是无穷大）且符号相反. 证明存在一个 $\xi \in (a,b)$，使得 $f(\xi)=0$.

6. 利用介值定理，证明方程
$$a_n x^n + a_{n-1} x^{n-1} + \cdots + a_1 x + a_0 = 0$$
至少有一个根，其中 n 为奇数，$a_i(i=1,2,\cdots,n)$ 为实常数且 $a_n \neq 0$.

第 2 章

导数和微分

微分学是微积分的重要组成部分,它的基本概念是导数与微分,其中导数反映函数相对于自变量的变化而变化的快慢程度,而微分则指明了当自变量有微小变化时,函数大体上变化了多少,即函数的局部改变量的估值.本章主要讨论导数和微分的概念、性质以及计算方法.

2.1 导数的概念

导数的思想最初是法国数学家费马(Fermat)为解决极大、极小问题而引入,但导数作为微分学中最主要的概念,却是英国数学家牛顿(Newton)和德国数学家莱布尼茨(Leibniz)分别在研究力学与几何学过程中建立的.

2.1.1 引例

为了说明导数的概念,我们先讨论两个问题:速度问题和切线问题.这两个问题在历史上都与导数概念的形成有密切的关系.

1. 速度问题

设某点沿直线运动,该动点于时刻 t 在直线上的位置坐标为 $s=f(t)$,首先取从时刻 t_0 到 $t_0+\Delta t$ 这样一个时间间隔,在这段时间内,动点从位置 $f(t_0)$ 移动到 $f(t_0+\Delta t)$,则动点在上述时间间隔内的平均速度为

$$\bar{v}=\frac{\Delta s}{\Delta t}=\frac{f(t_0+\Delta t)-f(t_0)}{\Delta t}, \tag{2.1.1}$$

如果时间间隔选得较短,这个比值在实践中也可用来说明动点在时刻 t_0 的速度。但对于动点在时刻 t_0 的速度的精确概念来说,这样做是不够的,而更确切地应该令 $\Delta t \to 0$,取式(2.1.1)的极限,如果这个极限存在,则称其极限值

$$v(t_0)=\lim_{\Delta t \to 0}\frac{f(t_0+\Delta t)-f(t_0)}{\Delta t} \tag{2.1.2}$$

为该动点在时刻 t_0 的瞬时速度.

2. 切线问题

已知曲线 $C: y=f(x)$,求曲线 C 上点 $M_0(x_0, y_0)$ 处的切线斜率.

欲求曲线 C 上点 $M_0(x_0, y_0)$ 的切线斜率,由于切线为割线的极限位置,所以切线的斜率应是割线斜率的极限.

如图 2.1.1 所示,取曲线 C 上另外一点 $M(x_0+\Delta x, y_0+\Delta y)$,则割线 M_0M 的斜率为
$$k_{M_0M}=\tan\varphi=\frac{\Delta y}{\Delta x}=\frac{f(x_0+\Delta x)-f(x_0)}{\Delta x}.$$

当点 M 沿曲线 C 趋于 M_0 时,即当 $\Delta x\to 0$ 时,M_0M 的极限位置就是曲线 C 在点 M_0 的切线 M_0T,此时割线的倾斜角 φ 趋于切线的倾斜角 α,故切线的斜率为

$$k=\lim_{\Delta x\to 0}\tan\varphi=\lim_{\Delta x\to 0}\frac{\Delta y}{\Delta x}=\lim_{\Delta x\to 0}\frac{f(x_0+\Delta x)-f(x_0)}{\Delta x}. \tag{2.1.3}$$

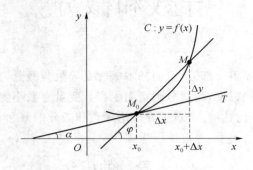

图 2.1.1

前面我们讨论了瞬时速度和切线斜率两个问题,虽然实际意义不同,但如果舍弃其实际背景,从数学角度看,却有着相同的数学形式,即当自变量的改变量趋于零时,求函数的改变量与自变量的改变量之比的极限.在自然科学、社会科学和经济领域中,许多问题都可以转化为上述极限形式进行研究,如物质比热、线密度、电流强度、人口增长速度、国内生产总值的增长率等.因此,我们舍弃这些问题的实际意义,抽象出它们数量关系上的共同本质——导数.

2.1.2 导数的定义

定义 2.1.1 设函数 $y=f(x)$ 在点 x_0 的某邻域 $U(x_0,\delta)$ 内有定义,对自变量 x 在 x_0 处取任意增量 Δx,且 $x_0+\Delta x\in U(x_0,\delta)$ 时,函数相应的增量为 $\Delta y=f(x_0+\Delta x)-f(x_0)$,如果极限
$$\lim_{\Delta x\to 0}\frac{\Delta y}{\Delta x}=\lim_{\Delta x\to 0}\frac{f(x_0+\Delta x)-f(x_0)}{\Delta x}$$
存在,那么称函数 **$y=f(x)$ 在点 x_0 可导**,并称此极限值为函数 $y=f(x)$ 在点 x_0 的**导数**,记作
$$f'(x_0)=\lim_{\Delta x\to 0}\frac{f(x_0+\Delta x)-f(x_0)}{\Delta x},$$
函数 $f(x)$ 在点 x_0 处的导数还可记为
$$\left.\frac{\mathrm{d}y}{\mathrm{d}x}\right|_{x=x_0},\quad \left.\frac{\mathrm{d}f}{\mathrm{d}x}\right|_{x=x_0},\quad y'|_{x=x_0}.$$

注 (1) 由导数的定义可得与其等价的定义形式
$$f'(x_0)=\lim_{h\to 0}\frac{f(x_0+h)-f(x_0)}{h},$$
$$f'(x_0)=\lim_{x\to x_0}\frac{f(x)-f(x_0)}{x-x_0}.$$

(2) 若极限 $\lim\limits_{\Delta x\to 0}\dfrac{\Delta y}{\Delta x}$ 不存在,则称函数 $y=f(x)$ 在点 x_0 **不可导**.特别地,若 $\lim\limits_{\Delta x\to 0}\dfrac{\Delta y}{\Delta x}=\infty$,也可称函数 $y=f(x)$ 在点 x_0 的导数为无穷大,此时曲线 $y=f(x)$ 在点 $(x_0,f(x_0))$ 的切线存在,

垂直于 x 轴.

导数是由函数的极限来定义的,类似于左、右极限的定义,这里给出左、右导数的定义.

定义 2.1.2 如果极限 $\lim\limits_{\Delta x \to 0^-} \dfrac{f(x_0+\Delta x)-f(x_0)}{\Delta x}$ 或 $\lim\limits_{x \to x_0^-} \dfrac{f(x)-f(x_0)}{x-x_0}$ 存在,则称此极限值为 $y=f(x)$ 在点 x_0 的**左导数**,记为 $f'_-(x_0)$,即

$$f'_-(x_0) = \lim_{\Delta x \to 0^-} \frac{f(x_0+\Delta x)-f(x_0)}{\Delta x} = \lim_{x \to x_0^-} \frac{f(x)-f(x_0)}{x-x_0}.$$

如果极限 $\lim\limits_{\Delta x \to 0^+} \dfrac{f(x_0+\Delta x)-f(x_0)}{\Delta x}$ 或 $\lim\limits_{x \to x_0^+} \dfrac{f(x)-f(x_0)}{x-x_0}$ 存在,则称此极限值为 $y=f(x)$ 在点 x_0 的**右导数**,记为 $f'_+(x_0)$,即

$$f'_+(x_0) = \lim_{\Delta x \to 0^+} \frac{f(x_0+\Delta x)-f(x_0)}{\Delta x} = \lim_{x \to x_0^+} \frac{f(x)-f(x_0)}{x-x_0}.$$

由极限存在的充要条件是左、右极限都存在且相等,可得函数 $y=f(x)$ 在点 x_0 可导的充要条件如下.

定理 2.1.1 函数 $y=f(x)$ 在点 x_0 可导的充要条件是 $f'_-(x_0)$ 及 $f'_+(x_0)$ 存在且相等.

如果函数 $y=f(x)$ 在开区间 (a,b) 内的每一点处都可导,则称 $f(x)$ 在**开区间 (a,b) 内可导**. 若函数 $y=f(x)$ 在区间 (a,b) 内可导,在区间左端点 a 的右导数 $f'_+(a)$ 和区间右端点 b 的左导数 $f'_-(b)$ 均存在,则称 $y=f(x)$ 在闭区间 $[a,b]$ 上可导.

若函数 $y=f(x)$ 在区间 (a,b) 内可导,则 $f'(x)$ 仍然是区间 (a,b) 上的一个函数,称函数 $f'(x)$ 为原来函数 $f(x)$ 的**导函数**,记为 $f'(x), y', \dfrac{\mathrm{d}f}{\mathrm{d}x}, \dfrac{\mathrm{d}y}{\mathrm{d}x}$.

显然,$f(x)$ 在点 $x_0 \in (a,b)$ 的导数 $f'(x_0)$ 就是导函数 $f'(x)$ 在点 $x=x_0$ 处的函数值,即 $f'(x_0) = f'(x)|_{x=x_0}$.

下面利用导数的定义求一些简单函数的导数.

例 2.1.1 设 $f(x) = \dfrac{1}{x}$,求 $f'(2)$.

解 根据导数的等价定义,可得

$$f'(2) = \lim_{\Delta x \to 0} \frac{f(2+\Delta x)-f(2)}{\Delta x} = \lim_{\Delta x \to 0} \frac{1}{\Delta x}\left(\frac{1}{\Delta x+2}-\frac{1}{2}\right) = \lim_{\Delta x \to 0} \frac{-1}{2(\Delta x+2)} = -\frac{1}{4}. \blacksquare$$

例 2.1.2 求常值函数 $f(x)=C$(C 为常数)的导数.

解
$$f'(x) = \lim_{\Delta x \to 0} \frac{f(x+\Delta x)-f(x)}{\Delta x} = \lim_{\Delta x \to 0} \frac{C-C}{\Delta x} = 0.$$

即得常值函数的导数公式:

$$(C)' = 0. \blacksquare$$

例 2.1.3 求正弦函数 $f(x)=\sin x$ 的导数.

解
$$f'(x) = \lim_{\Delta x \to 0} \frac{f(x+\Delta x)-f(x)}{\Delta x} = \lim_{\Delta x \to 0} \frac{\sin(x+\Delta x)-\sin x}{\Delta x}$$

$$= \lim_{\Delta x \to 0} \frac{2\sin\dfrac{\Delta x}{2}\cos\left(x+\dfrac{\Delta x}{2}\right)}{\Delta x} = \lim_{\Delta x \to 0} \frac{\sin\dfrac{\Delta x}{2}}{\dfrac{\Delta x}{2}} \cos\left(x+\dfrac{\Delta x}{2}\right) = \cos x.$$

即得正弦函数的导数公式:

$$(\sin x)' = \cos x.$$

类似可得余弦函数的导数公式：
$$(\cos x)' = -\sin x.$$

例 2.1.4 求指数函数 $f(x)=a^x(a>0,a\neq 1)$ 的导数.

解 $f'(x)=\lim\limits_{\Delta x\to 0}\dfrac{f(x+\Delta x)-f(x)}{\Delta x}=\lim\limits_{\Delta x\to 0}\dfrac{a^{x+\Delta x}-a^x}{\Delta x}=a^x\lim\limits_{\Delta x\to 0}\dfrac{a^{\Delta x}-1}{\Delta x}.$

由于当 $\Delta x\to 0$ 时，$a^{\Delta x}-1$ 和 $\Delta x\ln a$ 是等价无穷小（即 $a^{\Delta x}-1\sim \Delta x\ln a$），所以
$$f'(x)=a^x\lim_{\Delta x\to 0}\dfrac{\Delta x\ln a}{\Delta x}=a^x\ln a.$$

即得指数函数的导数公式：
$$(a^x)'=a^x\ln a.$$

特别地，
$$(\mathrm{e}^x)'=\mathrm{e}^x.$$

例 2.1.5 求对数函数 $f(x)=\log_a x(a>0,a\neq 1)$ 的导数.

解 $f'(x)=\lim\limits_{\Delta x\to 0}\dfrac{\Delta y}{\Delta x}=\lim\limits_{\Delta x\to 0}\dfrac{\log_a(x+\Delta x)-\log_a x}{\Delta x}=\lim\limits_{\Delta x\to 0}\dfrac{1}{\Delta x}\log_a\dfrac{x+\Delta x}{x}$

$=\lim\limits_{\Delta x\to 0}\dfrac{1}{x}\cdot\dfrac{x}{\Delta x}\log_a\left(1+\dfrac{\Delta x}{x}\right)=\dfrac{1}{x}\lim\limits_{\Delta x\to 0}\log_a\left(1+\dfrac{\Delta x}{x}\right)^{\frac{x}{\Delta x}}=\dfrac{1}{x}\log_a \mathrm{e}=\dfrac{1}{x\ln a},$

即得对数函数的导数公式：
$$(\log_a x)'=\dfrac{1}{x\ln a}.$$

特别地，
$$(\ln x)'=\dfrac{1}{x}.$$

例 2.1.6 求幂函数 $f(x)=x^\alpha$ 的导数.

解 $f'(x)=\lim\limits_{\Delta x\to 0}\dfrac{f(x+\Delta x)-f(x)}{\Delta x}=\lim\limits_{\Delta x\to 0}\dfrac{(x+\Delta x)^\alpha-x^\alpha}{\Delta x}$

$=\lim\limits_{\Delta x\to 0}x^\alpha\dfrac{\left(1+\dfrac{\Delta x}{x}\right)^\alpha-1}{\Delta x}\quad(x\neq 0),$

因为当 $\Delta x\to 0$ 时，$\left(1+\dfrac{\Delta x}{x}\right)^\alpha-1\sim \alpha\dfrac{\Delta x}{x}$，故
$$f'(x)=\lim_{\Delta x\to 0}x^\alpha\cdot\dfrac{\alpha\dfrac{\Delta x}{x}}{\Delta x}=\alpha x^{\alpha-1}.$$

即得幂函数的导数公式：
$$(x^\alpha)'=\alpha x^{\alpha-1}.$$

例 2.1.7 试讨论函数
$$f(x)=\begin{cases}x, & x<0,\\ \ln(1+x), & x\geq 0\end{cases}$$

在点 $x=0$ 处的可导性.

解 显然 $f(x)$ 在点 $x=0$ 处连续，而

$$f'_+(0) = \lim_{x \to 0^+} \frac{f(x)-f(0)}{x} = \lim_{x \to 0^+} \frac{\ln(1+x)-0}{x}$$
$$= \lim_{x \to 0^+} \ln(1+x)^{\frac{1}{x}} = 1,$$
$$f'_-(0) = \lim_{x \to 0^-} \frac{f(x)-f(0)}{x} = \lim_{x \to 0^-} \frac{x-0}{x} = 1,$$

由于 $f'_+(0) = f'_-(0) = 1$,故 $f(x)$ 在 $x=0$ 处可导,且 $f'(0) = 1$.

函数 $f(x)$ 在点 x_0 处不可导的情况有:(1)函数 $f(x)$ 在点 x_0 处左右导数都存在但不相等;(2)函数 $f(x)$ 在点 x_0 处左右导数至少有一个不存在.

不可导情况举例如下.

例 2.1.8 讨论函数 $f(x) = |x|$ 在点 $x=0$ 的可导性.

解 因为
$$f(x) = \begin{cases} -x, & x<0, \\ x, & x \geqslant 0, \end{cases}$$

所以
$$f'_-(0) = \lim_{x \to 0^-} \frac{f(x)-f(0)}{x-0} = \lim_{x \to 0^-} \frac{-x}{x} = -1,$$
$$f'_+(0) = \lim_{x \to 0^+} \frac{f(x)-f(0)}{x-0} = \lim_{x \to 0^+} \frac{x}{x} = 1,$$

从而 $f'_-(0) \neq f'_+(0)$,因此 $f(x) = |x|$ 在点 $x=0$ 不可导.

例 2.1.9 讨论函数 $f(x) = x^{\frac{1}{3}}$ 在点 $x=0$ 的可导性.

解 因为
$$\lim_{x \to 0} \frac{f(x)-f(0)}{x-0} = \lim_{x \to 0} \frac{x^{\frac{1}{3}}-0}{x-0} = \lim_{x \to 0} x^{-\frac{2}{3}} = +\infty,$$

所以 $f(x) = x^{\frac{1}{3}}$ 在点 $x=0$ 不可导.

例 2.1.10 讨论函数 $f(x) = \begin{cases} x\sin\dfrac{1}{x}, & x \neq 0, \\ 0, & x = 0 \end{cases}$ 在点 $x=0$ 处的可导性.

解 因为
$$f'(0) = \lim_{x \to 0} \frac{f(x)-f(0)}{x-0} = \lim_{\Delta x \to 0} \frac{x\sin\dfrac{1}{x}}{x} = \lim_{\Delta x \to 0} \sin\frac{1}{x}$$

极限不存在,所以 $f(x)$ 在点 $x=0$ 处不可导(图 2.1.2).

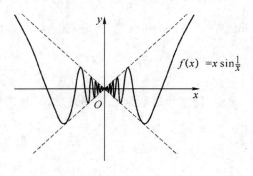

图 2.1.2

2.1.3 导数的几何意义

由引例中的切线问题可知,当函数 $f(x)$ 在 x_0 点可导时,导数 $f'(x_0)$ 在几何上表示曲线

$y=f(x)$ 在点 $(x_0,f(x_0))$ 处的切线斜率(图 2.1.1).由此可得,曲线 $y=f(x)$ 在 $(x_0,f(x_0))$ 处的切线方程为

$$y-f(x_0)=f'(x_0)(x-x_0).$$

若 $f'(x_0)=\infty$,可得切线的倾斜角为 $\dfrac{\pi}{2}$ 或 $-\dfrac{\pi}{2}$,此时切线方程为 $x=x_0$.

当 $f'(x_0)\neq 0$ 时,曲线 $y=f(x)$ 在 $(x_0,f(x_0))$ 处的法线方程为

$$y-f(x_0)=-\dfrac{1}{f'(x_0)}(x-x_0).$$

若 $f'(x_0)=0$,则法线方程为 $x=x_0$.

例 2.1.11 求函数 $y=x^2$ 在点 $(1,1)$ 处的切线的斜率,并写出在该点的切线方程和法线方程.

解 根据导数的几何意义,函数 $y=x^2$ 在点 $(1,1)$ 处的切线的斜率为

$$k=f'(x)\big|_{x=1}=2x\big|_{x=1}=2.$$

从而切线方程为

$$y-1=2(x-1),$$

所求法线的斜率为

$$k_1=-\dfrac{1}{k}=-\dfrac{1}{2},$$

所求法线的方程为

$$y-1=-\dfrac{1}{2}(x-1).$$

2.1.4 函数连续性和可导性的关系

定理 2.1.2 如果函数 $y=f(x)$ 在点 x_0 处可导,那么 $y=f(x)$ 在点 x_0 处连续.

证明 因为 $y=f(x)$ 在点 x_0 处可导,即

$$f'(x_0)=\lim_{\Delta x\to 0}\dfrac{\Delta y}{\Delta x},$$

其中

$$\Delta y=f(x_0+\Delta x)-f(x_0),$$

所以

$$\lim_{\Delta x\to 0}\Delta y=\lim_{\Delta x\to 0}\left(\dfrac{\Delta y}{\Delta x}\cdot\Delta x\right)=\lim_{\Delta x\to 0}\dfrac{\Delta y}{\Delta x}\cdot\lim_{\Delta x\to 0}\Delta x=f'(x_0)\cdot 0=0.$$

即

$$\lim_{\Delta x\to 0}f(x_0+\Delta x)=f(x_0).$$

故 $f(x)$ 在点 x_0 处连续.

定理 2.1.2 的逆命题不成立,即连续函数未必可导,连续只是可导的必要条件.

例 2.1.12 讨论函数 $f(x)=\begin{cases}x\sin\dfrac{1}{x},&x\neq 0,\\ 0,&x=0\end{cases}$ 在点 $x=0$ 处的连续性与可导性.

解 因为

$$\lim_{x\to 0}f(x)=\lim_{x\to 0}x\cdot\sin\dfrac{1}{x}=0=f(0),$$

所以 $f(x)$ 在点 $x=0$ 处连续.由例 2.1.10 知 $f'(0)$ 不存在,所以 $f(x)$ 在点 $x=0$ 处不可导.

例 2.1.13 设函数 $f(x)=\begin{cases}e^x,&x\leqslant 0,\\ x^2+ax+b,&x>0\end{cases}$ 在点 $x=0$ 处可导,求 a,b.

解 由于 $f(x)$ 在点 $x=0$ 处可导,所以 $f(x)$ 在点 $x=0$ 处必连续,即
$$\lim_{x \to 0^-} f(x) = \lim_{x \to 0^+} f(x) = f(0).$$
从而有
$$\lim_{x \to 0^-} f(x) = \lim_{x \to 0^-} e^x = 1,$$
$$\lim_{x \to 0^+} f(x) = \lim_{x \to 0^+} (x^2 + ax + b) = b,$$
$$f(0) = 1,$$
所以可得 $b=1$.

又因为
$$f'_-(0) = \lim_{x \to 0^-} \frac{f(x) - f(0)}{x - 0} = \lim_{x \to 0^-} \frac{e^x - 1}{x} = 1,$$
$$f'_+(0) = \lim_{x \to 0^+} \frac{f(x) - f(0)}{x - 0} = \lim_{x \to 0^+} \frac{x^2 + ax + 1 - 1}{x} = a,$$
要使 $f(x)$ 在点 $x=0$ 处可导,则应有 $f'_-(0) = f'_+(0)$,即 $a=1$. 所以,如果 $f(x)$ 在点 $x=0$ 处可导,则有 $a=1, b=1$. ■

习题 2.1 A

1. 按定义证明: $(\cos x)' = -\sin x$.

2. 按定义求下列函数的导数:
(1) $f(x) = x^2 + 3x - 1$; (2) $f(x) = e^{ax}$ (a 为常数);
(3) $f(x) = \cos(ax + b)$ (a, b 为常数); (4) $f(x) = x \sin x$.

3. 设函数 $f(x)$ 可导,观察下列极限,指出 A 表示什么.
(1) $\lim\limits_{x \to x_0} \dfrac{x - x_0}{f(x) - f(x_0)} = A$; (2) $\lim\limits_{\Delta x \to 0} \dfrac{f(x_0 - 2\Delta x) - f(x_0)}{\Delta x} = A$;
(3) $\lim\limits_{h \to 0} \dfrac{f(3) - f(3 - h)}{h} = A$; (4) $\lim\limits_{x \to 0} \dfrac{f(x)}{x} = A$, 且 $f(0) = 0$.

4. 给定抛物线 $y = x^2 - x + 2$,求该抛物线在点 $(1, 2)$ 的切线方程与法线方程.

5. 设 $f(x)$ 在 $x=2$ 处连续,且 $\lim\limits_{x \to 2} \dfrac{f(x)}{x - 2} = 2$,求 $f'(2)$.

6. 求 $f(x) = \begin{cases} x, & x < 0, \\ \ln(1+x), & x \geq 0 \end{cases}$ 在 $x=0$ 处的导数.

7. 设函数 $f(x)$ 和 $\varphi(x)$ 在 $x=0$ 处可导,$\varphi'(0) \neq 0$,且 $f(0) = \varphi(0) = 0$,则
$$\lim_{x \to 0} \frac{f(x)}{\varphi(x)} = \frac{f'(0)}{\varphi'(0)}.$$

8. 求下列函数在点 x_0 处的左右导数,并判别函数在该点的可导性:
(1) $f(x) = \begin{cases} \sin x, & x \geq 0, \\ x, & x < 0, \end{cases}$ $x_0 = 0$;

(2) $f(x) = \begin{cases} x^2, & x \leq 1, \\ 2 - x, & x > 1, \end{cases}$ $x_0 = 1$;

(3) $f(x)=\begin{cases} \dfrac{x}{1+e^{\frac{1}{x}}}, & x\neq 0, \\ 0, & x=0, \end{cases}$ $x_0=0$.

9. 分别讨论下列函数在 $x=0$ 处的连续性和可导性：

(1) $f(x)=|\sin x|$；

(2) $f(x)=\begin{cases} x\sin\dfrac{1}{x}, & x\neq 0, \\ 0, & x=0; \end{cases}$

(3) $f(x)=\begin{cases} x^2\sin\dfrac{1}{x}, & x\neq 0, \\ 0, & x=0. \end{cases}$

10. 设函数 $f(x)=\begin{cases} x^2, & x\leqslant 1, \\ ax+b, & x>1 \end{cases}$ 在 $x=1$ 处连续且可导，求 a,b.

11. 设 $\varphi(x)$ 在 $x=a$ 处连续，$f(x)=(x^2-a^2)\varphi(x)$，求 $f'(a)$.

12. 当物体的温度高于周围介质的温度时，物体就不断冷却，若物体的温度 T 与时间 t 的函数关系为 $T=T(t)$，应怎样确定该物体在时刻 t 的冷却速度？

13. 设函数 $f(x)$ 在其定义域上可导，试证明：若 $f(x)$ 是偶函数，则 $f'(x)$ 是奇函数；若 $f(x)$ 是奇函数，则 $f'(x)$ 是偶函数(即求导改变奇偶性).

习题 2.1 B

1. 设 $f(x)=\begin{cases} x^n\sin\dfrac{1}{x}, & x\neq 0, \\ 0, & x=0, \end{cases}$ 则 $f(x)$ 在 $x=0$ 处（　　）.

A. 当 $\lim\limits_{x\to 0}f(x)=\lim\limits_{x\to 0}x^n\sin\dfrac{1}{x}=f(0)=0$ 时才可导；

B. 在任何条件下都可导；

C. 当且仅当 $n\geqslant 2$ 时才可导；

D. 因为 $\sin\dfrac{1}{x}$ 在 $x=0$ 处无定义，所以不可导.

2. 设不恒为零的奇函数 $f(x)$ 在 $x=0$ 处可导，并且 $x=0$ 是函数 $\dfrac{f(x)}{x}$ 的间断点，试说明 $x=0$ 为函数 $\dfrac{f(x)}{x}$ 的何种间断点.

3. 若函数 $F(x)$ 在点 $x=a$ 处连续，且 $F(x)\neq 0$，问函数

(1) $f(x)=|x-a|F(x)$，　　(2) $f(x)=(x-a)F(x)$

在点 $x=a$ 处是否可导？为什么？

4. (1) 设函数 $f(x)$ 对任意实数 x,y 均有 $f(x+y)=f(x)\cdot f(y)$，且 $f'(0)=1$，试求 $f'(x)$；

(2) 设函数 $f(x)$ 对任意实数 x,y 均有 $f(x+y)=f(x)+f(y)+2xy$，且 $f'(0)$ 存在，试求 $f'(x)$.

2.2 函数的求导法则

在上一节中,利用导数的定义求得了一些基本初等函数的导数.但对于一些复杂的函数,利用导数定义去求解,难度比较大.因此本节将介绍几种常用的求导法则,利用这些法则和基本求导公式就能比较简单地求一般初等函数的导数.

2.2.1 导数的四则运算法则

定理 2.2.1 如果函数 $u(x)$ 和 $v(x)$ 都在点 x 处可导,那么它们的和、差、积、商(分母不为零)都在点 x 处可导,且

(1) $[u(x) \pm v(x)]' = u'(x) \pm v'(x)$;

(2) $[u(x) \cdot v(x)]' = u'(x) \cdot v(x) + u(x) \cdot v'(x)$,

特别地,

$$[C \cdot u(x)]' = C \cdot u'(x) \quad (C \text{ 为常数});$$

(3) $\left[\dfrac{u(x)}{v(x)}\right]' = \dfrac{u'(x) \cdot v(x) - u(x) \cdot v'(x)}{v^2(x)} \quad (v(x) \neq 0)$,

特别地,

$$\left[\frac{1}{v(x)}\right]' = -\frac{v'(x)}{v^2(x)} \quad (v(x) \neq 0).$$

证明

(1) $[u(x) \pm v(x)]' = \lim\limits_{\Delta x \to 0} \dfrac{[u(x+\Delta x) \pm v(x+\Delta x)] - [u(x) \pm v(x)]}{\Delta x}$

$= \lim\limits_{\Delta x \to 0} \dfrac{u(x+\Delta x) - u(x)}{\Delta x} \pm \lim\limits_{\Delta x \to 0} \dfrac{v(x+\Delta x) - v(x)}{\Delta x} = u'(x) \pm v'(x).$

(2) $[u(x) \cdot v(x)]'$

$= \lim\limits_{\Delta x \to 0} \dfrac{u(x+\Delta x) \cdot v(x+\Delta x) - u(x) \cdot v(x)}{\Delta x}$

$= \lim\limits_{\Delta x \to 0} \dfrac{u(x+\Delta x) \cdot v(x+\Delta x) - u(x) \cdot v(x+\Delta x) + u(x) \cdot v(x+\Delta x) - u(x) \cdot v(x)}{\Delta x}$

$= \lim\limits_{\Delta x \to 0} \left[\dfrac{u(x+\Delta x) - u(x)}{\Delta x} \cdot v(x+\Delta x) + u(x) \cdot \dfrac{v(x+\Delta x) - v(x)}{\Delta x}\right]$

$= \lim\limits_{\Delta x \to 0} \dfrac{u(x+\Delta x) - u(x)}{\Delta x} \cdot \lim\limits_{\Delta x \to 0} v(x+\Delta x) + \lim\limits_{\Delta x \to 0} u(x) \cdot \lim\limits_{\Delta x \to 0} \dfrac{v(x+\Delta x) - v(x)}{\Delta x}.$

由于 $v(x)$ 在点 x 处可导,从而其在点 x 处连续,故

$$[u(x) \cdot v(x)]' = u'(x) \cdot v(x) + u(x) \cdot v'(x).$$

(3) $\left[\dfrac{u(x)}{v(x)}\right]' = \lim\limits_{\Delta x \to 0} \dfrac{1}{\Delta x}\left[\dfrac{u(x+\Delta x)}{v(x+\Delta x)} - \dfrac{u(x)}{v(x)}\right]$

$= \lim\limits_{\Delta x \to 0} \dfrac{1}{v(x)v(x+\Delta x)}\left[\dfrac{u(x+\Delta x) - u(x)}{\Delta x}v(x) - u(x)\dfrac{v(x+\Delta x) - v(x)}{\Delta x}\right]$

$= \lim\limits_{\Delta x \to 0} \dfrac{1}{v(x)v(x+\Delta x)}\left[v(x) \lim\limits_{\Delta x \to 0} \dfrac{u(x+\Delta x) - u(x)}{\Delta x} - u(x) \lim\limits_{\Delta x \to 0} \dfrac{v(x+\Delta x) - v(x)}{\Delta x}\right]$

$= \dfrac{u'(x)v(x) - u(x)v'(x)}{v^2(x)}.$ ∎

注 法则(1)(2)可以推广到有限个可导函数的情况,如
$$[u(x) \pm v(x) \pm w(x)]' = u'(x) \pm v'(x) \pm w'(x);$$
$$[u(x) \cdot v(x) \cdot w(x)]' = u'(x) \cdot v(x) \cdot w(x) + u(x) \cdot v'(x) \cdot w(x) + u(x) \cdot v(x) \cdot w'(x).$$

例 2.2.1 设 $f(x) = x^2 + e^x - 3$,求 $f'(x)$.

解 $f'(x) = (x^2 + e^x - 3)' = (x^2)' + (e^x)' - (3)' = 2x + e^x.$

例 2.2.2 设 $f(x) = xe^x \ln x$,求 $f'(x)$.

解 $f'(x) = (xe^x \ln x)' = (x)'e^x \ln x + x(e^x)' \ln x + xe^x (\ln x)'$
$= e^x \ln x + xe^x \ln x + xe^x \dfrac{1}{x} = e^x(1 + \ln x + x\ln x).$

例 2.2.3 设 $f(x) = \tan x$,求 $f'(x)$.

解 $f'(x) = (\tan x)' = \left(\dfrac{\sin x}{\cos x}\right)' = \dfrac{(\sin x)' \cos x - \sin x (\cos x)'}{\cos^2 x}$
$= \dfrac{\cos^2 x + \sin^2 x}{\cos^2 x} = \dfrac{1}{\cos^2 x} = \sec^2 x.$

即得正切函数的导数公式:
$$(\tan x)' = \sec^2 x.$$

类似可得余切函数的导数公式:
$$(\cot x)' = -\csc^2 x.$$

例 2.2.4 设 $f(x) = \sec x$,求 $f'(x)$.

解 $f'(x) = (\sec x)' = \left(\dfrac{1}{\cos x}\right)' = -\dfrac{(\cos x)'}{\cos^2 x} = \dfrac{\sin x}{\cos^2 x} = \sec x \tan x.$

即得正割函数的导数公式:
$$(\sec x)' = \sec x \tan x.$$

类似可得余割函数的导数公式:
$$(\csc x)' = -\csc x \cot x.$$

2.2.2 复合函数求导法则

定理 2.2.2(链式法则) 若 $u = \varphi(x)$ 在点 x 处可导,而 $y = f(u)$ 在相应点 $u = \varphi(x)$ 处可导,则复合函数 $y = f(\varphi(x))$ 在点 x 处可导,且 $\dfrac{dy}{dx} = \dfrac{dy}{du} \cdot \dfrac{du}{dx}$,或记为
$$[f(\varphi(x))]' = f'(\varphi(x)) \cdot \varphi'(x).$$

证明 因为 $y = f(u)$ 在点 u 可导,所以
$$\lim_{\Delta u \to 0} \dfrac{\Delta y}{\Delta u} = f'(u)$$

存在,于是根据极限与无穷小的关系可得
$$\dfrac{\Delta y}{\Delta u} = f'(u) + \alpha,$$

其中 α 是 $\Delta u \to 0$ 时的无穷小. 由于上式中 $\Delta u \neq 0$,在其两边同乘 Δu,可得
$$\Delta y = f'(u) \cdot \Delta u + \alpha \cdot \Delta u,$$

用 Δx 除上式两边,可得
$$\dfrac{\Delta y}{\Delta x} = f'(u) \cdot \dfrac{\Delta u}{\Delta x} + \alpha \cdot \dfrac{\Delta u}{\Delta x},$$

于是
$$\frac{\mathrm{d}y}{\mathrm{d}x} = \lim_{\Delta x \to 0} \frac{\Delta y}{\Delta x} = \lim_{\Delta x \to 0} \left[f'(u) \cdot \frac{\Delta u}{\Delta x} + \alpha \cdot \frac{\Delta u}{\Delta x} \right].$$

根据函数在某点可导必在该点连续可知,当 $\Delta x \to 0$ 时, $\Delta u \to 0$,从而可得
$$\lim_{\Delta x \to 0} \alpha = \lim_{\Delta u \to 0} \alpha = 0.$$

又因为 $u = g(x)$ 在点 x 可导,所以
$$\lim_{\Delta x \to 0} \frac{\Delta u}{\Delta x} = g'(x),$$

故
$$\frac{\mathrm{d}y}{\mathrm{d}x} = \lim_{\Delta x \to 0} \left[f'(u) \cdot \frac{\Delta u}{\Delta x} + \alpha \cdot \frac{\Delta u}{\Delta x} \right] = f'(u) \cdot g'(x). \quad \blacksquare$$

注 (1) $[f(g(x))]'$ 表示复合函数对自变量 x 求导,而 $f'[g(x)]$ 则表示函数 $y = f(u)$ 对中间变量 u 求导.

(2) 定理的结论可以推广到有限个函数构成的复合函数. 例如,设可导函数 $y = f(u)$, $u = g(v)$, $v = \varphi(x)$ 构成复合函数 $y = f[g(\varphi(x))]$,则
$$\frac{\mathrm{d}y}{\mathrm{d}x} = \frac{\mathrm{d}y}{\mathrm{d}u} \cdot \frac{\mathrm{d}u}{\mathrm{d}v} \cdot \frac{\mathrm{d}v}{\mathrm{d}x} = f'(u) \cdot g'(v) \cdot \varphi'(x).$$

例 2.2.5 设 $y = \sin x^2$,求 $\dfrac{\mathrm{d}y}{\mathrm{d}x}$.

解 因为 $y = \sin x^2$ 由 $y = \sin u, u = x^2$ 复合而成,所以
$$\frac{\mathrm{d}y}{\mathrm{d}x} = \frac{\mathrm{d}y}{\mathrm{d}u} \cdot \frac{\mathrm{d}u}{\mathrm{d}x} = (\sin u)' \cdot (x^2)' = \cos u \cdot 2x = 2x\cos x^2. \quad \blacksquare$$

例 2.2.6 设 $y = \ln \cos(\mathrm{e}^x)$,求 $\dfrac{\mathrm{d}y}{\mathrm{d}x}$.

解 因为 $y = \ln \cos(\mathrm{e}^x)$ 由 $y = \ln u, u = \cos v, v = \mathrm{e}^x$ 复合而成,所以
$$\frac{\mathrm{d}y}{\mathrm{d}x} = \frac{\mathrm{d}y}{\mathrm{d}u} \cdot \frac{\mathrm{d}u}{\mathrm{d}v} \cdot \frac{\mathrm{d}v}{\mathrm{d}x} = (\ln u)' \cdot (\cos v)' \cdot (\mathrm{e}^x)' = \frac{1}{u} \cdot (-\sin v) \cdot \mathrm{e}^x = -\mathrm{e}^x \tan(\mathrm{e}^x). \quad \blacksquare$$

从以上例子可以看出,对复合函数求导时,是从外层向内层逐层求导,故形象地称其为**链式法则**. 当对复合函数求导过程较熟练后,可以不用写出中间变量,而把中间变量看成一个整体,然后逐层求导即可.

例 2.2.7 设 $y = \ln|x|$,求 y'.

解 因为
$$y = \ln|x| = \begin{cases} \ln x, & x > 0, \\ \ln(-x), & x < 0, \end{cases}$$

所以,当 $x > 0$ 时,
$$(\ln|x|)' = (\ln x)' = \frac{1}{x};$$

当 $x < 0$ 时,
$$(\ln|x|)' = (\ln(-x))' = \frac{1}{-x}(-x)' = \frac{1}{x}.$$

综上可得
$$y' = (\ln|x|)' = \frac{1}{x}. \quad \blacksquare$$

例 2.2.8 设 $y = \sin \mathrm{e}^{x^2}$,求 y'.

解 $y' = (\sin e^{x^2})' = \cos e^{x^2} (e^{x^2})' = e^{x^2} \cos e^{x^2} (x^2)' = 2x e^{x^2} \cos e^{x^2}$.

例 2.2.9 设 $f(x)$ 可导，求 $y = f(\sin^2 x)$ 的导数.

解 $y' = [f(\sin^2 x)]' = f'(\sin^2 x) \cdot (\sin^2 x)' = f'(\sin^2 x) \cdot 2\sin x \cdot (\sin x)'$
$= f'(\sin^2 x) \cdot 2\sin x \cos x = \sin 2x \cdot f'(\sin^2 x)$.

2.2.3 反函数的求导法则

定理 2.2.3 如果函数 $x = f(y)$ 在区间 I_y 内严格单调、可导且 $f'(y) \neq 0$，那么它的反函数 $y = f^{-1}(x)$ 在区间 $I_x = \{x \mid x = f(y), y \in I_y\}$ 内也可导，且

$$[f^{-1}(x)]' = \frac{1}{f'(y)} \quad \text{或} \quad \frac{\mathrm{d}y}{\mathrm{d}x} = \frac{1}{\frac{\mathrm{d}x}{\mathrm{d}y}}.$$

换句话说，即反函数在点 x 处的导数等于原来函数在对应点 y 处的导数的倒数.

证明 记 $f^{-1}(x) = \varphi(x)$，则有 $x = f(y) = f(\varphi(x))$，由 $x = f(y), y = \varphi(x)$ 的可导性，可得

$$(x)' = \{f(\varphi(x))\}',$$

利用复合函数的求导法，有

$$1 = f'(\varphi(x))\varphi'(x) = f'(y)\varphi'(x),$$

故

$$[f^{-1}(x)]' = \varphi'(x) = \frac{1}{f'(y)}, \quad f'(y) \neq 0.$$

例 2.2.10 设 $y = \arcsin x (-1 < x < 1)$，求 y'.

解 因为 $y = \arcsin x (-1 < x < 1)$ 的反函数 $x = \sin y$ 在区间 $I_y = \left(-\frac{\pi}{2}, \frac{\pi}{2}\right)$ 内严格单调可导，且 $(\sin y)' = \cos y \neq 0$. 又因为在 $\left(-\frac{\pi}{2}, \frac{\pi}{2}\right)$ 内有 $\cos y = \sqrt{1 - \sin^2 y}$，所以在对应区间 $I_x = (-1, 1)$ 内有

$$(\arcsin x)' = \frac{1}{(\sin y)'} = \frac{1}{\cos y} = \frac{1}{\sqrt{1 - \sin^2 y}} = \frac{1}{\sqrt{1 - x^2}}.$$

即得反正弦函数的导数公式：

$$(\arcsin x)' = \frac{1}{\sqrt{1 - x^2}} \quad (-1 < x < 1).$$

类似可得反余弦函数的导数公式：

$$(\arccos x)' = -\frac{1}{\sqrt{1 - x^2}} \quad (-1 < x < 1).$$

例 2.2.11 设 $y = \arctan x (x \in (-\infty, +\infty))$，求 y'.

解 因为 $y = \arctan x (-\infty < x < +\infty)$ 的反函数 $x = \tan y$ 在区间 $I_y = \left(-\frac{\pi}{2}, \frac{\pi}{2}\right)$ 内严格单调可导，且 $(\tan y)' = \sec^2 y \neq 0$，所以在对应区间 $I_x = (-\infty, +\infty)$ 内有

$$(\arctan x)' = \frac{1}{(\tan y)'} = \frac{1}{\sec^2 y} = \frac{1}{1 + \tan^2 y} = \frac{1}{1 + x^2}.$$

即得反正切函数的导数公式：

$$(\arctan x)' = \frac{1}{1 + x^2} \quad (x \in (-\infty, +\infty)).$$

类似可得反余切函数的导数公式：

$$(\text{arc cot } x)' = -\frac{1}{1+x^2} \quad (x \in (-\infty, +\infty)).$$

2.2.4 基本求导法则与导数公式

为了便于应用，我们把导数公式和求导法则归纳如下．

1. 基本初等函数的求导公式

(1) $C' = 0$；
(2) $(x^\mu)' = \mu x^{\mu-1}$；
(3) $(a^x)' = a^x \ln a \quad (a>0, a \neq 1)$；
(4) $(e^x)' = e^x$；
(5) $(\log_a x)' = \dfrac{1}{x \ln a} \quad (a>0, a \neq 1)$；
(6) $(\ln x)' = \dfrac{1}{x}$；
(7) $(\sin x)' = \cos x$；
(8) $(\cos x)' = -\sin x$；
(9) $(\tan x)' = \sec^2 x$；
(10) $(\cot x)' = -\csc^2 x$；
(11) $(\sec x)' = \sec x \tan x$；
(12) $(\csc x)' = -\csc x \cot x$；
(13) $(\arcsin x)' = \dfrac{1}{\sqrt{1-x^2}} \quad (-1<x<1)$；
(14) $(\arccos x)' = -\dfrac{1}{\sqrt{1-x^2}} \quad (-1<x<1)$；
(15) $(\arctan x)' = \dfrac{1}{1+x^2}$；
(16) $(\text{arccot } x)' = -\dfrac{1}{1+x^2}$．

2. 函数的和、差、积、商的求导公式

设函数 $u(x)$ 和 $v(x)$ 都在点 x 处可导，则

(1) $[u(x) \pm v(x)]' = u'(x) \pm v'(x)$；

(2) $[u(x) \cdot v(x)]' = u'(x) \cdot v(x) + u(x) \cdot v'(x)$；

(3) $\left[\dfrac{u(x)}{v(x)}\right]' = \dfrac{u'(x) \cdot v(x) - u(x) \cdot v'(x)}{v^2(x)} \quad (v(x) \neq 0)$．

3. 复合函数求导法则

若 $u = \varphi(x)$ 在点 x 处可导，而 $y = f(u)$ 在相应点 $u = \varphi(x)$ 处可导，则复合函数 $y = f(\varphi(x))$ 在点 x 处可导，且 $\dfrac{dy}{dx} = \dfrac{dy}{du} \cdot \dfrac{du}{dx}$，或记为

$$[f(\varphi(x))]' = f'(\varphi(x)) \cdot \varphi'(x).$$

4. 反函数的求导法则

如果函数 $x = f(y)$ 在区间 I_y 内严格单调、可导且 $f'(y) \neq 0$，那么它的反函数 $y = f^{-1}(x)$ 在区间 $I_x = \{x \mid x = f(y), y \in I_y\}$ 内也可导，且

$$[f^{-1}(x)]' = \frac{1}{f'(y)} \quad \text{或} \quad \frac{dy}{dx} = \frac{1}{\dfrac{dx}{dy}}.$$

双曲函数和反双曲函数也是初等函数，它们的导数能通过以上求导法则的综合运用求得．

例 2.2.12 设 $y = \sinh x$，求 y'．

解
$$y' = (\sinh x)' = \left(\frac{e^x - e^{-x}}{2}\right)' = \frac{e^x + e^{-x}}{2} = \cosh x.$$

即得双曲正弦函数的导数公式：

$$(\sinh x)' = \cosh x.$$

类似可得双曲余弦函数的导数公式：

$$(\cosh x)' = \sinh x.$$

例 2.2.13 设 $y=\operatorname{arcsinh} x$，求 y'.

解 $y=\operatorname{arcsinh} x$ 是双曲正弦函数 $x=\sinh y$ 的反函数，应用反函数求导法则，有

$$y' = (\operatorname{arcsinh} x)' = \frac{1}{(\sinh y)'} = \frac{1}{\cosh y} = \frac{1}{\sqrt{1+\sinh^2 y}} = \frac{1}{\sqrt{1+x^2}}.$$

即得反双曲正弦函数的导数公式：

$$(\operatorname{arcsinh} x)' = \frac{1}{\sqrt{1+x^2}} \quad (-\infty < x < +\infty).$$

类似可得反双曲余弦函数的导数公式：

$$(\operatorname{arccosh} x)' = \frac{1}{\sqrt{x^2-1}} \quad (|x|>1).$$

习题 2.2 A

1. 计算下列函数的导数：

(1) $y = 3x + 5\sqrt{x}$；

(2) $y = 5x^2 - 3^x + 3e^x$；

(3) $y = 2\tan x + \sec x - 1$；

(4) $y = e^x \cos x$；

(5) $y = \dfrac{\ln x}{x}$；

(6) $s = \dfrac{1+\sin t}{1+\cos t}$；

(7) $y = \sqrt[3]{x}\sin x + a^x e^x$；

(8) $y = \dfrac{5x^2 - 3x + 4}{x^2 - 1}$；

(9) $y = a^x x^a$；

(10) $y = x \sin x \ln x$；

(11) $y = (x^2-1)(x^2-4)(x^2-9)$；

(12) $y = 2^x(x\sin x + \cos x)$；

(13) $y = \dfrac{x^3 + 2x}{e^x}$；

(14) $y = \dfrac{e^x - e^{-x}}{e^x + e^{-x}}$；

(15) $y = \dfrac{1 - \ln x}{1 + \ln x}$；

(16) $y = \dfrac{x + \sqrt{x}}{x - 2\sqrt[3]{x}}$.

2. 求下列函数在给定点处的导数：

(1) $y = \sec x - 2\cos x$，在 $x = \dfrac{\pi}{3}$ 处；

(2) $y = x^2 e^{-x}$，在 $x = 1$ 处；

(3) $y = e^x(x^2 - x + 1)$，在 $x = 1$ 处；

(4) $y = \dfrac{\sin\theta - \theta\cos\theta}{\cos\theta + \theta\sin\theta}$，在 $\theta = \dfrac{\pi}{2}$ 处.

3. 证明：双曲线 $xy = a^2$ 上任一点的切线与两坐标轴围成的三角形的面积恒为常数.

4. 一个圆柱形水箱有 100 升水，要在 10 分钟内从容器底部将水排空，依据 Torricelli 定律，水的体积 V，在 t 分钟后容器剩余水的体积为

$$V(t) = 100\left(1 - \frac{t}{10}\right)^2 \quad (0 \leqslant t \leqslant 10).$$

求出在 5 分钟后水流出的速度，以及从开始到结束，水流出的平均速度.

5. 求下列函数的导数：

(1) $y=\cos(4-3x)$;

(2) $y=e^{-3x^2}$;

(3) $y=\sqrt{a^2-x^2}$;

(4) $y=\sin 2x+\cos(x^2)$;

(5) $y=\sin^2\dfrac{x}{3}\cot\dfrac{x}{2}$;

(6) $y=\sin[\sin(\sin 2x)]$;

(7) $y=\tan(x^2)$;

(8) $y=\ln(\sec x+\tan x)$;

(9) $y=\ln(\csc x-\cot x)$.

6. 设 $f(x)$ 可导, 求下列函数的导数:

(1) $y=f(x^2)$;

(2) $y=f\left(\arcsin\dfrac{1}{x}\right)$;

(3) $y=f(\sin^2 x)+f(\cos^2 x)$;

(4) $y=f\{f[f(x)]\}$.

7. 设 $\varphi(x)$、$\psi(x)$ 可导, 求下列函数的导数:

(1) $y=\arctan\dfrac{\varphi(x)}{\psi(x)}$;

(2) $y=\sqrt{\varphi^2(x)+\psi^2(x)}$.

8. 求函数 $y=\arccos\dfrac{1}{|x|}$ 在 $|x|>1$ 时的导函数.

9. 求下列函数的导数:

(1) $y=\arctan(e^x)$;

(2) $y=\ln\sqrt{x}+\sqrt{\ln x}$;

(3) $y=\ln\dfrac{1+\sqrt{x}}{1-\sqrt{x}}$;

(4) $y=\ln\tan\dfrac{x}{2}$;

(5) $y=\ln\ln x$;

(6) $y=x\sqrt{1-x^2}+\arcsin x$;

(7) $y=\left(\arcsin\dfrac{x}{2}\right)^2$;

(8) $y=\sqrt{1+\ln^2 x}$;

(9) $y=\sqrt{\dfrac{1-\sin x}{1+\sin x}}$;

(10) $y=\arccos\dfrac{1-x}{\sqrt{2}}$;

(11) $y=\sqrt{x}-\arctan\sqrt{x}$;

(12) $y=x+\sqrt{1-x^2}\arcsin x$.

(13) $y=\arcsin(1-2x)$;

(14) $y=\arccos\dfrac{1}{x}$.

10. 求下列函数的导数:

(1) $y=e^{\arctan\sqrt{x}}$;

(2) $y=10^{x\tan 2x}$;

(3) $y=\ln\sqrt{\dfrac{e^{4x}}{e^{4x}+1}}$;

(4) $y=e^{-\sin^2\frac{1}{x}}$.

习题 2.2 B

1. 已知 $f\left(\dfrac{1}{x}\right)=\dfrac{x}{1+x}$, 求 $f'(x)$.

2. 求下列函数的导数:

(1) $y=e^x+e^{e^x}+e^{e^{e^x}}$;

(2) $y=x^{a^a}+a^{x^a}+a^{a^x}$;

(3) $y=\sin^2\left(\dfrac{1-\ln x}{x}\right)$;

(4) $y=x\arcsin(\ln x)$;

(5) $y=\dfrac{x}{2}\sqrt{a^2-x^2}+\dfrac{a^2}{2}\arcsin\dfrac{x}{a}$; (6) $y=\dfrac{\arcsin x}{\sqrt{1-x^2}}+\dfrac{1}{2}\ln\dfrac{1-x}{1+x}$.

3. 已知 $\varphi(x)=a^{f^2(x)}$,且 $f'(x)=\dfrac{1}{f(x)\ln a}$,证明 $\varphi'(x)=2\varphi(x)$.

4. 设 $f(x)$ 在 $(-\infty,+\infty)$ 内可导,且 $F(x)=f(x^2-1)+f(1-x^2)$,证明 $F'(1)=F'(-1)$.

5. 设 $f(x)=x^2$ 和 $g(x)=|x|$,虽然 $g(x)$ 本身在零点并不可微,但它们的复合函数
$$f\circ g(x)=|x|^2=x^2 \text{ 和 } g\circ f(x)=|x^2|=x^2$$
在零点是可微的,这违背了链式法则么? 为什么?

2.3 高阶导数

前面已经看到,当 x 变动时,函数 $f(x)$ 的导数 $f'(x)$ 仍然是 x 的函数,可以对 $f'(x)$ 再关于 x 求导,所得出的结果 $(f'(x))'$(如果存在)称为函数 $f(x)$ 的二阶导数.

例如,设变速直线运动的质点的路程函数为 $s=s(t)$,则速度
$$v(t)=s'(t)=\lim_{\Delta t\to 0}\dfrac{s(t+\Delta t)-s(t)}{\Delta t},$$

加速度
$$a(t)=v'(t)=\lim_{\Delta t\to 0}\dfrac{v(t+\Delta t)-v(t)}{\Delta t},$$

从而
$$a(t)=v'(t)=[s'(t)]'.$$

一般地,可给出如下定义.

定义 2.3.1 若函数 $y=f(x)$ 的导数 $f'(x)$ 在点 x 可导,即极限
$$\lim_{\Delta x\to 0}\dfrac{f'(x+\Delta x)-f'(x)}{\Delta x}$$
存在,则称该极限值为函数 $f(x)$ 在点 x 的**二阶导数**,记作
$$f''(x),\quad y'',\quad \dfrac{d^2f}{dx^2},\quad \dfrac{d^2y}{dx^2},$$
这时也称 $f(x)$ 在点 x **二阶可导**.

若函数 $y=f(x)$ 在区间 I 上每一点都二阶可导,则称它在区间 I 上二阶可导,并称 $f''(x)$ 为 $f(x)$ 在区间 I 上的**二阶导函数**,简称为**二阶导数**.

如果函数 $y=f(x)$ 的二阶导数 $f''(x)$ 仍可导,那么可定义**三阶导数**:
$$\lim_{\Delta x\to 0}\dfrac{f''(x+\Delta x)-f''(x)}{\Delta x},$$

记作
$$f'''(x),\quad y''',\quad \dfrac{d^3f}{dx^3},\quad \dfrac{d^3y}{dx^3}.$$

以此类推,如果函数 $y=f(x)$ 的 $n-1$ 阶导数 $f^{(n-1)}(x)$ 仍可导,那么可定义 n **阶导数**:
$$\lim_{\Delta x\to 0}\dfrac{f^{(n-1)}(x+\Delta x)-f^{(n-1)}(x)}{\Delta x},$$

记作
$$f^{(n)}(x),\quad y^{(n)},\quad \dfrac{d^nf}{dx^n},\quad \dfrac{d^ny}{dx^n}.$$

习惯上,称 $f'(x)$ 为 $f(x)$ 的**一阶导数**,二阶及二阶以上的导数统称为**高阶导数**. 有时也把函数 $f(x)$ 本身称为 $f(x)$ 的**零阶导数**,即 $f^{(0)}(x)=f(x)$.

例 2.3.1 设 $y=\sin x$,求 $y^{(n)}$.

解 $y=\sin x$,

$$y'=\cos x=\sin\left(x+\frac{\pi}{2}\right),$$

$$y''=\cos\left(x+\frac{\pi}{2}\right)=\sin\left(x+\frac{\pi}{2}+\frac{\pi}{2}\right)=\sin\left(x+2\cdot\frac{\pi}{2}\right),$$

$$y'''=\cos\left(x+2\cdot\frac{\pi}{2}\right)=\sin\left(x+3\cdot\frac{\pi}{2}\right),$$

$$y^{(4)}=\cos\left(x+3\cdot\frac{\pi}{2}\right)=\sin\left(x+4\cdot\frac{\pi}{2}\right),$$

$$\vdots$$

由数学归纳法可得

$$y^{(n)}=(\sin x)^{(n)}=\sin\left(x+n\cdot\frac{\pi}{2}\right).$$

类似地,可得

$$(\cos x)^{(n)}=\cos\left(x+n\cdot\frac{\pi}{2}\right).$$

例 2.3.2 设 $y=a^x(a>0,a\neq 1)$,求 $y^{(n)}$.

解 $y'=a^x\ln a,\quad y''=a^x\ln^2 a,\quad y'''=a^x\ln^3 a,\quad y^{(4)}=a^x\ln^4 a,\quad\cdots,$

由数学归纳法可得

$$(a^x)^{(n)}=a^x\ln^n a.$$

特别地,当 $a=\mathrm{e}$ 时,$(\mathrm{e}^x)^{(n)}=\mathrm{e}^x$.

例 2.3.3 设 $y=\ln(1+x)$,求 $y^{(n)}$.

解 $y'=\dfrac{1}{1+x},\quad y''=-\dfrac{1}{(1+x)^2},\quad y'''=\dfrac{1\cdot 2}{(1+x)^3},\quad y^{(4)}=-\dfrac{1\cdot 2\cdot 3}{(1+x)^4},\quad\cdots,$

由数学归纳法可得

$$y^{(n)}=[\ln(1+x)]^{(n)}=(-1)^{n-1}\frac{(n-1)!}{(1+x)^n}.$$

例 2.3.4 设 $y=x^\alpha$(α 为任意常数),求 $y^{(n)}$.

解 $y'=\alpha x^{\alpha-1},\quad y''=\alpha(\alpha-1)x^{\alpha-2},\quad y'''=\alpha(\alpha-1)(\alpha-2)x^{\alpha-3},$

$$y^{(4)}=\alpha(\alpha-1)(\alpha-2)(\alpha-3)x^{\alpha-4},\quad\cdots,$$

由数学归纳法可得

$$y^{(n)}=(x^\alpha)^{(n)}=\alpha(\alpha-1)(\alpha-2)\cdots(\alpha-n+1)x^{\alpha-n}.$$

特别地,当 $\alpha=n$ 时,可得

$$(x^n)^{(n)}=n(n-1)(n-2)\cdots 2\cdot 1=n!.$$

而

$$(x^n)^{(n+1)}=0.$$

定理 2.3.1 如果函数 $u=u(x)$ 和 $v=v(x)$ 都在点 x 处具有 n 阶导数,那么

(1) $(u\pm v)^{(n)}=u^{(n)}\pm v^{(n)}$.

(2) $(u\cdot v)^{(n)}=\sum\limits_{k=0}^{n}C_n^k u^{(n-k)}\cdot v^{(k)}$,其中 $C_n^k=\dfrac{n(n-1)\cdots(n-k+1)}{k!}=\dfrac{n!}{k!\cdot(n-k)!}$.

特别地,$(Cu)^{(n)}=Cu^{(n)}$(C 为常数).(2)式称为**莱布尼茨(Leibniz)公式**.

证明 只证明(2),利用数学归纳法.

(2) 当 $n=1$ 时,由 $(uv)'=u'v+uv'$ 知公式成立.
假设当 $n=k$ 时公式成立,即
$$y^{(k)} = \sum_{i=0}^{k} C_k^i \cdot u^{(k-i)} \cdot v^{(i)}.$$
两边求导,得
$$y^{(k+1)} = u^{(k+1)}v + \sum_{i=0}^{k-1}(C_k^{i+1}+C_k^i)u^{(k-i)}v^{(i+1)} + uv^{(k+1)}$$
$$= \sum_{i=0}^{k+1} C_{k+1}^i \cdot u^{(k+1-i)} \cdot v^{(i)},$$
即 $n=k+1$ 时公式(2)也成立,从而对任意正整数 n,(2)成立.

例 2.3.5 设 $y=x^4+3x^2-4+e^{5x}$,求 $y^{(n)}$ ($n>4$).

解 $y^{(n)}=(x^4+3x^2-4+e^{5x})^{(n)}=(x^4+3x^2-4)^{(n)}+(e^{5x})^{(n)}=5^n e^{5x}.$

例 2.3.6 设 $y=x^2 \cdot e^{2x}$,求 $y^{(20)}$.

解 设 $u=e^{2x},v=x^2$,则
$$u^{(i)}=2^i \cdot e^{2x} \quad (i=1,2,\cdots,20),$$
$$v'=2x, \quad v''=2, \quad v^{(i)}=0 \quad (i=3,4,\cdots,20).$$
代入莱布尼茨公式,得
$$y^{(20)}=(x^2 \cdot e^{2x})^{(20)}$$
$$=2^{20} \cdot e^{2x} \cdot x^2 + 20 \cdot 2^{19} \cdot e^{2x} \cdot 2x + \frac{20 \cdot 19}{2!} \cdot 2^{18} \cdot e^{2x} \cdot 2$$
$$=2^{20} \cdot e^{2x} \cdot (x^2+20x+95).$$

例 2.3.7 设 $f(x)=\dfrac{1}{x(x-1)}$,求 $f^{(n)}(x)$.

解
$$f(x)=\frac{1}{x(x-1)}=\frac{1}{x}-\frac{1}{(x-1)},$$
$$f^{(n)}(x)=\left(\frac{1}{x}\right)^{(n)}-\left(\frac{1}{(x-1)}\right)^{(n)},$$
利用例 2.3.4 的方法,得
$$f^{(n)}(x)=(-1)^{(n)}\frac{n!}{(x-1)^{n+1}}-(-1)^{(n)}\frac{n!}{x^{n+1}}$$
$$=(-1)^{(n)}n!\left(\frac{1}{(x-1)^{n+1}}-\frac{1}{x^{n+1}}\right).$$

习题 2.3 A

1. 求下列函数的二阶导数:

(1) $y=x^5+4x^3+2x$;

(2) $y=e^{3x-2}$;

(3) $y=x\sin x$;

(4) $y=e^{-t}\sin t$;

(5) $y=\sqrt{1-x^2}$;

(6) $y=\ln(1-x^2)$;

(7) $y=\tan x$;

(8) $y=\dfrac{1}{x^2+1}$;

(9) $y = xe^{x^2}$.

2. 设 $f(x) = (3x+1)^{10}$，求 $f'''(0)$.

3. 已知物体的运动规律为 $s = A\sin\omega t$（A, ω 是常数），求物体运动的加速度，并验证：
$$\frac{d^2 s}{dt^2} + \omega^2 s = 0.$$

4. 求下列方程所确定的隐函数 y 的导数：
(1) $b^2 x^2 + a^2 y^2 = a^2 b^2$；
(2) $\sin y = \ln(x+y)$；
(3) $y = \tan(x+y)$.

5. 验证函数 $y = C_1 e^{\lambda x} + C_2 e^{-\lambda x}$（$\lambda, C_1, C_2$ 是常数）满足关系式：$y'' - \lambda^2 y = 0$.

6. 设 $g'(x)$ 连续，且 $f(x) = (x-a)^2 g(x)$，求 $f''(a)$.

7. 若 $f''(x)$ 存在，求下列函数的二阶导数：
(1) $y = f(x^3)$；　　　　　　(2) $y = \ln[f(x)]$.

8. 已知 $f(x) = \begin{cases} ax^2 + bx + c, & x < 0, \\ \ln(1+x), & x \geq 0 \end{cases}$ 在 $x = 0$ 处有二阶导数，试确定参数 a, b, c 的值.

9. 求下列函数所指定阶的导数：
(1) $y = e^x \cos x$，求 $y^{(4)}$；　　(2) $y = x\ln x$，求 $y^{(n)}$；
(3) $y = \dfrac{1}{x^2 - 3x + 2}$，求 $y^{(n)}$；　　(4) $y = \sin^4 x + \cos^4 x$，求 $y^{(n)}$.

10. 设 $f(x) = (x-a)^n \varphi(x)$，其中函数 $\varphi(x)$ 在点 a 的邻域内有 $n-1$ 阶连续导数，求 $f^{(n)}(a)$.

11. 设 $y = \arcsin x$，求 $y^{(n)}\big|_{x=0} = y^{(n)}(0)$.

习题 2.3　B

1. 求下列函数的 n 阶导数：
(1) $y = e^x \cos x$；　　　　　　(2) $y = \sin^4 x - \cos^4 x$.

2. 设函数 $f(x)$ 具有任意阶导数，且 $f'(x) = f^2(x)$，证明：
$$f^{(n)}(x) = n! f^{n+1}(x).$$

3. 假设 $f(x)$ 是二阶可导函数，$F(x) = \lim\limits_{t \to \infty} \left[f\left(x + \dfrac{\pi}{t}\right) - f(x) \right] t^2 \sin \dfrac{x}{t}$，求 $F'(x)$.

2.4　隐函数和由参数方程所确定函数的求导法则，相对变化率

2.4.1　隐函数求导法则

函数 $y = f(x)$ 表示两个变量 x 与 y 之间的对应该系，这种对应关系可以用多种不同的方式来表达，形如 $y = e^x \cos x, y = x \ln x$ 是最常见的表达方式，这种函数表达方式的特点是：等号

左端是因变量的符号,而右端是含有自变量的数学式子,用这种关系表达的函数叫作**显函数**。但是有些函数的表达式却不是这样,而是以二元方程 $F(x,y)=0$ 的形式确定的,称之为**隐函数**,例如

$$x+y^3-1=0, \quad \sin(x+y)=3x-y+2.$$

把一个隐函数化成显函数,称为**隐函数的显化**。例如,从方程 $x+y^3-1=0$ 解出 $y=\sqrt[3]{x-1}$,就把隐函数化成了显函数。但某些隐函数的显化有时候是困难的,甚至是不可能的。例如,方程 $\sin(x+y)=3x-y+2$ 所确定的隐函数就难以化成显函数。

这里我们总是假定隐函数是存在的并且是可导的,也就是说由方程 $F(x,y)=0$ 能够定义出唯一的单值可导函数 $y=f(x)$。在这个前提下,我们给出求隐函数导数的一种方法,而不需要把隐函数显化。

隐函数求导的基本思想是:把方程 $F(x,y)=0$ 中的 y 看成自变量 x 的函数 $y(x)$,结合复合函数求导法,在方程两端同时对 x 求导数,然后整理变形解出 y' 即可。

例 2.4.1 求由方程 $y=\ln(x+y)$ 所确定的隐函数的导数 y'。

解 方程两端对 x 求导,得

$$y'=\frac{1}{x+y}(x+y)'=\frac{1}{x+y}(1+y'),$$

从而

$$y'=\frac{1}{x+y-1}.$$∎

例 2.4.2 求由方程 $e^y+xy-e=0$ 所确定的隐函数在点 $x=0$ 的导数 $\dfrac{dy}{dx}$ 和二阶导数 $\dfrac{d^2y}{dx^2}$。

解 方程两端对 x 求导,得

$$e^y\cdot\frac{dy}{dx}+y+x\cdot\frac{dy}{dx}=0, \tag{2.4.1}$$

因为当 $x=0$ 时 $y=1$,将 $x=0, y=1$ 代入式(2.4.1)得

$$e\cdot\frac{dy}{dx}\bigg|_{x=0}+1=0,$$

从而有

$$\frac{dy}{dx}\bigg|_{x=0}=-\frac{1}{e}.$$

式(2.4.1)两侧再次对 x 求导,注意到 $\dfrac{dy}{dx}$ 也是 x 的隐函数,可得

$$e^y\left(\frac{dy}{dx}\right)^2+e^y\frac{d^2y}{dx^2}+2\frac{dy}{dx}+x\frac{d^2y}{dx^2}=0,$$

将 $x=0, y=1, \dfrac{dy}{dx}\bigg|_{x=0}=-\dfrac{1}{e}$ 代入上方程得 $\dfrac{d^2y}{dx^2}\bigg|_{x=0}=\dfrac{1}{e^2}$。∎

例 2.4.3 求由方程 $x-y+\dfrac{1}{2}\sin y=0$ 所确定的隐函数的二阶导数 $\dfrac{d^2y}{dx^2}$。

解 方程两端对 x 求导,得

$$1-\frac{dy}{dx}+\frac{1}{2}\cos y\frac{dy}{dx}=0,$$

从而

$$\frac{dy}{dx}=\frac{2}{2-\cos y}.$$

上式两端再对 x 求导,得

$$\frac{d^2y}{dx^2} = \frac{-2\sin y \frac{dy}{dx}}{(2-\cos y)^2} = -\frac{4\sin y}{(2-\cos y)^3}.$$ ∎

隐函数的求导方法也常用来求一些较复杂的显函数的导数. 在计算幂指函数的导数以及某些乘幂、连乘积、带根号函数的导数时,可以采用先取对数再求导的方法,简称**对数求导法**. 它的运算过程如下:

在 $y = f(x)$ ($f(x) > 0$) 的两边取对数,得
$$\ln y = \ln f(x).$$
上式两边对 x 求导,注意到 y 是 x 的函数,得
$$y' = y[\ln f(x)]'.$$

例 2.4.4 设 $y = (\ln x)^{\cos x}$ ($x > 1$),求 y'.

解 函数两端取自然对数,得
$$\ln y = \cos x \cdot \ln(\ln x),$$
两端分别对 x 求导,得
$$\frac{y'}{y} = -\sin x \cdot \ln(\ln x) + \cos x \cdot \frac{1}{\ln x} \cdot \frac{1}{x},$$
所以
$$y' = y\left[-\sin x \cdot \ln(\ln x) + \cos x \cdot \frac{1}{\ln x} \cdot \frac{1}{x}\right] = (\ln x)^{\cos x}\left[\frac{\cos x}{x \ln x} - \sin x \cdot \ln(\ln x)\right].$$ ∎

例 2.4.5 设 $y = \dfrac{(x+1)\sqrt[3]{x-1}}{(x+4)^2 e^x}$,求 y'.

解 先在函数两端取绝对值后再取自然对数,得
$$\ln|y| = \ln|x+1| + \frac{1}{3}\ln|x-1| - 2\ln|x+4| - x,$$
两端分别对 x 求导,得
$$\frac{y'}{y} = \frac{1}{x+1} + \frac{1}{3(x-1)} - \frac{2}{x+4} - 1,$$
即
$$y' = \frac{(x+1)\sqrt[3]{x-1}}{(x+4)^2 e^x}\left[\frac{1}{x+1} + \frac{1}{3(x-1)} - \frac{2}{x+4} - 1\right].$$ ∎

2.4.2 由参数方程所确定的函数的求导法则

在研究物体的运动轨迹时,我们常用参数方程表示物体的运动轨迹. 例如,如果空气阻力忽略不计,发射体的运动轨迹可表示为

$$\begin{cases} x = v_1 t, \\ y = v_2 t - \dfrac{1}{2}gt^2, \end{cases} \quad (2.4.2)$$

这里 v_1, v_2 分别是抛射体初速度的水平、垂直分量,g 是重力加速度,t 是飞行时间,x 和 y 分别是飞行中抛射体在垂直平面上的位置的横坐标和纵坐标(图 2.4.1).

在式(2.4.2)中,x, y 都与 t 存在函数关系. 如果把对应于同一个 t 值的 x 与 y 的值看作对应的,这样就得到 x 与 y 之间

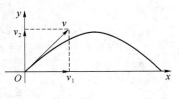

图 2.4.1

的函数关系. 消去式(2.4.2)中的参数 t,有

$$y = \frac{v_2}{v_1}x - \frac{g}{2v_1^2}x^2,$$

这称为由参数方程(2.4.2)确定的函数.

一般地,若参数方程

$$\begin{cases} x = \varphi(t), \\ y = \psi(t) \end{cases}$$

确定了 y 与 x 之间的函数关系,则称此函数为**由参数方程所确定的函数**. 如果参数方程比较复杂,消去参数 t 有时会有困难. 这种情况下如何求出 $y = f(x)$ 的导数呢? 下面的法则将会给出答案.

定理 2.4.1 设 $y = f(x)$ 是由参数方程 $\begin{cases} x = \varphi(t), \\ y = \psi(t), \end{cases} x \in I$ 所确定的函数,若 $\varphi(t), \psi(t)$ 在区间 I 均可导,并且 $\varphi'(t) \neq 0$,则

$$\frac{dy}{dx} = \frac{\psi'(t)}{\varphi'(t)} \quad \text{或} \quad \frac{dy}{dx} = \frac{\dfrac{dy}{dt}}{\dfrac{dx}{dt}},$$

进一步,若函数 $\varphi(t), \psi(t)$ 还是二阶可导的,则有

$$\frac{d^2y}{dx^2} = \frac{\psi''(t)\varphi'(t) - \psi'(t)\varphi''(t)}{[\varphi'(t)]^3}.$$

证明 因为函数 $x = \varphi(t)$ 严格单调,所以其存在反函数 $t = t(x)$,又因为 $\varphi(t)$ 可导且 $\varphi'(t) \neq 0$,故 $t = t(x)$ 也可导,且有 $\dfrac{dt}{dx} = \dfrac{1}{\varphi'(t)}$. 对于复合函数 $y = \psi(t) = \psi[t(x)]$ 求导,可得

$$\frac{dy}{dx} = \frac{dy}{dt} \cdot \frac{dt}{dx} = \frac{\dfrac{dy}{dt}}{\dfrac{dx}{dt}} = \frac{\psi'(t)}{\varphi'(t)}.$$

如果 $x = \varphi(t), y = \psi(t)$ 还是二阶可导的,那么可得函数的二阶导数公式:

$$\frac{d^2y}{dx^2} = \frac{d}{dx}\left(\frac{dy}{dx}\right) = \frac{d}{dt}\left(\frac{\psi'(t)}{\varphi'(t)}\right) \cdot \frac{dt}{dx} = \frac{\psi''(t)\varphi'(t) - \psi'(t)\varphi''(t)}{[\varphi'(t)]^2} \cdot \frac{1}{\varphi'(t)},$$

即

$$\frac{d^2y}{dx^2} = \frac{\psi''(t)\varphi'(t) - \psi'(t)\varphi''(t)}{[\varphi'(t)]^3}.$$

为了方便,我们记

$$\varphi'(t) = \dot{x}, \quad \psi'(t) = \dot{y}, \quad \varphi''(t) = \ddot{x}, \quad \psi''(t) = \ddot{y},$$

此时参数方程求导公式可以简化为

$$\frac{dy}{dx} = \frac{\dot{y}}{\dot{x}}, \quad \frac{d^2y}{dx^2} = \frac{\ddot{y}\dot{x} - \dot{y}\ddot{x}}{\dot{x}^3}. \quad \blacksquare$$

例 2.4.6 设 $\begin{cases} x = e^t \cos t, \\ y = e^t \sin t, \end{cases}$ 求 $\dfrac{dy}{dx}$.

解 因为

$$\frac{dy}{dt} = e^t(\sin t + \cos t), \quad \frac{dx}{dt} = e^t(\cos t - \sin t),$$

所以
$$\frac{dy}{dx}=\frac{e^t(\sin t+\cos t)}{e^t(\cos t-\sin t)}=\frac{\sin t+\cos t}{\cos t-\sin t}.$$

例 2.4.7 求星形线 $\begin{cases}x=a\cos^3 t\\y=a\sin^3 t\end{cases}(a>0)$ 在 $t=\frac{\pi}{4}$ 的相应点 M (x_0,y_0) 处的切线方程和法线方程(图 2.4.2).

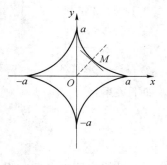

图 2.4.2

解 由 $t=\frac{\pi}{4}$ 可得
$$x_0=a\cos^3\frac{\pi}{4}=\frac{\sqrt{2}}{4}a,\quad y_0=a\sin^3\frac{\pi}{4}=\frac{\sqrt{2}}{4}a,$$

星形线在点 M 处的切线斜率 k_1 和法线斜率 k_2 分别为
$$k_1=\frac{dy}{dx}\Big|_{t=\frac{\pi}{4}}=\frac{(a\sin^3 t)'}{(a\cos^3 t)'}\Big|_{t=\frac{\pi}{4}}=\frac{3a\sin^2 t\cos t}{-3a\cos^2 t\sin t}\Big|_{t=\frac{\pi}{4}}=-\tan t\Big|_{t=\frac{\pi}{4}}=-1,\quad k_2=-\frac{1}{k_1}=1.$$

从而,所求切线方程为
$$y-\frac{\sqrt{2}}{4}a=-\left(x-\frac{\sqrt{2}}{4}a\right),$$
即
$$x+y-\frac{\sqrt{2}}{2}a=0.$$

所求法线方程为
$$y-\frac{\sqrt{2}}{4}a=x-\frac{\sqrt{2}}{4}a,$$
即
$$y=x.$$

例 2.4.8 设 $\begin{cases}x=t-\cos t,\\y=\sin t,\end{cases}$ 求 $\frac{d^2y}{dx^2}$.

解 (方法一)因为
$$y'=\frac{dy}{dx}=\frac{dy}{dt}\cdot\frac{1}{\frac{dx}{dt}}=\frac{(\sin t)'}{(t-\cos t)'}=\frac{\cos t}{1+\sin t},$$

所以
$$\frac{d^2y}{dx^2}=\frac{dy'}{dx}=\frac{d}{dt}\left(\frac{\cos t}{1+\sin t}\right)\cdot\frac{1}{\frac{dx}{dt}}=\frac{-\sin t(1+\sin t)-\cos^2 t}{(1+\sin t)^2}\cdot\frac{1}{1+\sin t}=-\frac{1}{(1+\sin t)^2}.$$

(方法二)由于 $\dot{x}=1+\sin t,\ \ddot{x}=\cos t,\ \dot{y}=\cos t,\ \ddot{y}=-\sin t$,代入公式可得
$$\frac{d^2y}{dx^2}=\frac{\ddot{y}\dot{x}-\dot{y}\ddot{x}}{\dot{x}^3}=\frac{-\sin t(1+\sin t)-\cos^2 t}{(1+\sin t)^3}=-\frac{1}{(1+\sin t)^2}.$$

由极坐标方程所确定的函数的导数

研究函数 y 与 x 的关系通常是在直角坐标系下进行的,但在某些情况下,使用极坐标系则显得比直角坐标系更简单.

如图 2.4.3 所示,从平面上一固定点 O,引一条带有长度单位的射线 Ox,这样在该平面内建立了极坐标系,称 O 为**极点**,Ox 为**极轴**.设 P 为平面内一点,线段 OP 的长度称为**极径**,记为 $\rho(\rho\geq 0)$,极轴 Ox 到线段 OP 的转角(逆时针)称为**极角**,记为 $\theta(0\leq\theta\leq 2\pi)$,称有序数组 (ρ,θ) 为点 P 的**极坐标**.

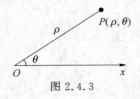

图 2.4.3

若一平面曲线 C 上所有点的极坐标 (ρ,θ) 都满足方程 $\rho=\rho(\theta)$,且坐标 ρ,θ 满足方程 $\rho=\rho(\theta)$ 的所有点都在平面曲线 C 上,则称 $\rho=\rho(\theta)$ 为曲线 C 的**极坐标方程**.

将极轴与直角坐标系的正半轴 Ox 重合,极点与坐标原点 O 重合,若设点 M 的直角坐标为 (x,y),极坐标为 (ρ,θ),则两者有如下关系:

$$\begin{cases} x=\rho\cos\theta, \\ y=\rho\sin\theta \end{cases} \text{和} \begin{cases} x^2+y^2=\rho^2, \\ \tan\theta=\dfrac{y}{x}. \end{cases}$$

设曲线的极坐标方程为 $\rho=\rho(\theta)$,利用直角坐标与极坐标的关系可得曲线的参数方程为

$$\begin{cases} x=\rho(\theta)\cos\theta, \\ y=\rho(\theta)\sin\theta, \end{cases}$$

其中 θ 为参数. 由参数方程的求导公式,可得

$$\frac{\mathrm{d}y}{\mathrm{d}x}=\frac{\rho'(\theta)\sin\theta+\rho(\theta)\cos\theta}{\rho'(\theta)\cos\theta-\rho(\theta)\sin\theta}.$$

例 2.4.9 求极坐标方程 $\rho=\mathrm{e}^{a\theta}\left(0<\theta<\dfrac{\pi}{4},a>1\right)$ 所确定的函数 $y=y(x)$ 的导数.

解 由极坐标与直角坐标的关系,得

$$\begin{cases} x=\rho\cos\theta=\mathrm{e}^{a\theta}\cos\theta, \\ y=\rho\sin\theta=\mathrm{e}^{a\theta}\sin\theta, \end{cases}$$

故

$$\frac{\mathrm{d}y}{\mathrm{d}x}=\frac{(\mathrm{e}^{a\theta}\cos\theta)'_\theta}{(\mathrm{e}^{a\theta}\sin\theta)'_\theta}=\frac{a\mathrm{e}^{a\theta}\sin\theta+\mathrm{e}^{a\theta}\cos\theta}{a\mathrm{e}^{a\theta}\cos\theta-\mathrm{e}^{a\theta}\sin\theta}=\frac{a\sin\theta+\cos\theta}{a\cos\theta-\sin\theta}. \qquad\blacksquare$$

例 2.4.10 求心形线 $\rho=1+\sin\theta$ 在 $\theta=\dfrac{\pi}{3}$ 处的切线方程(图 2.4.4).

解 由极坐标的求导公式得

$$\frac{\mathrm{d}y}{\mathrm{d}x}=\frac{\cos\theta\sin\theta+(1+\sin\theta)\cos\theta}{\cos\theta\cos\theta-(1+\sin\theta)\sin\theta}=\frac{\sin 2\theta+\cos\theta}{\cos 2\theta-\sin\theta}.$$

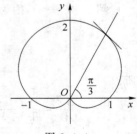

图 2.4.4

当 $\theta=\dfrac{\pi}{3}$ 时,

$$x_0=\left(1+\sin\frac{\pi}{3}\right)\cos\frac{\pi}{3}=\frac{1}{2}\left(1+\frac{\sqrt{3}}{2}\right),$$

$$y_0=\left(1+\sin\frac{\pi}{3}\right)\sin\frac{\pi}{3}=\frac{\sqrt{3}}{2}\left(1+\frac{\sqrt{3}}{2}\right),$$

$$\left.\frac{\mathrm{d}y}{\mathrm{d}x}\right|_{\theta=\frac{\pi}{3}}=\frac{\sin\dfrac{2\pi}{3}+\cos\dfrac{\pi}{3}}{\cos\dfrac{2\pi}{3}-\sin\dfrac{\pi}{3}}=-1,$$

所以,所求切线方程为

$$y-\frac{\sqrt{3}}{2}\left(1+\frac{\sqrt{3}}{2}\right)=-1\cdot\left(x-\frac{1}{2}\left(1+\frac{\sqrt{3}}{2}\right)\right),$$

即

$$4x+4y-5-3\sqrt{3}=0. \qquad\blacksquare$$

2.4.3 相对变化率

由于导数就是函数的变化率,所以现实生活中很多涉及变化率的问题,都可以转化为对导数的计算问题.因此导数在现实生活中的应用是非常广泛的.

定义 2.4.1 若 $x=x(t)$ 及 $y=y(t)$ 为可导函数,而变量 x 与 y 之间存在某种关系,从而变化率 $\dfrac{\mathrm{d}x}{\mathrm{d}t}$ 与 $\dfrac{\mathrm{d}y}{\mathrm{d}t}$ 之间也存在着一定的关系,这两个相互依赖的变化率称为**相关变化率**.

相关变化率问题就是研究这两个变化率之间的关系,以便从其中一个变化率求出另一个变化率.

例 2.4.11 一气球从离开观察员 500 m 处离地面铅直上升,其速度为 140 m/min,当气球高度为 500 m 时,观察员视线的仰角增加率是多少?

解 设气球上升 t 分钟后其高度为 $h=h(t)$,观察员视线的仰角为 $\alpha=\alpha(t)$,则
$$\tan \alpha = \frac{h}{500}.$$

上式两边对 t 求导,可得
$$\sec^2 \alpha \frac{\mathrm{d}\alpha}{\mathrm{d}t} = \frac{1}{500} \frac{\mathrm{d}h}{\mathrm{d}t}.$$

当 $h=500$ m 时,$\tan \alpha=1$,即 $\sec^2 \alpha=2$. 又因为 $\dfrac{\mathrm{d}h}{\mathrm{d}t}=140$ m/min,所以
$$\frac{\mathrm{d}\alpha}{\mathrm{d}t} = \frac{70}{500} = 0.14 \text{ rad/min}.$$

即此时观察员视线的仰角增加率是 0.14 rad/min. ∎

例 2.4.12 平静的水面由于石头的落入而产生同心波纹,如果最外一圈波纹半径的增大率总是 6 m/s,问在 2 s 末水面扰动面积的增大率是多少?

解 设 t 时最外一圈波纹半径为 $r=r(t)$,此时水面扰动面积为 $S=S(t)$,则
$$S = \pi r^2.$$

上式两边对 t 求导,可得
$$\frac{\mathrm{d}S}{\mathrm{d}t} = 2\pi r \cdot \frac{\mathrm{d}r}{\mathrm{d}t}.$$

当 $t=2$ 时,$r=6t=12$ m. 又因为 $\dfrac{\mathrm{d}r}{\mathrm{d}t}=6$ m/s,所以
$$\frac{\mathrm{d}S}{\mathrm{d}t} = 2\pi \cdot 12 \cdot 6 = 144\pi \text{ m}^2/\text{s}.$$

即在 2 s 末水面扰动面积的增大率是 144π m²/s. ∎

例 2.4.13 在汽缸内,当理想气体的体积为 100 cm³ 时,压强为 50 Pa,如果温度不变,压强以 0.5 Pa/h 的速率减小,那么体积增加的速率是多少?

解 由物理学知,在温度不变的条件下,理想气体压强 P 与体积 V 之间的关系为
$$PV = k \quad (k \text{ 为常数}).$$

由题意可知 P,V 都是时间 t 的函数,上式对 t 求导,得
$$P \frac{\mathrm{d}V}{\mathrm{d}t} + V \frac{\mathrm{d}P}{\mathrm{d}t} = 0,$$

代入 $V=100, P=50, \dfrac{\mathrm{d}P}{\mathrm{d}t}=-0.5$，得

$$\frac{\mathrm{d}V}{\mathrm{d}t}=-\frac{V}{P}\frac{\mathrm{d}P}{\mathrm{d}t}=-100\times\frac{1}{50}(-0.5)=1.$$

即体积增加速率是 $1\ \mathrm{cm}^3/\mathrm{h}$.

例 2.4.14 水从深为 18 cm、顶直径为 12 cm 的圆锥形容器中漏入直径为 10 cm 的圆柱形桶中（见图 2.4.5），开始时锥形容器盛满液体，已知锥形容器中水深为 12 cm 时，水下落速率为 1 cm/s，求此桶中液面上升的速率．

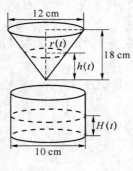

图 2.4.5

解 设在时刻 t 锥形容器中水深为 $h(t)$ 时，圆桶中液面深为 $H(t)$，锥形容器水面半径为 $r(t)$，如图 2.4.5 所示.

锥形和筒形容器在时刻 t 时，水的体积与开始锥形容器中水的体积相等，水的密度为 $1\ \mathrm{kg/m}^3$，然后有

$$\frac{1}{3}\pi r^2(t)h(t)+\pi\cdot 5^2\cdot H(t)=\frac{1}{3}\pi\cdot 6^2\cdot 18=6^3\pi,$$

因为 $\dfrac{r(t)}{6}=\dfrac{h(t)}{18}$，所以 $r(t)=\dfrac{h(t)}{3}$，将其代入上式，得

$$\frac{\pi}{27}h^3(t)+25\pi H(t)=6^3\pi.$$

利用链式法则对上式两侧分别对 t 求导，得

$$\frac{1}{9}h^2(t)\frac{\mathrm{d}h(t)}{\mathrm{d}t}+25\frac{\mathrm{d}H(t)}{\mathrm{d}t}=0,$$

整理即得

$$\frac{\mathrm{d}H(t)}{\mathrm{d}t}=-\frac{h^2(t)}{9\cdot 25}\frac{\mathrm{d}h(t)}{\mathrm{d}t}.$$

所以，当 $h(t)=12\ \mathrm{cm}, \dfrac{\mathrm{d}h}{\mathrm{d}t}=-1\ \mathrm{cm/s}$ 时，水流的速度是

$$\frac{\mathrm{d}H(t)}{\mathrm{d}t}=-\frac{12^2}{9\cdot 25}\cdot(-1)=0.64\ \mathrm{cm/s}.$$

即此时桶中水面上升速率为 0.64 cm/s.

习题 2.4 A

1．求下列方程所确定的隐函数 $y=y(x)$ 的导数：

(1) $\cos(xy)=x$； (2) $x^y=y^x$.

2．求下列方程所确定的隐函数 $y=y(x)$ 在点 $x=0$ 处的导数：

(1) $\sin(xy)+\ln(y-x)=x$； (2) $\mathrm{e}^{xy}+\ln\dfrac{y}{x+1}=0$；

(3) $\mathrm{e}^{2x+y}-\cos(xy)=\mathrm{e}-1$.

3．设函数 $y=y(x)$ 由方程 $y-x\mathrm{e}^y=1$ 确定，求 $y'(0)$，并求曲线上其横坐标 $x=0$ 处点的切线方程与法线方程．

4. 求曲线 $x^{\frac{2}{3}}+y^{\frac{2}{3}}=a^{\frac{2}{3}}$ 在点 $\left(\frac{\sqrt{2}}{4}a,\frac{\sqrt{2}}{4}a\right)$ 处的切线和法线方程.

5. 用对数求导法则求下列函数的导数：

(1) $y=x^{\frac{1}{x}}$；

(2) $y=\left(\frac{x}{1+x}\right)^x$；

(3) $y=(1+x^2)^{\tan x}$；

(4) $y=\frac{\sqrt[5]{x-3}\sqrt[3]{3x-2}}{\sqrt{x+2}}$；

(5) $y=\frac{\sqrt{x+2}(3-x)^4}{(x+1)^5}$；

(6) $y=\sqrt{x\sin x\sqrt{1-e^x}}$.

6. 求下列参数方程所确定的函数的导数：

(1) $\begin{cases} x=at^2, \\ y=bt^3; \end{cases}$

(2) $\begin{cases} x=\cos^2 t, \\ y=\sin^2 t. \end{cases}$

7. 求参数方程 $\begin{cases} x=1-t^2, \\ y=t-t^3 \end{cases}$ 所确定的函数的一阶导数 $\frac{dy}{dx}$ 和二阶导数 $\frac{d^2y}{dx^2}$.

8. 求下列参数方程所确定的函数在指定点处的导数：

(1) $\begin{cases} x=\ln(1+t^2), \\ y=1-\arctan t, \end{cases}$ 当 $t=1$ 时；

(2) $\begin{cases} x=a(t-\sin t), \\ y=a(1-\cos t), \end{cases}$ 当 $t=\frac{\pi}{2}$ 时.

9. 求曲线 $\begin{cases} x=\ln(1+t^2), \\ y=\arctan t \end{cases}$ 在 $t=1$ 对应点处的切线方程和法线方程.

10. 验证：

(1) 函数 $y=\ln\frac{1}{1+x}$ 满足关系式 $x\frac{dy}{dx}+1=e^y$；

(2) 函数 $y=\frac{x^2}{2}+\frac{x}{2}\sqrt{x^2+1}+\ln\sqrt{x+\sqrt{x^2+1}}$ 满足关系式 $2y=xy'+\ln y'$.

(3) 函数 $y=e^{\sqrt{x}}+e^{-\sqrt{x}}$ 满足关系式 $xy''+\frac{1}{2}y'-\frac{1}{4}y=0$.

11. 验证：由方程 $xy-\ln y=1$ 所确定的隐函数 $y=y(x)$ 满足关系式 $y^2+(xy-1)\frac{dy}{dx}=0$.

12. 若 $y^3-x^2y=2$，求 $\frac{d^2y}{dx^2}$.

13. 设 $\begin{cases} x=\sqrt{1+t}, \\ y=\sqrt{1-t}, \end{cases}$ 求证 $\frac{dy}{dx}=-\frac{x}{y}$.

14. 设 $\begin{cases} x=\ln\cos t, \\ y=\sin t-t\cos t, \end{cases}$ 求 $\frac{dy}{dx},\frac{d^2y}{dx^2}\Big|_{t=\frac{\pi}{3}}$.

15. 一长为 5 m 的梯子斜靠在墙上,如果梯子下端以 0.5 m/s 的速率滑离墙壁,试求梯子与墙的夹角为 $\frac{\pi}{3}$ 时,该夹角的增加率.

16. 在中午十二点整甲船以 6 km/h 的速率向东行驶,乙船在甲船之北 16 km 处,以 8 km/h 的速率向南行驶,问下午一点整两船相距的速率为多少？

习题 2.4 B

1. 试证：由参数方程 $\begin{cases} x = \dfrac{1+\ln t}{t^2}, \\ y = \dfrac{3+2\ln t}{t} \end{cases}$ 所确定的函数满足关系式 $yy' = 2xy'^2 + 1$.

2. 求下列参数方程所确定的函数的导数 $\dfrac{dy}{dx}$ 和 $\dfrac{dx}{dy}$：

   (1) $\begin{cases} x = 1 - t^2, \\ y = t - t^3; \end{cases}$

   (2) $\begin{cases} x = \dfrac{3at}{1+t^2}, \\ y = \dfrac{3at^2}{1+t^2}. \end{cases}$

3. 设 $y = \ln[f(x)]$ 且 $f''(x)$ 存在，求 $\dfrac{d^2y}{dx^2}$.

4. $y = y(x)$ 是由方程组 $\begin{cases} x = 3t^2 + 2t + 3, \\ e^y \sin t - y + 1 = 0 \end{cases}$ 所确定的隐函数，求 $\dfrac{d^2y}{dx^2}\bigg|_{t=0}$.

5. 设 $\begin{cases} x = f'(t), \\ y = tf'(t) - f(t), \end{cases}$ 其中 $f(t)$ 具有二阶导数，且 $f''(t) \neq 0$，求 $\dfrac{d^2y}{dx^2}$.

6. 设 $y = f(x+y)$，其中 f 具有二阶导数，且其一阶导数不等于 1，求 $\dfrac{d^2y}{dx^2}$.

7. 设 $f(x) = \dfrac{1}{1+\dfrac{1}{x}}$，且 $g(x) = \dfrac{1}{1+\dfrac{1}{f(x)}}$，计算 $f'(x)$ 和 $g'(x)$.

8. 设 $g(x) = [f(x)]^{f(x)}$，求 $g'(x)$.

9. 设曲线 C 的参数方程是 $\begin{cases} x = e^t - e^{-t}, \\ y = (e^t + e^{-t})^2, \end{cases}$ 求曲线 C 上对应于 $t = \ln 2$ 的点的切线方程.

10. 求极坐标方程 $\rho = \cos\theta + \sin\theta$ 表示的曲线在相应于 $\theta = \dfrac{\pi}{4}$ 的点处的切线斜率.

2.5 函数的微分

2.5.1 微分的概念

在许多实际问题中，要求研究当自变量发生微小改变时所引起的相应的函数值的改变量.

例如，一块正方形金属薄片受温度变化的影响，其边长由 x_0 变到 $x_0 + \Delta x$（图 2.5.1），问此薄片的面积改变量是多少？当 $|\Delta x|$ 很微小时，正方形的面积改变量的近似值是多少？

设此正方形的边长为 x，面积为 A，则 A 与 x 存在函数关系 $A = x^2$. 当边长由 x_0 变到 $x_0 + \Delta x$，正方形金属薄片的面积改变量为

$$\Delta A = (x_0 + \Delta x)^2 - x_0^2 = 2x_0 \Delta x + (\Delta x)^2.$$

从上式可以看出，ΔA 分为两部分，第一部分 $2x_0\Delta x$ 是 Δx 的线性函数，即图中带有斜线的两个矩形面积之和，第二部分 $(\Delta x)^2$ 是图中右上角的小正方形的面积，当 $\Delta x\to 0$ 时，第二部分 $(\Delta x)^2$ 是比 Δx 高阶的无穷小量，即 $(\Delta x)^2=o(\Delta x)$. 因此，当 $|\Delta x|$ 很微小时，我们用 $2x_0\Delta x$ 近似地表示 ΔA，即 $2x_0\Delta x$ 是正方形的面积改变量的近似值.

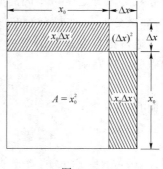

图 2.5.1

定义 2.5.1 设函数 $y=f(x)$ 在某区间内有定义，x_0 及 $x_0+\Delta x$ 在此区间内，如果函数的增量
$$\Delta y=f(x_0+\Delta x)-f(x_0)$$
可表示为
$$\Delta y=A\Delta x+o(\Delta x),$$
其中 A 是不依赖于 Δx 的常数，那么称函数 $y=f(x)$ 在点 x_0 是**可微的**，且把 $A\Delta x$ 称为函数 $y=f(x)$ 在点 x_0 的**微分**，记为
$$\mathrm{d}y|_{x=x_0}=A\Delta x \quad \text{或} \quad \mathrm{d}f(x_0)=A\Delta x.$$

函数 $y=f(x)$ 在点 x_0 处的微分就是当自变量 x 产生增量 Δx 时，函数 y 的增量 Δy 的主要部分(此时 $A=f'(x_0)\neq 0$). 由于 $\mathrm{d}y=A\Delta x$ 是 Δx 的线性函数，故称微分 $\mathrm{d}y$ 是 Δy 的**线性主部**. 当 $|\Delta x|$ 很微小时，$o(\Delta x)$ 更加微小，从而有近似等式 $\Delta y\approx \mathrm{d}y$.

微分与导数的关系

定理 2.5.1 函数 $y=f(x)$ 在点 x_0 可微的充要条件是函数 $y=f(x)$ 在点 x_0 可导，并且它们之间具有关系 $\mathrm{d}y|_{x=x_0}=f'(x_0)\Delta x$.

证明（必要性） 设函数 $y=f(x)$ 在点 x_0 可微，即 $\Delta y=A\Delta x+o(\Delta x)$，其中 A 是不依赖于 Δx 的常数. 上式两边用 Δx 除之，得
$$\frac{\Delta y}{\Delta x}=A+\frac{o(\Delta x)}{\Delta x},$$
当 $\Delta x\to 0$ 时，对上式两边取极限得到
$$\lim_{\Delta x\to 0}\frac{\Delta y}{\Delta x}=A+\lim_{\Delta x\to 0}\frac{o(\Delta x)}{\Delta x}=A,$$
即 $A=f'(x_0)$. 因此，若函数 $y=f(x)$ 在点 x_0 可微，则 $y=f(x)$ 在点 x_0 一定可导，且 $\mathrm{d}y|_{x=x_0}=f'(x_0)\Delta x$.

（充分性） 函数 $y=f(x)$ 在点 x_0 可导，即
$$\lim_{\Delta x\to 0}\frac{\Delta y}{\Delta x}=f'(x_0)$$
存在，根据极限与无穷小的关系，上式可写成
$$\frac{\Delta y}{\Delta x}=f'(x_0)+\alpha,$$
其中 $\alpha\to 0$(当 $\Delta x\to 0$ 时)，从而
$$\Delta y=f'(x_0)\Delta x+\alpha\Delta x=f'(x_0)\Delta x+o(\Delta x),$$
其中 $f'(x_0)$ 是与 Δx 无关的常数，$o(\Delta x)$ 比 Δx 是高阶无穷小，所以 $y=f(x)$ 在点 x_0 也是可微的. ∎

由上定理知，函数 $y=f(x)$ 在点 x_0 的可导性与可微性是等价的，故求导法又称**微分法**.

但导数与微分是两个不同的概念,导数 $f'(x_0)$ 是函数 $f(x)$ 在 x_0 处的变化率,其值只与 x 有关;而微分 $\mathrm{d}y|_{x=x_0}$ 是函数 $f(x)$ 在 x_0 处增量 Δy 的线性主部,其值既与 x 有关,又与 Δx 有关.

通常把自变量 x 的增量 Δx 称为自变量的微分,记作 $\mathrm{d}x$,即 $\mathrm{d}x=\Delta x$. 因此,函数 $y=f(x)$ 的微分可以写成

$$\mathrm{d}y=f'(x)\mathrm{d}x \quad \text{或} \quad \mathrm{d}f(x)=f'(x)\mathrm{d}x.$$

从而有

$$\frac{\mathrm{d}y}{\mathrm{d}x}=f'(x) \quad \text{或} \quad \frac{\mathrm{d}f}{\mathrm{d}x}=f'(x).$$

因此,函数 $y=f(x)$ 的微分 $\mathrm{d}y$ 与自变量的微分 $\mathrm{d}x$ 之商等于该函数的导数.所以,导数又称**微商**.

例 2.5.1 设函数 $y=x^3$:(1) 求 $\mathrm{d}y$;(2) 若 $x=2,\Delta x=0.1$,求 $\mathrm{d}y$ 和 Δy.

解 (1) 由微分的定义可得

$$\mathrm{d}y=(x^3)'\mathrm{d}x=3x^2\mathrm{d}x.$$

(2) 将 $x=2,\mathrm{d}x=\Delta x=0.1$,代入上式可得

$$\mathrm{d}y|_{\substack{x=2\\ \mathrm{d}x=0.1}}=3x^2\mathrm{d}x|_{\substack{x=2\\ \mathrm{d}x=0.1}}=3 \cdot 2^2 \cdot 0.1=1.2;$$

$$\Delta y|_{\substack{x=2\\ \Delta x=0.1}}=(2+0.1)^3-2^3=1.261. \quad \blacksquare$$

2.5.2 微分的几何意义

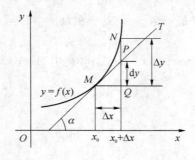

图 2.5.2

在平面直角坐标系中,函数 $y=f(x)$ 的图形是一条曲线,对于曲线上某一确定的点 $M(x_0,y_0)$,当自变量 x 有微小增量 Δx 时,就得到曲线上另一点 $N(x_0+\Delta x,y_0+\Delta y)$(图 2.5.2).过点 M 作曲线的切线 MT,它的倾斜角为 α,则有

$$\Delta y=f(x_0+\Delta x)-f(x_0)=NQ,$$
$$\mathrm{d}y=f'(x_0)\Delta x=\tan\alpha \cdot \Delta x=PQ.$$

由此可见,对于可微函数 $y=f(x)$,当 Δy 是曲线 $y=f(x)$ 上的点 $M(x_0,y_0)$ 的纵坐标的增量时,微分 $\mathrm{d}y$ 就是曲线 $y=f(x)$ 在点 $M(x_0,y_0)$ 的切线 MT 的纵坐标的相应增量.当 $|\Delta x|$ 很小时,$|\Delta y-\mathrm{d}y|$ 比 $|\Delta x|$ 小得多,因此在点 M 的邻近,可以用 $\mathrm{d}y$ 近似代替 Δy.

2.5.3 微分公式与微分运算法则

由函数的微分表达式 $\mathrm{d}y=f'(x)\mathrm{d}x$ 可得,只要先计算出函数的导数 $f'(x)$,再乘以自变量的微分就可以计算出函数的微分.因此可得如下的微分公式和微分运算法则.

1. 基本初等函数的微分公式

(1) $\mathrm{d}C=0$ (C 为常数); (2) $\mathrm{d}(x^\mu)=\mu x^{\mu-1}\mathrm{d}x$;

(3) $\mathrm{d}(a^x)=a^x\ln a\,\mathrm{d}x$; (4) $\mathrm{d}(e^x)=e^x\mathrm{d}x$;

(5) $\mathrm{d}(\log_a x)=\dfrac{1}{x\ln a}\mathrm{d}x$; (6) $\mathrm{d}(\ln x)=\dfrac{1}{x}\mathrm{d}x$;

(7) $d(\sin x) = \cos x dx$; (8) $d(\cos x) = -\sin x dx$;
(9) $d(\tan x) = \sec^2 x dx$; (10) $d(\cot x) = -\csc^2 x dx$;
(11) $d(\sec x) = \sec x \tan x dx$; (12) $d(\csc x) = -\csc x \cot x dx$;
(13) $d(\arcsin x) = \dfrac{1}{\sqrt{1-x^2}}dx$; (14) $d(\arccos x) = -\dfrac{1}{\sqrt{1-x^2}}dx$;
(15) $d(\arctan x) = \dfrac{1}{1+x^2}dx$; (16) $d(\operatorname{arc cot} x) = -\dfrac{1}{1+x^2}dx$.

2. 微分的运算法则

设函数 $u=u(x)$ 和 $v=v(x)$ 都可导，则

(1) $d(u \pm v) = du \pm dv$; (2) $d(u \cdot v) = v du + u dv$;

(3) $d(C \cdot u) = C \cdot du$ （C 为常数）; (4) $d\left(\dfrac{u}{v}\right) = \dfrac{v du - u dv}{v^2}$ （$v \neq 0$）.

3. 复合函数的微分法则

设 $y=f(u)$, $u=g(x)$ 均可导，于是有 $du = dg(x) = g'(x)dx$，从而得复合函数 $y=f[g(x)]$ 的微分为

$$dy = f'(u)du = f'[g(x)]g'(x)dx.$$

由上式可以看出，无论是关于自变量 x 还是关于中间变量 u，微分形式保持不变. 这一性质称为一阶微分形式不变性.

例 2.5.2 设 $y=(x^2-2)^3$，求 dy.

解 （方法一）令 $y=u^3$，$u=x^2-2$，则利用微分形式不变性，可得

$$dy = (u^3)'du = 3u^2 d(x^2-2) = 3(x^2-2)^2(2x)dx = 6x(x^2-2)^2 dx.$$

（方法二）若不引入中间变量，则

$$dy = 3(x^2-2)^2 d(x^2-2) = 3(x^2-2)^2(2x)dx = 6x(x^2-2)^2 dx. \blacksquare$$

4. 隐函数的微分

例 2.5.3 求由方程 $3x^2 - xy + y^2 = 1$ 所确定的隐函数 $y=f(x)$ 的微分.

解 对方程两边分别求微分，有

$$d(3x^2 - xy + y^2) = 0,$$

即

$$d(3x^2) - d(xy) + d(y^2) = 0,$$
$$6x dx - y dx - x dy + 2y dy = 0,$$

从而可得

$$dy = \dfrac{6x - y}{x - 2y}dx. \blacksquare$$

2.5.4 微分在近似计算中的应用

根据前面的讨论可知，如果函数 $y=f(x)$ 在点 x_0 处导数，且 $|\Delta x|$ 很小时，那么有

$$\Delta y \approx dy = f'(x_0) \Delta x, \tag{2.5.2}$$

在实际应用中，如果遇到 $f'(x_0) = 0$ 的情况，此时 $\Delta y \approx dy = f'(x_0)\Delta x = 0$，$\Delta y$ 本身就是 Δx 的高阶无穷小，那么一般会采用更精细的近似公式，如我们下一章要学的泰勒公式.

公式 (2.5.2) 可以改写为

$$\Delta y = f(x_0+\Delta x)-f(x_0) \approx f'(x_0)\Delta x, \qquad (2.5.3)$$

或
$$f(x_0+\Delta x) \approx f(x_0)+f'(x_0)\Delta x. \qquad (2.5.4)$$

在式(2.5.4)中令 $x = x_0+\Delta x$，即 $\Delta x = x-x_0$，可得

$$f(x) \approx f(x_0)+f'(x_0)(x-x_0). \qquad (2.5.5)$$

若在式(2.5.5)中令 $x_0 = 0$，则有

$$f(x) \approx f(0)+f'(0)x. \qquad (2.5.6)$$

从而，当 $|x|=|\Delta x|$ 很小时，可用式(2.5.6)推得以下几个常用的近似公式：

(1) $\sin x \approx x$;   (2) $\tan x \approx x$;

(3) $\arcsin x \approx x$;   (4) $e^x \approx 1+x$;

(5) $\ln(1+x) \approx x$;   (6) $\sqrt[n]{1+x} \approx 1+\dfrac{1}{n}x$.

例 2.5.4 计算 $\sqrt[5]{0.9985}$ 的近似值.

解 由于 $0.9985 = 1-0.0015$，而 $|x|=0.0015$，其值较小，故利用近似公式，可得

$$\sqrt[5]{0.9985} = \sqrt[5]{1-0.0015} \approx 1+\frac{1}{5}\times(-0.0015) = 0.9997.$$

例 2.5.5 计算 $\sqrt[3]{1003}$ 的近似值.

解 $\sqrt[3]{1003} = \sqrt[3]{1000+3} = 10\sqrt[3]{1+0.003} \approx 10\times\left(1+\dfrac{1}{3}\times 0.003\right) = 10.01.$

例 2.5.6 求 $\sin 44°$ 的近似值.

解 令 $f(x)=\sin x$，故利用近似公式(2.5.5)可得

$$\sin x \approx \sin x_0 + \cos x_0(x-x_0).$$

令 $x_0 = \dfrac{\pi}{4}, x = \dfrac{\pi}{4}-\dfrac{\pi}{180}$ 得

$$\sin 44° = \sin\left(\frac{\pi}{4}-\frac{\pi}{180}\right) \approx \sin\frac{\pi}{4}+\cos\frac{\pi}{4}\left(-\frac{\pi}{180}\right) = \frac{\sqrt{2}}{2}\left(1-\frac{\pi}{180}\right) = 0.6948.$$

例 2.5.7 一个内直径为 10 cm 的球壳体，球壳的厚度为 $\dfrac{1}{16}$ cm，问球壳体的体积的近似值为多少？

解 半径为 r 的球体体积为

$$V = f(r) = \frac{4}{3}\pi r^3.$$

由于 $r = 5$ cm, $\Delta r = \dfrac{1}{16}$ cm，故 $\Delta V = f(r+\Delta r)-f(r)$ 就是球壳体的体积. 用 dV 作为其近似值，则

$$\Delta V \approx dV = f'(r)dr = 4\pi r^2 dr = 4\pi\cdot 5^2\cdot\frac{1}{16} \approx 19.63 \text{ cm}^3.$$

所以球壳体的体积的近似值为 19.63 cm³.

习题 2.5

1. 设 $y = x^3-x$，计算在 $x=2$ 处当 Δx 分别等于 $1, 0.1, 0.01$ 时的增量 Δy 及微分 dy.

2. 求下列函数的微分：

(1) $y=\ln x+2\sqrt{x}$；   (2) $y=x\sin 2x$；

(3) $y=x^2 e^{2x}$；   (4) $y=\ln\sqrt{1-x^3}$；

(5) $y=(e^x+e^{-x})^2$；   (6) $y=\sqrt{x-\sqrt{x}}$；

(7) $y=x\arctan\sqrt{x}$；   (8) $y=\dfrac{x}{\sqrt{1+x^2}}$；

(9) $y=\ln\tan\dfrac{x}{2}$.

3. 求下列函数的微分：

(1) $y=\sqrt{x+\sqrt{x+\sqrt{x}}}$；   (2) $y=\cos\ln(x^2+e^{-\frac{1}{x}})$；

(3) $y=\dfrac{1}{2a}\ln\left|\dfrac{x-a}{x+a}\right|$；   (4) $y=\arctan\dfrac{1-x^2}{1+x^2}$；

(5) $y=a^x+\sqrt{1-a^{2x}}\arccos(a^x)$.

4. 将适当的函数填入下列括号内，使等式成立：

(1) $d(\quad)=5x dx$；   (2) $d(\quad)=\sin\omega x dx$；

(3) $d(\quad)=\dfrac{1}{2+x}dx$；   (4) $d(\quad)=e^{-2x}dx$；

(5) $d(\quad)=\dfrac{1}{\sqrt{x}}dx$；   (6) $d(\quad)=\sec^2 2x dx$.

5. 求方程 $2y-x=(x-y)\ln(x-y)$ 所确定的函数 $y=y(x)$ 的微分 dy.

6. 求由方程 $\cos(xy)=x^2 y^2$ 所确定的函数 y 的微分.

7. 利用微分求下列各式的近似值（计算到小数3位）：

(1) $\sin 29°$；   (2) $\arctan 1.04$；

(3) $\lg 11$；   (4) $\sqrt[3]{996}$.

8. 当 $|x|$ 较小时，证明下列近似公式：

(1) $\sin x\approx x$；   (2) $e^x\approx 1+x$；   (3) $\sqrt[n]{1+x}\approx 1+\dfrac{x}{n}$.

9. 计算下列各式的近似值：

(1) $\sqrt[100]{1.002}$；   (2) $\cos 29°$；   (3) $\arcsin 0.5002$.

10. 为了计算出球的体积（精确到1‰），问度量球的直径 D 所允许的最大相对误差是多少？

11. 某厂生产一扇形板，半径 $R=200$ mm，要求中心角 α 为 $55°$，产品检测时，一般用测量弦长 L 的方法来间接测量中心角 α. 如果测量弦长 L 时的误差 $\delta_L=0.1$ mm，问由此而引起的中心角测量误差是多少？

12. 设扇形的圆心角 $\alpha=60°$，半径 $R=100$ cm. 如果 R 不变，α 减少 $30'$，问扇形面积大约改变了多少？又如果 α 不变，R 增加 1 cm，问扇形面积大约改变了多少？

13. 已知单摆的周期 $T=2\pi\sqrt{\dfrac{l}{g}}$，其中 $g=980$ cm/s^2，l 为摆长. 设原摆长为 20 cm. 为使周期增大 0.05 s，摆长约需加长多少？

第 3 章

微分中值定理与导数的应用

在上一章里我们学习了导数和微分的概念,本章将应用导数来分析函数在一点附近的局部特性和在区间上的整体性态,如函数的变化、函数的近似计算等.为此,我们将首先介绍微分学基本定理——中值定理.它是通过导数来研究函数及其曲线的某些性态,并利用这些知识解决一些实际问题.

3.1 微分中值定理

本节介绍微分学中有重要应用,并能反映导数深刻性质的微分中值定理.中值定理包括罗尔中值定理、拉格朗日中值定理、柯西中值定理.我们先讲罗尔中值定理,然后根据罗尔中值定理推出拉格朗日中值定理和柯西中值定理.

3.1.1 罗尔中值定理

如图 3.1.1 所示,函数 f 在点 ξ_1 达到极大值,在点 ξ_2 达到极小值.可以发现在曲线的极大值点和极小值点曲线有水平的切线.我们已经知道,导数就是切线的斜率,所以有 $f'(\xi_1)=0$, $f'(\xi_2)=0$.现在用数学语言把这样的几何现象表述出来,就是下面的罗尔中值定理.为了方便,这里我们首先介绍费马引理.

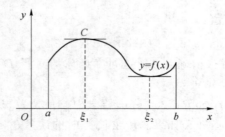

图 3.1.1

引理 3.1.1(费马引理) 设函数 $f(x)$ 在点 x_0 的附近有定义,并且在点 x_0 处可导,如果存在 $\delta>0$,对任意的 $x\in U(x_0,\delta)$,有 $f(x)\leqslant f(x_0)$(或 $f(x)\geqslant f(x_0)$),那么 $f'(x_0)=0$.

证明 这里我们只证 $f(x)\leqslant f(x_0)$ 的情况,类似可证 $f(x)\geqslant f(x_0)$ 的情况.对于 $x_0+\Delta x\in U(x_0,\delta)$,有 $f(x_0+\Delta x)\leqslant f(x_0)$.故当 $\Delta x>0$ 时,$\dfrac{f(x_0+\Delta x)-f(x_0)}{\Delta x}\leqslant 0$;当 $\Delta x<0$ 时,

$$\frac{f(x_0+\Delta x)-f(x_0)}{\Delta x} \geqslant 0.$$ 由极限的保号性,可得

$$f'_+(x_0) = \lim_{\Delta x \to 0^+} \frac{f(x_0+\Delta x)-f(x_0)}{\Delta x} \leqslant 0,$$

$$f'_-(x_0) = \lim_{x \to 0^-} \frac{f(x_0+\Delta x)-f(x_0)}{\Delta x} \geqslant 0.$$

由于 $f(x)$ 在点 x_0 处可导,可得 $f'(x_0)=f'_+(x_0)=f'_-(x_0)$,故 $f'(x_0)=0$.

定理 3.1.1(罗尔(Rolle)中值定理) 若 $f(x)$ 在闭区间 $[a,b]$ 上连续,在开区间 (a,b) 内可导,且 $f(a)=f(b)$,则至少存在一个 $\xi \in (a,b)$ 使得 $f'(\xi)=0$.

证明 由 $f(x)$ 在闭区间 $[a,b]$ 上连续可知,$f(x)$ 在 $[a,b]$ 上必取得最大值 M 与最小值 m.

若 $M>m$,则 M 与 m 中至少有一个不等于 $f(x)$ 在区间端点的值. 不妨设 $M \neq f(a)$,则必存在 $\xi \in (a,b)$,使 $f(\xi)=M$,即 $f(x) \leqslant f(\xi)$,$\forall x \in (a,b)$,由费马引理得 $f'(\xi)=0$.

若 $M=m$,则 $f(x)$ 在 $[a,b]$ 上恒为常数,故 (a,b) 内任一点都可成为 ξ,使
$$f'(\xi)=0.$$

罗尔中值定理的几何意义:若 $y=f(x)$ 满足定理的条件,则函数 $f(x)$ 在 (a,b) 内对应的曲线弧上至少存在一点具有水平切线,如图 3.1.1 所示.

注 罗尔中值定理的三个条件缺一不可,如果有一个不满足,定理的结论就可能不成立. 这里我们分别举例说明.

例 3.1.1 罗尔中值定理对这三个函数都不成立(图 3.1.2).

(1) $f(x) = \begin{cases} x, & 0 \leqslant x < 1, \\ 0, & x=1, \end{cases}$ 在 $[0,1]$ 不连续;

(2) $f(x)=|x|$,$x \in [-1,1]$, 在 $(-1,1)$ 不可导;

(3) $f(x)=x$,$x \in [0,1]$, 端点值不相等即 $f(0) \neq f(1)$.

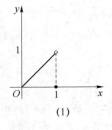
(1)

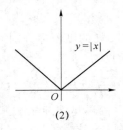
(2)

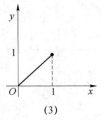
(3)

图 3.1.2

例 3.1.2 不求导数,判断函数 $f(x)=(x-1)(x-2)(x-3)$ 的导数有几个零点及这些零点所在的范围.

解 因为 $f(1)=f(2)=f(3)=0$,所以 $f(x)$ 在 $[1,2]$,$[2,3]$ 上满足罗尔中值定理的三个条件,所以在 $(1,2)$ 内至少存在一点 ξ_1,使 $f'(\xi_1)=0$,即 ξ_1 是 $f'(x)$ 的一个零点. 又在 $(2,3)$ 内至少存在一点 ξ_2,使 $f'(\xi_2)=0$,即 ξ_2 是 $f'(x)$ 的一个零点,又 $f'(x)$ 为二次多项式,最多只能有两个零点,故 $f'(x)$ 恰好有两个零点分别在区间 $(1,2)$,$(2,3)$ 内.

例 3.1.3 设函数 $f(x):[0,1] \to \mathbf{R}$ 在区间 $[0,1]$ 上连续,在区间 $(0,1)$ 内可微,$f(1)=0$,证明:至少存在一点 $\xi \in (0,1)$,使得
$$f'(\xi) = -\frac{f(\xi)}{\xi}.$$

证明 因为 $\xi \neq 0$,我们只需证
$$\xi f'(\xi) + f(\xi) = 0.$$
易看出
$$\xi f'(\xi) + f(\xi) = [xf(x)]'|_{x=\xi}.$$
所以我们构建函数 $F(x) = xf(x), x \in [0,1]$,并对函数 $F(x)$ 应用罗尔中值定理. 显然 $F(x)$ 在 $[0,1]$ 上连续,在 $(0,1)$ 内可导,根据条件,有
$$F(1) = f(1) = 0, \quad F(0) = 0.$$
由罗尔中值定理可得,至少存在一点 $\xi \in (0,1)$ 使得
$$F'(\xi) = \xi f'(\xi) + f(\xi) = 0.$$ ∎

3.1.2 拉格朗日中值定理

因为罗尔中值定理中第三个条件 $f(a) = f(b)$ 比较特殊,这使得罗尔中值定理的应用受到限制. 如果只考虑前两个条件,我们就得到微分学中非常重要的拉格朗日中值定理.

定理 3.1.2(拉格朗日(Lagrange)中值定理) 若函数 $f(x)$ 在闭区间 $[a,b]$ 上连续,在开区间 (a,b) 内可导,则至少存在一点 $\xi \in (a,b)$ 使得

$$f'(\xi) = \frac{f(b) - f(a)}{b-a} \quad \text{或} \quad f(b) - f(a) = f'(\xi)(b-a), \tag{3.1.1}$$

此公式称为拉格朗日中值公式.

定理的几何意义:如图 3.1.3 所示,若连续曲线 $y = f(x)$ 的弧 $\overset{\frown}{AB}$ 上除端点外处处具有不垂直于 x 轴的切线,那么这弧上至少有一点 C,使曲线在 C 点处切线平行于弦 AB。

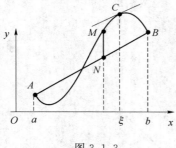

图 3.1.3

证明 首先构造辅助函数. 有向线段 NM 的有向长度是 x 的函数,记为 $\varphi(x)$,则显然有 $\varphi(a) = \varphi(b) = 0$. 由于直线 AB 的方程为
$$L(x) = f(a) + \frac{f(b) - f(a)}{b-a}(x-a),$$
又点 N、M 的纵坐标分别为 $L(x)$、$f(x)$,因此有向线段 NM 的有向长度为
$$\varphi(x) = f(x) - L(x) = f(x) - f(a) - \frac{f(b) - f(a)}{b-a}(x-a),$$
显然 $\varphi(x)$ 满足定理 3.1.1 的条件,即 $\varphi(x)$ 在闭区间 $[a,b]$ 上连续,在 (a,b) 内可导,且 $\varphi(a) = \varphi(b)$,则至少存在一点 $\xi \in (a,b)$ 使得 $\varphi'(\xi) = 0$,而
$$\varphi'(x) = f'(x) - \frac{f(b) - f(a)}{b-a},$$
故有
$$f'(\xi) = \frac{f(b) - f(a)}{b-a}.$$ ∎

注 (1) 拉格朗日中值公式反映了可导函数在 $[a,b]$ 上整体平均变化率与在 (a,b) 内某点 ξ 处函数的局部变化率的关系. 因此,拉格朗日中值定理是联结局部与整体的纽带.

(2) 事实上辅助函数并不唯一,辅助函数 $\varphi(x)$ 与任意常数 C 的和(即 $F(x) = \varphi(x) + C$)均可作辅助函数,特别地若选取合适的 C,使得函数
$$F(x) = \varphi(x) + C$$
$$= f(x) - \frac{f(b) - f(a)}{b-a} x - f(a) + \frac{f(b) - f(a)}{b-a} a + C$$
的常数项部分为 0,即

$$C = f(a) - \frac{f(b)-f(a)}{b-a}a,$$

从而可得形式简化的辅助函数

$$F(x) = f(x) - \frac{f(b)-f(a)}{b-a}x.$$

(3) 当 $f(a) = f(b)$ 时，此定理即为罗尔中值定理，故罗尔中值定理是拉格朗日中值定理的特殊情形.

Lagrange 公式的变形：设 $x \in [a,b]$, $x + \Delta x \in [a,b]$，则在 $[x, x+\Delta x]$ ($\Delta x > 0$) 或 $[x+\Delta x, x]$ ($\Delta x < 0$) 上利用 Lagrange 公式就有

$$f(x+\Delta x) - f(x) = f'(x+\theta \Delta x) \cdot \Delta x \quad (0 < \theta < 1), \tag{3.1.2}$$

这里 θ 介于 0 和 1 之间，故 $x + \theta \Delta x$ 介于 x 和 $x + \Delta x$ 之间，式(3.1.2)称为**有限增量公式**.

定理 3.1.3 若函数 $f(x)$ 在区间 I 上的导数恒为零，则 $f(x)$ 在区间 I 上为一常数.

证明 任取 $x_1, x_2 \in I$，不妨假设 $x_1 < x_2$，则 $f(x)$ 在闭区间 $[x_1, x_2]$ 上连续，$f(x)$ 在 (x_1, x_2) 内可导，由定理 3.1.2 得

$$f(x_2) - f(x_1) = f'(\xi)(x_2 - x_1) \quad \xi \in (x_1, x_2).$$

由于 $f'(\xi) = 0$，故 $f(x_2) = f(x_1)$. 由 x_1, x_2 的任意性可知，函数 $f(x)$ 在区间 I 上为一常数.

我们知道"常数的导数为零"，定理 3.1.3 就是其逆命题. 由定理 3.1.3 立即可得以下结论.

推论 3.1.1 函数 $f(x)$ 在区间 I 可导，若对 $\forall x \in I$, $f'(x) = g'(x)$，则

$$f(x) = g(x) + C$$

对任意 $x \in I$ 成立，其中 C 为常数.

例 3.1.4 证明 $\arcsin x + \arccos x = \frac{\pi}{2}$, $x \in [-1, 1]$.

证明 令 $f(x) = \arcsin x + \arccos x$，则

$$f'(x) = \frac{1}{\sqrt{1-x^2}} - \frac{1}{\sqrt{1-x^2}} = 0 \quad x \in (-1, 1).$$

由推论 3.1.1 得 $f(x) = C$, $x \in (-1, 1)$. 又由 $f(0) = \frac{\pi}{2}$, $f(\pm 1) = \frac{\pi}{2}$，得

$$f(x) = \arcsin x + \arccos x = \frac{\pi}{2} \quad x \in [-1, 1].$$

例 3.1.5 证明不等式 $|\arctan x - \arctan y| \leqslant |x - y|$.

证明 设 $f(x) = \arctan x$，在 $[x, y]$ 上利用拉格朗日中值定理，得

$$\arctan x - \arctan y = \frac{1}{1+\xi^2}(x - y),$$

这里 ξ 介于 x 和 y 中间. 因为 $\frac{1}{1+\xi^2} \leqslant 1$，所以有

$$|\arctan x - \arctan y| \leqslant |x - y|.$$

例 3.1.6 证明当 $x > 0$ 时，$\frac{x}{1+x} < \ln(1+x) < x$.

证明 设 $f(x) = \ln(1+x)$，则 $f(x)$ 在 $[0, x]$ 上满足拉格朗日中值定理的条件，于是有

$$f(x) - f(0) = f'(\xi)(x - 0).$$

由于 $f(0) = 0$, $f'(x) = \frac{1}{1+x}$，所以上式为 $\ln(1+x) = \frac{x}{1+\xi}$. 又 $0 < \xi < x$，所以

$$\frac{x}{1+x} < \frac{x}{1+\xi} < x,$$

即
$$\frac{x}{1+x} < \ln(1+x) < x.$$ ∎

例 3.1.7 若 $f(x) > 0$ 在 $[a,b]$ 上连续，在 (a,b) 内可导，则 $\exists \xi \in (a,b)$，使得
$$\frac{f'(\xi)}{f(\xi)}(b-a) = \ln\frac{f(b)}{f(a)}.$$

证明 原式即
$$\frac{f'(\xi)}{f(\xi)} = \frac{\ln f(b) - \ln f(a)}{(b-a)}.$$

令 $\varphi(x) = \ln f(x)$，有 $\varphi'(x) = \frac{f'(x)}{f(x)}$. 显然 $\varphi(x)$ 在 $[a,b]$ 上满足拉格朗日中值定理的条件，应用定理可得
$$\varphi'(\xi) = \frac{\varphi(b) - \varphi(a)}{b-a} = \frac{\ln f(b) - \ln f(a)}{b-a},$$

即
$$\frac{f'(\xi)}{f(\xi)} = \frac{\ln f(b) - \ln f(a)}{b-a}.$$ ∎

3.1.3 柯西中值定理

下面再考虑由参数方程 $x = g(t), y = f(t), t \in [a,b]$ 给出的曲线段，其两端点分别为 $A(g(a), f(a))$，$B(g(b), f(b))$. 连结 A, B 的弦 AB 的斜率为 $\frac{f(b) - f(a)}{g(b) - g(a)}$（图 3.1.4），而曲线上任何一点处的切线斜率为 $\frac{\mathrm{d}y}{\mathrm{d}x} = \frac{f'(t)}{g'(t)}$. 根据几何意义，拉格朗日公式可改写为

$$\frac{f(b) - f(a)}{g(b) - g(a)} = \frac{f'(\xi)}{g'(\xi)},$$

图 3.1.4

这就是我们将要介绍的柯西中值定理.

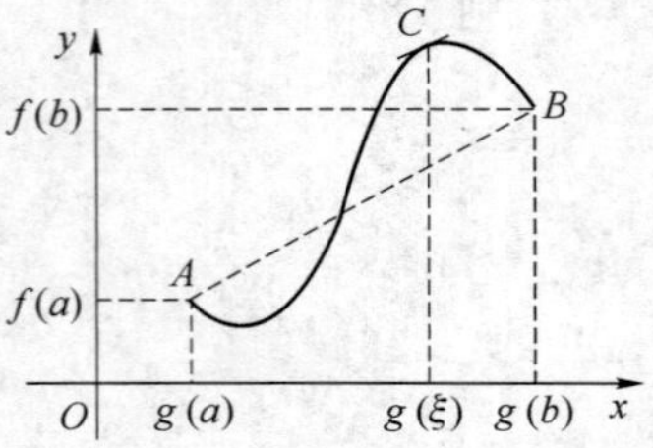

定理 3.1.4（柯西(Cauchy)中值定理） 若 $f(x), g(x)$ 在 $[a,b]$ 上连续，在 (a,b) 内可导，且在 (a,b) 内满足 $g'(x) \neq 0$，则至少存在一点 $\xi \in (a,b)$ 使得

$$\frac{f(b) - f(a)}{g(b) - g(a)} = \frac{f'(\xi)}{g'(\xi)}. \tag{3.1.3}$$

证明 由 $g'(x) \neq 0$ 和拉格朗日中值定理得
$$g(b) - g(a) = g'(\eta)(b-a) \neq 0 \quad \eta \in (a,b).$$

由此得 $g(b) \neq g(a)$，所以式(3.1.6)等价于
$$[f(b) - f(a)]g'(\xi) - [g(b) - g(a)]f'(\xi) = 0,$$

或
$$\{[f(b) - f(a)]g(x) - [g(b) - g(a)]f(x)\}'|_{x=\xi} = 0.$$

构造辅助函数
$$\varphi(x) = [f(b) - f(a)]g(x) - [g(b) - g(a)]f(x),$$

则 $\varphi(x)$ 在 $[a,b]$ 上连续，在 (a,b) 内可导，且 $\varphi(a) = \varphi(b) = 0$，那么由罗尔中值定理，至少存在一点 $\xi \in (a,b)$，使 $\varphi'(\xi) = 0$，即

$$[f(b) - f(a)]g'(\xi) - [g(b) - g(a)]f'(\xi) = 0,$$

这就证明了等式(3.1.3). ∎

注 Lagrange 定理是柯西中值定理 $g(x)=x$ 的情况,柯西中值定理是这三个中值定理中最一般的形式,从而有

$$\text{罗尔定理} \xrightleftharpoons[\text{特}:f(a)=f(b)]{\text{推}} \text{拉格朗日定理} \xrightleftharpoons[\text{特}:g(x)=x]{\text{推}} \text{柯西定理}$$

例 3.1.8 设函数 $f(x)$ 在 $[0,1]$ 上连续,在 $(0,1)$ 内可导. 试证明至少存在一点 $\xi \in (0,1)$,使 $f'(\xi)=2\xi[f(1)-f(0)]$.

证明 问题转化为证 $\dfrac{f(1)-f(0)}{1-0}=\dfrac{f'(\xi)}{2\xi}=\dfrac{f'(x)}{(x^2)'}\Big|_{x=\xi}$. 令 $g(x)=x^2$,则 $f(x),g(x)$ 在 $[0,1]$ 上满足柯西中值定理条件,因此在 $(0,1)$ 内至少存在一点 ξ,使

$$\frac{f(1)-f(0)}{1-0}=\frac{f'(\xi)}{2\xi},$$

即

$$f'(\xi)=2\xi[f(1)-f(0)].$$

例 3.1.9 设函数 $f(x)$ 在 $[a,b]$ 上连续,在 (a,b) 内可导,且 $a \cdot b > 0$,证明 $\exists \xi \in (a,b)$,使

$$\frac{af(b)-bf(a)}{a-b}=f(\xi)-\xi f'(\xi).$$

证明 原式可写成

$$\frac{\dfrac{f(b)}{b}-\dfrac{f(a)}{a}}{\dfrac{1}{b}-\dfrac{1}{a}}=f(\xi)-\xi f'(\xi).$$

令 $\varphi(x)=\dfrac{f(x)}{x}$,$\psi(x)=\dfrac{1}{x}$,它们在 $[a,b]$ 上满足柯西中值定理的条件,且有

$$\frac{\varphi'(x)}{\psi'(x)}=f(x)-xf'(x),$$

应用柯西中值定理即得所证.

习题 3.1 A

1. 验证下列函数在给定区间上是否满足罗尔中值定理的条件,如果满足,找出相应的 ξ;如果不满足定理条件,问满足条件 $f'(\xi)=0$ 的 ξ 是否存在?

(1) $f(x)=\ln \sin x$, $\left[\dfrac{\pi}{6},\dfrac{5\pi}{6}\right]$;

(2) $f(x)=2-|x|$, $[-2,2]$;

(3) $f(x)=\begin{cases} x, & -2 \leqslant x < 0, \\ -x^2+2x+1, & 0 \leqslant x \leqslant 3. \end{cases}$

2. 试证明对函数 $y=px^2+qx+r$ 应用拉格朗日中值定理时,所求得的点 ξ 总是位于区间的正中间.

3. 设 $a_0+\dfrac{a_1}{2}+\cdots+\dfrac{a_n}{n+1}=0$,证明方程 $f(x)=a_0+a_1x+\cdots+a_nx^n=0$ 在 $(0,1)$ 内至少存在一个实数根.

4. 设 $f(x)$ 在闭区间 $[a,b]$ 上满足 $f''(x)>0$,试证明存在唯一的 $c,a<c<b$,使得

$$f'(c) = \frac{f(b)-f(a)}{b-a}.$$

5. 设 $f(x):(-1,1)\to \mathbf{R}$ 是可微函数，$f(0)=0$，$|f'(x)|\leqslant 1$. 试证明对任意的 $x\in(-1,1)$，$|f(x)|<1$.

6. 证明下列不等式：

(1) $\dfrac{b-a}{b}<\ln\dfrac{b}{a}<\dfrac{b-a}{a}$，$0<a<b$；

(2) 当 $x>1$ 时，$e^x>ex$.

7. 设函数 $f(x)$ 是定义在 $(-\infty,\infty)$ 处处可导的奇函数，试证明对任意正数 a，存在 $\xi\in(-a,a)$，使 $f(a)=af'(\xi)$.

8. 设函数 $f(x)$ 在闭区间 $[0,1]$ 上连续，在开区间 $(0,1)$ 内可导. 试证明至少存在一点 $\xi\in(0,1)$，使

$$f'(\xi)=3\xi^2[f(1)-f(0)].$$

9. 若函数 $f(x)$ 在 (a,b) 内具有二阶导函数，且 $f(x_1)=f(x_2)=f(x_3)$ $(a<x_1<x_2<x_3<b)$，证明在 (x_1,x_3) 内至少存在一点 ξ，使得 $f''(\xi)=0$.

10. 设函数 $f(x)$ 在 $[a,b]$ 上连续，在 (a,b) 内有二阶导数，且有

$$f(a)=f(b)=0,\quad f(c)>0,\quad (a<c<b),$$

试证明在 (a,b) 内至少存在一点 ξ，使 $f''(\xi)<0$.

习题 3.1 B

1. 证明不等式 $\dfrac{1}{9}<\sqrt{66}-8<\dfrac{1}{8}$.

2. 设 $f(x)$、$g(x)$ 在 $[a,b]$ 上连续，在 (a,b) 内可导，证明在 (a,b) 内有一点 ξ，使

$$\begin{vmatrix} f(a) & f(b) \\ g(a) & g(b) \end{vmatrix} = (b-a)\begin{vmatrix} f(a) & f'(\xi) \\ g(a) & g'(\xi) \end{vmatrix}.$$

3. 设函数 $f(x)$ 在 $x=0$ 的某邻域内具有 n 阶导数，且 $f(0)=f'(0)=\cdots=f^{(n-1)}(0)=0$，试用柯西中值定理证明

$$\frac{f(x)}{x^n}=\frac{f^{(n)}(\theta x)}{n!}\quad (0<\theta<1).$$

4. 若函数 $f(x)$ 在 $[a,b]$ 内具有二阶导数，$f(a)=f(b)=0$，且 $f'_+(a)f'_-(b)>0$，证明 $f''(x)=0$ 在 (a,b) 内至少存在一个根.

3.2 洛必达法则

本节将利用微分中值定理来考虑某些重要类型的极限.

由第 2 章我们知道，在某一极限过程中，$f(x)$ 和 $g(x)$ 都是无穷小量或都是无穷大量时，$\dfrac{f(x)}{g(x)}$ 的极限可能存在，也可能不存在，通常称这种极限为不定式（或待定型），并分别简记为 $\dfrac{0}{0}$

或 $\dfrac{\infty}{\infty}$.

洛必达(L'Hospital)法则是处理不定式极限的重要工具,是计算 $\dfrac{0}{0}$ 型、$\dfrac{\infty}{\infty}$ 型极限的简单而有效的法则.该法则的理论依据是柯西中值定理.我们首先讨论不定式 $\dfrac{0}{0}$ 型,关于这种情形有以下定理.

定理 3.2.1(洛必达法则 $\dfrac{0}{0}$ 型) 设函数 $f(x),g(x)$ 满足

(1) $\lim\limits_{x \to x_0} f(x)=0, \lim\limits_{x \to x_0} g(x)=0$;

(2) 在 $\mathring{U}(x_0)$ 内可导,且 $g'(x) \neq 0$;

(3) $\lim\limits_{x \to x_0} \dfrac{f'(x)}{g'(x)}$ 存在(或为 ∞).

则
$$\lim_{x \to x_0} \frac{f(x)}{g(x)} = \lim_{x \to x_0} \frac{f'(x)}{g'(x)}.$$

证明 由于极限 $\lim\limits_{x \to x_0}\dfrac{f(x)}{g(x)}$ 与 $f(x),g(x)$ 在 $x=x_0$ 处有无定义和取值多少没有关系,不妨设 $f(x_0)=g(x_0)=0$.这样,由条件(1)、(2)知 $f(x)$ 及 $g(x)$ 在 $U(x_0)$ 连续.因此可知 $f(x),g(x)$ 在 $[x,x_0]$ 或 $[x_0,x]$ 上满足柯西中值定理的条件,于是有
$$\frac{f(x)}{g(x)} = \frac{f(x)-f(x_0)}{g(x)-g(x_0)} = \frac{f'(\xi)}{g'(\xi)},$$
其中 ξ 在 x 与 x_0 之间.令 $x \to x_0$(从而 $\xi \to x_0$),上式两端取极限,再由条件(3)就得到
$$\lim_{x \to x_0} \frac{f(x)}{g(x)} = \lim_{\xi \to x_0} \frac{f'(\xi)}{g'(\xi)} = \lim_{x \to x_0} \frac{f'(x)}{g'(x)}. \blacksquare$$

对于当 $x \to \infty$ 时的 $\dfrac{0}{0}$ 型不定式,洛必达法则也成立,见下定理.

定理 3.2.2(洛必达法则 $\dfrac{0}{0}$ 型) 设函数 $f(x),g(x)$ 满足

(1) $\lim\limits_{x \to \infty} f(x)=0, \lim\limits_{x \to \infty} g(x)=0$;

(2) 存在常数 $X>0$ 当 $|x|>X$ 时 $f(x),g(x)$ 可导,且 $g'(x) \neq 0$;

(3) $\lim\limits_{x \to \infty} \dfrac{f'(x)}{g'(x)}$ 存在(或为 ∞).

则
$$\lim_{x \to \infty} \frac{f(x)}{g(x)} = \lim_{x \to \infty} \frac{f'(x)}{g'(x)}.$$

证明 令 $t=\dfrac{1}{x}$,则 $x \to \infty$ 时 $t \to 0$,从而
$$\lim_{t \to 0} f\left(\frac{1}{t}\right) = \lim_{x \to \infty} f(x) = 0,$$
$$\lim_{t \to 0} g\left(\frac{1}{t}\right) = \lim_{x \to \infty} g(x) = 0.$$

由定理 3.2.1,可得
$$\lim_{x \to \infty} \frac{f(x)}{g(x)} = \lim_{t \to 0} \frac{f\left(\frac{1}{t}\right)}{g\left(\frac{1}{t}\right)} = \lim_{t \to 0} \frac{f'\left(\frac{1}{t}\right)\left(-\frac{1}{t^2}\right)}{g'\left(\frac{1}{t}\right)\left(-\frac{1}{t^2}\right)} = \lim_{x \to \infty} \frac{f'(x)}{g'(x)}. \blacksquare$$

例 3.2.1 求 $\lim\limits_{x\to 0}\dfrac{x-\sin x}{x^3}$.

解 原式 $=\lim\limits_{x\to 0}\dfrac{1-\cos x}{3x^2}=\lim\limits_{x\to 0}\dfrac{\sin x}{6x}=\lim\limits_{x\to 0}\dfrac{\cos x}{6}=\dfrac{1}{6}$.

例 3.2.2 求 $\lim\limits_{x\to\frac{\pi}{2}}\dfrac{\ln\sin x}{(\pi-2x)^2}$.

解 原式 $=\lim\limits_{x\to\frac{\pi}{2}}\dfrac{\cot x}{-4(\pi-2x)}=\lim\limits_{x\to\frac{\pi}{2}}\dfrac{-\csc^2 x}{8}=-\dfrac{1}{8}$.

例 3.2.3 求 $\lim\limits_{x\to 0}\dfrac{\ln(1+x^2)}{\sec x-\cos x}$.

解 原式 $=\lim\limits_{x\to 0}\dfrac{\dfrac{2x}{1+x^2}}{\sec x\tan x+\sin x}=\lim\limits_{x\to 0}\dfrac{2x}{\sin x(\sec^2 x+1)(1+x^2)}=1$.

例 3.2.4 求 $\lim\limits_{x\to\infty}\dfrac{\ln x^2}{x}$.

解 原式 $=\lim\limits_{x\to\infty}\dfrac{\ln x^2}{x}=\lim\limits_{x\to\infty}\dfrac{2x}{x^2}=0$.

对于 $\dfrac{\infty}{\infty}$ 不定式,也有类似的方法,我们将其结果叙述为如下两定理,而将证明省略.

定理 3.2.3(洛必达法则 $\dfrac{\infty}{\infty}$ 型) 设函数 $f(x),g(x)$ 满足

(1) $\lim\limits_{x\to x_0}f(x)=\infty,\lim\limits_{x\to x_0}g(x)=\infty$;

(2) 在 $U(x_0)$ 内可导,且 $g'(x)\neq 0$;

(3) $\lim\limits_{x\to x_0}\dfrac{f'(x)}{g'(x)}$ 存在(或为 ∞).

则 $$\lim\limits_{x\to x_0}\dfrac{f(x)}{g(x)}=\lim\limits_{x\to x_0}\dfrac{f'(x)}{g'(x)}.$$

定理 3.2.4(洛必达法则 $\dfrac{\infty}{\infty}$ 型) 设函数 $f(x),g(x)$ 满足

(1) $\lim\limits_{x\to\infty}f(x)=\infty,\lim\limits_{x\to\infty}g(x)=\infty$;

(2) 存在常数 $X>0$ 当 $|x|>X$ 时 $f(x),g(x)$ 可导,且 $g'(x)\neq 0$;

(3) $\lim\limits_{x\to\infty}\dfrac{f'(x)}{g'(x)}$ 存在(或为 ∞).

则 $$\lim\limits_{x\to\infty}\dfrac{f(x)}{g(x)}=\lim\limits_{x\to\infty}\dfrac{f'(x)}{g'(x)}.$$

注 洛必达法则对单侧极限也是同样适用的,也就是说,"$x\to x_0$"能换成 $x\to x_0^+,x\to x_0^-$;"$x\to\infty$"能换成 $x\to+\infty,x\to-\infty$.

例 3.2.5 求 $\lim\limits_{x\to+\infty}\dfrac{\ln x}{x^\alpha}(\alpha>0)$.

解 $\lim\limits_{x\to+\infty}\dfrac{\ln x}{x^\alpha}=\lim\limits_{x\to+\infty}\dfrac{\dfrac{1}{x}}{\alpha x^{\alpha-1}}=\lim\limits_{x\to+\infty}\dfrac{1}{\alpha x^\alpha}=0$.

例 3.2.6 求 $\lim\limits_{x\to+\infty}\dfrac{x^\alpha}{e^x}(\alpha>0)$.

解
$$\lim_{x\to+\infty}\frac{x^\alpha}{e^x}=\lim_{x\to+\infty}\frac{\alpha x^{\alpha-1}}{e^x}.$$

若 $0<\alpha\leqslant 1$，则上式右端极限为 0；若 $\alpha>1$，则上式右端仍是 $\dfrac{\infty}{\infty}$ 型不定式，这时总存在自然数 n 使 $n-1<\alpha\leqslant n$，逐次应用洛必达法则直到第 n 次，有

$$\lim_{x\to+\infty}\frac{x^\alpha}{e^x}=\lim_{x\to+\infty}\frac{\alpha x^{\alpha-1}}{e^x}=\cdots=\lim_{x\to+\infty}\frac{\alpha(\alpha-1)\cdots(\alpha-n+1)x^{\alpha-n}}{e^x}=0,$$

故
$$\lim_{x\to+\infty}\frac{x^\alpha}{e^x}=0 \quad (\alpha>0). \blacksquare$$

由以上两例可以看出，$\ln x, x^\alpha, e^x (\alpha>0)$ 均为当 $x\to+\infty$ 时的无穷大，但是它们阶数不同，指数函数 e^x 阶数最高，其次是幂函数 x^α，对数函数 $\ln x$ 阶数最低。也就是说，当 $x\to+\infty$ 时，e^x 增大速度最快，$\ln x$ 增大速度最慢。

例 3.2.7 求 $\lim\limits_{x\to+\infty} x\left(\dfrac{\pi}{2}-\arctan x\right)$.

解
$$\text{原式}=\lim_{x\to+\infty}\frac{\dfrac{\pi}{2}-\arctan x}{\dfrac{1}{x}}=\lim_{x\to+\infty}\frac{-\dfrac{1}{1+x^2}}{-\dfrac{1}{x^2}}=\lim_{x\to+\infty}\frac{x^2}{1+x^2}=1. \blacksquare$$

除了 $\dfrac{0}{0}$ 型和 $\dfrac{\infty}{\infty}$ 型不定式，还有 5 种不定式形式：$0\cdot\infty, \infty-\infty, 0^0, 1^\infty$ 和 ∞^0 型，对于 0^0，1^∞ 和 ∞^0 型，可通过取对数先转换为 $0\cdot\infty$ 型不定式，对于 $\infty-\infty$ 和 $0\cdot\infty$ 型不定式，可通过通分和取倒数转换为 $\dfrac{0}{0}$ 型或 $\dfrac{\infty}{\infty}$ 型不定式来计算。

例 3.2.8 求 $\lim\limits_{x\to 0^+} x^2\ln x$. $(0\cdot\infty)$

解
$$\lim_{x\to 0^+} x^2\ln x=\lim_{x\to 0^+}\frac{\ln x}{x^{-2}}=\lim_{x\to 0^+}\frac{\dfrac{1}{x}}{-2x^{-3}}=-\frac{1}{2}\lim_{x\to 0^+} x^2=0. \blacksquare$$

例 3.2.9 求 $\lim\limits_{x\to\frac{\pi}{2}}(\sec x-\tan x)$. $(\infty-\infty)$

解
$$\lim_{x\to\frac{\pi}{2}}(\sec x-\tan x)=\lim_{x\to\frac{\pi}{2}}\frac{1-\sin x}{\cos x}=\lim_{x\to\frac{\pi}{2}}\frac{-\cos x}{-\sin x}=\lim \cot x=0. \blacksquare$$

例 3.2.10 求 $\lim\limits_{x\to 0^+} x^{\sin x}$. (0^0)

解 设 $y=x^{\sin x}$，则
$$\ln y=\sin x\ln x,$$

$$\lim_{x\to 0^+}\ln y=\lim_{x\to 0^+}(\sin x\cdot\ln x)=\lim_{x\to 0^+}\frac{\ln x}{\dfrac{1}{\sin x}}=\lim_{x\to 0^+}\frac{\dfrac{1}{x}}{-\dfrac{\cos x}{\sin^2 x}}$$

$$=-\lim_{x\to 0^+}\frac{1}{\cos x}\cdot\lim_{x\to 0^+}\frac{\sin^2 x}{x}=0.$$

由 $y=e^{\ln y}$，可得 $\lim\limits_{x\to 0^+} y=\lim\limits_{x\to 0^+} e^{\ln y}=e^{\lim\limits_{x\to 0^+}\ln y}$，所以

$$\lim_{x\to 0^+} x^{\sin x}=e^0=1. \blacksquare$$

例 3.2.11 求 $\lim\limits_{x\to 0^+}\left(1+\dfrac{1}{x}\right)^x$.   ($1^\infty$)

解 设 $y=\left(1+\dfrac{1}{x}\right)^x$,则

$$\ln y = x\ln\left(1+\dfrac{1}{x}\right).$$

而

$$\lim_{x\to 0^+}\ln y = \lim_{x\to 0^+}\dfrac{\ln\left(1+\dfrac{1}{x}\right)}{x^{-1}} = \lim_{x\to 0^+}\dfrac{\ln(x+1)-\ln x}{x^{-1}}$$

$$= \lim_{x\to 0^+}\dfrac{(x+1)^{-1}-x^{-1}}{-x^{-2}} = \lim_{x\to 0^+}\left(x-\dfrac{x^2}{x+1}\right)=0,$$

故

$$\lim_{x\to 0^+}\left(1+\dfrac{1}{x}\right)^x = e^0 = 1. \qquad \blacksquare$$

例 3.2.12 求极限 $\lim\limits_{n\to+\infty}\sqrt[n]{n}$.   ($\infty^0$)

解 由于 $\lim\limits_{x\to+\infty}\dfrac{\ln x}{x} = \lim\limits_{x\to+\infty}\dfrac{1}{x}=0$,所以 $\lim\limits_{x\to+\infty}\sqrt[x]{x}=\lim\limits_{x\to+\infty}e^{\frac{1}{x}\ln x}=1$,从而 $\lim\limits_{n\to+\infty}\sqrt[n]{n}=1$. $\blacksquare$

洛必达法则是求不定式的一种有效方法,但不是万能的. 我们要学会善于根据具体问题采取不同的方法求解,最好能与其他求极限的方法结合使用,例如能化简时应尽可能先化简,可以应用等价无穷小替换时,也尽可能应用,这样可以使运算简捷.

例 3.2.13 求 $\lim\limits_{x\to 0}\dfrac{x-\tan x}{x^2\cdot\sin x}$.

解 先进行等价无穷小的代换. 由 $\sin x\sim x(x\to 0)$,则有

$$\lim_{x\to 0}\dfrac{x-\tan x}{x^2\cdot\sin x} = \lim_{x\to 0}\dfrac{x-\tan x}{x^3} = \lim_{x\to 0}\dfrac{1-\sec^2 x}{3x^2}$$

$$= \lim_{x\to 0}\dfrac{-2\sec^2 x\cdot\tan x}{6x} = -\dfrac{1}{3}\lim_{x\to 0}\dfrac{1}{\cos^2 x}\cdot\lim_{x\to 0}\dfrac{\tan x}{x}$$

$$= -\dfrac{1}{3}\lim_{x\to 0}\dfrac{\tan x}{x} = -\dfrac{1}{3}. \qquad \blacksquare$$

例 3.2.14 求 $\lim\limits_{x\to 0}\left(\dfrac{\arctan x}{x}\right)^{\frac{1}{x^2}}$.

解 设 $y=\left(\dfrac{\arctan x}{x}\right)^{\frac{1}{x^2}}$,则

$$\ln y = \dfrac{1}{x^2}\ln\dfrac{\arctan x}{x} = \dfrac{\ln|\arctan x|-\ln|x|}{x^2},$$

由于

$$\lim_{x\to 0}\dfrac{\ln|\arctan x|-\ln|x|}{x^2}$$

$$=\lim_{x\to 0}\dfrac{\dfrac{1}{1+x^2}-\dfrac{1}{x}}{\arctan x} \cdot \dfrac{1}{2x}$$

$$=\lim_{x\to 0}\dfrac{\dfrac{1}{(1+x^2)\arctan x}-\dfrac{1}{x}}{2x}$$

$$=\lim_{x\to 0}\dfrac{x-(1+x^2)\arctan x}{2x^2(1+x^2)\arctan x}$$

$$= \lim_{x \to 0} \frac{x - (1+x^2)\arctan x}{2x^3}$$

$$= \lim_{x \to 0} \frac{1 - 2x\arctan x - (1+x^2)\frac{1}{1+x^2}}{6x^2}$$

$$= \lim_{x \to 0} \frac{-2x^2}{6x^2} = -\frac{1}{3},$$

所以
$$\lim_{x \to 0} \left(\frac{\arctan x}{x}\right)^{\frac{1}{x^2}} = e^{-\frac{1}{3}}.$$

例 3.2.15 求 $\lim_{n \to +\infty} \left(\frac{\sqrt[n]{a}+\sqrt[n]{b}+\sqrt[n]{c}}{3}\right)^n$ (a,b,c 均为正数).

解
$$\left(\frac{\sqrt[n]{a}+\sqrt[n]{b}+\sqrt[n]{c}}{3}\right)^n = e^{n\ln\left(\frac{a^{\frac{1}{n}}+b^{\frac{1}{n}}+c^{\frac{1}{n}}}{3}\right)},$$

因为
$$\lim_{x \to +\infty} x\ln\left(\frac{a^{\frac{1}{x}}+b^{\frac{1}{x}}+c^{\frac{1}{x}}}{3}\right) \xlongequal{\diamondsuit \frac{1}{x}=t} \lim_{t \to 0^+} \frac{\ln(a^t+b^t+c^t) - \ln 3}{t}$$

$$= \lim_{t \to 0^+} \frac{a^t \ln a + b^t \ln b + c^t \ln c}{a^t+b^t+c^t} = \frac{\ln(abc)}{3},$$

所以
$$\lim_{n \to +\infty} n\ln\left(\frac{a^{\frac{1}{n}}+b^{\frac{1}{n}}+c^{\frac{1}{n}}}{3}\right) = \frac{\ln(abc)}{3},$$

即
$$\lim_{n \to +\infty} \left(\frac{\sqrt[n]{a}+\sqrt[n]{b}+\sqrt[n]{c}}{3}\right)^n = e^{\frac{\ln(abc)}{3}} = \sqrt[3]{abc}.$$

注 在使用洛必达法则时,如果极限 $\lim \frac{f'(x)}{g'(x)}$ 不存在,则表明此时洛必达法则失效,并不表示原极限 $\lim \frac{f(x)}{g(x)}$ 也一定不存在. 例如,极限

$$\lim_{x \to \infty} \frac{(x+\sin x)'}{(x-\sin x)'} = \lim_{x \to \infty} \frac{1+\cos x}{1-\cos x}$$

不存在,但

$$\lim_{x \to \infty} \frac{x+\sin x}{x-\sin x} = \lim_{x \to \infty} \frac{1+\frac{\sin x}{x}}{1-\frac{\sin x}{x}} = 1.$$

习题 3.2 A

1. 下式都在计算中应用了洛必达法则,找出其中的错误.

(1) $\lim_{x \to 0} \frac{x^2+1}{x-1} = \lim_{x \to 0} \frac{(x^2+1)'}{(x-1)'} = \lim_{x \to 0} \frac{2x}{1} = 0$;

(2) $\lim_{x \to \infty} \frac{x+\sin x}{x} = \lim_{x \to \infty} \frac{(x+\sin x)'}{x'} = \lim_{x \to \infty} \frac{1+\cos x}{1}$,不存在;

(3) 假设 $f(x)$ 在 x_0 二阶可导,

$$\lim_{h\to 0}\frac{f(x_0+h)-2f(x_0)+f(x_0-h)}{h^2}=\lim_{h\to 0}\frac{f'(x_0+h)-f'(x_0-h)}{2h}$$
$$=\lim_{h\to 0}\frac{f''(x_0+h)+f''(x_0-h)}{2}$$
$$=f''(x_0).$$

2. 求下列极限：

(1) $\lim\limits_{x\to\infty}\dfrac{x-\sin x}{x+\sin x}$；

(2) $\lim\limits_{x\to 0}\dfrac{\tan x-x}{x^2\sin x}$；

(3) $\lim\limits_{x\to 0}\dfrac{e^x-e^{-x}}{\sin x}$；

(4) $\lim\limits_{x\to +\infty}(x+\sqrt{1+x^2})^{\frac{1}{x}}$；

(5) $\lim\limits_{x\to 0}x^2 e^{\frac{1}{x^2}}$；

(6) $\lim\limits_{x\to +\infty}\dfrac{\ln\left(1+\dfrac{1}{x}\right)}{\arctan x-\dfrac{\pi}{2}}$；

(7) $\lim\limits_{x\to 0}\left(\cot^2 x-\dfrac{1}{x^2}\right)$；

(8) $\lim\limits_{x\to 0}\dfrac{e^x+\ln(1-x)-1}{x-\arctan x}$；

(9) $\lim\limits_{x\to 0^+}x^{\sin x}$；

(10) $\lim\limits_{x\to \frac{\pi}{2}^+}\cot x\cdot\ln\left(x-\dfrac{\pi}{2}\right)$；

(11) $\lim\limits_{x\to 0}\left(\dfrac{1}{x^2}-\dfrac{1}{x\sin x}\right)$；

(12) $\lim\limits_{x\to 1}\left(\dfrac{x}{x-1}-\dfrac{1}{\ln x}\right)$；

(13) $\lim\limits_{x\to 0}\left(\dfrac{1}{e^x-1}-\dfrac{1}{x}\right)$；

(14) $\lim\limits_{x\to 0}(\cos 2x)^{\frac{1}{x^2}}$；

(15) $\lim\limits_{x\to +\infty}\dfrac{e^x-e^{-x}}{e^x+e^{-x}}$；

(16) $\lim\limits_{x\to 0}\cot x\ln\dfrac{1+x}{1-x}$；

(17) $\lim\limits_{x\to 0}\dfrac{\tan x-x}{x-\sin x}$.

3. 讨论函数 $f(x)=\begin{cases}\left[\dfrac{(1+x)^{\frac{1}{x}}}{e}\right]^{\frac{1}{x}}, & x>0, \\ e^{-\frac{1}{2}}, & x\leqslant 0\end{cases}$ 在点 $x=0$ 处的连续性.

4. 求 a,b 使得

$$\lim_{x\to +0}\frac{1+a\cos 2x+b\cos 4x}{x^4}$$

存在，并求出极限值.

5. 给定如下分段函数：

$$f(x)=\begin{cases}e^{-\frac{1}{x^2}}, & x\neq 0, \\ 0, & x=0,\end{cases}$$

证明 $f^{(3)}(0)=0$.

习题 3.2 B

1. 求下列极限：

(1) $\lim\limits_{x\to a}\dfrac{x^m-a^m}{x^n-a^n}$；

(2) $\lim\limits_{x\to \frac{\pi}{2}}(\tan x)^{\tan 2x}$；

(3) $\lim_{x\to 0}\left(\dfrac{\sin x}{x}\right)^{\frac{1}{x^2}}$; (4) $\lim_{x\to 0}\dfrac{\mathrm{e}-(1+x)^{\frac{1}{x}}}{x}$.

2. 设函数 $f(x)$ 有连续导数，$f''(0)$ 存在，且 $f'(0)=0, f(0)=0$，

$$g(x)=\begin{cases}\dfrac{f(x)}{x}, & x\neq 0,\\ a, & x=0.\end{cases}$$

(1) 试确定 a 的值使 $g(x)$ 在 $x=0$ 处连续；

(2) 求证在(1)所得的 a 条件下，$g(x)$ 在 $x=0$ 处具有连续导数.

3.3 泰勒公式

对于一些比较复杂的函数，往往希望用一些简单的函数来近似表示.比方说多项式函数，这种近似表达在数学上常称为**逼近**.英国数学家泰勒的研究结果表明：具有直到 $n+1$ 阶导数的函数在一个点的邻域内的值可以用函数在该点的函数值及各阶导数值组成的 n 次多项式近似表达，这就是本节将介绍的泰勒公式.

3.3.1 泰勒公式

在微分应用中已知近似公式

$$f(x)\approx f(x_0)+f'(x_0)(x-x_0),$$

但是这种近似表达式还存在不足之处：首先是精确度不高，它所产生的误差仅是关于 $x-x_0$ 的高阶无穷小；其次用它来近似计算时，不能具体估算误差的大小.因此对于精确度要求较高的时候，就必须用高次多项式来近似表达函数.

设函数 $f(x)$ 在含有 x_0 的开区间 (a,b) 内具有直到 n 阶导数，问是否存在一个 n 次多项式函数

$$P_n(x)=c_0+c_1(x-x_0)+c_2(x-x_0)^2+\cdots+c_n(x-x_0)^n,$$

使得 $f(x)\approx P_n(x)$，且误差 $R_n(x)=f(x)-P_n(x)$ 是比 $(x-x_0)^n$ 高阶的无穷小？

由于 $R_n(x)=f(x)-p_n(x)$ 是比 $(x-x_0)^n$ 高阶的无穷小，也就是说：

$$R_n(x)=f(x)-P_n(x)=o((x-x_0)^n).$$

下面我们来计算 $P_n(x)$ 中的系数 c_n，对 $R_n(x)$ 在 x_0 处求 k 阶导数，有

$$P_n^{(k)}(x_0)=f^{(k)}(x_0),\quad k=0,1,2,\cdots,n.$$

由 $f^{(k)}(x_0)=P_n^{(k)}(x_0)=k!c_k$，可求出多项式的系数：

$$c_0=f(x_0),\quad c_1=f'(x_0),\quad c_2=\dfrac{f''(x_0)}{2!},\quad c_3=\dfrac{f'''(x_0)}{3!},\quad \cdots,\quad c_n=\dfrac{f^{(n)}(x_0)}{n!}.$$

故

$$P_n(x)=f(x_0)+f'(x_0)(x-x_0)+\dfrac{f''(x_0)}{2!}(x-x_0)^2+\cdots+\dfrac{f^{(n)}(x_0)}{n!}(x-x_0)^n.$$

实际上我们有以下定理.

定理 3.3.1(带佩亚诺余项的泰勒(Taylor)公式) 设函数 $f(x)$ 在 x_0 的某邻域 $U(x_0)$ 内连续，在 x_0 点具有直到 n 阶的导数，则对 $\forall x\in U(x_0)$，有

$$f(x) = f(x_0) + f'(x_0)(x-x_0) + \frac{f''(x_0)}{2!}(x-x_0)^2 + \cdots + \frac{f^{(n)}(x_0)}{n!}(x-x_0)^n + o((x-x_0)^n)$$

$$= \sum_{k=0}^{n} \frac{f^{(k)}(x_0)}{k!}(x-x_0)^k + o((x-x_0)^n).$$

多项式 $P_n(x) = \sum_{k=0}^{n} \frac{f^{(k)}(x_0)}{k!}(x-x_0)^k$ 称为函数 $f(x)$ 在点 x_0 的 n 阶**泰勒多项式**,其系数 $\frac{f^{(k)}(x_0)}{k!}(k=0,1,2,\cdots,n)$ 称**泰勒系数**,$o((x-x_0)^n)$ 称为**佩亚诺余项**.

佩亚诺余项是用 $P_n(x)$ 近似表达 $f(x)$ 时产生的误差,这个误差是 $(x-x_0)^n$ 的高阶无穷小. 为了更精确计算误差大小,我们需要得到 $R_n(x)$ 更精确的表达式. 下面的定理将会解决这个问题.

定理 3.3.2(带拉格朗日余项的泰勒公式) 如果函数 $f(x)$ 在含有 x_0 的某个开区间 (a,b) 内具有直到 $(n+1)$ 阶的导数,则对任意 $x \in (a,b)$,有

$$f(x) = f(x_0) + f'(x_0)(x-x_0) + \frac{f''(x_0)}{2!}(x-x_0)^2 + \cdots + \frac{f^{(n)}(x_0)}{n!}(x-x_0)^n + R_n(x),$$

其中 $R_n(x) = \frac{f^{(n+1)}(\xi)}{(n+1)!}(x-x_0)^{n+1}$ 称为**拉格朗日余项**,这里 ξ 是 x_0 与 x 之间的某个值.

证明 因 $R_n(x) = f(x) - P_n(x)$,只需证 $R_n(x) = \frac{f^{(n+1)}(\xi)}{(n+1)!}(x-x_0)^{n+1}$($\xi$ 在 x_0 与 x 之间)即可,由已知条件可知 $R_n(x)$ 在 (a,b) 内也具有直到 $(n+1)$ 阶导数,且

$$R_n(x_0) = R'_n(x_0) = R''_n(x_0) = \cdots = R_n^{(n)}(x_0) = 0,$$

因 $P_n(x)$ 及 $(x-x_0)^{n+1}$ 在 $[x_0,x]$(或 $[x,x_0]$)上连续,在 (x_0,x) 内可导,且 $[(x-x_0)^{n+1}]'$ 在 (x_0,x) 内均不为零,满足柯西定理条件,所以有

$$\frac{R_n(x)}{(x-x_0)^{n+1}} = \frac{R_n(x) - R_n(x_0)}{(x-x_0)^{n+1} - 0} = \frac{R'_n(\xi_1)}{(\xi_1-x_0)^n \cdot (n+1)}, \quad \xi_1 \in (x_0,x).$$

同理,$R'_n(x)$ 及 $(n+1)(x-x_0)^n$ 在 $[x_0,\xi_1]$ 上连续,在 (x_0,ξ_1) 内可导,且 $[(n+1)(x-x_0)^n]'$ 在 (x_0,ξ_1) 内处处不为 0,也有

$$\frac{R'_n(\xi_1)}{(n+1)(\xi_1-x_0)^n} = \frac{R'_n(\xi_1) - R'_n(x_0)}{(n+1)(\xi_1-x_0)^n - 0} = \frac{R''_n(\xi_2)}{(n+1) \cdot n \cdot (\xi_2-x_0)^{n-1}}, \quad \xi_2 \in (x_0,\xi_1).$$

依次类推,经 $n+1$ 次后,得

$$\frac{R_n(x)}{(x-x_0)^{n+1}} = \frac{R_n^{(n+1)}(\xi)}{(n+1)!}, \quad \xi \in (x_0,x).$$

又因为 $R_n^{(n+1)}(x) = f^{(n+1)}(x)$($P_n(x)$ 为 n 次多项式,故 $[P_n(x)]^{(n+1)} = 0$),故

$$R_n(x) = \frac{f^{n+1}(\xi)}{(n+1)!}(x-x_0)^{n+1}, \quad \xi \in (x_0,x). \blacksquare$$

注 (1) 当 $n=0$ 时,泰勒公式即为

$$f(x) = f(x_0) + f'(\xi)(x-x_0) \quad (\xi \text{ 在 } x_0 \text{ 与 } x \text{ 之间}).$$

可记 $\xi = x_0 + \theta(x-x_0)$ $(0<\theta<1)$,故定理 3.3.2 是拉格朗日中值定理的推广.

(2) $R_n(x)$ 是用多项式 $P_n(x)$ 近似代替 $f(x)$ 时的误差,当 $x \in (a,b)$ 时,如果有 $|f^{(n+1)}(x)| \leq M$(M 为常数),则有估计式

$$|R_n(x)| = \left| \frac{f^{(n+1)}(\xi)}{(n+1)!}(x-x_0)^{n+1} \right| \leq \frac{M}{(n+1)!}|x-x_0|^{n+1}.$$

在泰勒公式中,如果取 $x_0=0$,泰勒公式变成较为简单的形式,称 $x_0=0$ 泰勒公式为**麦克劳林**(Maclaurin)**公式**,即

$$f(x)=f(0)+f'(0)+\frac{f''(0)}{2!}x^2+\cdots+\frac{f^{(n)}(0)}{n!}x^n+o(x^n),$$

$$f(x)=f(0)+f'(0)+\frac{f''(0)}{2!}x^2+\cdots+\frac{f^{(n)}(0)}{n!}x^n+\frac{f^{(n+1)}(\theta x)}{(n+1)!}x^{n+1} \quad (0<\theta<1).$$

例 3.3.1 写出函数 $f(x)=e^x$ 的带拉格朗日余项的 n 阶麦克劳林公式.

解 由 $\qquad f^{(k)}(x)=e^x, \quad k\geqslant 0,$

可得 $\qquad f(0)=f'(0)=f''(0)=\cdots=f^{(n)}(0)=1,$

且 $\qquad R_n(x)=\frac{f^{(n+1)}(\theta x)}{(n+1)!}x^{n+1}=\frac{e^{\theta x}}{(n+1)!}x^{n+1} \quad (0<\theta<1),$

故 $f(x)=e^x$ 的 n 阶麦克劳林公式为

$$e^x=1+x+\frac{x^2}{2!}+\cdots+\frac{x^n}{n!}+\frac{e^{\theta x}}{(n+1)!}x^{n+1} \quad (0<\theta<1). \blacksquare$$

例 3.3.2 求 $f(x)=\sin x$ 的 n 阶麦克劳林公式.

解 因为 $\qquad f^{(k)}(x)=\sin\left(x+\frac{k\pi}{2}\right), \quad k\geqslant 0,$

所以 $\qquad f'(0)=1, \quad f''(0)=0, \quad f'''(0)=-1, \quad f^{(4)}(0)=0, \cdots.$

它们顺序循环地取 4 个数 $0,1,0,-1$,于是按公式有(令 $n=2m$)

$$\sin x=x-\frac{x^3}{3!}+\frac{x^5}{5!}+\cdots+(-1)^{m-1}\frac{x^{2m-1}}{(2m-1)!}+R_{2m},$$

其中 $\qquad R_{2m}=\frac{\sin\left(\theta x+\frac{2m+1}{2}\pi\right)}{(2m+1)!}x^{2m+1}=(-1)^m\frac{\cos(\theta x)}{(2m+1)!}x^{2m+1} \quad (0<\theta<1). \blacksquare$

类似地,还可以得到

$$\cos x=1-\frac{1}{2!}x^2+\frac{1}{4!}x^4-\cdots+(-1)^m\frac{1}{(2m)!}x^{2m}+R_{2m+1}(x),$$

其中 $\qquad R_{2m+1}(x)=\frac{\cos[\theta x+(m+1)\pi]}{(2m+2)!}x^{2m+2}=\frac{(-1)^{m+1}\cos(\theta x)}{(2m+2)!}x^{2m+2} \quad (0<\theta<1).$

$$\ln(1+x)=x-\frac{1}{2}x^2+\frac{1}{3}x^3-\cdots+(-1)^{n-1}\frac{1}{n}x^n+R_n(x),$$

其中 $\qquad R_n(x)=\frac{(-1)^n}{(n+1)(1+\theta x)^{n+1}}x^{n+1} \quad (0<\theta<1).$

$$(1+x)^\alpha=1+\alpha x+\frac{\alpha(\alpha-1)}{2!}x^2+\cdots+\frac{\alpha(\alpha-1)\cdots(\alpha-n+1)}{n!}x^n+R_n(x),$$

其中 $\qquad R_n(x)=\frac{\alpha(\alpha-1)\cdots(\alpha-n+1)(\alpha-n)}{(n+1)!}(1+\theta x)^{\alpha-n-1}x^{n+1} \quad (0<\theta<1).$

常用初等函数麦克劳林公式:

$$e^x=1+x+\frac{x^2}{2!}+\cdots+\frac{x^n}{n!}+\frac{e^{\theta x}}{(n+1)!}x^{n+1};$$

$$\sin x=x-\frac{x^3}{3!}+\frac{x^5}{5!}+\cdots+(-1)^{m-1}\frac{x^{2m-1}}{(2m-1)!}+(-1)^m\frac{\cos(\theta x)}{(2m+1)!}x^{2m+1};$$

$$\cos x=1-\frac{x^2}{2!}+\frac{x^4}{4!}-\frac{x^6}{6!}+\cdots+(-1)^n\frac{x^{2n}}{(2n)!}+R_{2m+1}(x)=\frac{(-1)^{m+1}\cos(\theta x)}{(2m+2)!}x^{2m+2};$$

$$\ln(1+x) = x - \frac{x^2}{2} + \frac{x^3}{3} - \cdots + (-1)^n \frac{x^{n+1}}{n+1} + \frac{(-1)^n}{(n+1)(1+\theta x)^{n+1}} x^{n+1};$$

$$(1+x)^\alpha = 1 + \alpha x + \frac{\alpha(\alpha-1)}{2!} x^2 + \cdots + \frac{\alpha(\alpha-1)\cdots(\alpha-n+1)}{n!} x^n +$$

$$\frac{\alpha(\alpha-1)\cdots(\alpha-n+1)(\alpha-n)}{(n+1)!} (1+\theta x)^{\alpha-n-1} x^{n+1}.$$

3.3.2 泰勒公式的应用

1. 近似计算

例 3.3.3 应用泰勒公式,求 e 的近似值,使误差不超过 10^{-5}.

解 令 $y = f(x) = e^x$,由于 $f^{(k)}(x) = e^x$,$f^{(k)}(0) = 1$,根据公式

$$e = 1 + 1 + \frac{1}{2!} + \cdots + \frac{1}{n!} + \frac{e^\theta}{(n+1)!} \quad (0 < \theta < 1),$$

由 $e^\theta < e < 3$,所以

$$R_n(1) = \frac{e^\theta}{(n+1)!} < \frac{3}{(n+1)!} \leqslant 10^{-5}.$$

取 $n = 8$ 就可以了. 因为 $R_n(1) < \frac{3}{9!} < 10^{-5}$,因此,e 的误差小于 10^{-5} 的近似值为

$$e \approx 2 + \frac{1}{2!} + \cdots + \frac{1}{8!} \approx 2.71828.$$

■

例 3.3.4 函数 $f(x) = \cos x$ 的二阶泰勒近似表达式为 $P_2(x) = 1 - \frac{x^2}{2}$. 求当误差小于 0.1 时,$x$ 的取值范围.

解 根据定理 3.3.2 知

$$R_2(x) = f(x) - P_2(x) = \frac{\cos \xi}{4!} x^4,$$

ξ 在 0 与 x 之间. 因为对所有 ξ,$|\cos \xi| \leqslant 1$,近似误差 $\frac{|x|^4}{24} < 0.1$,即 $|x|^4 < 2.4$,解得 $-1.24 < x < 1.24$.

■

2. 求极限

例 3.3.5 求极限 $\lim\limits_{x \to 0} \frac{\sin x - x \cos x}{\sin^3 x}$.

解 由 $\sin x = x - \frac{x^3}{3!} + o_1(x^3)$,$x \cos x = x - \frac{x^3}{2!} + o_2(x^3)$

得

$$\lim_{x \to 0} \frac{\sin x - x \cos x}{\sin^3 x} = \lim_{x \to 0} \frac{\left[x - \frac{x^3}{3!} + o_1(x^3)\right] - \left[x - \frac{x^3}{2!} + o_2(x^3)\right]}{x^3}$$

$$= \lim_{x \to 0} \frac{\frac{1}{3} x^3 + o(x^3)}{x^3} = \frac{1}{3}.$$

■

例 3.3.6 求极限 $\lim\limits_{x \to 0} \frac{e^{x^2} + 2\cos x - 3}{x^4}$.

解 因为 $e^{x^2} = 1 + x^2 + \frac{1}{2!} x^4 + o_1(x^4),$

$$\cos x = 1 - \frac{x^2}{2!} + \frac{x^4}{4!} + o_2(x^5),$$

可得
$$e^{x^2} + 2\cos x - 3 = \left(\frac{1}{2!} + 2 \cdot \frac{1}{4!}\right)x^4 + o(x^4),$$

从而有
$$\lim_{x \to 0} \frac{e^{x^2} + 2\cos x - 3}{x^4} = \lim_{x \to 0} \frac{\frac{7}{12}x^4 + o(x^4)}{x^4} = \frac{7}{12}. \qquad \blacksquare$$

例 3.3.7 求极限 $\lim\limits_{x \to 0} \dfrac{1 + \frac{1}{2}x^2 - \sqrt{1+x^2}}{(\cos x - e^{x^2})\sin^2 x}$.

解 由
$$\sqrt{1+x^2} = 1 + \frac{1}{2}x^2 + \frac{\frac{1}{2}\left(\frac{1}{2}-1\right)}{2!}x^4 + o_1(x^4),$$

可得
$$1 + \frac{1}{2}x^2 - \sqrt{1+x^2} = \frac{1}{8}x^4 + o_1(x^4),$$

由
$$\cos x = 1 - \frac{1}{2!}x^2 + \frac{1}{4!}x^4 + o_2(x^4), \quad e^{x^2} = 1 + x^2 + \frac{1}{2!}x^4 + o_2(x^4),$$

可得
$$\cos x - e^{x^2} = -\frac{3}{2}x^2 - \frac{11}{24}x^4 + o(x^4),$$

从而有
$$\lim_{x \to 0} \frac{1 + \frac{1}{2}x^2 - \sqrt{1+x^2}}{(\cos x - e^{x^2})\sin^2 x} = \lim_{x \to 0} \frac{\frac{1}{8}x^4 + o_1(x^4)}{x^2\left[-\frac{3}{2}x^2 - \frac{11}{24}x^4 + o(x^4)\right]}$$

$$= \lim_{x \to 0} \frac{\frac{1}{8}x^4 + o_1(x^4)}{-\frac{3}{2}x^4 + o(x^4)} = -\frac{1}{12}. \qquad \blacksquare$$

3. 证明不等式

例 3.3.8 当 $x \geqslant 0$ 时，证明 $\sin x \geqslant x - \frac{1}{6}x^3$.

证明 由
$$\sin x = x - \frac{\cos(\theta x)}{6}x^3,$$

可得
$$\sin x - \left(x - \frac{1}{6}x^3\right) = \frac{1 - \cos\theta x}{6}x^3 \geqslant 0, \quad \text{其中 } 0 < \theta < 1, x \geqslant 0.$$

故当 $x \geqslant 0$ 时，$\sin x \geqslant x - \frac{1}{6}x^3$. $\qquad \blacksquare$

习题 3.3 A

1. 求函数 $f(x) = x^4 + 3x^2 + 4$ 在点 $x = 1$ 的泰勒公式.
2. 求下列函数的 n 阶麦克劳林公式：

   (1) $f(x) = \ln(1-x)$; (2) $f(x) = \dfrac{1}{\sqrt{1-2x}}$.

3. 求下列函数在指定点的带佩亚诺型余项的 n 阶泰勒展开式：

(1) $f(x)=e^{-x}, x_0=1$； (2) $f(x)=\cos x, x_0=\dfrac{\pi}{4}$.

4. 验证当 $0\leqslant x\leqslant \dfrac{1}{2}$ 时，按公式 $e^x\approx 1+x+\dfrac{x^2}{2}+\dfrac{x^3}{6}$ 计算 e^x 的近似值时，所产生的误差小于 0.01，并求 $\sqrt{e}$ 的近似值，使误差小于 0.01.

5. 求下列各数的近似值，并估计误差：

(1) $\ln\dfrac{6}{5}$（利用四阶泰勒公式）；

(2) $\sin 18°$（利用三阶泰勒公式）.

6. 设 $x>0$，证明 $x-\dfrac{x^2}{2}<\ln(1+x)$.

7. 设 $f(0)=0, f'(0)=1, f''(0)=2$，求 $\lim\limits_{x\to 0}\dfrac{f(x)-x}{x^2}$.

习题 3.3 B

1. 求下列极限：

(1) $\lim\limits_{x\to 0}\dfrac{e^x\sin x - x(1+x)}{x^3}$； (2) $\lim\limits_{x\to 0}\dfrac{1+\dfrac{1}{2}x^2-\sqrt{1+x^2}}{(\cos x - e^{x^2})\sin x^2}$.

2. 如果函数 $f:[0,2]\to \mathbf{R}$ 在 $[0,2]$ 上二阶可导，且 $|f(x)|\leqslant 1, |f''(x)|\leqslant 1$，求证 $|f'(x)|\leqslant 2, \forall x\in [0,2]$.

3. 假设函数 $f\in C^{(3)}[0,1], f(0)=1, f(1)=2, \left|f'\left(\dfrac{1}{2}\right)\right|=0$，求证至少存在一点 $\xi\in(0,1)$，使得 $|f'''(\xi)|\geqslant 24$.

3.4 函数的单调性、极值与最值

3.4.1 函数单调性

在第 1 章中，我们已经介绍了函数在区间上单调的概念. 利用单调性的定义来判定函数在区间上的单调性，一般来说是比较困难的. 我们知道函数的单调增加或减少，在几何上表现为图形是一条沿 x 轴正向的上升或下降的曲线. 易知，曲线随 x 的增加而上升时，其切线（如果存在）与 x 轴正向的夹角成锐角，相应函数的导数大于 0；而曲线随 x 的增加而下降时，其切线（如果存在）与 x 轴正向的夹角为钝角，相应函数的导数小于 0. 见图 3.4.1. 下面利用导数来研究函数的单调性.

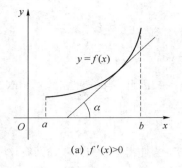
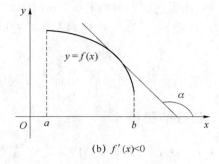

(a) $f'(x)>0$ (b) $f'(x)<0$

图 3.4.1

定理 3.4.1 设 $f(x)$ 在闭区间 $[a,b]$ 上连续，在 (a,b) 内可导．

(1) 若 $\forall x\in(a,b)$，有 $f'(x)\geqslant 0$，则 $f(x)$ 在 $[a,b]$ 上单调增加；进一步，若 $f'(x)>0$，则 $f(x)$ 在 $[a,b]$ 上严格单调增加．

(2) 若 $\forall x\in(a,b)$，有 $f'(x)\leqslant 0$，则 $f(x)$ 在 $[a,b]$ 上单调减少；进一步，若 $f'(x)<0$，则 $f(x)$ 在 $[a,b]$ 上严格单调减少．

证明 这里我们只证(1)．(2)的证明完全类似．

(1) $\forall x_1,x_2\in[a,b]$，不妨设 $x_1<x_2$，应用拉格朗日中值定理，有
$$f(x_2)-f(x_1)=f'(\xi)(x_2-x_1),\quad \xi\in(x_1,x_2).$$
由 $f'(x)\geqslant 0(f'(x)>0)$，得 $f'(\xi)\geqslant 0(f'(\xi)>0)$，故 $f(x_2)\geqslant f(x_1)(f(x_2)>f(x_1))$，即 $f(x)$ 在 $[a,b]$ 上单调增加（严格单调增加）． ∎

例 3.4.1 证明 $y=\sin x$ 在 $\left[-\dfrac{\pi}{2},\dfrac{\pi}{2}\right]$ 上严格单调增加．

证明 因 $\sin x$ 在 $\left[-\dfrac{\pi}{2},\dfrac{\pi}{2}\right]$ 上连续，并且
$$(\sin x)'=\cos x>0,\quad x\in\left(-\dfrac{\pi}{2},\dfrac{\pi}{2}\right).$$
所以 $y=\sin x$ 在 $\left[-\dfrac{\pi}{2},\dfrac{\pi}{2}\right]$ 上严格单调增加． ∎

在定理 3.4.1 中的闭区间换成其他区间（如开的、半开半闭或无穷区间等），同样，定理的结论也成立．

例 3.4.2 讨论 $f(x)=\mathrm{e}^{-x^2}$ 的单调性．

解 $f(x)$ 的定义域为 $(-\infty,+\infty)$，$f'(x)=-2x\mathrm{e}^{-x^2}$，$f'(0)=0$．

当 $x\in(-\infty,0)$ 时，$f'(x)>0$，故 $f(x)$ 在 $(-\infty,0)$ 内严格单调增加；

当 $x\in(0,+\infty)$ 时，$f'(x)<0$，故 $f(x)$ 在 $(0,+\infty)$ 内严格单调减少，如图 3.4.2 所示． ∎

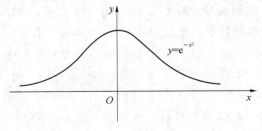

图 3.4.2

例 3.4.3 证明当 $x>0$ 时,有 $x>\ln(1+x)$.

证明 令 $f(x)=x-\ln(1+x)$,则 $f(x)$ 在区间 $[0,+\infty)$ 上连续.又
$$f'(x)=\frac{x}{1+x}>0, \quad x\in(0,+\infty),$$
故 $f(x)$ 在 $[0,+\infty)$ 严格单调增加,从而 $f(x)>f(0)=0$.因此,当 $x>0$ 时, $x>\ln(1+x)$. ∎

3.4.2 函数的极值

定义 3.4.1 设 $f(x)$ 在 $U(x_0)$ 内有定义,若存在 $\delta>0$,使得 $\forall x\in U(x_0,\delta)$,有 $f(x)\leqslant f(x_0)$ ($f(x)\geqslant f(x_0)$),则称 $f(x)$ 在 x_0 点取得**极大值(极小值)** $f(x_0)$,点 x_0 称为**极大(极小)值点**.

注 (1) 函数的极大值和极小值概念是局部性的,与定义域 I 上的最大值和最小值是不同的.在图 3.4.3 中,函数 $f(x)$ 在 $[a,b]$ 的最大值是 $f(b)$,最小值是 $f(x_4)$.从图 3.4.3 可看出,极小值可能比极大值还大.

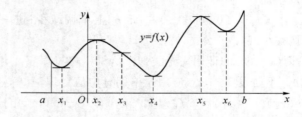

图 3.4.3

(2) 根据定义 3.4.1,如果函数 $f(x)$ 在 x_0 点达到极值,那么首先 $f(x)$ 必须在 x_0 的邻域 $U(x_0)$ 内有定义,且 $f(x)\leqslant f(x_0)$ ($f(x)\geqslant f(x_0)$), $x\in U(x_0)$.从而图 3.4.3 中 $f(b)$ 不是极值,因为 $f(x)$ 在点 b 右侧没有定义,同理 $f(a)$ 不是极值.

由费马引理可知,如果函数 $f(x)$ 在 x_0 某一邻域 $U(x_0)$ 内有定义,在点 x_0 可导,且 $f(x)$ 在 x_0 处取得极值,那么必有 $f'(x_0)=0$.我们把 $f'(x_0)=0$ 的点 x_0 称作函数 $f(x)$ 的**驻点**.因此,函数在可导点取得极值,则该点必定是它的驻点,但是反之未必成立.例如,在图 3.4.3 中, $f'(x_3)=0$,但 x_3 不是函数 $f(x)$ 的极值点.

如何利用函数的导数来判断函数在一点处是否取得极值?下面给出两个判定极值的定理:

定理 3.4.2(第一充分条件) 设函数 $f(x)$ 在 x_0 处连续,在 $\mathring{U}(x_0,\delta)$ 内可导,

(1) 若 $\forall x\in(x_0-\delta,x_0)$ 时, $f'(x)>0$,而 $\forall x\in(x_0,x_0+\delta)$ 时, $f'(x)<0$,则 $f(x)$ 在 x_0 取得极大值;

(2) 若 $\forall x\in(x_0-\delta,x_0)$ 时, $f'(x)<0$,而 $\forall x\in(x_0,x_0+\delta)$ 时, $f'(x)>0$,则 $f(x)$ 在 x_0 取得极小值;

(3) 如果 $f'(x)$ 在 x_0 两侧符号保持不变,则 $f(x_0)$ 不是 $f(x)$ 的极值.

证明 只证(1).由拉格朗日中值定理, $\forall x\in(x_0-\delta,x_0)$,有
$$f(x)-f(x_0)=f'(\xi_1)(x-x_0), \quad x<\xi_1<x_0.$$
由 $f'(x)>0$,得 $f'(\xi_1)>0$,故 $f(x)<f(x_0)$.同理, $\forall x\in(x_0,x_0+\delta)$,有
$$f(x)-f(x_0)=f'(\xi_2)(x-x_0), \quad x_0<\xi_2<x.$$
由 $f'(x)<0$,得 $f'(\xi_2)<0$,故 $f(x)<f(x_0)$.从而 $f(x)$ 在 x_0 取得极大值.

类似可证明(2)和(3). ∎

例 3.4.4 求 $f(x)=x^3-3x^2-9x+5$ 的极值.

解 $f'(x)=3x^2-6x-9=3(x+1)(x-3)$.

令 $f'(x)=0$,得驻点 $x_1=-1,x_2=3$,根据以上求得的点把定义域分区,如表 3.4.1 所示.

表 3.4.1

x	$(-\infty,-1)$	-1	$(-1,3)$	3	$(3,+\infty)$
$f'(x)$	$+$	0	$-$	0	$+$
$f(x)$	↗	极大值 10	↘	极小值 -22	↗

从表 3.4.1 可以看出函数 $f(x)$ 的极大值为 $f(-1)=10$,极小值为 $f(3)=-22$. ∎

例 3.4.5 求 $y=\sqrt[3]{x^2}$ 的极值.

解 $f'(x)=\dfrac{2}{3\sqrt[3]{x}}(x\neq 0)$,$x=0$ 是函数一阶导数不存在的点.

当 $x<0$ 时,$f'(x)<0$;当 $x>0$ 时,$f'(x)>0$. 故 $f(x)$ 在 $x=0$ 处取得极小值 $f(0)=0$. ∎

例 3.4.6 求 $f(x)=\sqrt[3]{6x^2-x^3}$ 的极值.

解 $f'(x)=\dfrac{4-x}{\sqrt[3]{x(6-x)^2}}$. 显然驻点 $x=4$,不可导点 $x=0,x=6$. 根据以上求得的点把定义域分区,如表 3.4.2 所示.

表 3.4.2

x	$(-\infty,0)$	0	$(0,4)$	4	$(4,6)$	6	$(6,+\infty)$
$f'(x)$	$-$	∞	$+$	0	$-$	∞	$-$
$f(x)$	↗	极大值	↗	极小值	↘	无极值	↘

从表 3.4.2 可以看出函数 $f(x)$ 的极大值为 $f(4)=2\sqrt[3]{4}$,极小值为 $f(0)=0$. ∎

定理 3.4.3(第二充分条件) 设 $f(x)$ 在 $U(x_0)$ 内具有二阶导数,且 $f'(x_0)=0,f''(x_0)\neq 0$,则

(1) 当 $f''(x_0)<0$ 时,$f(x)$ 在 x_0 取极大值;

(2) 当 $f''(x_0)>0$ 时,$f(x)$ 在 x_0 取极小值.

证明 将 $f(x)$ 在 x_0 处展开为二阶泰勒公式,并注意到 $f'(x_0)=0$,得

$$f(x)-f(x_0)=\dfrac{f''(x_0)}{2!}(x-x_0)^2+o((x-x_0)^2).$$

因为 $x\to x_0$ 时,$o((x-x_0)^2)$ 是比 $(x-x_0)^2$ 高阶的无穷小量,故

$$\lim_{x\to x_0}\dfrac{f(x)-f(x_0)}{(x-x_0)^2}=\dfrac{f''(x_0)}{2!},$$

由函数极限的局部保号性,故当 $f''(x_0)>0$ 时,$\exists\delta>0$,使当 $x\in \mathring{U}(x_0,\delta)$,有 $f(x)>f(x_0)$,即 $f(x_0)$ 为函数 $f(x)$ 的极小值;当 $f''(x_0)<0$ 时,$\exists\delta>0$,使当 $x\in \mathring{U}(x_0,\delta)$,有 $f(x)<f(x_0)$,即 $f(x_0)$ 为函数 $f(x)$ 的极大值.

例 3.4.7 求 $f(x)=x^3-3x$ 的极值.

解 $f'(x)=3x^2-3=3(x+1)(x-1),\quad f''(x)=6x.$

令 $f'(x)=0$ 得驻点 $x=\pm 1$. 由于 $f''(-1)=-6<0$，所以 $f(-1)=2$ 为极大值；$f''(1)=6>0$，所以 $f(1)=-2$ 为极小值. ∎

需要注意的是，如果函数在驻点处的二阶导数 $f''(x)$ 为 0，定理 3.4.3 就不能应用，那么可以还用一阶导数在驻点左右附近的符号来判定，同时也可以考虑用定理 3.4.3 推广形式，见下定理.

定理 3.4.4 设函数 $f(x)$ 是 n 阶可导函数，且
$$f'(x_0)=f''(x_0)=f'''(x_0)=\cdots=f^{(n-1)}(x_0)=0,\quad f^{(n)}(x_0)\neq 0,$$
那么，

(1) 如果 n 是偶数，x_0 必定是极值点，且如果 $f^{(n)}(x_0)<0$，$f(x_0)$ 是 $f(x)$ 的极大值点，如果 $f^{(n)}(x_0)>0$，则是极小值点；

(2) 如果 n 是奇数，那么 x_0 不是极值点.

证明 将 $f(x)$ 在 x_0 处展开为 $n+1$ 阶泰勒公式，并注意到
$$f'(x_0)=f''(x_0)=f'''(x_0)=\cdots=f^{(n-1)}(x_0)=0,\quad f^{(n)}(x_0)\neq 0,$$
得
$$f(x)-f(x_0)=\frac{f^{(n)}(x_0)}{n!}(x-x_0)^n+o((x-x_0)^n).$$
因为 $x\to x_0$ 时，$o((x-x_0)^2)$ 是比 $(x-x_0)^2$ 高阶的无穷小量，故
$$\lim_{x\to x_0}\frac{f(x)-f(x_0)}{(x-x_0)^n}=\frac{f^{(n)}(x_0)}{n!}.$$

(1) 如果 n 是偶数，由函数极限的局部保号性，故当 $f^{(n)}(x_0)>0$ 时，$\exists \delta>0$，对任意 $x\in \mathring{U}(x_0,\delta)$，有 $f(x)>f(x_0)$，即 $f(x_0)$ 为函数 $f(x)$ 的极小值；当 $f^{(n)}(x_0)<0$ 时，$\exists \delta>0$，对任意 $x\in \mathring{U}(x_0,\delta)$，有 $f(x)<f(x_0)$，即 $f(x_0)$ 为函数 $f(x)$ 的极大值.

(2) 如果 n 是奇数，由函数极限的局部保号性，当 $f^{(n)}(x_0)>0$ 时，$\exists \delta>0$，使当 $x\in \mathring{U}(x_0,\delta)$，有 $\frac{f(x)-f(x_0)}{(x-x_0)^n}>0$，从而可得，当 $x\in(x_0-\delta,x_0)$ 时，有 $f(x)<f(x_0)$，而 $x\in(x_0,x_0+\delta)$ 时，有 $f(x)>f(x_0)$，即得 x_0 不是极值点；类似可证，当 $f^{(n)}(x_0)<0$ 时，x_0 不是极值点. ∎

3.4.3 函数的最大(小)值及其应用

在实际生活中，常会遇到这样一类问题：在一定条件下，怎样使用料最省、成本最低、耗时最短、收益最高等问题. 这类问题可归结为求某一函数在一定区间上的最大值或最小值问题. 下面我们来讨论函数的最大值和最小值问题. 设 $f(x)$ 在 $[a,b]$ 上连续，根据连续函数的性质，可知 $f(x)$ 在 $[a,b]$ 上的最大值和最小值一定存在. 设最大值(最小值)在 x_0 点取得，如果 $x_0\in(a,b)$，那么 $f(x_0)$ 一定是 $f(x)$ 的极大值，又 x_0 也可能是区间端点 a 或 b，因此，要求出 $f(x)$ 在 $[a,b]$ 上的最大值和最小值，我们只需求出 $f(x)$ 在 (a,b) 内的驻点和不可导点，计算函数在这些点的函数值并与 $f(a),f(b)$ 比较大小，就可求得 $f(x)$ 在 $[a,b]$ 上的最大值和最小值.

例 3.4.8 求函数 $f(x)=x^4-8x^2+2$ 在 $[-1,3]$ 上的最大值和最小值.

解 由 $f'(x)=4x(x-2)(x+2)$，令 $f'(x)=0$，得驻点

$$x_1 = 0, \quad x_2 = 2, \quad x_3 = -2 \quad (x_3 \notin [-1,3] \text{舍去}).$$

计算出
$$f(-1) = -5, \quad f(0) = 2, \quad f(2) = -14, \quad f(3) = 11.$$

故在$[-1,3]$上,函数在$x=3$处取得最大值11,在$x=2$处取得最小值-14.

注 若$f(x)$为$[a,b]$上的连续函数,且在(a,b)内只有唯一一个极值点x_0,则当$f(x_0)$为极大(小)值时,它就是$f(x)$在$[a,b]$上的最大(小)值.

例 3.4.9 现有 100 m 长的铁丝,如图 3.4.4 所示,要建两个相邻的铁丝网围栏,怎样才能使这两个铁丝网的面积最大?

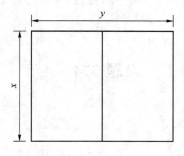

图 3.4.4

解 (1) 先确定目标函数:设x表示长度,y表示这两个围栏的总宽度,所以有$3x+2y=100$,即$y = 50 - \frac{3}{2}x$,总面积为x的函数,记为$f(x)$,则
$$f(x) = xy = 50x - \frac{3}{2}x^2.$$

由于长度为x的铁丝有 3 条,所以$0 \leqslant x \leqslant \frac{100}{3}$,问题归结为在区间$\left[0, \frac{100}{3}\right]$上求$f(x)$的最大值.

(2) 求函数$f(x)$的最大值.令$f'(x) = 50 - 3x = 0$,解得驻点$x = \frac{50}{3}$,所以有 3 个关键点:$x=0, x=\frac{50}{3}, x=\frac{100}{3}$.由$f(0)=0, f\left(\frac{100}{3}\right)=0, f\left(\frac{50}{3}\right) \approx 416.67$可得,当$x=\frac{50}{3}$,$y = 50 - \frac{3}{2} \cdot \frac{50}{3} = 25$时面积最大.

例 3.4.10 一条鱼以速度v逆流而上,水流速度为$-v_0$(负号表示水流方向与鱼的方向相反,如图 3.4.5 所示).已知鱼游距离d所需能量E与时间和鱼的速度的立方成正比例,求速度v使得鱼游完这段距离耗费能量最少.

解 (1) 建立目标函数:鱼相对于水流的速度为$v - v_0$,所以$d = (v - v_0)t$,t代表所需时间,因此$t = \frac{d}{v - v_0}$,对于定值v,鱼游完距离d所需能量为
$$E(v) = k \frac{d}{v - v_0} v^3 = kd \frac{v^3}{v - v_0},$$

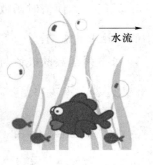

图 3.4.5

这里比例系数 $k>0$,函数 $E(v)$ 的定义域为 $(v_0,+\infty)$.

(2) 求出函数 $E(v)$ 的最小值点:令 $E'(v)=0$,

$$E'(v)=kd\frac{(v-v_0)3v^2-v^3}{(v-v_0)^2}=\frac{kdv^2}{(v-v_0)^2}(2v-3v_0),$$

解得区间 $(v_0,+\infty)$ 唯一驻点 $v=\frac{3}{2}v_0$,因为是开区间,所以无须考虑端点.

由于,当 $v<\frac{3}{2}v_0$ 时,$E'(v)<0$,当 $v>\frac{3}{2}v_0$ 时,$E'(v)>0$.由第一充分条件,可知 $v=\frac{3}{2}v_0$ 是极小值点,又因为这是区间 $(v_0,+\infty)$ 唯一的驻点,所以必定是最小值点.因此,当鱼以一倍半水速游时所耗能量最少. ∎

习题 3.4 A

1. 确定下列函数的单调区间:

(1) $y=2x^3-6x^2-18x-7$;   (2) $y=\ln(x+\sqrt{1+x^2})$;

(3) $y=(x-1)(x+1)^3$;   (4) $y=x^n e^{-x}$ $(n>0, x\geqslant 0)$.

2. 证明下列不等式:

(1) 当 $x>0$ 时,$1+\frac{1}{2}x>\sqrt{1+x}$;   (2) 当 $x>4$ 时,$2^x>x^2$;

(3) 当 $x\geqslant 0$ 时,$(1+x)\ln(1+x)\geqslant \arctan x$;   (4) $0<x<\frac{\pi}{2}$ 时,$\tan x>x+\frac{1}{3}x^3$.

3. 试证方程 $\sin x=x$ 只有一个实根.

4. 求函数的极值:

(1) $y=2x^3-6x^2-18x+7$;   (2) $y=x-\ln(1+x)$;

(3) $y=x+\sqrt{1-x}$;   (4) $y=\frac{3x^2+4x+4}{x^2+x+1}$;

(5) $y=e^x\cos x$;   (6) $y=3-2(x+1)^{\frac{1}{3}}$.

5. 试问 a 为何值时函数 $f(x)=a\sin x+\frac{1}{3}\sin 3x$ 在 $x=\frac{\pi}{3}$ 处取得极值?它是极大值还是极小值?并求此极值.

6. 求下列函数的极值与单调区间:

(1) $f(x)=x-\ln(1+x^2)$;   (2) $f(x)=x^{\frac{2}{3}}-\sqrt[3]{x^2-1}$;

(3) $f(x)=\frac{(x+1)^{\frac{3}{2}}}{x-1}$;   (4) $f(x)=\begin{cases} x^3, & x\geqslant 0, \\ \cos x-1, & -\pi\leqslant x<0, \\ -(x+2+\pi), & x<-\pi. \end{cases}$

7. 试证明如果函数 $y=ax^3+bx^2+cx+d$ 满足条件 $b^2-3ac<0$,那么这函数没有极值.

8. 求证下列不等式:

(1) $|3x-x^3|\leqslant 2$, $x\in[-2,2]$; (2) $x^x\geqslant e^{-\frac{1}{x}}$, $x\in(0,+\infty)$;

(3) $e^x\leqslant \dfrac{1}{1-x}$, $x\in(-\infty,0)$.

9. 求下列函数的最大值、最小值：

(1) $f(x)=\dfrac{x-1}{x+1}$, $x\in[0,4]$; (2) $f(x)=\sin^3 x\cos^3 x$, $x\in\left[\dfrac{\pi}{6},\dfrac{3\pi}{4}\right]$;

(3) $f(x)=x+\sqrt{1-x}$, $x\in[-5,1]$; (4) $f(x)=\max\{x^2,(1-x)^2\}$, $x\in[0,1]$.

10. A 和 B 想共用一个变压器，从 A 和 B 到电线的距离分别 1 km 和 1.5 km，A 和 B 之间的水平距离为 3 km. 问变压器安装在什么位置才能使得电线最短？

11. 曲线 $y=4-x^2$ 与直线 $y=2x+1$ 相交于点 A 和 B，点 C 是 AB 弧上一点，试确定 C 的位置，使得 $\triangle ABC$ 面积最大.

12. 对某物体长度进行 n 次测量得到 n 次测量值：$a_1,a_2,\cdots,a_n$，证明：如果在下列函数中用算术平均值近似物体的长度

$$f(x)=(x-a_1)^2+(x-a_2)^2+\cdots+(x-a_n)^2,$$

那么此函数就达到最小值.

13. 设一条船的燃料费用与船速立方成比例，当船速为 10 km/h 时，燃料费用为 80 元/小时，其他各项费用为 480 元/小时. 如果船航行了 20 km，那么船速为多少时费用最少？在这种情况下，总费用为多少？

习题 3.4 B

1. 证明下列不等式：

(1) 当 $0<x<\dfrac{\pi}{2}$ 时，$\sin x+\tan x>2x$；

(2) 对任意实数 a 和 b，成立不等式 $\dfrac{|a+b|}{1+|a+b|}\leqslant\dfrac{|a|}{1+|a|}+\dfrac{|b|}{1+|b|}$；

(3) 当 $x>0$ 时，$1+x\ln(x+\sqrt{1+x^2})>\sqrt{1+x^2}$.

2. 方程 $\ln x=ax(a>0)$ 有几个实根？

3. 设 $0\leqslant x_1<x_2<x_3\leqslant\pi$，证明

$$\dfrac{\sin x_2-\sin x_1}{x_2-x_1}>\dfrac{\sin x_3-\sin x_2}{x_3-x_2}.$$

4. 有人说如果 $f'(x_0)>0$，那么存在一邻域 $U(x_0)$ 使得 $f(x)$ 在 $U(x_0)$ 单调递增，这种说法是否正确？如果正确，给出相应证明；如果不正确，请举一反例并给出正确结论.

5. 设常数 $k>0$，试确定函数 $f(x)=\ln x-\dfrac{x}{e}+k$ 在 $(0,+\infty)$ 的零点个数.

6. 设 $f(x)=(x-x_0)^n g(x)$，$n\in\mathbf{N}_+$，$g(x)$ 在 x_0 点连续，且 $g(x_0)\neq 0$，问 x_0 是否为 $f(x)$ 的极值点.

7. 银行的存款总量与其付给存款人的利率的平方成比例，现假设银行每年将总存款的

90%以20%的利率贷款给客户.问为使得银行收益最大,如何确定银行付给存款人的利率?

3.5 曲线的凹凸性与拐点

前面我们讨论了函数的单调性和极值,但即便单调性相同的函数也会存在显著的差异.例如,$y=\sqrt{x}$ 与 $y=x^2$ 在 $[0,+\infty)$ 上都是单调增加的,但是它们单调增加的方式并不相同.从图形上看,它们的曲线的弯曲方向不一样,如图 3.5.1 所示.

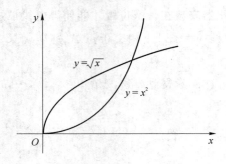

图 3.5.1

在有的曲线弧上,如果任取两点,则连接这两点间的弦总位于这两点间的弧段的上方(如图 3.5.2 所示),而有的曲线弧则正好相反(如图 3.5.3 所示).曲线的这种性质就是曲线的凹凸性.

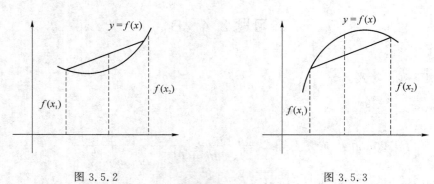

图 3.5.2　　　　　　　　　　图 3.5.3

对任意两点 $x_1,x_2(x_1<x_2)$,连接这两点 $(x_1,f(x_1))$ 和 $(x_2,f(x_2))$ 间的弦总位于函数 $f(x)$ 的上方,因为弦的函数表达式为

$$y=\frac{f(x_2)-f(x_1)}{x_2-x_1}(x-x_2)+f(x_2),\quad \forall x\in[x_1,x_2],$$

所以有下列不等式成立:

$$f(x)\leqslant\frac{f(x_2)-f(x_1)}{x_2-x_1}(x-x_2)+f(x_2),\quad \forall x\in[x_1,x_2]. \qquad(3.5.1)$$

对任一点 $x\in[x_1,x_2]$,令 $\frac{x_2-x}{x_2-x_1}=\lambda$,所以 $0\leqslant\lambda\leqslant1$,把 x 可写为关于 λ 的表达式:

$$x=\lambda x_1+(1-\lambda)x_2,\quad 0\leqslant\lambda\leqslant1.$$

将上式代入式(3.5.1),得到等价不等式:

$$f(\lambda x_1+(1-\lambda)x_2)\leqslant \lambda f(x_1)+(1-\lambda)f(x_2).$$

下面给出曲线凹凸性的定义.

定义 3.5.1 设 $f(x)$ 在区间 I 上连续,如果对 I 上任意两点 x_1,x_2 且对任意的 $\lambda\in[0,1]$,恒有

$$f(\lambda x_1+(1-\lambda)x_2)\leqslant \lambda f(x_1)+(1-\lambda)f(x_2), \tag{3.5.2}$$

那么称 $f(x)$ 是 I 上的**凸函数(下凸函数)**;如果恒有

$$f(\lambda x_1+(1-\lambda)x_2)< \lambda f(x_1)+(1-\lambda)f(x_2), \tag{3.5.3}$$

那么称 $f(x)$ 是 I 上的**严格凸函数**.

定义 3.5.2 (**凹函数**)设 $f(x)$ 在区间 I 上连续,如果对 I 上任意两点 x_1,x_2 且对任意的 $\lambda\in[0,1]$,恒有

$$f(\lambda x_1+(1-\lambda)x_2)\geqslant \lambda f(x_1)+(1-\lambda)f(x_2), \tag{3.5.4}$$

那么称 $f(x)$ 是 I 上的**凹函数(上凸函数)**;如果恒有

$$f(\lambda x_1+(1-\lambda)x_2)> \lambda f(x_1)+(1-\lambda)f(x_2),$$

那么称 $f(x)$ 是 I 上的**严格凹函数**.

如果函数 $f(x)$ 在 I 内具有二阶导数,那么可以利用二阶导数的符号来判定曲线的凹凸性,这就是下面的曲线凹凸性的判定定理. 我们仅就 I 为闭区间的情形来叙述定理,当 I 不是闭区间时,定理类同.

定理 3.5.1 设 $f(x)$ 在 $[a,b]$ 上连续,在 (a,b) 内具有一阶和二阶导数,那么

(1) 若在 (a,b) 内 $f''(x)\geqslant 0$,则 $f(x)$ 在 $[a,b]$ 上的图形是凸的;进一步,若在 (a,b) 内 $f''(x)>0$,则 $f(x)$ 在 $[a,b]$ 上的图形是严格凸的;

(2) 若在 (a,b) 内 $f''(x)\leqslant 0$,则 $f(x)$ 在 $[a,b]$ 上的图形是凹的;进一步,若在 (a,b) 内 $f''(x)<0$,则 $f(x)$ 在 $[a,b]$ 上的图形是严格凹的.

证明 (1) 设 x_1 和 x_2 为 $[a,b]$ 内任意两点,且 $x_1<x_2$,$\forall \lambda\in[0,1]$,记 $x_0=\lambda x_1+(1-\lambda)x_2$,由泰勒公式,得

$$f(x)=f(x_0)+f'(x_0)(x-x_0)+\frac{f''(\xi)}{2!}(x-x_0)^2, \quad a<\xi<b,$$

由在 (a,b) 内 $f''(x)\geqslant 0$ 得 $f(x)\geqslant f(x_0)+f'(x_0)(x-x_0)$,令 $x=x_1,x=x_2$ 可得如下两式:

$$f(x_1)\geqslant f(x_0)+f'(x_0)(x_1-x_0), \tag{3.5.5}$$
$$f(x_2)\geqslant f(x_0)+f'(x_0)(x_2-x_0), \tag{3.5.6}$$

由
$$x_1-x_0=x_1-\lambda x_1-(1-\lambda)=(1-\lambda)(x_1-x_2),$$
$$x_2-x_0=x_2-\lambda x_1-(1-\lambda)=-\lambda(x_1-x_2),$$

代入式(3.5.5)和式(3.5.6)可得

$$f(x_1)\geqslant f(x_0)+f'(x_0)(1-\lambda)(x_1-x_2), \tag{3.5.7}$$
$$f(x_2)\geqslant f(x_0)-\lambda f'(x_0)(x_1-x_2), \tag{3.5.8}$$

式(3.5.7)$\times\lambda$+式(3.5.8)$\times(1-\lambda)$可得

$$\lambda f(x_1)+(1-\lambda)f(x_2)\geqslant f(x_0),$$

即
$$\lambda f(x_1)+(1-\lambda)f(x_2)\geqslant f(\lambda x_1+(1-\lambda)x_2).$$

所以 $f(x)$ 在 $[a,b]$ 上的图形是凸的. 类似地可以证明严格凸的情况和情形(2). ∎

例 3.5.1 判断曲线 $y=\ln x$ 的凹凸性.

解 因 $y'=\dfrac{1}{x}$,$y''=-\dfrac{1}{x^2}$,$y=\ln x$ 的二阶导数在区间 $(0,+\infty)$ 内处处为负,故曲线 $y=\ln x$

在区间$(0,+\infty)$内是严格凹的.

例 3.5.2 判断曲线 $y=x^\alpha(\alpha>1,x>0)$ 的凹凸性.

解 $$y'=\alpha x^{\alpha-1}, \quad y''=\alpha(\alpha-1)x^{\alpha-2}.$$

当 $x>0$ 时,$y''=\alpha(\alpha-1)x^{\alpha-2}>0$,所以函数在$(0,+\infty)$内是严格凸函数.

例 3.5.3 证明 $(a+b)^5<16(a^5+b^5),a>0,b>0,a\neq b$.

证明 令 $f(x)=x^5$,由 $f''(x)=20x^3>0(x>0)$,可知它是$(0,+\infty)$内的严格凸函数.由严格凸函数的定义知,当 $a,b>0,a\neq b$ 时,对任意的 $\lambda\in[0,1]$ 有
$$(\lambda a+(1-\lambda)b)^5<\lambda a^5+(1-\lambda)b^5.$$

取 $\lambda=\dfrac{1}{2}$,可得
$$\left(\frac{a+b}{2}\right)^5<\frac{a^5+b^5}{2},$$
即
$$(a+b)^5<16(a^5+b^5).$$

凹、凸函数有许多特别的性质,在许多定理证明和最优化算法中有重要应用.例如,下面的结论就是一个例子.

定理 3.5.2 设函数 $f(x)$ 在区间 I 内连续,且是严格凸函数(凹函数),则 $f(x)$ 在 I 上至多有一个极小值点(极大值点),并且这个点就是 I 内的最小值点(最大值点).

证明 设函数 $f(x)$ 在区间 I 内连续且是严格凸函数,假设 $f(x)$ 在 I 上有两个以上极小值点,任取两极小值点 x_1,x_2,这里不妨假设 $f(x_1)\leqslant f(x_2)$,根据严格凸函数的定义可知,对任意的 $\lambda\in[0,1]$,有
$$f(x)=f[\lambda x_1+(1-\lambda)x_2]<\lambda f(x_1)+(1-\lambda)f(x_2)\leqslant\lambda f(x_2)+(1-\lambda)f(x_2)=f(x_2).$$
由于 $f(x)$ 在 I 上连续,所以通过调整 λ 趋近于 0,x 可以任意靠近 x_2,这样,$f(x)\leqslant f(x_2)$ 就与 x_2 是极小值矛盾了.

假设 $f(x)$ 在 I 上的唯一极小值点 x_1 不是最小值点,存在点 x_0 是最小值点,则 $f(x_0)\leqslant f(x_1)$,类似于前半部分证明可推得矛盾.

同理可证得凹函数情形.

定义 3.5.3(拐点) 设 $y=f(x)$ 在区间 I 上连续,如果曲线在经过点 $P_0(x_0,y_0)$ 时,曲线的严格凹凸性发生改变,那么就称点 P_0 为曲线的**拐点**.

如何来寻找曲线 $y=f(x)$ 的拐点呢?

从定理 3.5.1 可知,由 $f''(x)$ 的符号可以判定曲线的凹凸性,因此,如果 $f''(x)$ 在 x_0 的左右两侧符号相反,也就是说 x_0 的左右两侧凹凸性发生变化,那么点 $(x_0,f(x_0))$ 就是曲线的一个拐点.如果 $f(x)$ 在区间 (a,b) 内具有二阶连续导数,要寻找拐点,只找出 $f''(x)$ 的符号发生变化的分界点即可,那么满足 $f''(x_0)=0$ 的点是我们的怀疑点;除此之外 $f(x)$ 的二阶导数不存在的点,也有可能是 $f''(x)$ 的符号发生变化的分界点.综合以上分析,我们就可以依照如下的三步骤来寻找曲线 $y=f(x)$ 的拐点:

(1) 求 $f'(x),f''(x)$;

(2) 令 $f''(x)=0$,求出 $f(x)$ 二阶导数为零的点,并找出 $f(x)$ 二阶导数不存在的点;

(3) 对于(2)中求出的每一个点,分析 $f''(x)$ 在 x_0 左、右两侧邻近的符号,如果 $f''(x)$ 在 x_0 的左、右两侧同号,那么点 $(x_0,f(x_0))$ 不是拐点;如果 $f(x)$ 在 x_0 的左、右两侧异号,那么点 $(x_0,f(x_0))$ 是拐点.

例 3.5.4 求曲线 $y=3x^4-4x^3+1$ 的拐点及凹、凸区间.

解 函数 $y=3x^4-4x^3+1$ 在 $(-\infty,+\infty)$ 内连续. 由
$$y'=12x^3-12x^2, \quad y''=36x^2-24x=36x\left(x-\frac{2}{3}\right),$$

可解得二阶导数为 0 的点有 $x_1=0, x_2=\frac{2}{3}$. 这两个点把 $(-\infty,+\infty)$ 分成 3 个区间:
$$(-\infty,0), \quad \left(0,\frac{2}{3}\right), \quad \left(\frac{2}{3},+\infty\right).$$

在 $(-\infty,0)$ 内, $y''>0$, 在 $\left(0,\frac{2}{3}\right)$ 内, $y''<0$, 在 $\left(\frac{2}{3},+\infty\right)$ 内, $y''>0$, 因此在区间 $(-\infty,0)$ 上曲线是严格凸的, 在区间 $\left(0,\frac{2}{3}\right)$ 上曲线是严格凹的, 在区间 $\left(\frac{2}{3},+\infty\right)$ 上曲线是严格凸的. 当 $x=0$ 时, $y=1$, 该点两侧函数凹凸性发生变化, 因此点 $(0,1)$ 是曲线的一个拐点; 当 $x=\frac{2}{3}$ 时, $y=\frac{11}{27}$, 凹凸性也发生变化, 因此点 $\left(\frac{2}{3},\frac{11}{27}\right)$ 也是曲线的拐点. ∎

例 3.5.5 求曲线 $y=\sqrt[3]{x}$ 的拐点.

解 显然函数在 $(-\infty,+\infty)$ 内连续, 当 $x=0$ 时, y' 不存在. 当 $x\neq 0$ 时,
$$y'=\frac{1}{3\sqrt[3]{x^2}}, \quad y''=-\frac{2}{9x\sqrt[3]{x^2}},$$

可知 y'' 在 $(-\infty,+\infty)$ 内无零点, y'' 不存在的点 $x=0$ 把 $(-\infty,+\infty)$ 分成两个区间: $(-\infty,0)$, $(0,+\infty)$. 在 $(-\infty,0)$ 内, $y''>0$, 在 $(0,+\infty)$ 内, $y''<0$. 当 $x=0$ 时, $y=0$, 曲线在该点两侧凹凸性发生变化, 故点 $(0,0)$ 是曲线的一个拐点, 如图 3.5.4 所示. ∎

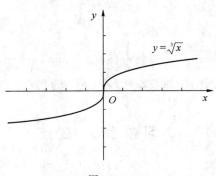

图 3.5.4

例 3.5.6 证明曲线 $y=\dfrac{x-1}{x^2+1}$ 有 3 个拐点在同一直线上.

解 $y'=\dfrac{-x^2+2x+1}{(x^2+1)^2}$,

$$y''=\frac{2x^3-6x^2-6x+2}{(x^2+1)^3}=\frac{2(x-1)(x-2+\sqrt{3})(x-2-\sqrt{3})}{(x^2+1)^3}.$$

在点 $x=1, x=2\pm\sqrt{3}$, 二阶导数 y'' 变号, 可以判断点 $A(1,-1), B\left(2-\sqrt{3},\dfrac{1-\sqrt{3}}{4(2-\sqrt{3})}\right)$,
$C\left(2+\sqrt{3},\dfrac{1+\sqrt{3}}{4(2+\sqrt{3})}\right)$ 为拐点. 由

$$k_{AB}=\frac{\frac{1-\sqrt{3}}{4(2-\sqrt{3})}-(-1)}{2-\sqrt{3}-(-1)}=k_{AC}$$

可知这 3 个拐点在同一直线上.

习题 3.5　A

1. 求下列函数图形的拐点及凹凸区间：

(1) $y=x+\dfrac{1}{x}(x>0)$；

(2) $y=x+\dfrac{x}{x^2-1}$；

(3) $y=x\arctan x$；

(4) $y=(x+1)^4+e^x$；

(5) $y=e^{\arctan x}$.

2. 试确定 $y=k(x^2-3)^2$ 中 k 的值，使曲线的拐点处的法线通过原点.

3. 求下列曲线的拐点：

(1) $\begin{cases} x=t^2, \\ y=3t+t^3; \end{cases}$

(2) $\begin{cases} x=\tan t, \\ y=\sin t\cos t. \end{cases}$

4. 利用函数图形的凹凸性，证明下列不等式：

(1) $\cos\dfrac{x+y}{2}>\dfrac{\cos x+\cos y}{2}$，$\forall x,y\in\left(-\dfrac{\pi}{2},\dfrac{\pi}{2}\right)$；

(2) $\dfrac{e^x+e^y}{2}>e^{\frac{x+y}{2}}$　$(x\neq y)$；

(3) $x\ln x+y\ln y>(x+y)\ln\dfrac{x+y}{2}$　$(x>0,y>0,x\neq y)$.

5. 设 $0<x_1<x_2<\cdots<x_n<\pi$，证明

$$\sin\left(\frac{x_1+x_2+\cdots+x_n}{n}\right)>\frac{1}{n}(\sin x_1+\sin x_2+\cdots+\sin x_n).$$

6. 问 a、b 为何值时，点 $(1,3)$ 为曲线 $y=ax^3+bx^2$ 的拐点？

习题 3.5　B

1. 设 $y=f(x)$ 在 $x=x_0$ 的某邻域内具有三阶连续导数，如果 $f''(x_0)=0$，而 $f'''(x_0)\neq 0$，试问 $(x_0,f(x_0))$ 是否为拐点？为什么？

2. 求证：(1) 如果 f,g 均为区间 I 上的凹函数，那么 $\alpha f+\beta g$ 也是区间 I 上的凹函数，其中 α,β 均为正常数；

(2) 如果 f,g 均为区间 I 上的非负凸函数，且均在 I 上单调，那么 fg 也是 I 上的凸函数；

(3) 如果 $f:I_1\to I_2,g:I_2\to \mathbf{R}$ 均为凹函数，g 为单调递增函数，那么复合函数 $g\circ f$ 也是区间 I_1 上的凹函数.

3.6　曲线的渐近线、函数作图

前面我们讨论了函数的单调性与极值、曲线的凹凸性与拐点等，利用函数的这些性态，便

能比较准确地描绘出函数的几何图形.为此,先介绍渐近线的概念与求法.

1. 渐近线

曲线 C 上的动点 M 沿曲线离坐标原点无限远移时,若能与一直线 l 的距离趋向于零,则称直线 l 为曲线 C 的一条**渐近(直)线**,如图 3.6.1 所示.

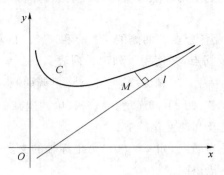

图 3.6.1

渐近线反映了曲线无限延伸时的走向和趋势.确定曲线 $y=f(x)$ 的渐近线的方法如下:

(1) 若 $\lim\limits_{x \to x_0} f(x) = \infty$,则曲线 $y=f(x)$ 有一**铅直渐近线** $x=x_0$;

(2) 若 $\lim\limits_{x \to \infty} f(x) = A$,则曲线 $y=f(x)$ 有一**水平渐近线** $y=A$;

(3) 若 $\lim\limits_{x \to \infty} \dfrac{f(x)}{x} = a$,且 $\lim\limits_{x \to \infty} [f(x) - ax] = b$,则曲线 $y=f(x)$ 有一**斜的渐近线** $y=ax+b$.

例 3.6.1 求下列曲线的渐近线:(1) $y = \ln x$,(2) $y = \dfrac{1}{x}$,(3) $\dfrac{x^2}{a^2} - \dfrac{y^2}{b^2} = 1$.

解 (1) 曲线 $y=\ln x$,因为 $\lim\limits_{x \to 0^+} \ln x = -\infty$,所以它有铅直渐近线 $x=0$;

(2) 曲线 $y = \dfrac{1}{x}$,因为 $\lim\limits_{x \to \infty} \dfrac{1}{x} = 0$,$\lim\limits_{x \to 0} \dfrac{1}{x} = \infty$,所以它有水平渐近线 $y=0$ 和铅直渐近线 $x=0$;

(3) 双曲线 $\dfrac{x^2}{a^2} - \dfrac{y^2}{b^2} = 1$,有 $y = \pm \dfrac{b}{a} \sqrt{x^2 - a^2}$,而

$$\lim_{x \to \infty} \pm \frac{b}{a} \cdot \frac{\sqrt{x^2-a^2}}{x} = \pm \frac{b}{a},$$

$$\lim_{x \to \infty} \left[\pm \frac{b}{a} \sqrt{x^2-a^2} \mp \frac{b}{a} x \right] = \lim_{x \to \infty} \left[\pm \frac{b}{a} (\sqrt{x^2-a^2} - x) \right] = 0,$$

故该双曲线有一对斜渐近线 $y = \pm \dfrac{b}{a} x$,如图 3.6.2 所示.

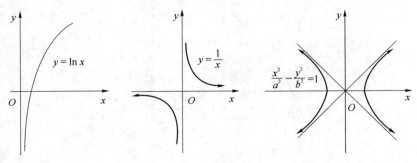

图 3.6.2

2. 函数图形的描绘

作函数 $y=f(x)$ 的图形可按下列步骤进行:

(1) 确定 $y=f(x)$ 的定义域,并讨论其奇偶性、周期性、连续性等;

(2) 求出 $f'(x)$ 和 $f''(x)$ 的全部零点及其不存在的点,并将它们作为分点划分定义域为若干个小区间;

(3) 考察各个小区间内及各分点处两侧的 $f'(x)$ 和 $f''(x)$ 的符号,从而确定出 $f(x)$ 的增减区间、极值点和凹凸区间及拐点,并使用下列记号列表:

$\nearrow$ 凸、单调递增, $\searrow$ 凸、单调递减,

$\nearrow$ 凹、单调递增, $\searrow$ 凹、单调递减;

(4) 确定 $f(x)$ 的渐近线及其他变化趋势;

(5) 必要时,补充一些适当的点,如 $y=f(x)$ 与坐标轴的交点等;

(6) 结合上面讨论,连点描出图形.

例 3.6.2 描绘 $f(x)=2xe^{-x}$ 的图形.

解 (1) 定义域为 $(-\infty,+\infty)$,且 $f(x)$ 在 $(-\infty,+\infty)$ 上连续.

(2) $\qquad f'(x)=2e^{-x}(1-x), \quad f''(x)=2e^{-x}(x-2),$

由 $f'(x)=0$ 得 $x=1$,由 $f''(x)=0$ 得 $x=2$,把定义域分为 3 个区间:

$$(-\infty,1), \quad (1,2), \quad (2,+\infty).$$

(3) 列表,如表 3.6.1 所示.

表 3.6.1

x	$(-\infty,1)$	1	$(1,2)$	2	$(2,+\infty)$
$f'(x)$	+	0	−	−	−
$f''(x)$	−	−	−	0	+
$f(x)$	$\nearrow$	极大值 $\dfrac{2}{e}$	$\searrow$	拐点 $\left(2,\dfrac{2}{e^2}\right)$	$\searrow$

(4) $\lim\limits_{x\to+\infty}f(x)=0$,故曲线 $y=f(x)$ 有渐近线 $y=0$,

$$\lim_{x\to-\infty}f(x)=-\infty.$$

(5) 补充点 $(0,0)$ 并连点绘图,如图 3.6.3 所示.

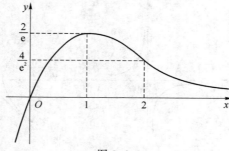

图 3.6.3

例 3.6.3 描绘 $f(x)=\dfrac{x^2-2x+4}{x-2}$ 的图形.

解 (1)定义域为 $(-\infty,-2)\cup(2,+\infty)$,$x=2$ 为间断点,$f(x)$ 为非奇非偶函数,所以不用考虑对称性.

(2) $f'(x)=\dfrac{x(x-4)}{(x-2)^2}=0$,可得 $f(x)$ 有两个驻点 $x=0,x=4$;

$f''(x)=\dfrac{8}{(x-2)^3}$,可知 $x=2$ 是 $f''(x)$ 符号发生变化的分界点.

(3) 列表,如表 3.6.2 所示.

表 3.6.2

x	$(-\infty,0)$	0	$(0,2)$	2	$(2,4)$	4	$(4,+\infty)$
$f'(x)$	+	0	−	不存在	−	0	+
$f''(x)$	−	−1	−	不存在	+	1	+
$f(x)$	↗	极大值 −2	↘	不存在	↘	极小值 6	↗

(4) $\lim\limits_{x\to 2}f(x)=\infty$,故有铅直渐近线 $x=2$;又

$$\lim_{x\to\infty}\dfrac{f(x)}{x}=\lim_{x\to\infty}\dfrac{x^2-2x+4}{x(x-2)}=1 \quad \text{且} \quad \lim_{x\to\infty}[f(x)-x]=\lim_{x\to\infty}\left[\dfrac{x^2-2x+4}{x-2}-x\right]=0,$$

则曲线 $y=f(x)$ 有一斜的渐近线 $y=x$.

(5) 综合以上得到的各结果,可较为准确地画出函数的图形,如图 3.6.4 所示.

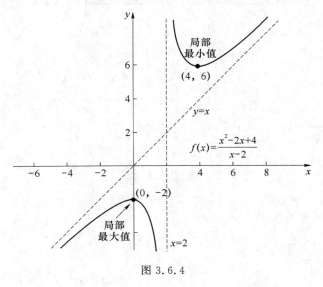

图 3.6.4

例 3.6.4 描绘 $f(x)=\sqrt[3]{6x^2-x^3}$ 的图形.

解 (1)定义域为 $(-\infty,+\infty)$,且 $f(x)$ 在 $(-\infty,+\infty)$ 上连续.

(2) 由 $f'(x)=\dfrac{4-x}{\sqrt[3]{x(6-x)^2}}$,得驻点 $x=4$ 和 $f'(x)$ 不存在的点 $x=0,x=6$;由 $f''(x)=-\dfrac{8}{x^{\frac{4}{3}}(6-x)^{\frac{5}{3}}}$,可知 $f''(x)$ 无零点,$f''(x)$ 不存在的点为 $x=0,x=6$.

(3) 列表,如表 3.6.3 所示.

表 3.6.3

x	$(-\infty,0)$	0	$(0,4)$	4	$(4,6)$	6	$(6,+\infty)$
$f'(x)$	$-$	不存在	$+$	0	$-$	不存在	$-$
$f''(x)$	$-$	不存在	$-$	$-$	$-$	不存在	$+$
$f(x)$	↘	极小值 0	↗	极大值 $2\sqrt[3]{4}$	↘	拐点 $(6,0)$	↘

(4)
$$\lim_{x\to\infty}\frac{f(x)}{x}=\lim_{x\to\infty}\left(\frac{6}{x}-1\right)^{\frac{1}{3}}=-1,$$
$$\lim_{x\to\infty}[f(x)+x]=\lim_{x\to\infty}[x^{\frac{2}{3}}(6-x)^{\frac{1}{3}}+x]=2,$$
故曲线 $f(x)$ 有斜渐近线 $y=-x+2$.

(5) 作图,如图 3.6.5 所示.

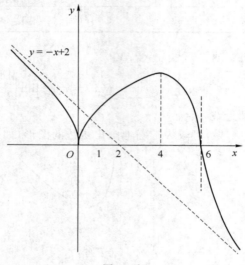

图 3.6.5

习题 3.6

1. 求下列曲线的渐近线:

(1) $y=\dfrac{x^2+x}{(x-2)(x+3)}$;

(2) $y=xe^{\frac{1}{x^2}}$;

(3) $y=x\ln\left(e+\dfrac{1}{x}\right)$;

(4) $y=2x+\arctan\dfrac{x}{2}$.

2. 描绘下列函数的图形:

(1) $y=\dfrac{1}{5}(x^4-6x^2+8x+7)$;

(2) $y=\dfrac{x}{1+x^2}$;

(3) $y=e^{-(x-1)^2}$;

(4) $y=x^2+\dfrac{1}{x}$;

(5) $y=\dfrac{\cos x}{\cos 2x}$.

第 4 章

不定积分

在第 3 章,我们考虑了一元函数的微分运算,就是由给定的函数求出它的导数或微分.但是在科学技术的许多问题中,我们需要解决和微分运算正好相反的问题,就是在已知某函数的导函数情况下,求出这个函数,这种运算就叫求原函数,也就是求不定积分.我们学习不定积分,一来是为有具体应用背景的定积分服务,二来是为一些后续课程做准备.

4.1 不定积分的概念和性质

在微分运算中,我们考虑了以下问题:给定一个函数 $F(x)$,找出它的导函数 $f(x)$,使得函数 $f(x)=F'(x)$. 在本章,我们将考虑相反的问题:给定一个函数 $f(x)$,找到一个函数 $F(x)$,使得函数 $F(x)$ 的导函数等于 $f(x)$.

4.1.1 不定积分的定义

定义 4.1.1(原函数) 设函数 $f(x)$ 定义在区间 I 上,若
$$F'(x)=f(x), \quad \forall\, x\in I$$
成立,则在这个区间 I 上函数 $F(x)$ 叫作 $f(x)$ 的一个**原函数**(antiderivative 或 primitive function).

例如:

$(x^2)'=2x, x\in \mathbf{R}$,即函数 x^2 是函数 $2x$ 在区间 $\mathbf{R}$ 上的原函数.

$(\arcsin x)'=\dfrac{1}{\sqrt{1-x^2}}, x\in(-1,1)$,即函数 $\arcsin x$ 是函数 $\dfrac{1}{\sqrt{1-x^2}}$ 在区间 $I=(-1,1)$ 上的原函数.

$(\sin x)'=\cos x, x\in \mathbf{R}$,即函数 $\sin x$ 是函数 $\cos x$ 在区间 $\mathbf{R}$ 上的原函数.

显然,从定义可知,一个函数的原函数不是唯一的. 例如,$(\sin x+5)'=\cos x, x\in \mathbf{R}$,函数 $\sin x+5$ 也是函数 $\cos x$ 在区间 $\mathbf{R}$ 上的原函数. 设 C 为任意常数,因为 $[F(x)+C]'=F'(x)=f(x)$,所以若函数 $F(x)$ 是函数 $f(x)$ 的原函数,则 $F(x)+C$(C 为任意常数)也是 $f(x)$ 的原函数. 反过来,由拉格朗日定理的推论可以证明,一个函数的两个原函数至多相差一个常数,即若 $F'(x)=G'(x)=f(x)$,则有 $F(x)-G(x)=C$. 由以上分析可知,函数 $f(x)$ 有一个原函数 $F(x)$ 时,它就有无穷多个原函数,而且所有的原函数具有 $F(x)+C$ 的形式. 因此,函数 $f(x)$

的原函数的一般表达式是 $F(x)+C$.

注 关于原函数有一个重要理论问题:原函数的存在问题,即对于每一个函数 $f(x)$,是否都存在原函数? 答案是否定的. 这里不予证明,只给出结论:如果函数 $f(x)$ 在区间 I 上连续,那么函数 $f(x)$ 在区间 I 上存在原函数. 下面,在原函数存在的基础上,我们考虑原函数的一般表达形式.

定义 4.1.2(不定积分) 设函数 $f(x)$ 定义在区间 I 上,称函数 $f(x)$ 的原函数的一般表达式为 $f(x)$ 的**不定积分**(indefinite integral),记为 $\int f(x)\mathrm{d}x$,亦表示为

$$\int f(x)\mathrm{d}x = F(x) + C, \qquad (4.1.1)$$

其中 $F(x)$ 是 $f(x)$ 的一个原函数,C 为任意常数. $\int f(x)\mathrm{d}x$ 中,$f(x)$ 是**被积函数**,x 为积分变量,$f(x)\mathrm{d}x$ 为积分表达式或积分微元,记号"$\int$"为积分号.

例如,已知 $(x^2)' = 2x$,即 x^2 是 $2x$ 的一个原函数,于是 $2x$ 的原函数的一般表达式就是 $x^2 + C$,也就是 $2x$ 的不定积分,即

$$\int 2x\mathrm{d}x = x^2 + C.$$

已知 $(\sin x)' = \cos x$,即函数 $\sin x$ 是函数 $\cos x$ 的一个原函数,于是 $\cos x$ 的原函数的一般表达式就是 $\sin x + C$,也就是 $\cos x$ 的不定积分,即

$$\int \cos x\mathrm{d}x = \sin x + C.$$

公式(4.1.1)表明"关于 x 的函数 $f(x)$ 的不定积分是 $F(x)+C$",并指出一个函数的不定积分是无限多个至多彼此相差一个常数的原函数的函数族. 如果要求函数 $f(x)$ 的所有原函数,只需求出该函数的一个原函数,然后再加上任意常数 C 即可.

不定积分的几何意义在于,函数 $f(x)$ 的原函数在它任意一点 $(x, F(x))$ 处切线的斜率等于已知函数 $f(x)$. 将该曲线 $y=F(x)$ 沿着 y 轴平移而得到的所有曲线 $y=F(x)+C$ 都是函数 $f(x)$ 的原函数曲线,即任意两个原函数之间仅仅相差一个常数.

4.1.2 不定积分的基本公式

由不定积分的定义可知

$$\left[\int f(x)\mathrm{d}x\right]' = f(x), \quad 即 \quad \mathrm{d}\int f(x)\mathrm{d}x = f(x)\mathrm{d}x,$$

或

$$\int f'(x)\mathrm{d}x = f(x) + C, \quad 即 \quad \int \mathrm{d}f(x) = f(x) + C.$$

这表明,求不定积分是微分运算的逆运算. 有一个导数公式,就对应地有一个不定积分公式. 因此,由导数公式表可以得到下列不定积分的基本公式,也常称为基本积分公式表(见表 4.1.1),其中 C 为积分常数.

表 4.1.1 基本积分公式表 I

$\int dx = x + C$	$\int k dx = kx + C$ （k 是常数）
$\int x^\mu dx = \dfrac{x^{\mu+1}}{\mu+1} + C$ （$\mu \neq -1$）	$\int \dfrac{dx}{x} = \ln|x| + C$
$\int \dfrac{dx}{1+x^2} = \arctan x + C$	$\int \dfrac{dx}{\sqrt{1-x^2}} = \arcsin x + C$
$\int e^x dx = e^x + C$	$\int a^x dx = \dfrac{a^x}{\ln a} + C$ （$a > 0, a \neq 1$）
$\int \cos x dx = \sin x + C$	$\int \sin x dx = -\cos x + C$
$\int \sec^2 x dx = \tan x + C$	$\int \csc^2 x dx = -\cot x + C$
$\int \sec x \tan x dx = \sec x + C$	$\int \csc x \cot x dx = -\csc x + C$
$\int \sinh x dx = \cosh x + C$	$\int \cosh x dx = \sinh x + C$
$\int \dfrac{dx}{\sinh 2x} = -\coth x + C$	$\int \dfrac{dx}{\cosh 2x} = \tanh x + C$

对于 $\int \dfrac{dx}{x} = \ln|x| + C$，作以下补充说明．

由于函数 $\ln x$ 只有在 $x > 0$ 才有意义，故不定积分公式

$$\int \dfrac{dx}{x} = \ln x + C$$

仅当 $x > 0$ 时才成立．但当 $x < 0$ 时，由于

$$[\ln(-x)]' = \dfrac{1}{(-x)}(-x)' = \dfrac{1}{x},$$

故当 $x < 0$ 时，有

$$\int \dfrac{dx}{x} = \ln(-x) + C.$$

通常将 $x > 0$ 和 $x < 0$ 时的两个公式合并写成一个公式

$$\int \dfrac{dx}{x} = \ln|x| + C.$$

通常，求函数的不定积分最后要归结为求初等函数的不定积分．因此，读者应牢记基本积分公式表所列的公式．

4.1.3 不定积分的运算法则

定理 4.1.1(线性性质) 设函数 f, g 在区间 I 上原函数存在，k 为常数，则

(1) $\int k f(x) dx = k \int f(x) dx$; (4.1.2)

(2) $\int [f(x) \pm g(x)] dx = \int f(x) dx \pm \int g(x) dx.$ (4.1.3)

公式(4.1.2)表明在求不定积分时常数因子可以提到积分号外面，公式(4.1.3)表明两个

函数之和（差）的不定积分等于它们的不定积分之和（差）. 为了证明上面的法则，只要证明等式右端的导数等于左端积分的被积函数就可以了. 例如公式(4.1.3)，对右端求导，就有

$$\left[\int f(x)\mathrm{d}x \pm \int g(x)\mathrm{d}x\right]' = \left[\int f(x)\mathrm{d}x\right]' \pm \left[\int g(x)\mathrm{d}x\right]' = f(x) \pm g(x).$$

公式(4.1.2)和公式(4.1.3)都可以推广到两个以上有限函数的情形，即有限个函数的线性组合的不定积分等于它们不定积分的线性组合.

例 4.1.1 求下列不定积分：

(1) $\int \dfrac{(\sqrt{x}-1)^2}{x}\mathrm{d}x$;　　　　(2) $\int \dfrac{1+2x^2}{x^2(1+x^2)}\mathrm{d}x$;

(3) $\int \tan^2 x \mathrm{d}x$;　　　　(4) $\int \dfrac{\mathrm{d}x}{\sin^2 x \cos^2 x}$.

解

(1) $\int \dfrac{(\sqrt{x}-1)^2}{x}\mathrm{d}x = \int \dfrac{x-2\sqrt{x}+1}{x}\mathrm{d}x = \int \mathrm{d}x - \int 2x^{-\frac{1}{2}}\mathrm{d}x + \int \dfrac{1}{x}\mathrm{d}x = x - 4\sqrt{x} + \ln|x| + C,$

其中 C 是集合了三个积分常数的任意常数.

(2) $\int \dfrac{1+2x^2}{x^2(1+x^2)}\mathrm{d}x = \int \dfrac{(1+x^2)+x^2}{x^2(1+x^2)}\mathrm{d}x = \int \dfrac{1}{x^2}\mathrm{d}x + \int \dfrac{1}{1+x^2}\mathrm{d}x = -\dfrac{1}{x} + \arctan x + C.$

(3) $\int \tan^2 x \mathrm{d}x = \int (\sec^2 x - 1)\mathrm{d}x = \int \sec^2 x \mathrm{d}x - \int \mathrm{d}x = \tan x - x + C.$

(4) $\int \dfrac{\mathrm{d}x}{\sin^2 x \cos^2 x} = \int \dfrac{\sin^2 x + \cos^2 x}{\sin^2 x \cos^2 x}\mathrm{d}x = \int \dfrac{1}{\sin^2 x}\mathrm{d}x + \int \dfrac{1}{\cos^2 x}\mathrm{d}x$

$\qquad = \int \sec^2 x \mathrm{d}x + \int \csc^2 x \mathrm{d}x = \tan x - \cot x + C.$ ∎

从例 4.1.1 可看出，求不定积分时一定出现积分常数 C，它表明一个函数的原函数有无穷多个. 如果对于原函数加上某种限制条件，就可以确定这个常数，由此就可得到满足限制条件的一个唯一确定的原函数.

例 4.1.2 若一条平面曲线经过点 $\left(2, \dfrac{3}{2}\right)$，且该曲线上任意一点 (x, y) 处切线的斜率为 $k = \dfrac{1}{4}x$，求该曲线方程.

解 设该曲线方程为 $y = f(x)$，易知 $y' = \dfrac{1}{4}x$，则

$$y = \int y'\mathrm{d}x = \int \dfrac{1}{4}x \mathrm{d}x = \dfrac{x^2}{8} + C.$$

由于该曲线经过点 $\left(2, \dfrac{3}{2}\right)$，把 $x = 2$ 和 $y = \dfrac{3}{2}$ 代入上面的方程可得

$$\dfrac{3}{2} = \dfrac{2^2}{8} + C.$$

解得 $C = 1$，所以该曲线方程为

$$y = \dfrac{x^2}{8} + 1.$$ ∎

习题 4.1 A

1. 求下列函数的一个原函数，并用微分运算检验结果.
(1) $6x^5$；
(2) $-\sin 5x$；
(3) e^{-2x}；
(4) $x^7 - e^{4x} + \cos x + 8$；
(5) $\sec^2 5x$；
(6) $\dfrac{1}{3x+1}$；
(7) $3x+1$；
(8) $xe^{x^2} + 3e^x$.

2. 下面的不定积分计算是否正确？请说明原因.
(1) $\displaystyle\int \dfrac{x}{\sqrt{x^2+1}}dx = \dfrac{1}{\sqrt{x^2+1}} + C$；
(2) $\displaystyle\int e^x \sin x\, dx = \dfrac{e^x}{2}(\sin x - \cos x) + C$；
(3) $\displaystyle\int x\cos x\, dx = x\sin x + \cos x + C$；
(4) $\displaystyle\int \dfrac{1}{(x+1)^2}dx = \dfrac{1}{x+1} + C$；
(5) $\displaystyle\int x\sin x\, dx = \dfrac{x^2}{2}\sin x + C$；
(6) $\displaystyle\int x\sin x\, dx = -x\cos x + C$；
(7) $\displaystyle\int \dfrac{x}{x^2+1}dx = \sqrt{x^2+1} + C$；
(8) $\displaystyle\int \dfrac{1}{\sqrt{(x^2+a^2)^3}}dx = \dfrac{x}{a^2\sqrt{x^2+a^2}} + C$.

3. 求下列不定积分：
(1) $\displaystyle\int (3t^2 + t - 5)dt$；
(2) $\displaystyle\int \left(7 - \dfrac{5}{\sqrt{x}} + \dfrac{3}{x^3}\right)dx$；
(3) $\displaystyle\int (\sqrt{x} + \sqrt[3]{x})dx$；
(4) $\displaystyle\int (x^2+1)^2 dx$；
(5) $\displaystyle\int (\sin x - 3\cos x)dx$；
(6) $\displaystyle\int (10^x + 2e^x)dx$；
(7) $\displaystyle\int \dfrac{2 + \cos^2 t}{\cos^2 t}dt$；
(8) $\displaystyle\int \dfrac{3\cos 2x}{2\sin^2 x \cos^2 x}dx$；
(9) $\displaystyle\int \dfrac{3x^4 + 3x^2 + 1}{x^2 + 1}dx$；
(10) $\displaystyle\int \left(\dfrac{3}{1+x^2} - \dfrac{2}{\sqrt{1-x^2}}\right)dx$；
(11) $\displaystyle\int \dfrac{2 \times 3^x - 5 \times 2^x}{3^x}dx$；
(12) $\displaystyle\int \sec x(\sec x - \tan x)dx$；
(13) $\displaystyle\int \dfrac{1}{1+\cos 2y}dy$；
(14) $\displaystyle\int \left(1 - \dfrac{1}{x^2}\right)\sqrt{x\sqrt{x}}\,dx$.

4. 设一条平面曲线过点 $A(1,0)$，且该曲线上任一点 (x,y) 处切线的斜率为 $2x-2$，求该曲线方程.

习题 4.1 B

1. 证明 $\sin^2 x$，$-\cos^2 x$ 和 $-\dfrac{1}{2}\cos 2x$ 是同一个函数的原函数，并说明该函数为什么有不同形式的原函数.

2. 设 $\int f(t)\mathrm{d}t = F(t)+C$，证明

$$\int f(ax+b)\mathrm{d}x = \frac{1}{a}F(ax+b)+C.$$

3. 已知一曲线过点 $(\mathrm{e}^3,4)$，且曲线上任一点处切线的斜率等于该点横坐标两倍的倒数，求此曲线的方程.

4.2 换元积分法

一般说来，求不定积分要比求导数或微分困难很多. 虽然利用积分线性性质及基本积分表可以求出不少函数的原函数，但仅凭这一方法实际上是不够的，例如，求

$$\int \sin x \cos^2 x \mathrm{d}x, \quad \int \mathrm{e}^x \cos^2 x \mathrm{d}x.$$

因此为了求更一般的不定积分，还需要从微分运算的特殊方法入手推导积分计算的有效方法，期望能够将不定积分的被积函数化简，直到能够应用基本积分公式表中的公式求出它的不定积分.

本节将介绍的换元积分法是从复合函数求导的链式法则入手推导而来，是求不定积分的一种最常用的重要方法. 在应用其他方法求不定积分时，也常常要结合使用换元积分法. 换元积分法分为两类：第一类换元积分法（"凑"微分法）和第二类换元积分法（变量代换法）.

4.2.1 第一类换元法

设函数 $F(u)$ 是函数 $f(u)$ 的一个原函数，即 $F'(u)=f(u)$，若 $u=\varphi(x)$ 可导，由复合函数求导的链式法则，有

$$\{F[\varphi(x)]\}' = f[\varphi(x)]\varphi'(x),$$

由不定积分的定义可知

$$\int f[\varphi(x)]\varphi'(x)\mathrm{d}x = F[\varphi(x)] + C.$$

显然

$$\int f(u)\mathrm{d}u \Big|_{u=\varphi(x)} = [F(u)+C]\Big|_{u=\varphi(x)} = F[\varphi(x)] + C.$$

比较上述两式可知，$\int f[\varphi(x)]\varphi'(x)\mathrm{d}x$ 和 $\int f(u)\mathrm{d}u$ 表示同一函数族，所以

$$\int f[\varphi(x)]\varphi'(x)\mathrm{d}x = \int f(u)\mathrm{d}u \Big|_{u=\varphi(x)}.$$

于是得到下面的定理.

定理 4.2.1（第一类换元法） 设函数 f 为连续函数，函数 φ 有连续的导函数，且 φ 的值域包含在 f 的定义域中，则

$$\int f[\varphi(x)]\varphi'(x)\mathrm{d}x = \int f(u)\mathrm{d}u \Big|_{u=\varphi(x)}. \tag{4.2.1}$$

具体说来，如果不定积分 $\int g(x)\mathrm{d}x$ 直接积分不容易，我们可以试着将被积函数 $g(x)$ 分成

两部分,使得
$$g(x) = f[\varphi(x)]\varphi'(x).$$
则可以做变量代换 $\varphi(x) = u$,有
$$\int g(x)\mathrm{d}x = \int f[\varphi(x)]\varphi'(x)\mathrm{d}x = \int f[\varphi(x)]\mathrm{d}\varphi(x) = \int f(u)\mathrm{d}u \Big|_{u=\varphi(x)}.$$
若 $\int f(u)\mathrm{d}u$ 容易求出,即求得原不定积分.

例 4.2.1 求下列不定积分:

(1) $\int \sin x \cos x \mathrm{d}x$; (2) $\int (2x-1)^4 \mathrm{d}x$;

(3) $\int \dfrac{\mathrm{d}x}{\mathrm{e}^x + 1}$; (4) $\int \dfrac{\mathrm{d}x}{a^2 + x^2}$ $(a > 0)$;

(5) $\int \dfrac{\mathrm{d}x}{\sqrt{a^2 - x^2}}$ $(a > 0)$; (6) $\int \dfrac{\mathrm{d}x}{a^2 - x^2}$ $(a > 0)$.

解 (1) 将 $\cos x$ 与 $\mathrm{d}x$ 放在一起可凑出微分 $\mathrm{d}(\sin x)$,因此
$$\int \sin x \cos x \mathrm{d}x = \int \sin x \mathrm{d}\sin x.$$
令 $\sin x = u$,因为 $\int u \mathrm{d}u = \dfrac{u^2}{2} + C$,所以
$$\int \sin x \cos x \mathrm{d}x = \int \sin x \mathrm{d}\sin x = \int u \mathrm{d}u \Big|_{u=\sin x} = \left(\dfrac{u^2}{2} + C\right)\Big|_{u=\sin x} = \dfrac{\sin^2 x}{2} + C.$$

(2) 被积函数 $(2x-1)^4$ 为 u^4 和 $u = 2x - 1$ 的复合函数.因而,本题可以"凑"微分 $\mathrm{d}(2x-1)$,即利用
$$\mathrm{d}(2x-1) = 2\mathrm{d}x,$$
可以得到
$$\int (2x-1)^4 \mathrm{d}x = \dfrac{1}{2} \int (2x-1)^4 \mathrm{d}(2x-1) = \dfrac{1}{2} \int u^4 \mathrm{d}u$$
$$= \dfrac{1}{2} \times \dfrac{1}{5} u^5 + C = \dfrac{1}{10}(2x-1)^5 + C.$$

注 在方法熟练之后,可以省略"设"变量的步骤,新变量 u 不一定要写出来,可使书写简化.

(3) $\int \dfrac{1}{\mathrm{e}^x + 1} \mathrm{d}x = \int \dfrac{\mathrm{e}^x}{\mathrm{e}^x(\mathrm{e}^x + 1)} \mathrm{d}x = \int \dfrac{1}{\mathrm{e}^x(\mathrm{e}^x + 1)} \mathrm{d}(\mathrm{e}^x)$

$= \int \left(\dfrac{1}{\mathrm{e}^x} - \dfrac{1}{\mathrm{e}^x + 1}\right) \mathrm{d}(\mathrm{e}^x) = \int \dfrac{1}{\mathrm{e}^x} \mathrm{d}(\mathrm{e}^x) - \int \dfrac{1}{\mathrm{e}^x + 1} \mathrm{d}(\mathrm{e}^x + 1)$

$= \ln \mathrm{e}^x - \ln(\mathrm{e}^x + 1) + C = \ln \dfrac{\mathrm{e}^x}{\mathrm{e}^x + 1} + C.$

(4) $\int \dfrac{\mathrm{d}x}{a^2 + x^2} = \dfrac{1}{a} \int \dfrac{1}{1 + \left(\dfrac{x}{a}\right)^2} \dfrac{1}{a} \mathrm{d}x = \dfrac{1}{a} \int \dfrac{1}{1 + \left(\dfrac{x}{a}\right)^2} \mathrm{d}\left(\dfrac{x}{a}\right)$

$= \dfrac{1}{a} \arctan \dfrac{x}{a} + C.$

(5) $\int \dfrac{\mathrm{d}x}{\sqrt{a^2 - x^2}} = \int \dfrac{1}{\sqrt{1 - \left(\dfrac{x}{a}\right)^2}} \mathrm{d}\left(\dfrac{x}{a}\right) = \arcsin \dfrac{x}{a} + C.$

(6) $\int \dfrac{\mathrm{d}x}{a^2 - x^2} = \dfrac{1}{2a} \int \left(\dfrac{1}{a-x} + \dfrac{1}{a+x} \right) \mathrm{d}x$

$= \dfrac{1}{2a} \left[-\int \dfrac{1}{a-x} \mathrm{d}(a-x) + \int \dfrac{1}{a+x} \mathrm{d}(a+x) \right]$

$= \dfrac{1}{2a} \left[-\ln|a-x| + \ln|a+x| \right] + C$

$= \dfrac{1}{2a} \ln \left| \dfrac{a+x}{a-x} \right| + C.$ ■

从例 4.2.1 可以看出, 在求不定积分时, 首先要与已知的基本积分公式相对比, 并利用简单的变量代换, 把要求的不定积分化为可利用基本积分公式的形式. 求出积分以后, 再把原来的变量代回, 这种方法实际上是一种简单的换元法. 在比较熟练以后, 计算时换元可以省略, 只需要在形式上"凑"成基本积分公式中的积分. 故简单地说, 第一换元方法是将被积表达式"凑"成微分形式, 亦称"凑"微分法.

例 4.2.2 求下列不定积分：

(1) $\int \tan x \mathrm{d}x$； (2) $\int \cot x \mathrm{d}x$；

(3) $\int \sec x \mathrm{d}x$； (4) $\int \csc x \mathrm{d}x$；

(5) $\int \sin^3 x \mathrm{d}x$； (6) $\int \sin 5x \cos 3x \mathrm{d}x$.

解 (1) $\int \tan x \mathrm{d}x = \int \dfrac{\sin x}{\cos x} \mathrm{d}x = -\int \dfrac{\mathrm{d}(\cos x)}{\cos x} = -\ln|\cos x| + C = \ln|\sec x| + C.$

(2) 同(1)的计算方法可得
$$\int \cot x \mathrm{d}x = -\ln|\csc x| + C.$$

(3) 解法一
$\int \sec x \mathrm{d}x = \int \dfrac{\sec x (\sec x + \tan x)}{\sec x + \tan x} \mathrm{d}x = \int \dfrac{1}{\sec x + \tan x} \mathrm{d}(\tan x + \sec x)$

$= \ln|\sec x + \tan x| + C.$

解法二
$$\int \sec x \mathrm{d}x = \int \dfrac{1}{\cos x} \mathrm{d}x = \int \dfrac{\cos x}{\cos^2 x} \mathrm{d}x$$

$$= \int \dfrac{\mathrm{d}(\sin x)}{1 - \sin^2 x} \quad (\text{例 } 4.2.1(6))$$

$$= \dfrac{1}{2} \ln \left| \dfrac{1 + \sin x}{1 - \sin x} \right| + C.$$

(4) 同(3)的计算方法可得
$$\int \csc x \mathrm{d}x = -\ln|\csc x + \cot x| + C,$$

或
$$\int \csc x \mathrm{d}x = -\dfrac{1}{2} \ln \left| \dfrac{1 + \cos x}{1 - \cos x} \right| + C.$$

(5) $\int \sin^3 x \, dx = \int (1-\cos^2 x)\sin x \, dx = -\int (1-\cos^2 x) \, d(\cos x)$

$$= -\cos x + \frac{1}{3}\cos^3 x + C.$$

(6) $\int \sin 5x \cos 3x \, dx = \frac{1}{2}\int(\sin 8x + \sin 2x) \, dx$

$$= \frac{1}{2}\left[\frac{1}{8}\int \sin 8x \, d(8x) + \frac{1}{2}\int \sin 2x \, d(2x)\right]$$

$$= -\frac{1}{16}(\cos 8x + 4\cos 2x) + C.$$

例 4.2.3 求下列不定积分：

(1) $\int \dfrac{dx}{x(1+2\ln x)}$;   (2) $\int \dfrac{1+\ln x}{(x\ln x)^2} dx$;

(3) $\int \dfrac{\sqrt{\arctan x}}{1+x^2} dx$;   (4) $\int \dfrac{\arccos \sqrt{x}}{\sqrt{x(1-x)}} dx$;

(5) $\int \sqrt{\dfrac{x}{1-x\sqrt{x}}} dx$;   (6) $\int \left\{\dfrac{f(x)}{f'(x)} - \dfrac{f^2(x)f''(x)}{[f'(x)]^3}\right\} dx$.

解 (1) $\int \dfrac{dx}{x(1+2\ln x)} = \dfrac{1}{2}\int \dfrac{d(2\ln x)}{(1+2\ln x)} = \dfrac{1}{2}\int \dfrac{d(1+2\ln x)}{(1+2\ln x)}$

$$= \frac{1}{2}\ln|1+2\ln x| + C.$$

(2) $\int \dfrac{1+\ln x}{(x\ln x)^2} dx = \int \dfrac{d(x\ln x)}{(x\ln x)^2} = -\dfrac{1}{x\ln x} + C.$

(3) $\int \dfrac{\sqrt{\arctan x}}{1+x^2} dx = \int \sqrt{\arctan x} \, d(\arctan x) = \dfrac{2}{3}(\arctan x)^{\frac{3}{2}} + C.$

(4) $\int \dfrac{\arccos \sqrt{x}}{\sqrt{x(1-x)}} dx = 2\int \dfrac{\arccos \sqrt{x}}{\sqrt{1-x}} d\sqrt{x} = -2\int \arccos \sqrt{x} \, d(\arccos \sqrt{x})$

$$= -(\arccos \sqrt{x})^2 + C.$$

(5) 因为 $d(1-x\sqrt{x}) = -\dfrac{3}{2}\sqrt{x} \, dx$，所以

$$\int \sqrt{\frac{x}{1-x\sqrt{x}}} dx = \int (1-x\sqrt{x})^{-\frac{1}{2}} \sqrt{x} \, dx = -\frac{2}{3}\int (1-x\sqrt{x})^{-\frac{1}{2}} d(1-x\sqrt{x})$$

$$= -\frac{4}{3}\sqrt{1-x\sqrt{x}} + C.$$

(6) $\int \left\{\dfrac{f(x)}{f'(x)} - \dfrac{f^2(x)f''(x)}{[f'(x)]^3}\right\} dx = \int \dfrac{f(x)}{f'(x)}\left\{1 - \dfrac{f(x)f''(x)}{[f'(x)]^2}\right\} dx$

$$= \int \frac{f(x)}{f'(x)}\left\{\frac{[f'(x)]^2 - f(x)f''(x)}{[f'(x)]^2}\right\} dx$$

$$= \int \frac{f(x)}{f'(x)} d\left[\frac{f(x)}{f'(x)}\right] = \frac{1}{2}\left[\frac{f(x)}{f'(x)}\right]^2 + C.$$

4.2.2 第二类换元法

不定积分的第一类换元法是通过变量代换将公式(4.2.1)左端的积分化为右端的积分来

计算的. 然而, 如果公式(4.2.1)右端的不定积分不容易计算, 我们可能将右端不定积分通过变量替换化为左端积分来计算, 这就是第二类换元积分法. 也就是说, 假设 $\int f(x)\mathrm{d}x$ 不容易积分, 可将过程反过来: 通过变量代换 $x=\varphi(t)$ 化为公式(4.2.1)左端的形式, 然后计算 $\int f[\varphi(t)]\varphi'(t)\mathrm{d}t$. 第二类换元法是另一种形式的变量代换, 换元公式可以表示为

$$\int f(x)\mathrm{d}x = \left\{\int f[\varphi(t)]\varphi'(t)\mathrm{d}t\right\}\bigg|_{t=\varphi^{-1}(x)}.$$

注意, 这个公式的成立是需要一定条件的. 首先, 等式右端的不定积分要存在, 其次, 右端积分计算出来后, 变量 t 要通过 $x=\varphi(t)$ 的反函数 $t=\varphi^{-1}(x)$ 变换回去. 为了保证这两点, 我们假设函数 $x=\varphi(t)$ 在 t 的某一区间满足单调可导的条件, 即有如下定理.

定理 4.2.2(第二类换元法) 设 f 是连续函数, φ 具有连续的导数, 且 φ' 在区间 I 上不改变符号, 则

$$\int f(x)\mathrm{d}x = \left\{\int f[\varphi(t)]\varphi'(t)\mathrm{d}t\right\}\bigg|_{t=\varphi^{-1}(x)}, \tag{4.2.2}$$

其中 φ^{-1} 是 φ 的反函数.

证明 由于 φ' 在区间 I 上不改变符号, 所以 φ 的反函数存在, 且 $\dfrac{\mathrm{d}t}{\mathrm{d}x}=\dfrac{1}{\varphi'(t)}$. 对公式(4.2.2)两端分别求微分得

$$\frac{\mathrm{d}}{\mathrm{d}x}\int f(x)\mathrm{d}x = f(x),$$

$$\frac{\mathrm{d}}{\mathrm{d}x}\left\{\int f[\varphi(t)]\varphi'(t)\mathrm{d}t\right\} = \frac{\mathrm{d}}{\mathrm{d}t}\left\{\int f[\varphi(t)]\varphi'(t)\mathrm{d}t\right\}\frac{\mathrm{d}t}{\mathrm{d}x}$$

$$= f[\varphi(t)]\varphi'(t)\cdot\frac{1}{\varphi'(t)} = f[\varphi(t)] \xrightarrow{t=\varphi^{-1}(x)} f(x).$$

由不定积分的定义知, 公式(4.2.2)成立. ∎

第二类换元法指出, 求等式(4.2.2)等号左端的不定积分时, 设 $x=\varphi(t)$, 则化为求不定积分 $\int f[\varphi(t)]\varphi'(t)\mathrm{d}t$. 若 $f[\varphi(t)]\varphi'(t)$ 的一个原函数很容易求出, 该变量替换就实现了不定积分的化繁为简. 使用公式(4.2.2)的关键在于选择合适的变换 $x=\varphi(t)$ 来简化所求积分. 例如, 如果被积函数中含有根式并且不能直接积分, 那么首先要选择合适的变换消去根式.

例 4.2.4 求下列不定积分:

(1) $\int\sqrt{a^2-x^2}\,\mathrm{d}x$ $(a>0)$;

(2) $\int\dfrac{\mathrm{d}x}{\sqrt{x^2-a^2}}$ $(a>0)$;

(3) $\int\dfrac{\mathrm{d}x}{\sqrt{x^2+a^2}}$ $(a>0)$;

(4) $\int\dfrac{\mathrm{d}x}{\sqrt{x}+\sqrt[3]{x}}$;

(5) $\int\dfrac{\mathrm{d}x}{\mathrm{e}^{\frac{x}{2}}+\mathrm{e}^x}$;

(6) $\int\dfrac{\mathrm{d}x}{x\sqrt{x^2-1}}$.

解 (1) 令 $x=a\sin t\left(-\dfrac{\pi}{2}\leqslant t\leqslant\dfrac{\pi}{2}\right)$, 则 $\mathrm{d}x=a\cos t\mathrm{d}t$, 于是

$$\int\sqrt{a^2-x^2}\,\mathrm{d}x = \int a\cos t\cdot a\cos t\mathrm{d}t = a^2\int\cos^2 t\mathrm{d}t$$

$$= a^2\int\frac{1+\cos 2t}{2}\mathrm{d}t = a^2\left(\frac{t}{2}+\frac{\sin 2t}{4}\right)+C = a^2\left(\frac{t}{2}+\frac{2\sin t\cos t}{4}\right)+C.$$

为了使 $\sin t$ 和 $\cos t$ 变换回 x 的函数,最好利用直角三角形(图 4.2.1(a)). 因为 $x=a\sin t$, 在图 4.2.1(a) 的三角形中, 边 $AC=a$, $BC=x$, 于是 $AB=\sqrt{a^2-x^2}$, 则

$$t = \arcsin\frac{x}{a}, \quad \sin t = \frac{x}{a} \quad 且 \quad \cos t = \frac{\sqrt{a^2-x^2}}{a},$$

于是

$$\int\sqrt{a^2-x^2}\,dx = a^2\left(\frac{\arcsin\frac{x}{a}}{2} + \frac{2\times\frac{x}{a}\frac{\sqrt{a^2-x^2}}{a}}{4}\right) + C = \frac{a^2}{2}\arcsin\frac{x}{a} + \frac{x\sqrt{a^2-x^2}}{2} + C.$$

(2) 令 $x=a\sec t\,(0<t<\frac{\pi}{2})$, 则 $dx=a\sec t\tan t\,dt$, 于是

$$\int\frac{dx}{\sqrt{x^2-a^2}} = \int\sec t\,dt = \ln|\sec t + \tan t| + C_1.$$

因为 $\sec t=\frac{x}{a}$, 由图 4.2.1(b) 知 $BC=\sqrt{x^2-a^2}$, 因此

$$\tan t = \frac{\sqrt{x^2-a^2}}{a}.$$

于是

$$\int\frac{dx}{\sqrt{x^2-a^2}} = \ln\left|\frac{x}{a} + \frac{\sqrt{x^2-a^2}}{a}\right| + C_1$$
$$= \ln\left|x+\sqrt{x^2-a^2}\right| - \ln a + C_1$$
$$= \ln\left|x+\sqrt{x^2-a^2}\right| + C,$$

其中 $C=C_1-\ln a$ 仍是一任意常数.

(3) 令 $x=a\tan t\,(-\frac{\pi}{2}<t<\frac{\pi}{2})$, 则 $dx=a\sec^2 t\,dt$, 于是

$$\int\frac{dx}{\sqrt{a^2+x^2}} = \int\sec t\,dt = \ln|\sec t + \tan t| + C_1.$$

由图 4.2.1(c) 知

$$\tan t = \frac{x}{a}, \quad \sec t = \frac{\sqrt{x^2+a^2}}{a},$$

于是

$$\int\frac{dx}{\sqrt{a^2+x^2}} = \ln\left|\frac{x}{a} + \frac{\sqrt{x^2+a^2}}{a}\right| + C_1 = \ln(x+\sqrt{x^2+a^2}) + C,$$

其中 $C=C_1-\ln a$ 仍是一任意常数.

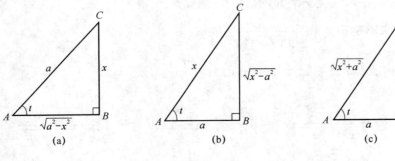

图 4.2.1

(4) 令 $\sqrt[6]{x}=t$,则 $x=t^6$, $dx=6t^5 dt$,于是

$$\int \frac{dx}{\sqrt{x}+\sqrt[3]{x}} = \int \frac{6t^5}{t^3+t^2} dt = 6\int \frac{t^3}{1+t} dt = 6\int \frac{t^3+1-1}{1+t} dt$$

$$= 6\int \left(t^2-t+1-\frac{1}{1+t}\right) dt = 2t^3-3t^2+6t-6\ln|1+t|+C$$

$$= 2\sqrt{x}-3\sqrt[3]{x}+6\sqrt[6]{x}-6\ln|1+\sqrt[6]{x}|+C.$$

(5) 令 $e^{\frac{x}{2}}=t$,则 $x=2\ln t$, $dx=\frac{2}{t} dt$,于是

$$\int \frac{dx}{e^{\frac{x}{2}}+e^x} = 2\int \frac{dt}{t(t+t^2)} = 2\int \frac{1+t-t}{(1+t)t^2} dt = 2\left[\int \frac{dt}{t^2} - \int \frac{dt}{t(1+t)}\right]$$

$$= 2\left[\int \frac{dt}{t^2} - \int \frac{dt}{t} + \int \frac{dt}{1+t}\right] = -\frac{2}{t}-2\ln|t|+2\ln|t+1|+C$$

$$= -2e^{-\frac{x}{2}}-x+2\ln(1+e^{\frac{x}{2}})+C.$$

(6) 令 $\frac{1}{x}=t$,则 $x=\frac{1}{t}$, $dx=-\frac{1}{t^2} dt$,于是

$$\int \frac{dx}{x\sqrt{x^2-1}} = \int t \frac{\sqrt{t^2}}{\sqrt{1-t^2}} \left(-\frac{1}{t^2}\right) dt = -\int \frac{|t|}{t\sqrt{1-t^2}} dt.$$

当 $x>1$ 时,有

$$\int \frac{dx}{x\sqrt{x^2-1}} = -\int \frac{t}{t\sqrt{1-t^2}} dt = -\int \frac{dt}{\sqrt{1-t^2}} = -\arcsin t+C = -\arcsin \frac{1}{x}+C.$$

当 $x<-1$,有

$$\int \frac{dx}{x\sqrt{x^2-1}} = \int \frac{t}{t\sqrt{1-t^2}} dt = \int \frac{dt}{\sqrt{1-t^2}} = \arcsin t+C = \arcsin \frac{1}{x}+C. \blacksquare$$

总结上例使用过的变量代换的规律,在不定积分的计算中,可通过以下变量代换消去积分表达式中的根式:

(1) $\sqrt{a^2-x^2}$,令 $x=a\sin t$(或 $x=a\cos t$);

(2) $\sqrt{x^2+a^2}$,令 $x=a\tan t$(或 $x=a\sinh t$);

(3) $\sqrt{x^2-a^2}$,令 $x=a\sec t$(或 $x=a\cosh t$);

(4) $\sqrt[n]{ax+b}$,令 $\sqrt[n]{ax+b}=t$;

(5) $\sqrt{ax^2+bx+c}$,先完全平方,然后用三角代换.

例 4.2.5 求不定积分 $\int \frac{dx}{x\sqrt{3x^2-2x+1}}$.

解 首先,用 $x=\frac{1}{t}$ 消去 x. 令 $x=\frac{1}{t}$, $dx=-\frac{1}{t^2} dt$,于是

$$\int \frac{dx}{x\sqrt{3x^2-2x+1}} = \int \frac{-\frac{1}{t^2} dt}{\frac{1}{t}\sqrt{\frac{3}{t^2}-\frac{2}{t}+1}} = -\int \frac{dt}{\sqrt{3-2t+t^2}}$$

$$= -\int \frac{dt}{\sqrt{2+(t-1)^2}} \quad (令 t-1=\sqrt{2}\tan u)$$

$$= -\int \frac{\sqrt{2}\sec^2 u \, du}{\sqrt{2}\sec u} = -\int \sec u \, du$$

$$= -\ln|\sec u + \tan u| + C$$

$$= -\ln\left|\frac{\sqrt{2+(t-1)^2}}{\sqrt{2}} + \frac{t-1}{\sqrt{2}}\right| + C$$

$$= -\ln\left|\frac{\sqrt{2+\left(\frac{1}{x}-1\right)^2}}{\sqrt{2}} + \frac{\frac{1}{x}-1}{\sqrt{2}}\right| + C \quad (\text{图 4.2.2})$$

$$= -\ln\left|\frac{\sqrt{3x^2-2x+1}-x+1}{\sqrt{2}x}\right| + C.$$

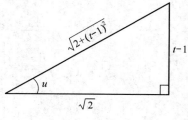

图 4.2.2

习题 4.2　A

1. 利用第一类换元法计算下列不定积分：

(1) $\int \dfrac{1}{x+7}dx$；

(2) $\int \sin(\omega t + \varphi)dt$　（ω,φ 是常数）；

(3) $\int (1-3x)^8 dx$；

(4) $\int \dfrac{1}{a-bt}dt$　（a,b 是常数）；

(5) $\int \dfrac{dx}{x(1+x^4)}$；

(6) $\int \dfrac{dx}{x(1-x^3)}$；

(7) $\int \dfrac{dx}{\sqrt{1-9x^2}}$；

(8) $\int \dfrac{dx}{\sqrt{x(4-x)}}$；

(9) $\int \dfrac{3t^3+t}{1+t^4}dt$；

(10) $\int \dfrac{e^{2x}}{1+e^{2x}}dx$；

(11) $\int \dfrac{dx}{\sqrt{x}\sqrt{1+\sqrt{x}}}$；

(12) $\int \dfrac{\sqrt{1+\sqrt{x}}}{\sqrt{x}}dx$；

(13) $\int \dfrac{dx}{x\ln x}$；

(14) $\int \dfrac{\ln(\ln x)}{x\ln x}dx$　（$x > e$）；

(15) $\int \cos 2x \sin 2x \, dx$；

(16) $\int \sin^2 x \cos x \, dx$；

(17) $\int \dfrac{\tan x}{\sqrt{\cos x}}dx$；

(18) $\int \dfrac{dx}{\cos^4 x}$；

(19) $\int e^{\sin x} \cos x \, dx$;

(20) $\int \dfrac{\arctan \dfrac{1}{x}}{1+x^2} dx$.

2. 利用第二类换元法计算下列不定积分：

(1) $\int x\sqrt{2x-1}\,dx$;

(2) $\int x\sqrt{3x-2}\,dx$;

(3) $\int \dfrac{du}{1+\sqrt{1+u}}$;

(4) $\int \dfrac{dx}{2+2\sqrt{1+x}}$;

(5) $\int \dfrac{x^2}{\sqrt{a^2-x^2}}dx \quad (a>0)$;

(6) $\int \dfrac{dx}{(1-x^2)^{\frac{3}{2}}}$;

(7) $\int \dfrac{dx}{2x+\sqrt{1-x^2}}$;

(8) $\int \dfrac{x^3 \, dx}{(1+x^2)^{\frac{3}{2}}}$;

(9) $\int \dfrac{dx}{x\sqrt{x^2-1}}$;

(10) $\int \dfrac{1}{\sqrt{1+4x^2}}dx$;

(11) $\int \dfrac{dx}{x^2\sqrt{x^2-9}}$;

(12) $\int \dfrac{dx}{x\sqrt{x^2-9}}$;

(13) $\int \dfrac{\sqrt{1+x^2}}{x^4}dx$;

(14) $\int \dfrac{dx}{x(x^6+4)}$;

(15) $\int \dfrac{dx}{\sqrt{x^2+2x+3}}$;

(16) $\int \dfrac{dx}{\sqrt{x^2+4x+6}}$;

(17) $\int \dfrac{\sqrt{1+\ln x}}{x\ln x}dx$;

(18) $\int \dfrac{e^{2x}}{\sqrt{3e^x-2}}dx$;

(19) $\int \dfrac{dx}{1+e^{\frac{x}{6}}}$;

(20) $\int \dfrac{x^5}{\sqrt{1+x^2}}dx$.

3. 求下列不定积分：

(1) $\int \dfrac{dx}{x^4+3x^2}$;

(2) $\int \dfrac{1}{t^4+10t^2+9}dt$;

(3) $\int \dfrac{x^2}{(x-1)^{100}}dx$;

(4) $\int \dfrac{1-u^7}{u(1+u^7)}du$;

(5) $\int \dfrac{1+\ln x}{1+x\ln x}dx$;

(6) $\int \dfrac{1+\ln x}{x\ln x}dx$;

(7) $\int \dfrac{dx}{1+\cos x}$;

(8) $\int \csc^3 x \cot x \, dx$;

(9) $\int \dfrac{\cos x-\sin x}{\cos x+\sin x}dx$;

(10) $\int \dfrac{\sin x-\cos x}{3\cos x+2\sin x}dx$;

(11) $\int \dfrac{\cos 2x}{1+\sin x\cos x}dx$;

(12) $\int \dfrac{\ln(\tan x)}{\sin x\cos x}dx$;

(13) $\int \dfrac{e^x(x+1)}{1+xe^x}dx$;

(14) $\int e^{e^x \cos x}(\cos x-\sin x)e^x \, dx$;

(15) $\int \dfrac{dx}{2x+\sqrt{1+x^2}}$;

(16) $\int \dfrac{dx}{\sqrt{2x-1}-\sqrt[4]{2x-1}}$.

4. 设 $f'(x^2)=\dfrac{1}{x}(x>0)$，求 $f(x)$.

习题 4.2 B

1. 求下列不定积分：

(1) $\displaystyle\int \dfrac{x}{\sqrt{1+x^2}}e^{-\sqrt{1+x^2}}dx$；

(2) $\displaystyle\int \dfrac{dx}{\sqrt{4-x^2}\arccos\dfrac{x}{2}}$；

(3) $\displaystyle\int \dfrac{\sqrt{x^2+2x}}{x^2}dx$；

(4) $\displaystyle\int \dfrac{dx}{(x+1)\sqrt{(x^2+2x+3)}}dx$；

(5) $\displaystyle\int \dfrac{x}{(x+1)\sqrt{(x^2+4x-12)}}dx$；

(6) $\displaystyle\int \dfrac{dx}{\sin x+\tan x}$；

(7) $\displaystyle\int \dfrac{(x+1)}{x(1+xe^x)}dx$；

(8) $\displaystyle\int \dfrac{dx}{1+e^{\frac{x}{2}}+e^{\frac{x}{3}}+e^{\frac{x}{6}}}$；

(9) $\displaystyle\int \dfrac{dx}{\sqrt{1+e^x}+\sqrt{1-e^x}}$.

4.3 分部积分法

前一节中，我们在复合函数求导法则的基础上得到了换元积分法. 现在我们利用两个函数乘积的求导法则来推导另一种求不定积分的基本方法——分部积分法. 它能够将不定积分的被积函数简化，成为能应用换元积分法或基本积分公式表求出的不定积分.

设两函数 u,v 都有连续的导数，由两函数乘积的求导公式可知
$$(uv)'=u'v+uv'.$$
移项得
$$uv'=(uv)'-u'v.$$
上式两边同时做积分运算，得
$$\int uv'dx=\int(uv)'dx-\int vu'dx,$$
即
$$\int udv=uv-\int vdu. \tag{4.3.1}$$

这里，把公式(4.3.1)的右端第一项的积分常数放到了第二项 $\int vdu$ 里，公式(4.3.1)称为**分部积分公式**. 有时不定积分 $\int udv$ 不能直接应用不定积分公式求出，而 $\int vdu$ 可应用不定积分公式，或者后一不定积分比前一不定积分要容易求出时，可利用公式(4.3.1)把计算 $\int udv$ 转化为计算 $\int vdu$. 一般说来，分部积分法可以解决以下五类问题：

① $\int x^k e^{\alpha x}dx$，被积函数是一个幂函数 $x^k(k\in\mathbf{N}_+)$ 和一个指数函数 $e^{\alpha x}(\alpha\in\mathbf{R})$ 的乘积；

② $\int x^k \sin \beta x \, dx$ 和 $\int x^k \cos \beta x \, dx$，被积函数是一个幂函数 $x^k (k \in \mathbf{N}_+)$ 和一个正弦函数 $\sin \beta x$ 或者余弦函数 $\cos \beta x$ 的乘积；

③ $\int x^\alpha \ln^m x \, dx$，被积函数是一个幂函数 $x^\alpha (\alpha \in \mathbf{R})$ 和一个对数函数 $\ln^m x (m \in \mathbf{N}_+)$ 的乘积；

④ $\int x^k \arcsin x \, dx$，$\int x^k \arccos x \, dx$，$\int x^k \arctan x \, dx$ 和 $\int x^k \text{arccot}\, x \, dx$，被积函数是一个幂函数 $x^k (k \in \mathbf{N}_+)$ 和一个关于 x 的反三角函数的乘积；

⑤ $\int e^x \sin x \, dx$ 和 $\int e^x \cos x \, dx$，被积函数是一个指数函数和一个三角函数的乘积.

下面详细介绍运用分部积分法来求解这五类不定积分.

例 4.3.1 求下列不定积分：

(1) $\int x e^x \, dx$； (2) $\int x^2 e^x \, dx$；

(3) $\int x \sin x \, dx$； (4) $\int (x^2 + 2x) \cos x \, dx$；

(5) $\int x \ln x \, dx$； (6) $\int \ln x \, dx$；

(7) $\int x \arctan x \, dx$； (8) $\int \arctan x \, dx$；

(9) $\int e^x \sin x \, dx$； (10) $\int e^x \cos x \, dx$.

解 (1) 运用分部积分公式(4.3.1)，首先要将被积表达式分成两部分，即 u 和 dv 的乘积. 当然，将 $x e^x \, dx$ 分成 u 和 dv 的乘积有多种不同的分法. 但是正确运用公式要求我们选取这样一种分法，使得 $\int v \, du$ 比 $\int u \, dv$ 简单，甚至 $\int v \, du$ 就是不定积分公式表中的某个公式.

这里将函数 x 视为 u，把 e^x 和 dx 结合为 de^x，由公式(4.3.1)，有

$$\int x e^x \, dx = \int x \, de^x = x e^x - \int e^x \, dx$$
$$= x e^x - e^x + C = e^x (x - 1) + C.$$

如果将函数 e^x 视为 u，把 x 和 dx 结合在一起视为 dv，则

$$\int x e^x \, dx = \frac{1}{2} \int e^x \, dx^2 = \frac{1}{2} \left(e^x x^2 - \int x^2 \, de^x \right)$$
$$= \frac{1}{2} \left(x^2 e^x - \int x^2 e^x \, dx \right).$$

上面的等式右端的不定积分比原来的不定积分更复杂. 由此可见，恰当选取 u 和 v 是应用公式(4.3.1)的关键.

(2) 将函数 x^2 视为 u，把 e^x 和 dx 凑在一起得微分 de^x，由公式(4.3.1)，有

$$\int x^2 e^x \, dx = \int x^2 \, de^x = x^2 e^x - \int e^x \, dx^2 = x^2 e^x - 2 \int x e^x \, dx.$$

尽管计算还没有结束，但是被积函数中的多项式次数降低了. 再使用一次公式(4.3.1)，有

$$\int x^2 e^x \, dx = x^2 e^x - 2 e^x (x - 1) + C.$$

(3) 将函数 x 视为 u，把函数 $\sin x$ 和 dx 凑在一起得微分 $d(-\cos x)$，由公式(4.3.1)，有

$$\int x\sin x\mathrm{d}x = \int x\mathrm{d}(-\cos x) = -x\cos x + \int \cos x\mathrm{d}x = \sin x - x\cos x + C.$$

(4) 将函数 x^2+2x 视为 u, 把函数 $\cos x$ 和 $\mathrm{d}x$ 凑在一起得微分 $\mathrm{d}(\sin x)$, 有

$$\int (x^2+2x)\cos x\mathrm{d}x = \int (x^2+2x)\mathrm{d}\sin x$$
$$= (x^2+2x)\sin x - \int \sin x\mathrm{d}(x^2+2x)$$
$$= (x^2+2x)\sin x - \int (2x+2)\sin x\mathrm{d}x.$$

尽管计算还没有结束,但是被积函数中的多项式次数降低了. 将 $\sin x$ 和 $\mathrm{d}x$ 凑在一起得微分 $\mathrm{d}(-\cos x)$, 并再使用一次公式(4.3.1), 有

$$\int (2x+2)\sin x\mathrm{d}x = -\int (2x+2)\mathrm{d}\cos x = -\left[(2x+2)\cos x - \int \cos x\mathrm{d}(2x+2)\right]$$
$$= -(2x+2)\cos x + 2\int \cos x\mathrm{d}x$$
$$= -(2x+2)\cos x + 2\sin x + C.$$

因此

$$\int (x^2+2x)\cos x\mathrm{d}x = (x^2+2x)\sin x + (2x+2)\cos x - 2\sin x + C$$
$$= (x^2+2x-2)\sin x + 2(x+1)\cos x + C.$$

(5) 如果将 x 看作 u, 并将 $\ln x\mathrm{d}x$ 看作 $\mathrm{d}v$, 很难求得函数 v. 因此, 将 x 和 $\mathrm{d}x$ 一起视为 $\frac{1}{2}\mathrm{d}x^2$, 有

$$\int x\ln x\mathrm{d}x = \frac{1}{2}\int \ln x\mathrm{d}x^2 = \frac{1}{2}\left(x^2\ln x - \int x^2\mathrm{d}\ln x\right)$$
$$= \frac{1}{2}\left(x^2\ln x - \int x\mathrm{d}x\right) = \frac{1}{2}\left(x^2\ln x - \frac{1}{2}x^2\right) + C.$$

(6) 将函数 $\ln x$ 看作 u, 并将 $\mathrm{d}x$ 看作 $\mathrm{d}v$, 有

$$\int \ln x\mathrm{d}x = x\ln x - \int x\mathrm{d}(\ln x) = x\ln x - \int \mathrm{d}x = x\ln x - x + C.$$

(7) 将 x 和 $\mathrm{d}x$ 一起视为 $\mathrm{d}v$, 则 $x\mathrm{d}x = \frac{1}{2}\mathrm{d}x^2$, 由分部积分公式有

$$\int x\arctan x\mathrm{d}x = \int \frac{1}{2}\arctan x\mathrm{d}x^2$$
$$= \frac{1}{2}\left[x^2\arctan x - \int x^2\frac{1}{1+x^2}\mathrm{d}x\right]$$
$$= \frac{1}{2}\left[x^2\arctan x - \int \left(1 - \frac{1}{1+x^2}\right)\mathrm{d}x\right]$$
$$= \frac{1}{2}(x^2\arctan x - x + \arctan x) + C$$
$$= \frac{1}{2}[(x^2+1)\arctan x - x] + C.$$

类似地,可以运用分部积分法计算下列积分:

$$\int x\arcsin x\mathrm{d}x, \quad \int x\arccos x\mathrm{d}x, \quad \cdots.$$

(8) 将函数 $\arctan x$ 视为 u,并将 $\mathrm{d}x$ 视为 $\mathrm{d}v$,有

$$\int \arctan x \mathrm{d}x = x\arctan x - \int x \mathrm{d}(\arctan x) = x\arctan x - \int \frac{x}{1+x^2}\mathrm{d}x$$
$$= x\arctan x - \frac{1}{2}\int \frac{1}{1+x^2}\mathrm{d}(1+x^2) = x\arctan x - \frac{1}{2}\ln(1+x^2) + C.$$

类似地,可以运用分部积分法计算下列积分:

$$\int \arcsin x \mathrm{d}x, \quad \int \arccos x \mathrm{d}x, \quad \cdots.$$

(9) 首先,将 e^x 和 $\mathrm{d}x$ 凑在一起得到 de^x,即 $u = \sin x, \mathrm{d}v = \mathrm{de}^x$,则

$$\int \mathrm{e}^x \sin x \mathrm{d}x = \int \sin x \mathrm{de}^x = \mathrm{e}^x \sin x - \int \mathrm{e}^x \cos x \mathrm{d}x = \mathrm{e}^x \sin x - \int \cos x \mathrm{de}^x$$
$$= \mathrm{e}^x \sin x - \left(\mathrm{e}^x \cos x + \int \mathrm{e}^x \sin x \mathrm{d}x\right).$$

移项得
$$\int \mathrm{e}^x \sin x \mathrm{d}x = \frac{1}{2}\mathrm{e}^x(\sin x - \cos x) + C.$$

其次,若令 $u = \mathrm{e}^x, \mathrm{d}v = \mathrm{d}(-\cos x)$,则

$$\int \mathrm{e}^x \sin x \mathrm{d}x = -\int \mathrm{e}^x \mathrm{d}\cos x = -\mathrm{e}^x \cos x + \int \mathrm{e}^x \cos x \mathrm{d}x = -\mathrm{e}^x \cos x + \int \mathrm{e}^x \mathrm{d}\sin x$$
$$= -\mathrm{e}^x \cos x + \left(\mathrm{e}^x \sin x - \int \mathrm{e}^x \sin x \mathrm{d}x\right).$$

移项得
$$\int \mathrm{e}^x \sin x \mathrm{d}x = \frac{1}{2}\mathrm{e}^x(\sin x - \cos x) + C.$$

(10) 同(9)的计算过程,可以得到

$$\int \mathrm{e}^x \cos x \mathrm{d}x = \frac{1}{2}\mathrm{e}^x(\sin x + \cos x) + C.$$

注 从上述例题中可以看出,分部积分法适用于所有这五类问题. 对于前两类问题,应将幂函数 x^k 看作 $u(x)$ 并将其他的函数与 $\mathrm{d}x$ 结合看作 $\mathrm{d}v(x)$;对于第三四类问题,应将幂函数 x^k 和 $\mathrm{d}x$ 结合为 $\mathrm{d}v(x)$ 并将其他函数看作 $u(x)$;对于最后一类问题,可将两个函数中任一函数看作 $u(x)$.

注 表 4.3.1 列出了一些有用的结论.

表 4.3.1 基本积分公式表 II

$\int \tan x \mathrm{d}x = \ln|\sec x| + C$	$\int \cot x \mathrm{d}x = -\ln|\csc x| + C$
$\int \sec x \mathrm{d}x = \ln|\sec x + \tan x| + C$	$\int \csc x \mathrm{d}x = -\ln|\csc x + \cot x| + C$
$\int \arcsin x \mathrm{d}x = x\arcsin x + \sqrt{1-x^2} + C$	$\int \arccos x \mathrm{d}x = x\arccos x - \sqrt{1-x^2} + C$
$\int \arctan x \mathrm{d}x = x\arctan x - \frac{1}{2}\ln(1+x^2) + C$	$\int \ln x \mathrm{d}x = x\ln x - x + C$
$\int \frac{\mathrm{d}x}{a^2+x^2} = \frac{1}{a}\arctan \frac{x}{a} + C$	$\int \frac{\mathrm{d}x}{a^2-x^2} = \frac{1}{2a}\ln\left|\frac{x-a}{x+a}\right| + C \quad (a>0)$

续表

$\int \dfrac{\mathrm{d}x}{\sqrt{a^2-x^2}} = \arcsin \dfrac{x}{a} + C \quad (a>0)$	$\int \dfrac{\mathrm{d}x}{\sqrt{x^2-a^2}} = \ln\left\|x+\sqrt{x^2-a^2}\right\| + C \quad (a>0)$
$\int \dfrac{\mathrm{d}x}{\sqrt{a^2+x^2}} = \ln(x+\sqrt{x^2+a^2}) + C \quad (a>0)$	

有时,我们需要灵活地将被积函数分解为几部分,并将其中几部分与 $\mathrm{d}x$ 成功合并为 $\mathrm{d}v(x)$,也常常将分部积分法和换元积分法结合起来运用. 有时,应用分部积分法求不定积分后,可能再次出现原不定积分,有可能推导得出一个递推公式.

例 4.3.2 计算下列不定积分:

(1) $\int \mathrm{e}^{\sqrt{x}} \mathrm{d}x$;

(2) $\int \dfrac{x\arcsin x}{\sqrt{1-x^2}} \mathrm{d}x$;

(3) $\int \dfrac{x}{1+\cos x} \mathrm{d}x$;

(4) $\int \sec^3 x \mathrm{d}x$;

(5) $\int \dfrac{x^2 \mathrm{d}x}{(x^2+a^2)^2} \quad (a>0)$;

(6) $\int \dfrac{x\mathrm{e}^x}{\sqrt{1+\mathrm{e}^x}} \mathrm{d}x$.

解 (1) 令 $\sqrt{x}=t, \mathrm{d}x=2t\mathrm{d}t$,于是

$$\int \mathrm{e}^{\sqrt{x}} \mathrm{d}x = 2\int t\mathrm{e}^t \mathrm{d}t = 2\int t\mathrm{d}\mathrm{e}^t = 2t\mathrm{e}^t - 2\int \mathrm{e}^t \mathrm{d}t = 2t\mathrm{e}^t - \mathrm{e}^t + C = 2\sqrt{x}\mathrm{e}^{\sqrt{x}} - \mathrm{e}^{\sqrt{x}} + C.$$

(2) $\int \dfrac{x\arcsin x}{\sqrt{1-x^2}} \mathrm{d}x = -\dfrac{1}{2}\int \dfrac{\arcsin x}{\sqrt{1-x^2}} \mathrm{d}(1-x^2) = -\int \arcsin x \mathrm{d}\sqrt{1-x^2}$

$= -\left(\sqrt{1-x^2}\arcsin x - \int \sqrt{1-x^2} \mathrm{d}(\arcsin x)\right)$

$= -\sqrt{1-x^2}\arcsin x + \int \sqrt{1-x^2} \dfrac{1}{\sqrt{1-x^2}} \mathrm{d}x$

$= -\sqrt{1-x^2}\arcsin x + x + C.$

(3) $\int \dfrac{x}{1+\cos x} \mathrm{d}x = \int \dfrac{x}{2\cos^2 \dfrac{x}{2}} \mathrm{d}x = \int \dfrac{x}{\cos^2 \dfrac{x}{2}} \mathrm{d}\left(\dfrac{x}{2}\right)$

$= \int x \mathrm{d}\left(\tan \dfrac{x}{2}\right) = x\tan \dfrac{x}{2} - \int \tan \dfrac{x}{2} \mathrm{d}x$

$= x\tan \dfrac{x}{2} - 2\ln\left|\sec \dfrac{x}{2}\right| + C.$

(4) $\int \sec^3 x \mathrm{d}x = \int \sec x \mathrm{d}(\tan x) = \sec x \tan x - \int \tan x \mathrm{d}(\sec x)$

$= \sec x \tan x - \int \tan^2 x \sec x \mathrm{d}x$

$= \sec x \tan x - \int (\sec^2 x - 1)\sec x \mathrm{d}x$

$= \sec x \tan x - \int \sec^3 x \mathrm{d}x + \int \sec x \mathrm{d}x.$

移项得 $\int \sec^3 x \mathrm{d}x = \dfrac{1}{2}\left(\sec x \tan x + \int \sec x \mathrm{d}x\right)$

$$= \frac{1}{2}(\sec x\tan x + \ln|\sec x + \tan x|) + C.$$

(5) $\displaystyle\int \frac{x^2 \mathrm{d}x}{(x^2+a^2)^2} = \frac{1}{2}\int \frac{x\mathrm{d}x^2}{(x^2+a^2)^2} = -\frac{1}{2}\int x\mathrm{d}\left(\frac{1}{x^2+a^2}\right)$

$$= -\frac{1}{2}\frac{x}{x^2+a^2} + \frac{1}{2}\int \frac{\mathrm{d}x}{x^2+a^2}$$

$$= -\frac{1}{2}\frac{x}{x^2+a^2} + \frac{1}{2a}\arctan\frac{x}{a} + C.$$

(6) $\displaystyle\int \frac{x\mathrm{e}^x}{\sqrt{1+\mathrm{e}^x}}\mathrm{d}x = \int \frac{x}{\sqrt{1+\mathrm{e}^x}}\mathrm{d}\mathrm{e}^x = \int \frac{x}{\sqrt{1+\mathrm{e}^x}}\mathrm{d}(1+\mathrm{e}^x)$

$$= 2\int x\mathrm{d}\sqrt{1+\mathrm{e}^x} = 2\left[x\sqrt{1+\mathrm{e}^x} - \int\sqrt{1+\mathrm{e}^x}\mathrm{d}x\right].$$

$\int \sqrt{1+\mathrm{e}^x}\mathrm{d}x$ 也不容易计算，可利用换元积分法消去积分表达式中的根式：

$$\sqrt{1+\mathrm{e}^x} = t, \quad x = \ln(t^2-1), \quad \mathrm{d}x = \frac{2t}{t^2-1}\mathrm{d}t.$$

则

$$\int \sqrt{1+\mathrm{e}^x}\mathrm{d}x = \int t\frac{2t}{t^2-1}\mathrm{d}t = 2\int\left(1+\frac{1}{t^2-1}\right)\mathrm{d}t$$

$$= 2\left(t - \frac{1}{2}\ln\left|\frac{1+t}{1-t}\right|\right) + C$$

$$= 2\sqrt{1+\mathrm{e}^x} - \ln\frac{\sqrt{1+\mathrm{e}^x}+1}{\sqrt{1+\mathrm{e}^x}-1} + C.$$

因此

$$\int \frac{x\mathrm{e}^x}{\sqrt{1+\mathrm{e}^x}}\mathrm{d}x = 2(x-2)\sqrt{1+\mathrm{e}^x} + 2\ln\frac{\sqrt{1+\mathrm{e}^x}+1}{\sqrt{1+\mathrm{e}^x}-1} + C.$$

例 4.3.3 求 $I_n = \displaystyle\int \frac{\mathrm{d}x}{(x^2+a^2)^n}$ $(n\in\mathbf{N}_+, a>0)$.

解
$$I_n = \int \frac{\mathrm{d}x}{(x^2+a^2)^n} = \frac{x}{(x^2+a^2)^n} + \int \frac{2nx^2}{(x^2+a^2)^{n+1}}\mathrm{d}x$$

$$= \frac{x}{(x^2+a^2)^n} + 2n\int \frac{x^2+a^2-a^2}{(x^2+a^2)^{n+1}}\mathrm{d}x$$

$$= \frac{x}{(x^2+a^2)^n} + 2n\int \frac{\mathrm{d}x}{(x^2+a^2)^n} - 2na^2\int \frac{\mathrm{d}x}{(x^2+a^2)^{n+1}}$$

$$= \frac{x}{(x^2+a^2)^n} + 2nI_n - 2na^2 I_{n+1}.$$

移项，得递推公式如下：

$$I_{n+1} = \frac{1}{2na^2}\left[\frac{x}{(x^2+a^2)^n} + (2n-1)I_n\right].$$

习题 4.3 A

1. 计算下列不定积分：

(1) $\displaystyle\int x\sin x\mathrm{d}x$;

(2) $\displaystyle\int x(\cos 3x + \sin 2x)\mathrm{d}x$;

(3) $\int x^2 \cos^2 \dfrac{x}{2} dx$;

(4) $\int \arcsin x\, dx$;

(5) $\int x e^{-x} dx$;

(6) $\int (x^3 + x) 6^x dx$;

(7) $\int x^2 \arctan x\, dx$;

(8) $\int x \tan^2 x\, dx$;

(9) $\int \ln^2 x\, dx$;

(10) $\int x^2 \ln x\, dx$;

(11) $\int e^{2x} \cos 3x\, dx$;

(12) $\int \dfrac{\ln^3 x}{x^2} dx$.

2. 计算下列不定积分：

(1) $\int \dfrac{x e^x}{(1+e^x)^2} dx$;

(2) $\int \sqrt{x} \sin \sqrt{x}\, dx$;

(3) $\int \dfrac{\ln(\sin x)}{\sin^2 x} dx$;

(4) $\int \arctan \sqrt{x}\, dx$;

(5) $\int \dfrac{\ln x - 1}{(\ln x)^2} dx$;

(6) $\int \dfrac{x + \sin x}{1 + \cos x} dx$;

(7) $\int \dfrac{e^x(1+\sin x)}{1+\cos x} dx$;

(8) $\int \dfrac{x e^{\arctan x}}{(1+x^2)^2} dx$;

(9) $\int \dfrac{(1+x^2)\arcsin x}{x^2 \sqrt{1-x^2}} dx$;

(10) $\int \dfrac{\cos^4 x}{\sin^3 x} dx$;

(11) $\int \dfrac{\ln(x+\sqrt{1+x^2})}{(1+x^2)^{\frac{3}{2}}} dx$;

(12) $\int x \arctan \dfrac{a^2+x^2}{a^2} dx$.

3. 证明下列递推公式$(n=2,3,\cdots)$：

(1) 如果 $I_n = \int \tan^n x\, dx$，则 $I_n = \dfrac{1}{n-1} \tan^{n-1} x - I_{n-2}$;

(2) 如果 $I_n = \int \sin^n x\, dx$，则 $I_n = -\dfrac{1}{n} \sin^{n-1} x \cos x + \dfrac{n-1}{n} I_{n-2}$.

4. 计算 $\int x \left(\dfrac{\sin x}{x}\right)'' dx$.

习题 4.3 B

1. 计算下列不定积分：

(1) $\int \dfrac{x e^x}{(1+x)^2} dx$;

(2) $\int \dfrac{dx}{\sin 2x + 2\sin x}$;

(3) $\int e^{2x}(\tan x + 1)^2 dx$;

(4) $\int x^2 e^x dx$.

2. 计算 $\int [\ln f(x) + \ln f'(x)][f''(x) + f(x) f''(x)] dx$.

3. 如果 $f(\ln x) = \dfrac{\ln(1+x)}{x}$，计算 $\int f(x) dx$.

4. 求 $I_n = \int (\arcsin x)^n dx\, (n \in \mathbf{N})$.

5. 求 $I_n = \int \dfrac{dx}{\sin^n x}\, (n \in \mathbf{N})$.

4.4 有理函数的不定积分

4.4.1 有理函数的预备知识

任何有理函数 $R(x)$ 都可以表示为有理分式的形式,也就是说,有理函数的一般形式为

$$R(x)=\frac{P(x)}{Q(x)}=\frac{a_0x^n+a_1x^{n-1}+\cdots+a_{n-1}x+a_n}{b_0x^m+b_1x^{m-1}+\cdots+b_{m-1}x+b_m}. \tag{4.4.1}$$

其中 $m,n \in \mathbf{Z}, m \geq 0, n \geq 0$,系数 $a_0, a_1, \cdots, a_n$ 及 $b_0, b_1, \cdots, b_m$ 都是实数.

不失一般性,可假定分子多项式和分母多项式之间没有公因式.当有理函数的分子多项式的次数小于分母多项式的次数,即 $n < m$ 时,则称这种有理函数为**有理真分式**,否则当 $n \geq m$ 时,称这种有理函数为**有理假分式**.

如果分式为有理假分式,利用多项式的除法,总可以将一个假分式化为一个多项式 $M(x)$ 和一个有理真分式 $\dfrac{F(x)}{Q(x)}$ 之和的形式,即

$$\frac{P(x)}{Q(x)} = M(x) + \frac{F(x)}{Q(x)},$$

其中 $F(x)$ 的次数低于 $Q(x)$ 的次数.例如,

$$\frac{x^3+2x+1}{x^2+1} = x + \frac{x+1}{x^2+1}.$$

因为多项式的不定积分容易求得,所以求有理函数的不定积分的关键在于如何求出有理真分式的不定积分.

根据代数学的基本知识,有理真分式有四种基本形式.

定义 4.4.1 有理真分式有如下基本形式:

I. $\dfrac{A}{x-a}$;

II. $\dfrac{A}{(x-a)^k}$,其中 $k \geq 2$;

III. $\dfrac{Ax+B}{x^2+px+q}$,其中分母多项式只有复根,即 $p^2-4q<0$;

IV. $\dfrac{Ax+B}{(x^2+px+q)^k}$,其中 $k \geq 2$ 且分母多项式只有复根.

上述四种形式称为**部分分式**.

根据高等代数的部分分式定理,每一个有理真分式总可以表示为若干个部分分式的和.即,如果分母多项式有如下的因式分解:

$$Q(x) = b_0(x-a)^\alpha \cdots (x-b)^\beta (x^2+px+q)^\mu \cdots (x^2+rx+s)^\lambda,$$

则有理真分式 $\dfrac{F(x)}{Q(x)}$ 可以分解成如下形式:

$$\frac{F(x)}{Q(x)} = \frac{A_1}{(x-a)^\alpha} + \frac{A_2}{(x-a)^{\alpha-1}} + \cdots + \frac{A_\alpha}{x-a} + \cdots +$$

$$\frac{B_1}{(x-a)^\beta} + \frac{B_2}{(x-b)^{\beta-1}} + \cdots + \frac{B_\beta}{x-b} + \cdots +$$

$$\frac{M_1 x + N_1}{(x^2 + px + q)^\mu} + \frac{M_2 x + N_2}{(x^2 + px + q)^{\mu-1}} + \cdots + \frac{M_\mu x + N_\mu}{x^2 + px + q} + \cdots +$$
$$\frac{R_1 x + S_1}{(x^2 + rx + s)^\lambda} + \frac{R_2 x + S_2}{(x^2 + rx + s)^{\lambda-1}} + \cdots + \frac{R_\lambda x + S_\lambda}{x^2 + rx + s}, \quad (4.4.2)$$

其中 A_i, B_i, M_i, N_i, R_i 及 S_i 都是常数.

求常数 $A_i, B_i, M_i, N_i, R_i, S_i$ 的方法如下:方程(4.4.2)是恒等的,可将等号右端通分得到分子为 $G(x)$ 的分式,等式左右两边的分母都是 $Q(x)$,而分子化为等同的多项式,得

$$\frac{F(x)}{Q(x)} = \frac{G(x)}{Q(x)} \quad \text{或} \quad F(x) = G(x).$$

方程(4.4.2)成立等价于多项式 $F(x)$ 与 $G(x)$ 同次幂项的系数分别相等,由此得到关于未知系数 $A_i, B_i, M_i, N_i, R_i, S_i$ 的一个方程组,求解该方程组即可得到所有常数. 这种求解系数的方法叫"待定系数法".

例 4.4.1 将有理真分式 $\dfrac{x+3}{x^2-5x+6}$ 表示为部分分式的和的形式.

解 有理真分式 $\dfrac{x+3}{x^2-5x+6} = \dfrac{x+3}{(x-3)(x-2)}$ 可以化为

$$\frac{x+3}{(x-3)(x-2)} = \frac{A}{x-3} + \frac{B}{x-2},$$

其中 A, B 为待定系数.

两边去分母后,有

$$x + 3 = A(x-2) + B(x-3),$$

即

$$x + 3 = (A+B)x + (-2A-3B).$$

使 x^1, x^0 (常数项)的系数分别相等,得到如下方程组:

$$\begin{cases} A + B = 1, \\ -2A - 3B = 3. \end{cases}$$

解此方程组,得

$$A = 6, \quad B = -5.$$

由此,分解的结果为

$$\frac{x+3}{x^2-5x+6} = \frac{6}{x-3} + \frac{-5}{x-2}. \quad \blacksquare$$

为了确定系数也可以采用以下方法:因为两端消去分母后,等式左右两端的多项式是恒等式,对于 x 的任意值,它们都是相等的. 所以可以指定 x 的一些特殊值,由此得到待定系数的方程组.

例 4.4.2 将有理真分式 $\dfrac{1}{x^4-2x^3+2x^2-2x+1}$ 表示为部分分式的和的形式.

解 真分式 $\dfrac{1}{x^4-2x^3+2x^2-2x+1} = \dfrac{1}{(x^2+1)(x-1)^2}$ 可以化为

$$\frac{1}{(x^2+1)(x-1)^2} = \frac{A}{(x-1)^2} + \frac{B}{x-1} + \frac{Cx+D}{x^2+1},$$

其中 A, B, C, D 为待定系数.

两边去分母后,有

$$1 = A(x^2+1) + B(x^2+1)(x-1) + (Cx+D)(x-1)^2, \quad (4.4.3)$$

即

$$1 = (B+C)x^3 + (A-B-2C+D)x^2 + (B+C-2D)x + (A-B+D).$$

使 x^3, x^2, x^1, x^0（常数项）的系数分别相等，得到如下方程组：
$$\begin{cases} B+C=0, \\ A-B-2C+D=0, \\ B+C-2D=0, \\ A-B+D=1. \end{cases}$$

解此方程组，得
$$A=\frac{1}{2}, \quad B=-\frac{1}{2}, \quad C=\frac{1}{2}, \quad D=0.$$

在等式(4.4.3)中，也可以代入一些 x 的特殊值，从而求出待定的系数. 例如，令 $x=1$，得 $1=2A$，即 $A=\frac{1}{2}$. 将 $A=\frac{1}{2}$ 代入(4.4.3)，化简方程为

$$-\frac{1}{2}(x+1)=B(x^2+1)+(Cx+D)(x-1). \tag{4.4.4}$$

令 $x=1$，有 $-1=2B$，即 $B=-\frac{1}{2}$. 再令 $x=0$，有 $-\frac{1}{2}-\left(-\frac{1}{2}\right)=-D$，即 $D=0$. 最后令 $x=-1$，有 $0=-1+2C$，即 $C=\frac{1}{2}$.

最终我们分解的结果为
$$\frac{1}{x^4-2x^3+2x^2-2x+1}=\frac{1}{2(x-1)^2}-\frac{1}{2(x-1)}+\frac{x}{2(x^2+1)}. \quad \blacksquare$$

4.4.2 有理函数的不定积分

根据部分分式定理，每一个有理真分式都可以表示为部分分式的和. 故求真分式的积分，首先要考虑部分分式的积分. 前三类部分分式 I, II 及 III 的积分并没有太大的难度，因此，略去推导过程，给出这三类部分分式不定积分的结果如下：

I. $\int \frac{A}{x-a} \mathrm{d}x = A\ln|x-a|+C$；

II. $\int \frac{A}{(x-a)^k} \mathrm{d}x = A\int (x-a)^{-k}\mathrm{d}x = \frac{A}{(1-k)(x-a)^{k-1}}+C$；

III. $\int \frac{Ax+B}{x^2+px+q} \mathrm{d}x = \int \frac{\frac{A}{2}(2x+p)+\left(B-\frac{Ap}{2}\right)}{x^2+px+q}\mathrm{d}x$

$\qquad = \frac{A}{2}\int \frac{2x+p}{x^2+px+q}\mathrm{d}x + \left(B-\frac{Ap}{2}\right)\int \frac{\mathrm{d}x}{x^2+px+q}$

$\qquad = \frac{A}{2}\ln|x^2+px+q| + \left(B-\frac{Ap}{2}\right)\int \frac{\mathrm{d}x}{\left(x+\frac{p}{2}\right)^2+\left(q-\frac{p^2}{4}\right)}$

$\qquad = \frac{A}{2}\ln|x^2+px+q| + \frac{2B-Ap}{\sqrt{4q-p^2}}\arctan\frac{2x+p}{\sqrt{4q-p^2}} + C.$

第 IV 类部分分式的不定积分的计算过程较为复杂. 下面讨论该不定积分的计算，考虑：

IV. $\frac{Ax+B}{(x^2+px+q)^k}.$

进行变换,可得

$$\int \frac{Ax+B}{(x^2+px+q)^k}dx = \int \frac{\frac{A}{2}(2x+p)+\left(B-\frac{Ap}{2}\right)}{(x^2+px+q)^k}dx$$
$$= \frac{A}{2}\int \frac{2x+p}{(x^2+px+q)^k}dx + \left(B-\frac{Ap}{2}\right)\int \frac{dx}{(x^2+px+q)^k}. \tag{4.4.5}$$

采用换元积分法求解等式(4.4.5)右边的第一个不定积分,令 $x^2+px+q=t$, $(2x+p)dx=dt$,变量替换可得

$$\int \frac{2x+p}{(x^2+px+q)^k}dx = \int \frac{dt}{t^k} = \frac{t^{1-k}}{1-k}+C$$
$$= \frac{1}{(1-k)(x^2+px+q)^{k-1}}+C.$$

用 I_k 来表示等式(4.4.5)右边的第二个不定积分,令

$$x+\frac{p}{2}=t, \quad dx=dt, \quad q-\frac{p^2}{4}=m^2,$$

则有

$$I_k = \int \frac{dx}{(x^2+px+q)^k} = \int \frac{dx}{\left[\left(x+\frac{p}{2}\right)^2+\left(q-\frac{p^2}{4}\right)\right]^k} = \int \frac{dt}{(t^2+m^2)^k}.$$

直接用例4.3.3的递推公式可得

$$I_k = \frac{t}{2m^2(k-1)(t^2+m^2)^{k-1}} + \frac{2k-3}{2m^2(k-1)}I_{k-1}.$$

继续使用这种方法,可得到熟悉的积分

$$I_1 = \int \frac{dt}{t^2+m^2} = \frac{1}{m}\arctan\frac{t}{m}+C.$$

因此,对于给定的 A,B,p,q,将所有的 t 和 m 值代回,最终就得到第IV类部分分式的不定积分的表达式.

例4.4.3 求下列不定积分:

(1) $\int \frac{dx}{x^2+x-2}$； (2) $\int \frac{x+3}{x^2-5x+6}dx$；

(3) $\int \frac{dx}{x^4-2x^3+2x^2-2x+1}$； (4) $\int \frac{x-2}{x^2+2x+3}dx$；

(5) $\int \frac{x^3}{x+3}dx$； (6) $\int \frac{x^5+x^4-8}{x^3-x}dx$.

解 (1) 因为 $\frac{1}{x^2+x-2} = \frac{1}{(x+2)(x-1)} = \frac{1}{3}\left(\frac{1}{x-1}-\frac{1}{x+2}\right)$,

有

$$\int \frac{dx}{x^2+x-2} = \frac{1}{3}\left(\int \frac{dx}{x-1} - \int \frac{dx}{x+2}\right)$$
$$= \frac{1}{3}[\ln|x-1|-\ln|x+2|]+C$$
$$= \frac{1}{3}\ln\left|\frac{x-1}{x+2}\right|+C.$$

(2) $\int \dfrac{x+3}{x^2-5x+6}\mathrm{d}x = \int \dfrac{6}{x-3}\mathrm{d}x + \int \dfrac{-5}{x-2}\mathrm{d}x$

$\qquad\qquad\qquad\qquad = 6\ln|x-3| - 5\ln|x-2| + C.$

(3) $\int \dfrac{\mathrm{d}x}{x^4-2x^3+2x^2-2x+1} = \int \left[\dfrac{1}{2(x-1)^2} - \dfrac{1}{2(x-1)} + \dfrac{x}{2(x^2+1)}\right]\mathrm{d}x$

$\qquad\qquad\qquad = \dfrac{1}{2}\int \dfrac{\mathrm{d}x}{(x-1)^2} - \dfrac{1}{2}\int \dfrac{\mathrm{d}x}{x-1} + \dfrac{1}{2}\int \dfrac{x\mathrm{d}x}{(x^2+1)}$

$\qquad\qquad\qquad = -\dfrac{1}{2}\dfrac{1}{(x-1)} - \dfrac{1}{2}\ln|x-1| + \dfrac{1}{4}\ln|x^2+1| + C.$

(4) 因为 $\qquad\qquad x-2 = \dfrac{1}{2}(2x+2) - 3,$

有 $\qquad\qquad \int \dfrac{x-2}{x^2+2x+3}\mathrm{d}x = \int \dfrac{\dfrac{1}{2}(2x+2)-3}{x^2+2x+3}\mathrm{d}x$

$\qquad\qquad\qquad = \dfrac{1}{2}\int \dfrac{2x+2}{x^2+2x+3}\mathrm{d}x - 3\int \dfrac{\mathrm{d}x}{x^2+2x+3}$

$\qquad\qquad\qquad = \dfrac{1}{2}\int \dfrac{\mathrm{d}(x^2+2x+3)}{x^2+2x+3} - 3\int \dfrac{\mathrm{d}(x+1)}{(x+1)^2+(\sqrt{2})^2}$

$\qquad\qquad\qquad = \dfrac{1}{2}\ln(x^2+2x+3) - \dfrac{3}{\sqrt{2}}\arctan \dfrac{x+1}{\sqrt{2}} + C.$

(5) $\int \dfrac{x^3}{x+3}\mathrm{d}x = \int \dfrac{(x^2-3x+9)(x+3)-27}{x+3}\mathrm{d}x$

$\qquad\qquad = \int (x^2-3x+9)\mathrm{d}x - 27\int \dfrac{\mathrm{d}x}{x+3}$

$\qquad\qquad = \dfrac{1}{3}x^3 - \dfrac{3}{2}x^2 + 9x - 27\ln|x+3| + C.$

(6) $\int \dfrac{x^5+x^4-8}{x^3-x}\mathrm{d}x = \int \dfrac{(x^2+x+1)(x^3-x)+x^2+x-8}{x^3-x}\mathrm{d}x$

$\qquad\qquad = \int (x^2+x+1)\mathrm{d}x + \int \dfrac{x^2+x-8}{x(x-1)(x+1)}\mathrm{d}x.$

因为 $\qquad\qquad \dfrac{x^2+x-8}{x(x-1)(x+1)} = \dfrac{8}{x} - \dfrac{3}{x-1} - \dfrac{4}{x+1},$

有 $\qquad \int \dfrac{x^5+x^4-8}{x^3-x}\mathrm{d}x = \dfrac{1}{3}x^3 + \dfrac{1}{2}x^2 + x + 8\ln|x| - 3\ln|x-1| - 4\ln|x+1| + C.$ ■

由此可见,所有的有理函数都可以分解为多项式和一个真分式的和,并且每一部分的积分都可以用初等函数来表示,即有理函数的不定积分总能"积"出来,即每一个有理函数的原函数都是初等函数.

有些有理三角函数的积分也可化为有理函数积分来计算.

例 4.4.4 求 $I = \int \dfrac{\mathrm{d}x}{\sin x}$.

解 设 $t = \tan \dfrac{x}{2}$，则 $\sin x = \dfrac{2\sin\dfrac{x}{2}\cos\dfrac{x}{2}}{\cos^2\dfrac{x}{2} + \sin^2\dfrac{x}{2}} = \dfrac{2t}{1+t^2}$，$\mathrm{d}x = \dfrac{2\mathrm{d}t}{1+t^2}$，代入有

$$I = \int \left(\dfrac{1+t^2}{2t} \cdot \dfrac{2}{1+t^2}\right)\mathrm{d}t = \int \dfrac{\mathrm{d}t}{t} = \ln|t| + C$$

$$= \ln\left|\tan\dfrac{x}{2}\right| + C.\quad\blacksquare$$

例 4.4.5 求 $I = \int \dfrac{\mathrm{d}x}{\cos x}$.

解 设 $t = \tan\dfrac{x}{2}$，则 $\cos x = \dfrac{\cos^2\dfrac{x}{2} - \sin^2\dfrac{x}{2}}{\cos^2\dfrac{x}{2} + \sin^2\dfrac{x}{2}} = \dfrac{1-t^2}{1+t^2}$，$\mathrm{d}x = \dfrac{2\mathrm{d}t}{1+t^2}$，代入有

$$I = \int\left(\dfrac{1+t^2}{1-t^2}\cdot\dfrac{2}{1+t^2}\right)\mathrm{d}t = \int\dfrac{2}{1-t^2}\mathrm{d}t$$

$$= \int\left(\dfrac{1}{1+t} + \dfrac{1}{1-t}\right)\mathrm{d}t$$

$$= \ln|1+t| - \ln|1-t| + C$$

$$= \ln\left|\dfrac{1+t}{1-t}\right| + C$$

$$= \ln\left|\dfrac{1+\tan\dfrac{x}{2}}{1-\tan\dfrac{x}{2}}\right| + C.\quad\blacksquare$$

4.4.3 不能表示为初等函数的不定积分

我们已经指出，任一区间上的连续函数在此区间有原函数. 然而，"存在原函数"和"原函数能用初等函数表示出来"有不同的含义. 虽然某些函数的原函数存在，但是它的原函数不一定能用初等函数来表示，例如

$$\int \mathrm{e}^{x^2}\mathrm{d}x,\quad \int \dfrac{\sin x}{x}\mathrm{d}x,\quad \int\dfrac{\mathrm{d}x}{\sqrt{1+x^4}},\quad \int\dfrac{\mathrm{d}x}{\ln x},\quad\cdots$$

都存在，而这些不定积分的被积函数的原函数是非初等函数. 我们也说，这些不定积分"积不出来". 读者也许会问：有些积分可以用初等函数来表示，那哪些积分不能用初等函数来表示呢？这是一个难题. 我们仅能回答：所有的有理函数和有理三角函数的不定积分都可以用初等函数来表示.

习题 4.4

1. 求下列不定积分：

(1) $\int \dfrac{2x+3}{x^2+3x-10}\,\mathrm{d}x$;

(2) $\int \dfrac{1}{(x^2+1)^2}\,\mathrm{d}x$;

(3) $\int \dfrac{x^3+1}{x^3-5x^2+6x}\,\mathrm{d}x$;

(4) $\int \dfrac{(x^2+1)}{(x+1)^2(x-1)}\,\mathrm{d}x$;

(5) $\int \dfrac{1}{x^4-2x^2+1}\,\mathrm{d}x$;

(6) $\int \dfrac{x^6}{x^4+2x^2+1}\,\mathrm{d}x$;

(7) $\int \dfrac{1}{1+x^4}\,\mathrm{d}x$;

(8) $\int \dfrac{1}{(x^2+1)(x^2+x+1)}\,\mathrm{d}x$;

(9) $\int \dfrac{x^5}{(x+1)^2(x-1)}\,\mathrm{d}x$;

(10) $\int \dfrac{1}{x^5-x^4+x^3-x^2+x-1}\,\mathrm{d}x$.

第 5 章

定积分

定积分是微积分学中的一个基本概念,是数学、物理、力学和其他学科中十分有力的研究工具.本章,我们先从数学与物理问题出发引进定积分的定义,然后讨论它的性质和计算方法,并介绍定积分在几何和物理中的一些应用.

5.1 定积分的概念和性质

5.1.1 实例

在初等几何学中,我们学习了计算由直线和圆弧所围成的平面图形的面积.如果考虑由任一形式的封闭曲线所围成的平面图形面积的计算问题,只有用极限的方法才能解决.

由一条封闭曲线围成的平面区域常常可以用相互垂直的两组平行直线将它分成若干个部分,有的是矩形,有的是曲边三角形,有的是曲边梯形.矩形面积的计算方法是已知的,而曲边三角形是曲边梯形的特殊情况,所以只要会计算曲边梯形的面积,我们就会计算任意封闭曲线围成区域的面积.下面,我们讨论曲边梯形面积的计算.

例 5.1.1(曲边梯形的面积) 设 $y=f(x)$ 在闭区间 $[a,b]$ 上是非负的连续函数.计算由曲线 $y=f(x)$ 与直线 $x=a$ 和 $x=b$,及 x 轴所围成的平面图形的面积(图 5.1.1).

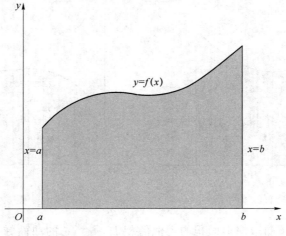

图 5.1.1

我们知道矩形的面积可按照公式

$$矩形面积 = 高 \times 底$$

来计算. 而曲边梯形的高 $y=f(x)$ 是随底边的位置不同而变化的, 故它的面积不能用上述公式直接来定义和计算. 由于 $y=f(x)$ 是在区间 $[a,b]$ 上连续变化的, 在底边很小的变化区间上它的变化也很小, 近似于不变, 在一小段区间上的很小的曲边梯形的面积可以用矩形面积来近似. 因此, 我们可以将区间 $[a,b]$ 划分成许多小区间, 在每个小区间上用其中一点处的高来近似代替这一个区间中变化的高度, 从而用一个窄矩形的面积来近似窄曲边梯形的面积. 将所有的窄矩形的面积加起来就得到了要求的曲边梯形面积的一个近似. 利用极限的方法, 我们把区间 $[a,b]$ 无限细分下去, 重复这个近似求和的过程. 当每个小区间长度都趋于零时, 所有窄矩形的面积之和的极限就是曲边梯形的面积. 这个过程可表述如下:

若 $f(x)$ 是常数, 设为 H, 则该平面图形就是一个矩形, 其面积 A 可以利用如下公式得到:

$$A = H(b-a).$$

若 $f(x)$ 在区间 $[a,b]$ 不恒为常数, 为了计算图 5.1.1 中的图形面积 A, 我们采用下列步骤.

(1) "分". 在区间 $[a,b]$ 内任意插入 $n-1$ 个点, 记作 $x_1, x_2, \cdots, x_{n-1}$, 将区间 $[a,b]$ 分为 n 个子区间, 使得

$$a = x_0 < x_1 < x_2 < \cdots < x_{k-1} < x_k < \cdots < x_{n-1} < x_n = b,$$

并称之为区间 $[a,b]$ 的一个分法. 为了使符号一致, 这里令 $a=x_0, b=x_n$. 该分法将区间 $[a,b]$ 分成 n 个小区间:

$$[x_0, x_1], [x_1, x_2], \cdots, [x_{k-1}, x_k], \cdots, [x_{n-1}, x_n].$$

第 k 个子区间 $[x_{k-1}, x_k]$ 的长度为

$$\Delta x_k = x_k - x_{k-1}, \quad k=1,2,\cdots,n.$$

如果过每一个分点 x_k 画一条垂线, 那么曲边梯形被划为 n 个窄曲边梯形(图 5.1.2), 称之为子曲边梯形.

(2) "匀". 在每一个子区间 $[x_{k-1}, x_k]$ 上任取一点记作 ξ_k, 将第 k 个子曲边梯形的面积记作 ΔA_k(图 5.1.3), 则它的近似值为

$$\Delta A_k \approx f(\xi_k)\Delta x_k, \quad k=1,2,\cdots,n.$$

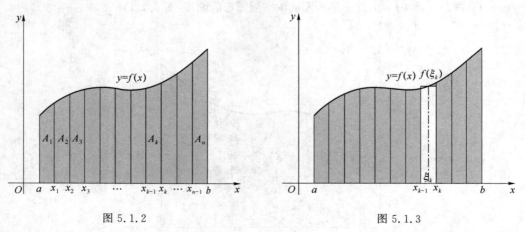

图 5.1.2　　　　　　　　　　图 5.1.3

(3) "和". 将所有子曲边梯形面积的近似值相加, 得到总的曲面梯形面积 A 的近似值(图 5.1.4)为

$$A = \sum_{k=1}^{n} \Delta A_k \approx \sum_{k=1}^{n} f(\xi_k) \Delta x_k.$$

上式右端的和式称为函数 $f(x)$ 在区间 $[a,b]$ 上的**黎曼和**.

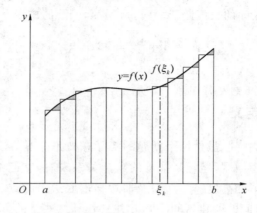

图 5.1.4

(4) "精". 当区间 $[a,b]$ 上的划分越来越细, 我们看到黎曼和与 A 的值越来越接近. 实际上, 如果最大子区间的长度趋于 0, 黎曼和有一个极限(后面的定理会证明). 因此

$$A = \lim_{d \to 0} \sum_{k=1}^{n} f(\xi_k) \Delta x_k,$$

其中 $d = \max\limits_{1 \leqslant k \leqslant n} \{\Delta x_k\}$. 由此可见, 曲边梯形面积 A 是一个特定结构和式的极限.

这个定义给出了计算曲边梯形面积的方法, 但是按照此定义来计算曲边梯形面积 A, 计算过于复杂. 在后面的章节中, 我们将进一步讨论这个特定结构和式极限的计算方法.

例 5.1.2 (质点的位移) 设一质点作变速直线运动, 已知速度 $v = v(t)$, 求质点在时间间隔 $[a,b]$ 上的位移 s.

计算这个问题遇到的困难是变速运动, 即速度函数 $v = v(t)$ 不是常数. 如果质点是做匀速直线运动, 计算从时刻 a 到时刻 b 的位移有公式:

$$位移 = 速度 \times 时间.$$

虽然我们现在考虑的问题不能简单用上面的公式来计算, 但是质点变速运动的速度函数 $v = v(t)$ 是连续变化的, 在很短的时间内, 速度变化很小, 可近似于匀速运动. 那么, 我们同样可以把时间间隔划分成许多小时间间隔, 在小时间段中, 以匀速运动来代替变速运动, 计算出小时间段上的部分位移, 将每段位移求和后就得到整个时间间隔 $[a,b]$ 上的位移的近似. 当时间间隔划分无限取细时, 部分和位移的极限就是变速运动位移的精确值, 具体计算过程如下.

对于匀速直线运动 $v = \nu$, 位移与速度的关系可以表示为

$$s = \nu(b-a).$$

如果速度是一个时间的函数 $v(t)$, 即位移在时间间隔 $[a,b]$ 上关于 t 是不均匀的, 和例 5.1.1 类似, 需要进行下列步骤.

(1) "分". 在区间 $[a,b]$ 内任意插入 $n-1$ 个点, 将其划分为 n 个子区间, 使得

$$a = t_0 < t_1 < t_2 < \cdots < t_{k-1} < t_k < \cdots < t_{n-1} < t_n = b.$$

(2) "匀". 质点在时间间隔 $[t_{k-1}, t_k]$ 上位移的近似值为

$$\Delta s_k \approx v(\xi_k) \Delta t_k, \quad k = 1, 2, \cdots, n,$$

其中 ξ_k 为区间 $[t_{k-1}, t_k]$ 上任一点.

(3) "和"(黎曼和). 将区间$[a,b]$上所有子区间上位移的近似值累加得到：
$$s = \sum_{k=1}^{n} \Delta s_k \approx \sum_{k=1}^{n} v(\xi_k) \Delta t_k.$$

(4) "精". 当最大子区间的长度趋于 0 时，区间$[a,b]$上的黎曼和趋于质点的位移. 因此
$$s = \lim_{d \to 0} \sum_{k=1}^{n} v(\xi_k) \Delta t_k,$$
其中$d = \max_{1 \leqslant k \leqslant n} \{\Delta t_k\}$.

5.1.2 定积分的定义

从上面两个例子可以看到，虽然两个问题的实际意义完全不同，一个是几何学中的面积问题，一个是物理学中的路程问题，但是从抽象的数量关系来看，它们都取决于一个函数及其自变量变化的区间：曲边梯形的高度$y = f(x)$及曲边梯形底边上的点x的变化区间$[a,b]$；变速直线运动的速度$v(t)$及时间的变化区间$[a,b]$. 并且计算这些量的方法与步骤是相同的，都涉及某一个函数在区间上特定和式的极限，如：
$$\text{面积 } A = \lim_{d \to 0} \sum_{k=1}^{n} f(\xi_k) \Delta x_k,$$
$$\text{位移 } s = \lim_{d \to 0} \sum_{k=1}^{n} v(\xi_k) \Delta t_k.$$

抛开这些问题的实际含义，将抽象的数量关系的共同本质和特性加以概括，可以抽象出定积分的定义.

定义 5.1.1(定积分) 设函数$f(x)$定义在区间$[a,b]$上，在(a,b)内任意插入$n-1$个分点$x_1, x_2, \cdots, x_{n-1}$，使得
$$a = x_0 < x_1 < x_2 < \cdots < x_{n-1} < x_n = b,$$
即构造了区间$[a,b]$的一个剖分. 在每个子区间$[x_{k-1}, x_k]$上任取一点ξ_k作和式：
$$\sum_{k=1}^{n} f(\xi_k) \Delta x_k,$$
其中$\Delta x_k = x_k - x_{k-1}$. 设$d$为$\Delta x_k (k=1,2,\cdots,n)$中的最大数，即$d = \max_{1 \leqslant k \leqslant n} \{\Delta x_k\}$. 当$d \to 0$时，如果和式$\sum_{k=1}^{n} f(\xi_k) \Delta x_k$的极限存在，即
$$I = \lim_{d \to 0} \sum_{k=1}^{n} f(\xi_k) \Delta x_k,$$
且此极限值不依赖于ξ_k的选择，也不依赖于区间$[a,b]$的剖分，就称此极限值为函数$f(x)$在$[a,b]$上的**定积分**(definite integral)，记为
$$I = \int_a^b f(x) \mathrm{d}x,$$
其中$[a,b]$为**积分区间**，a和b分别为**积分下限**和**积分上限**，和式$\sum_{k=1}^{n} f(\xi_k) \Delta x_k$为$f(x)$的**积分和**. 因为历史上是黎曼(Riemann)首先以一般形式给出这一定义，所以该和式也被称为**黎曼和**. 在上述意义下的定积分，也叫作**黎曼积分**.

如果函数f在$[a,b]$上的定积分存在，我们就称函数f在$[a,b]$上**可积**(**黎曼可积**). 若当

$d \to 0$ 时,黎曼和 $\sum_{k=1}^{n} f(\xi_k)\Delta x_k$ 的极限不存在,则称函数 f 在区间 $[a,b]$ 上**不可积**.

根据定积分的定义,前面讨论的两个实际问题都是定积分,可以分别表述如下:

由曲线 $y=f(x)(f(x)\geqslant 0)$,直线 $x=a$ 与 $x=b$,及 x 轴所围成的平面图形的面积 A 等于函数 $f(x)$ 在区间 $[a,b]$ 上的定积分,即

$$A = \int_a^b f(x)\mathrm{d}x.$$

质点以变速度 $v=v(t)$ 作直线运动,质点在时间间隔 $[a,b]$ 上的位移 s 等于函数 $v(t)$ 在区间 $[a,b]$ 上的定积分,即

$$s = \int_a^b v(t)\mathrm{d}t.$$

注 定积分的值取决于被积函数和积分区间,而与我们选择的自变量字母无关. 若用字母 t 或者 u 代替 x,有

$$\int_a^b f(x)\mathrm{d}x = \int_a^b f(t)\mathrm{d}t = \int_a^b f(u)\mathrm{d}u.$$

由于从 a 到 b 的积分与所选字母无关,故也称积分的变量为**哑元**.

定积分的定义也可以用"ε-δ"语言表述如下.

设 $f(x)$ 是定义在区间 $[a,b]$ 上的函数,I 是一个常数. 若对于任意给定的 $\varepsilon>0$,存在 $\delta>0$,对任意的剖分 $a=x_0<x_1<x_2<\cdots<x_{n-1}<x_n=b$,不管 ξ_k 在子区间 $[x_{k-1},x_k]$ 中如何选取,只要 $d=\max\limits_{1\leqslant k\leqslant n}\{\Delta x_k\}<\delta$,就有

$$\left|\sum_{k=1}^{n} f(\xi_k)\Delta x_k - I\right| < \varepsilon,$$

其中 $\Delta x_k = x_k - x_{k-1}$,则称 I 是函数 $f(x)$ 在区间 $[a,b]$ 上的定积分.

从定积分的定义可以得到如下命题.

命题 5.1.1(可积的必要条件) 若函数 $f(x)$ 在 $[a,b]$ 上可积,则 $f(x)$ 在 $[a,b]$ 上必有界.

上述命题很容易证明. 若函数 $f(x)$ 在 $[a,b]$ 上无界,则对任意的剖分 $a=x_0<x_1<x_2<\cdots<x_{n-1}<x_n=b$,该函数至少会在某一个子区间 $[x_{k-1},x_k]$ 上无界. 因此,可以在此区间上选取一点 ξ_i,使 $f(\xi_i)\Delta x_i$ 大于任意预先给定的数,随之可使积分和式大于任意给定的数. 从而和式 $\sum_{k=1}^{n} f(\xi_k)\Delta x_k$ 就不可能有极限. 因此,可积函数一定是有界的.

命题 5.1.1 的逆否命题为真,也就是说,在上述黎曼积分意义下,无界函数一定不可积. 在本章第 4 节中,我们将讨论无界函数的积分,那是反常积分的一种.

由于每一个子区间的划分和子区间的 ξ_k 都是任意的,黎曼和可能出现不同的极限值. 然而当 $d \to 0$ 且 f 在区间 $[a,b]$ 上连续时,黎曼和总有相同的极限. 实际上,我们可以不作证明地给出定积分存在的充分条件.

定理 5.1.1(可积的充分条件) 若函数 f 在区间 $[a,b]$ 上连续或只有有限个第一类间断点,则函数 f 在区间 $[a,b]$ 上可积.

定积分的几何意义

由例 5.1.1 知,当 $f(x)\geqslant 0, x\in[a,b]$ 时,定积分 $\int_a^b f(x)\mathrm{d}x$ 表示由曲线 $y=f(x)$ 和三条直线 $x=a, x=b, y=0$ 围成的曲边梯形的面积 A,即

$$\int_a^b f(x)\mathrm{d}x = A.$$

当 $f(x) \leqslant 0, x \in [a,b]$,则由曲线 $y = f(x)$ 和三条直线 $x = a, x = b, y = 0$ 围成的曲边梯形位于 x 轴的下方(图 5.1.5).易得 $f(\xi_k)\Delta x_k \approx -\Delta A_k$,因此

$$\int_a^b f(x)\mathrm{d}x = \lim_{d \to 0} \sum_{k=1}^n f(\xi_k)\Delta x_k = -A.$$

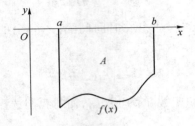

图 5.1.5

若函数 $f(x)$ 在区间 $[a,b]$ 上变号,即函数 $f(x)$ 的图像的某些部分在 x 轴上方,某些部分在 x 轴下方,则函数 $f(x)$ 在区间 $[a,b]$ 上的积分不是曲边梯形的总面积,而是各部分面积的代数和(位于 x 轴的下方的区域面积仍取负值).

为以后使用方便,对任意被积函数 f 的积分我们做如下规定:

(1) 当 $a > b$ 时,

$$\int_a^b f(x)\mathrm{d}x = -\int_b^a f(x)\mathrm{d}x;$$

(2) 当 $a = b$ 时,

$$\int_a^a f(x)\mathrm{d}x = 0.$$

我们用 $R[a,b]$ 表示所有在区间 $[a,b]$ 上可积的函数的集合.今后,函数 $f \in R[a,b]$ 意味着函数 f 在区间 $[a,b]$ 上可积.

例 5.1.3 利用定积分的定义计算 $\int_0^1 x^2 \mathrm{d}x$.

解 由于函数 x^2 是连续函数,它在区间 $[0,1]$ 上是可积的.为了便于计算 $\int_0^1 x^2 \mathrm{d}x$,可以选择一个特殊的划分来构建黎曼和(图 5.1.6).

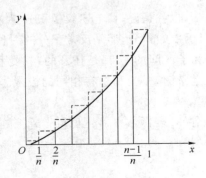

图 5.1.6

将区间 $[0,1]$ 分成 n 等份,分点为

$$x_0=0, \quad x_1=\frac{1}{n}, \quad x_2=\frac{2}{n}, \quad \cdots, \quad x_{n-1}=\frac{n-1}{n}, \quad x_n=1,$$

且每个子区间的长度为

$$\Delta x_k = \frac{1}{n}, \quad k=1,2,\cdots,n.$$

每个子区间上的 ξ_k 取第 k 个子区间的右端点，即

$$\xi_k = x_k, \quad k=1,2,\cdots,n.$$

于是，对应的黎曼和为

$$\sum_{k=1}^{n}\left(\frac{k}{n}\right)^2 \frac{1}{n} = \frac{1}{n^3}\sum_{k=1}^{n}k^2 = \frac{1}{n^3}(1^2+2^2+3^2+\cdots+n^2) = \frac{1}{n^3}\frac{n(n+1)(2n+1)}{6}.$$

当 $d \to 0$ 时，$n \to \infty$，对上式右端取极限，由定积分的定义可以得到所要计算的积分为

$$\int_0^1 x^2 \mathrm{d}x = \lim_{n\to\infty}\sum_{k=1}^{n}\left(\frac{k}{n}\right)^2 \frac{1}{n} = \frac{1}{6}\lim_{n\to\infty}\frac{n(n+1)(2n+1)}{n^3} = \frac{1}{3}. \quad \blacksquare$$

5.1.3 定积分的性质

性质 1（线性性质） 设函数 $f, g \in R[a,b]$，k 为常数，则 $kf, f \pm g \in R[a,b]$ 并且

$$\int_a^b kf(x)\mathrm{d}x = k\int_a^b f(x)\mathrm{d}x, \tag{5.1.1}$$

$$\int_a^b [f(x) \pm g(x)]\mathrm{d}x = \int_a^b f(x)\mathrm{d}x \pm \int_a^b g(x)\mathrm{d}x. \tag{5.1.2}$$

这个性质不难由积分的定义直接证明，这里证明过程留给读者自己完成。

性质 2（区间的可加性） 设函数 f 在包含点 a,b,c 的区间上可积，则无论 a,b,c 是什么顺序，都有

$$\int_a^b f(x)\mathrm{d}x = \int_a^c f(x)\mathrm{d}x + \int_c^b f(x)\mathrm{d}x. \tag{5.1.3}$$

证明 （1）假设 $a<c<b$. 划分区间 $[a,b]$ 时，可将 c 始终作为一个分点，则

$$\sum_{[a,b]} f(\xi_k)\Delta x_k = \sum_{[a,c]} f(\xi_k)\Delta x_k + \sum_{[c,b]} f(\xi_k)\Delta x_k.$$

令 $d \to 0$，得

$$\int_a^b f(x)\mathrm{d}x = \int_a^c f(x)\mathrm{d}x + \int_c^b f(x)\mathrm{d}x.$$

（2）若 c 在区间 $[a,b]$ 外，不妨设 $a<b<c$，则由（1）的结论有

$$\int_a^c f(x)\mathrm{d}x = \int_a^b f(x)\mathrm{d}x + \int_b^c f(x)\mathrm{d}x,$$

即

$$\int_a^b f(x)\mathrm{d}x = \int_a^c f(x)\mathrm{d}x - \int_b^c f(x)\mathrm{d}x.$$

由于

$$-\int_b^c f(x)\mathrm{d}x = \int_c^b f(x)\mathrm{d}x,$$

我们也可以得到式(5.1.3). $\blacksquare$

由性质 2 可知，如果 f 在区间 $[a,b]$ 上符号发生变化（图 5.1.7），那么积分 $\int_a^b f(x)\mathrm{d}x$ 的几何意义为这些区域面积 A_i 的代数和，即

$$\int_a^b f(x)\mathrm{d}x = A_1 - A_2 + A_3.$$

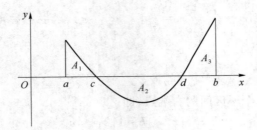

图 5.1.7

例 5.1.4 利用定积分的几何意义求下列定积分：

(1) $\int_0^1 \sqrt{1-x^2}\,dx$； (2) $\int_0^3 (x-1)\,dx$.

解 (1) 由于 $f(x)=\sqrt{1-x^2}\geqslant 0$，可推出积分表示的区域在第一象限中曲线 $y=\sqrt{1-x^2}$ 的下方. 由 $y^2=1-x^2$，得 $x^2+y^2=1$，这里如图 5.1.8(a) 所示. 该积分所求的是一个半径为 1 的四分之一圆的面积. 因此

$$\int_0^1 \sqrt{1-x^2}\,dx = \frac{1}{4}\pi(1)^2 = \frac{\pi}{4}.$$

(2) $y=x-1$ 表示斜率为 1 的直线，如图 5.1.8(b) 所示. 把积分分为两个区域，分别计算其积分，有

$$\int_0^3 (x-1)\,dx = A_1 - A_2 = \frac{1}{2}\times 4 - \frac{1}{2} = \frac{3}{2}.$$

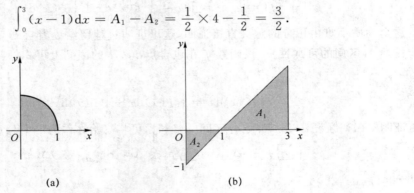

图 5.1.8

性质 3 设 $f\in R[a,b]$，改变 f 在区间 $[a,b]$ 上有限个点的函数值，$\int_a^b f(x)\,dx$ 的可积性和积分值都不会发生变化.

性质 3 的证明超过了本书讨论范围，这里不予证明.

性质 4(积分不等式) 设 $a<b$，$f,g\in R[a,b]$.

(1) 若对任意 $x\in[a,b]$，$f(x)\leqslant g(x)$，则

$$\int_a^b f(x)\,dx \leqslant \int_a^b g(x)\,dx;$$

特别地，若在 $[a,b]$ 上 $f(x)\geqslant 0$，则

$$\int_a^b f(x)\,dx \geqslant 0.$$

(2) $\left|\int_a^b f(x)\,dx\right| \leqslant \int_a^b |f(x)|\,dx.$

(3) 若对任意 $x\in[a,b], m\leqslant f(x)\leqslant M$,则
$$m(b-a)\leqslant \int_a^b f(x)\mathrm{d}x \leqslant M(b-a).$$

性质 4 的证明留给读者完成. 性质 4 中的第 3 条说明,由被积函数在积分区间上的最大值和最小值,可以估计积分值的大致范围.

例 5.1.5 估计下列定积分的值:

(1) $\int_{\frac{1}{2}}^{1} x^4 \mathrm{d}x$; (2) $\int_{\frac{\pi}{4}}^{\frac{5\pi}{4}}(1+\sin^2 x)\mathrm{d}x$.

解 (1) 函数 x^4 在积分区间 $\left[\frac{1}{2},1\right]$ 上是单调增加的,且有最小值 $\frac{1}{16}$ 和最大值 1. 由性质 4 得
$$\frac{1}{16}\left(1-\frac{1}{2}\right)\leqslant \int_{\frac{1}{2}}^{1} x^4 \mathrm{d}x \leqslant \left(1-\frac{1}{2}\right),$$
即
$$\frac{1}{32}\leqslant \int_{\frac{1}{2}}^{1} x^4 \mathrm{d}x \leqslant \frac{1}{2}.$$

(2) 函数 $1+\sin^2 x$ 在积分区间 $\left[\frac{\pi}{4},\frac{5\pi}{4}\right]$ 上的最小值为 1,最大值为 2. 由性质 4 得
$$\pi \leqslant \int_{\frac{\pi}{4}}^{\frac{5\pi}{4}}(1+\sin^2 x)\mathrm{d}x \leqslant 2\pi. \quad\blacksquare$$

性质 5(积分中值定理) 设 $f\in C[a,b]$,则至少存在一点 $\xi\in[a,b]$,使得
$$\int_a^b f(x)\mathrm{d}x = f(\xi)(b-a). \tag{5.1.4}$$

证明 若 $a=b$,式(5.1.4)显然成立. 这里不妨设 $a<b$. 由于 $f\in C[a,b]$,故 f 在闭区间 $[a,b]$ 上有最大值 M 和最小值 m,即
$$m\leqslant f(x)\leqslant M, \quad x\in[a,b].$$

由性质 4 得
$$m(b-a)\leqslant \int_a^b f(x)\mathrm{d}x \leqslant M(b-a).$$

由于 $a<b$,则
$$m\leqslant \frac{\int_a^b f(x)\mathrm{d}x}{b-a}\leqslant M.$$

因此,$\dfrac{\int_a^b f(x)\mathrm{d}x}{b-a}$ 是一个介于 $f(x)$ 最小值和最大值之间的数. 根据连续函数的介值定理,至少存在一点 $\xi\in[a,b]$,使得
$$f(\xi)=\frac{\int_a^b f(x)\mathrm{d}x}{b-a},$$
即
$$\int_a^b f(x)\mathrm{d}x = f(\xi)(b-a). \quad\blacksquare$$

公式(5.1.4)叫作**积分中值公式**,积分中值定理的几何意义如图 5.1.9 所示:在区间 $[a,b]$ 上至少存在一点 ξ,使得以区间 $[a,b]$ 为底边,以曲线 $y=f(x)$ 为顶的曲边梯形的面积等于同一底边而高为 $f(\xi)$ 的矩形的面积.

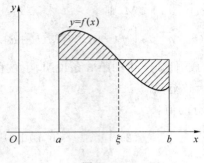

图 5.1.9

定义 5.1.2(函数在区间上的平均值) 设 $f\in C[a,b]$，则称 $\dfrac{\int_a^b f(x)\mathrm{d}x}{b-a}$ 为 f 在区间 $[a,b]$ 上的**中值**或**平均值**，它是有限个数的算术平均值概念对连续函数的推广.

事实上，n 个数 $y_1,y_2,\cdots,y_n$ 的算术平均值为

$$\overline{y}=\frac{y_1+y_2+\cdots+y_n}{n}=\frac{1}{n}\sum_{k=1}^n y_k.$$

在很多实际问题中，需要求出一个函数 $y=f(x)$ 在某一区间 $[a,b]$ 上的平均值. 例如，求一周内的平均气温，交流电的平均电流等，在区间 $[a,b]$ 上有无穷多个函数值，如何求出它们的平均值呢？

设 $f\in C[a,b]$，将 $[a,b]$ 划分为 n 个等长的子区间，分点如下：

$$a=x_0<x_1<x_2<\cdots<x_n=b.$$

每个子区间的长度为 $\Delta x_k=\dfrac{b-a}{n}$. 取 ξ_k 为各子区间的右端点 $x_k, k=1,2,\cdots,n$，则对应的 n 个函数值 $y_1=f(x_1),y_2=f(x_2),\cdots,y_n=f(x_n)$ 的算术平均值为

$$\overline{y}_n=\frac{1}{n}\sum_{k=1}^n y_k=\frac{1}{n}\sum_{k=1}^n f(x_k)=\frac{1}{b-a}\sum_{k=1}^n f(x_k)\frac{b-a}{n}=\frac{1}{b-a}\sum_{k=1}^n f(x_k)\Delta x_k.$$

显然，当 n 增大时，$\overline{y}_n$ 表示函数 f 在区间 $[a,b]$ 上更多个点处的函数值的平均值. 令 $n\to\infty$，$\overline{y}_n$ 的极限就被定义为函数 f 在区间 $[a,b]$ 上的平均值，即

$$\overline{y}=\lim_{n\to\infty}\overline{y}_n=\frac{1}{b-a}\lim_{n\to\infty}\sum_{k=1}^n f(x_k)\Delta x_k=\frac{1}{b-a}\int_a^b f(x)\mathrm{d}x. \tag{5.1.5}$$

因此，连续函数 f 在区间 $[a,b]$ 上的平均值等于函数 f 在区间 $[a,b]$ 上的积分中值.

例 5.1.6 设函数 f 在区间 $[a,b]$ 上可微，且 $\lim\limits_{x\to+\infty}f(x)=1$. 求

$$\lim_{x\to+\infty}\int_x^{x+2}t\sin\frac{3}{t}f(t)\mathrm{d}t.$$

解 根据积分中值定理，至少存在一点 $\xi\in[x,x+2]$ 使得

$$\int_x^{x+2}t\sin\frac{3}{t}f(t)\mathrm{d}t=\xi\sin\frac{3}{\xi}f(\xi)[(x+2)-x],$$

因此 $\lim\limits_{x\to+\infty}\int_x^{x+2}t\sin\frac{3}{t}f(t)\mathrm{d}t=\lim\limits_{\xi\to+\infty}2\xi\sin\frac{3}{\xi}f(\xi)=6\lim\limits_{\xi\to+\infty}\frac{\xi}{3}\sin\frac{3}{\xi}=6.$ ∎

例 5.1.7 求正弦交流电流 $i(t)=I_m\sin\omega t$ 在半个周期(从 $t=0$ 到 $t=\dfrac{\pi}{\omega}$)内的平均值.

解 根据式(5.1.5),平均值为

$$\bar{I}=\frac{1}{\dfrac{\pi}{\omega}-0}\int_0^{\frac{\pi}{\omega}}i(t)\mathrm{d}t=\frac{\omega I_m}{\pi}\int_0^{\frac{\pi}{\omega}}\sin\omega t\,\mathrm{d}t.\qquad\blacksquare$$

为了求 $\bar{I}$ 的具体数值,必须计算 $\int_0^{\frac{\pi}{\omega}}\sin\omega t\mathrm{d}t$. 但是,利用定义来求此积分是比较复杂的. 因此,寻求简单方便的积分方法势在必行. 在下一节中我们将解决这一问题.

习题 5.1 A

1. 利用定积分的定义求下列积分:

(1) $\int_a^b x\mathrm{d}x\quad(a<b)$; (2) $\int_0^1 \mathrm{e}^x\mathrm{d}x$.

2. 在给定区间上用定积分表述下列极限:

(1) $\lim\limits_{n\to\infty}\sum\limits_{i=1}^n x_i\sin x_i\Delta x$, $x\in[0,\pi]$; (2) $\lim\limits_{n\to\infty}\sum\limits_{i=1}^n\dfrac{\mathrm{e}^{t_i}}{1+t_i}\Delta t$, $t\in[1,5]$.

3. 有一直的金属丝位于 x 轴上从 $x=0$ 到 $x=a$ 处. 金属丝上各点 x 处的密度与 x 成正比,比例系数为 k. 求该金属丝的质量.

4. 设函数 $f\in R[a,b]$,若改变被积函数 $[a,b]$ 的有限个函数值,$\int_a^b f(x)\mathrm{d}x$ 的值是否发生变化? 为什么?

5. 利用定积分的几何意义证明:

(1) $\int_0^1 2x\mathrm{d}x=1$; (2) $\int_{-\pi}^{\pi}\sin x\mathrm{d}x=0$;

(3) $\int_0^2(x+1)\mathrm{d}x=4$; (4) $\int_{-\frac{\pi}{2}}^{\frac{\pi}{2}}\cos x\mathrm{d}x=2\int_0^{\frac{\pi}{2}}\cos x\mathrm{d}x$.

6. 设 $f\in R[-a,a]$,利用定积分的几何意义证明:

$$\int_{-a}^a f(x)\mathrm{d}x=\begin{cases}0,&f\text{ 是奇函数},\\ 2\int_0^a f(x)\mathrm{d}x,&f\text{ 是偶函数}.\end{cases}$$

7. 利用定积分的性质计算下列定积分:

(1) $\int_1^4(x^2+1)\mathrm{d}x$; (2) $\int_{-\frac{\pi}{4}}^{\frac{\pi}{4}}(1+\cos^2 x)\mathrm{d}x$;

(3) $\int_0^1 \mathrm{e}^{-x^2}\mathrm{d}x$; (4) $\int_{\frac{1}{\sqrt{3}}}^{\sqrt{3}}x\arctan x\,\mathrm{d}x$.

8. 证明下列不等式:

(1) $1<\int_0^1 \mathrm{e}^{x^2}\mathrm{d}x<\mathrm{e}$; (2) $96<\int_{-8}^8\sqrt{100-x^2}\,\mathrm{d}x<160$.

习题 5.1 B

1. 设
$$f(x)=\begin{cases} 1, & x \text{ 为有理数,} \\ -1, & x \text{ 为无理数,} \end{cases}$$
证明$|f(x)|$在任何区间$[a,b]$上可积,但$f(x)$在$[a,b]$上不可积.

2. 设$f,g \in C[a,b]$,证明:

(1) 若$f(x) \geqslant 0$并且$\exists x_0 \in [a,b]$,使得$f(x_0) \neq 0$,则
$$\int_a^b f(x)\mathrm{d}x > 0;$$

(2) 若$f(x) \geqslant 0, x \in [a,b]$并且$\int_a^b f(x)\mathrm{d}x = 0$,则$f(x) \equiv 0, x \in [a,b]$;

(3) 若$f(x) \geqslant g(x)$且$\exists x_0 \in [a,b]$,使得$f(x_0) \neq g(x_0)$,则
$$\int_a^b f(x)\mathrm{d}x > \int_a^b g(x)\mathrm{d}x.$$

3. 利用定积分的性质以及习题 2 的结论,比较下列定积分的大小:

(1) $\int_0^1 \mathrm{e}^x \mathrm{d}x$ 和 $\int_0^1 \mathrm{e}^{x^2} \mathrm{d}x$; (2) $\int_0^1 x^2 \mathrm{d}x$ 和 $\int_0^1 x^3 \mathrm{d}x$;

(3) $\int_1^2 \ln x \mathrm{d}x$ 和 $\int_1^2 (\ln x)^2 \mathrm{d}x$; (4) $\int_0^1 \ln(1+x) \mathrm{d}x$ 和 $\int_0^1 \dfrac{\arctan x}{1+x} \mathrm{d}x$.

4. 设函数f,g在任意有限区间上可积,判断下列结论是否正确,并说明理由.

(1) 若$\int_a^b f(x)\mathrm{d}x = \int_a^b g(x)\mathrm{d}x$,则$f(x) \equiv g(x), x \in [a,b]$;

(2) 若对任意区间$[a,b]$,都有
$$\int_a^b f(x)\mathrm{d}x = \int_a^b g(x)\mathrm{d}x,$$
则
$$f(x) \equiv g(x);$$

(3) 若f,g在任意区间$[a,b]$上都是连续的,且都有
$$\int_a^b f(x)\mathrm{d}x = \int_a^b g(x)\mathrm{d}x,$$
则
$$f(x) \equiv g(x).$$

5. 设函数$f(x) \in C[a,b]$,$\int_a^b f^2(x)\mathrm{d}x = 0$,证明函数$f(x)$在$[a,b]$恒为零.

6. 举例说明:$f^2(x)$在区间$[a,b]$上可积,但$f(x)$在$[a,b]$上不可积.

5.2 微积分基本定理

定积分的定义已经给出了计算定积分的方法,即分割、求黎曼和、再取极限.通过例 5.1.3 我们看到,通过求黎曼和的极限来计算定积分是很不容易的. 因此,需要找到一种实际有效的方法来计算定积分.

下面我们来看一个例子:变速直线运动的位移函数与速度函数的联系.

如果已知一质点做变速直线运动的速度 $v=v(t)$. 选取合适的坐标轴,使得原点位于质点初始时刻 $t=0$ 时刻的位置,方向取质点的速度方向. 设 $s=s(t)$ 表示质点的位移函数,则从时刻 $t=a$ 到时刻 $t=b$ 质点的位移可表示为 Δs,既可以用 $v(t)$ 从 a 到 b 的定积分来表达,也可以用两个时刻 $t=b$ 和 $t=a$ 的位移函数 $s(t)$ 的差来表示,即

$$\Delta s = \int_a^b v(t)\mathrm{d}t = s(b) - s(a). \tag{5.2.1}$$

我们知道,位移函数 $s(t)$ 是 $v(t)$ 的一个原函数,即 $s'(t)=v(t)$. 因此,式(5.2.1)揭示了一个事实:$\int_a^b v(t)\mathrm{d}t$ 等于被积函数 $v(t)$ 的任一原函数从 a 到 b 的增量. 我们将证明,上述结论适用于任意连续函数.

这就是本节将要讨论的由牛顿和莱布尼茨给出的实际有效的定积分计算方法,该方法也揭示了微分与积分的深层关系.

5.2.1 微积分第一基本定理

设 $f \in R[a,b]$,在定积分

$$\int_a^b f(x)\mathrm{d}x$$

中,固定积分下限 a 并使积分上限 b 在 $[a,b]$ 上变化,那么这个积分变为一个积分上限的函数. 为了和国际惯例保持一致,我们将 x 表示积分上限,为了避免混淆,改用 t 表示积分变量(这里改变符号不影响积分值). 因此,得积分

$$\int_a^x f(t)\mathrm{d}t, \quad a \leqslant x \leqslant b,$$

称之为**变上限积分**,用 $\Phi(x)$ 表示,即 $\Phi(x) = \int_a^x f(t)\mathrm{d}t$.

定理 5.2.1(微积分第一基本定理) 设函数 f 在区间 $[a,b]$ 上连续,则函数 $\Phi(x) = \int_a^x f(t)\mathrm{d}t$ 在区间 $[a,b]$ 上可微,且

$$\Phi'(x) = \frac{\mathrm{d}}{\mathrm{d}x}\int_a^x f(t)\mathrm{d}t = f(x). \tag{5.2.2}$$

证明 由导数的定义,有

$$\Phi'(x) = \lim_{\Delta x \to 0} \frac{\Phi(x+\Delta x) - \Phi(x)}{\Delta x}.$$

注意到

$$\Delta \Phi = \Phi(x+\Delta x) - \Phi(x) = \int_a^{x+\Delta x} f(t)\mathrm{d}t - \int_a^x f(t)\mathrm{d}t$$

$$= \int_a^{x+\Delta x} f(t)\mathrm{d}t + \int_x^a f(t)\mathrm{d}t = \int_x^{x+\Delta x} f(t)\mathrm{d}t.$$

根据积分中值定理,在 x 和 $x+\Delta x$ 之间至少存在一个 ξ,使得

$$\Delta \Phi = f(\xi)\Delta x,$$

即

$$\frac{\Delta \Phi}{\Delta x} = f(\xi).$$

当 $\Delta x \to 0$ 时,$\xi \to x$,并由 $f \in C[a,b]$ 有

$$\Phi'(x) = \lim_{\Delta x \to 0} \frac{\Delta \Phi}{\Delta x} = \lim_{\xi \to x} f(\xi) = f(x).$$

公式(5.2.2)也是数学上最重要的公式之一. 它表明任何连续函数 f 都有原函数 Φ, 且

$$\Phi(x) = \int_a^x f(t) \mathrm{d}t,$$

并且它揭示了积分和微分的过程是互逆的.

推论 5.2.1 若 f 在区间 $[a,b]$ 上连续, 则函数 $\int_x^b f(t) \mathrm{d}t$ (**变下限积分**) 在 $[a,b]$ 上可微且

$$\frac{\mathrm{d}}{\mathrm{d}x} \int_x^b f(t) \mathrm{d}t = -f(x). \tag{5.2.3}$$

证明

$$\frac{\mathrm{d}}{\mathrm{d}x} \int_x^b f(t) \mathrm{d}t = -\frac{\mathrm{d}}{\mathrm{d}x} \int_b^x f(t) \mathrm{d}t = -f(x).$$

例 5.2.1 求下列函数的导数 ($x \geq 1$):

(1) $\Phi(x) = \int_1^x \frac{\sin t}{t} \mathrm{d}t$; (2) $\Phi(x) = \int_x^1 \frac{\sin t}{t} \mathrm{d}t$;

(3) $\Phi(x) = \int_1^{x^2} \frac{\sin t}{t} \mathrm{d}t$; (4) $\Phi(x) = \int_{x^2}^{e^{2x}} \ln x \mathrm{d}x$.

解 (1) $\Phi'(x) = \frac{\mathrm{d}}{\mathrm{d}x} \int_1^x \frac{\sin t}{t} \mathrm{d}t = \frac{\sin x}{x}$.

(2) $\Phi'(x) = \frac{\mathrm{d}}{\mathrm{d}x} \int_x^1 \frac{\sin t}{t} \mathrm{d}t = \frac{\mathrm{d}}{\mathrm{d}x} \left(-\int_1^x \frac{\sin t}{t} \mathrm{d}t \right) = -\frac{\sin x}{x}$.

(3) 将 $\int_1^{x^2} \frac{\sin t}{t} \mathrm{d}t$ 看作一复合函数, 则

$$\Phi'(x) = \frac{\mathrm{d}}{\mathrm{d}(x^2)} \int_1^{x^2} \frac{\sin t}{t} \mathrm{d}t \cdot \frac{\mathrm{d}x^2}{\mathrm{d}x} = \frac{\sin x^2}{x^2} 2x = 2 \frac{\sin x^2}{x}.$$

(4) 取任意常数 $c > 0$, 不失一般性, 选取 $c = 1$, 将积分分成两部分. 则

$$\Phi'(x) = \frac{\mathrm{d}}{\mathrm{d}x} \left(\int_{x^2}^{e^{2x}} \ln x \mathrm{d}x \right) = \frac{\mathrm{d}}{\mathrm{d}x} \left(\int_{x^2}^1 \ln x \mathrm{d}x + \int_1^{e^{2x}} \ln x \mathrm{d}x \right)$$

$$= -\ln x^2 \cdot 2x + \ln e^{2x} \cdot 2e^{2x} = 4x(e^{2x} - \ln x).$$

例 5.2.2 设函数 $f(x)$ 在区间 $[0, +\infty)$ 上连续且满足 $f(x) > 0$. 令

$$F(x) = \frac{\int_0^x t f(t) \mathrm{d}t}{\int_0^x f(t) \mathrm{d}t},$$

证明函数 $F(x)$ 在 $[0, +\infty)$ 上单调递增.

证明 因为

$$\frac{\mathrm{d}}{\mathrm{d}x} \int_0^x t f(t) \mathrm{d}t = x f(x) \quad \text{且} \quad \frac{\mathrm{d}}{\mathrm{d}x} \int_0^x f(t) \mathrm{d}t = f(x),$$

$$F'(x) = \frac{\mathrm{d}}{\mathrm{d}x} \left[\frac{\int_0^x t f(t) \mathrm{d}t}{\int_0^x f(t) \mathrm{d}t} \right] = \frac{x f(x) \int_0^x f(t) \mathrm{d}t - f(x) \int_0^x t f(t) \mathrm{d}t}{\left[\int_0^x f(t) \mathrm{d}t \right]^2}$$

所以

$$= \frac{f(x) \int_0^x (x-t) f(t) \mathrm{d}t}{\left(\int_0^x f(t) \mathrm{d}t \right)^2}.$$

显然,当 $0<t<x$ 时,$f(t)>0$ 且 $(x-t)f(t)>0$. 因此,
$$\int_0^x f(t)\mathrm{d}t > 0 \quad 且 \quad \int_0^x (x-t)f(t)\mathrm{d}t > 0.$$
则 $F'(x)>0(x>0)$,即证明了函数 $F(x)$ 在 $[0,+\infty)$ 上单调递增. ∎

例 5.2.3 求 $\displaystyle\lim_{x\to 0}\frac{\int_{\cos x}^1 \mathrm{e}^{-t^2}\mathrm{d}t}{x^2}$.

解 当 $x\to 0$ 时,该极限的形式是 $\dfrac{0}{0}$. 由
$$\int_{\cos x}^1 \mathrm{e}^{-t^2}\mathrm{d}t = -\int_1^{\cos x} \mathrm{e}^{-t^2}\mathrm{d}t,$$
可得
$$\frac{\mathrm{d}}{\mathrm{d}x}\int_{\cos x}^1 \mathrm{e}^{-t^2}\mathrm{d}t = -\frac{\mathrm{d}}{\mathrm{d}x}\int_1^{\cos x} \mathrm{e}^{-t^2}\mathrm{d}t = -\frac{\mathrm{d}}{\mathrm{d}u}\int_1^u \mathrm{e}^{-t^2}\mathrm{d}t \bigg|_{u=\cos x} \cdot \frac{\mathrm{d}}{\mathrm{d}x}(\cos x)$$
$$= -\mathrm{e}^{-\cos^2 x}(-\sin x) = \mathrm{e}^{-\cos^2 x}\sin x.$$
应用 L'Hospital 法则,有
$$\lim_{x\to 0}\frac{\int_{\cos x}^1 \mathrm{e}^{-t^2}\mathrm{d}t}{x^2} = \lim_{x\to 0}\frac{\mathrm{e}^{-\cos^2 x}\sin x}{2x} = \frac{1}{2\mathrm{e}}.$$ ∎

5.2.2 定积分计算的基本公式

微积分第一基本定理建立了导数与积分之间的联系,从这个定理还知道,如果函数 f 在区间 $[a,b]$ 上连续,那么 $\int_a^x f(t)\mathrm{d}t$ 就是 f 的一个原函数,由微积分第一基本定理可以得到如下重要公式.

定理 5.2.2(Newton-Leibniz 公式) 设函数 f 在区间 $[a,b]$ 上连续,函数 F 是函数 f 的任意一个原函数,即 $F'=f$,则
$$\int_a^b f(x)\mathrm{d}x = F(b)-F(a) \stackrel{\wedge}{=} F(x)\bigg|_a^b. \tag{5.2.4}$$
这一定理称为**牛顿-莱布尼茨**(Newton-Leibniz)**公式**或**积分求值定理**.

证明 由积分第一基本定理可知,$\Phi(x)=\int_a^x f(t)\mathrm{d}t$ 是 $f(x)$ 的一个原函数,由于同一个函数的任何两个原函数只能相差一个常数,所以函数 F 与函数 Φ 只相差一个常数,因此有
$$F(x)=\Phi(x)+C \quad 或 \quad F(x)=\int_a^x f(t)\mathrm{d}t+C,$$
其中 C 为常数. 由于 $\Phi(a)=\int_a^a f(t)\mathrm{d}t=0$,从而有
$$\int_a^b f(x)\mathrm{d}x = \Phi(b)-\Phi(a)=[F(b)-C]-[F(a)-C]=F(b)-F(a).$$ ∎

例 5.2.4 求下列定积分的值:

(1) $\displaystyle\int_1^2 \frac{1}{x^2}\mathrm{d}x$; (2) $\displaystyle\int_0^{\frac{\pi}{2}} \sin x\,\mathrm{d}x$.

解 (1) 因为 $\left(-\dfrac{1}{x}\right)'=\dfrac{1}{x^2}$,所以 $-\dfrac{1}{x}$ 是 $\dfrac{1}{x^2}$ 的一个原函数. 根据牛顿-莱布尼茨公式,有
$$\int_1^2 \frac{1}{x^2}\mathrm{d}x = -\frac{1}{x}\bigg|_1^2 = \frac{1}{2}.$$

(2) 因为 $(-\cos x)' = \sin x$,所以
$$\int_0^{\frac{\pi}{2}} \sin x \, dx = -\cos x \Big|_0^{\frac{\pi}{2}} = 0 - (-1) = 1.$$

例 5.2.5 求 $\int_0^\pi \sqrt{1-\sin 2x} \, dx$.

解
$$\begin{aligned}
\int_0^\pi \sqrt{1-\sin 2x} \, dx &= \int_0^\pi \sqrt{\sin^2 x - 2\sin x \cos x + \cos^2 x} \, dx \\
&= \int_0^\pi |\sin x - \cos x| \, dx \\
&= \int_0^{\frac{\pi}{4}} (\cos x - \sin x) \, dx + \int_{\frac{\pi}{4}}^\pi (\sin x - \cos x) \, dx \\
&= (\sin x + \cos x) \Big|_0^{\frac{\pi}{4}} + (-\sin x - \cos x) \Big|_{\frac{\pi}{4}}^\pi \\
&= 2\sqrt{2}.
\end{aligned}$$

例 5.2.6 求 $\lim_{n\to\infty} \left(\frac{1}{n+1} + \frac{1}{n+2} + \cdots + \frac{1}{2n} \right)$.

解 因为
$$\frac{1}{n+1} + \frac{1}{n+2} + \cdots + \frac{1}{2n} = \sum_{i=1}^n \frac{1}{n+i} = \sum_{i=1}^n \frac{1}{1+\frac{i}{n}} \cdot \frac{1}{n},$$

有
$$\lim_{n\to\infty} \left(\frac{1}{n+1} + \frac{1}{n+2} + \cdots + \frac{1}{2n} \right) = \lim_{n\to\infty} \sum_{i=1}^n \frac{1}{1+\frac{i}{n}} \cdot \frac{1}{n}.$$

在 $[0,1]$ 中插入以下分点
$$0 < \frac{1}{n} < \frac{2}{n} < \cdots < \frac{n}{n} = 1,$$

将区间分成 n 个子区间,并选取 $\xi_i = \frac{i}{n}, i = 1, 2, \cdots, n$,当 $n \to \infty$ 时,$\frac{1}{n} \to 0$.

这一极限可以看作 $f(x) = \frac{1}{1+x}$ 在 $[0,1]$ 上的定积分. 因此
$$\lim_{n\to\infty} \left(\frac{1}{n+1} + \frac{1}{n+2} + \cdots + \frac{1}{2n} \right) = \int_0^1 \frac{1}{1+x} \, dx = \ln(1+x) \Big|_0^1 = \ln 2.$$

习题 5.2 A

1. 指出下列表达式
$$\int_a^b f(x) \, dx, \quad \int_a^b f(t) \, dt, \quad \int_a^x f(t) \, dt, \quad \int f(t) \, dt$$
的区别与联系,并通过函数 $f(x) = x$ 在 $[0,1]$ 区间上的积分进行说明.

2. 求下列函数的导数:

(1) $F(x) = \int_0^x (\arctan t + t) \, dt$;

(2) $F(x) = \int_x^b \frac{dt}{1+t^4}$,其中 b 是常数;

(3) $F(x) = \int_0^{\sqrt{x}} e^{t^2} \, dt$;

(4) $F(x) = \int_{\cos^2 x}^2 \frac{t}{1+2t^2} \, dt$.

3. 判断正误,并简述原因.

(1) $\dfrac{d}{dx}\left(\int_0^{x^3}\sqrt{2t+1}\,dt\right)=\sqrt{2x^3+1}$;

(2) $\int_0^{x^3}\left(\dfrac{d}{dt}\sqrt{2t+1}\right)dt=\sqrt{8x^3+1}$;

(3) $\int_{-1}^1\dfrac{dx}{x}=\ln|x|\Big|_{-1}^1=0$;

(4) $\int_0^{2\pi}\sqrt{1-\sin^2 x}\,dx=\int_0^{2\pi}\cos x\,dx=\sin x\Big|_0^{2\pi}=0$.

4. 求由参数方程

$$x=\int_0^t\sin^2 u\,du,\quad y=\int_0^{t^2}\cos\sqrt{u}\,du$$

所确定的函数 $y=f(x)$ 的一阶导数.

5. 求由方程

$$\int_0^y 2e^{t^2}\,dt+\int_0^{x^2+2x}te^t\,dt=0$$

所确定的隐函数 $y=f(x)$ 的一阶导数.

6. 求下列极限:

(1) $\lim\limits_{x\to 0}\dfrac{\int_0^x\cos t^2\,dt}{x}$;

(2) $\lim\limits_{x\to 0}\dfrac{\left(\int_0^x e^{t^2}\,dt\right)^2}{\int_0^x te^{2t^2}\,dt}$.

7. 利用牛顿-莱布尼茨公式求下列定积分:

(1) $\int_0^1 2x^3\,dx$;

(2) $\int_0^a(3x^2-x+1)\,dx$;

(3) $\int_0^{\sqrt{3}a}\dfrac{1}{a^2+x^2}\,dx$;

(4) $\int_0^1\dfrac{1}{\sqrt{4-x^2}}\,dx$;

(5) $\int_0^{\frac{\pi}{4}}\tan^2\theta\,d\theta$;

(6) $\int_0^{2\pi}|\sin x|\,dx$;

(7) $\int_{-2}^3\max\{|x|,x^2\}\,dx$;

(8) $\int_{-1}^1|x|\,dx$;

(9) $\int_{-1}^1 f(x)\,dx$,其中 $f(x)=\begin{cases}x+3,&x\leqslant 0,\\ \dfrac{1}{3}x^2,&x>0.\end{cases}$

8. 求下列极限:

(1) $\lim\limits_{n\to\infty}\left(\dfrac{1}{\sqrt{n^2+1}}+\dfrac{1}{\sqrt{n^2+2^2}}+\cdots+\dfrac{1}{\sqrt{n^2+n^2}}\right)$;

(2) $\lim\limits_{n\to\infty}\left(\dfrac{1}{\sqrt{4n^2-1}}+\dfrac{1}{\sqrt{4n^2-2^2}}+\cdots+\dfrac{1}{\sqrt{3n^2}}\right)$.

9. 确定 a 和 b 的值,使得

$$\lim_{x\to 0}\dfrac{\int_0^x\dfrac{t^2}{\sqrt{a+t}}\,dt}{bx-\sin x}=1.$$

10. 求函数

$$y = \int_0^x \sqrt{t(t-1)(t+1)^2}\,dt$$

的定义域,单调区间和极值点.

习题 5.2 B

1. 设 $F(x) = \int_a^x f(t)dt$,证明若函数 $f \in R[a,b]$,则函数 $F \in C[a,b]$.

2. 求下列函数的导数:

(1) $F(x) = \int_{\sqrt{x}}^{\sqrt[3]{x}} \ln(1+t^6)dt$; 　　(2) $F(x) = \int_1^x \left(\int_1^{y^2} \frac{\sqrt{1+t^4}}{t} dt \right) dy$;

(3) $F(x) = \int_a^{\varphi(x)} f(t)dt$,其中 $f \in C[a,b]$,φ 可微且 $R_\varphi \subseteq [a,b]$;

(4) $F(x) = \int_{x^2}^{\sin^2 x} (x+t)\varphi(t)dt$,其中 φ 是连续函数.

3. 设
$$f(x) = \begin{cases} x^2+1, & x \leqslant 0, \\ \cos x, & x > 0. \end{cases}$$

(1) 求 $F(x) = \int_0^x f(t)dt$;

(2) 讨论 $F(x)$ 的连续性和可微性.

4. 求函数 $F(x) = \int_{-a}^{a} |x-t|f(t)dt$,$x \in [-a,a]$ 的单调区间和极值点,其中 $f(t) > 0$ 在区间 $[-a,a]$ 上是连续的偶函数.

5. 求下列极限:

(1) $\lim\limits_{n \to \infty} \left[\frac{1}{n} \left(\sin \frac{\pi}{n} + \sin \frac{2\pi}{n} + \cdots + \sin \frac{n-1}{n}\pi \right) \right]$;

(2) $\lim\limits_{n \to \infty} \frac{1^p + 2^p + \cdots + n^p}{n^{p+1}}$ (p 是常数,$p > 0$).

6. 若 f 在 $x=1$ 的某个邻域内可微,且 $f(1) = 0, \lim\limits_{x \to 1} f'(x) = 1$. 求
$$\lim_{x \to 1} \frac{\int_1^x \left[t \int_t^1 f(y)dy \right] dt}{(1-x)^3}.$$

7. 设 $f:[a,b] \to \mathbf{R}$ 在 $[a,b]$ 上连续,在 (a,b) 可导,且 $f'(x) \leqslant 0$. 设
$$F(x) = \frac{1}{x-a} \int_a^x f(t)dt,$$
证明 $F'(x) \leqslant 0, \forall x \in (a,b)$.

8. 若 $f,g \in C[a,b]$,证明至少存在一点 $\xi \in (a,b)$,使得
$$f(\xi) \int_\xi^b g(x)dx = g(\xi) \int_a^\xi f(x)dx.$$

5.3 定积分的换元法与分部积分法

5.3.1 定积分中的换元法

定积分的换元计算包含两种十分有效的方法. 一种是先利用换元法求相应的不定积分, 然后根据牛顿-莱布尼茨公式利用求得的原函数计算定积分的值. 另一种方法是直接对定积分用换元方法计算. 本节将学习后一种方法, 即定积分中的换元法.

定理 5.3.1(定积分中的换元法) 设函数 f 在区间 $[a,b]$ 上连续, 并且函数 $x=\varphi(t)$ 满足:
1. $\varphi(\alpha)=a$ 且 $\varphi(\beta)=b$;
2. $\varphi(t)$ 在区间 $[\alpha,\beta]$ 或 $[\beta,\alpha]$ 上连续可导, 并且它的值域包含于 $[a,b]$.

则

$$\int_a^b f(x)\mathrm{d}x = \int_\alpha^\beta f[\varphi(t)]\varphi'(t)\mathrm{d}t. \tag{5.3.1}$$

证明 按定理条件, 等式两边的积分都是存在的, 所以只要证明它们相等就可以了. 设 $F(x)$ 是 $f(x)$ 的一个原函数, 则

$$\int_a^b f(x)\mathrm{d}x = F(b) - F(a).$$

因为 $\dfrac{\mathrm{d}}{\mathrm{d}t}F[\varphi(t)] = f[\varphi(t)]\varphi'(t)$, 所以

$$\int_\alpha^\beta f[\varphi(t)]\varphi'(t)\mathrm{d}t = F[\varphi(t)]\Big|_\alpha^\beta = F[\varphi(\beta)] - F[\varphi(\alpha)] = F(b) - F(a).$$

因此, 式(5.3.1)成立. ∎

例 5.3.1 求 $\int_0^1 \sqrt{1-x^2}\,\mathrm{d}x$.

解 令 $x=\sin t, \mathrm{d}x=\cos t\,\mathrm{d}t$, 则当 $x=0$ 时 $t=0$, 当 $x=1$ 时 $t=\dfrac{\pi}{2}$. 故根据式(5.3.1), 有

$$\int_0^1 \sqrt{1-x^2}\,\mathrm{d}x = \int_0^{\frac{\pi}{2}} \cos^2 t\,\mathrm{d}t = \frac{1}{2}\left(t+\frac{1}{2}\sin 2t\right)\Big|_0^{\frac{\pi}{2}} = \frac{\pi}{4}. \quad\blacksquare$$

例 5.3.2 求 $\int_0^a \sqrt{a^2-x^2}\,\mathrm{d}x$.

解 令 $x=a\sin t, \mathrm{d}x=a\cos t\,\mathrm{d}t$, 则当 $t=0$ 时 $x=0$, 当 $t=\dfrac{\pi}{2}$ 时 $x=a$. 故根据式(5.3.1), 有

$$\int_0^a \sqrt{a^2-x^2}\,\mathrm{d}x = a^2\int_0^{\frac{\pi}{2}} \cos^2 t\,\mathrm{d}t$$

$$= a^2\int_0^{\frac{\pi}{2}} \frac{1+\cos 2t}{2}\mathrm{d}t$$

$$= \frac{a^2}{2}\left(t+\frac{1}{2}\sin 2t\right)\Big|_0^{\frac{\pi}{2}} = \frac{\pi a^2}{4}. \quad\blacksquare$$

例 5.3.3 求 $\int_0^{\frac{\pi}{2}} \cos^5 x \sin x\,\mathrm{d}x$.

解 令 $u=\cos x, du=-\sin x dx$，则当 $x=0$ 时 $u=1$，当 $x=\frac{\pi}{2}$ 时 $u=0$. 故根据式(5.3.1)，有

$$\int_0^{\frac{\pi}{2}} \cos^5 x \sin x dx = -\int_1^0 u^5 du = \int_0^1 u^5 du = \frac{u^6}{6}\bigg|_0^1 = \frac{1}{6}.$$

或

$$\int_0^{\frac{\pi}{2}} \cos^5 x \sin x dx = -\int_0^{\frac{\pi}{2}} \cos^5 x d(\cos x) = -\frac{\cos^6 x}{6}\bigg|_0^{\frac{\pi}{2}} = -\left(0 - \frac{1}{6}\right) = \frac{1}{6}.$$ ∎

例 5.3.4 求 $\int_0^4 \frac{x+2}{\sqrt{2x+1}} dx$.

解 令 $\sqrt{2x+1}=t$，则 $x=\frac{t^2-1}{2}$，$dx=t dt$，当 $x=0$ 时 $t=1$，当 $x=4$ 时 $t=3$. 故根据式(5.3.1)，有

$$\int_0^4 \frac{x+2}{\sqrt{2x+1}} dx = \int_1^3 \frac{\frac{t^2-1}{2}+2}{t} t dt = \frac{1}{2}\int_1^3 (t^2+3) dt = \frac{1}{2}\left(\frac{t^3}{3}+3t\right)\bigg|_1^3 = \frac{22}{3}.$$ ∎

例 5.3.5 求 $\int_0^{\pi} \sqrt{\sin^3 x - \sin^5 x} dx$.

解 因为

$$\sqrt{\sin^3 x - \sin^5 x} = \sqrt{\sin^3 x(1-\sin^2 x)} = \sin^{\frac{3}{2}} x |\cos x|,$$

有

$$\int_0^{\pi} \sqrt{\sin^3 x - \sin^5 x} dx = \int_0^{\pi} \sin^{\frac{3}{2}} x |\cos x| dx$$

$$= \int_0^{\frac{\pi}{2}} \sin^{\frac{3}{2}} x \cos x dx - \int_{\frac{\pi}{2}}^{\pi} \sin^{\frac{3}{2}} x \cos x dx$$

$$= \int_0^{\frac{\pi}{2}} \sin^{\frac{3}{2}} x d(\sin x) - \int_{\frac{\pi}{2}}^{\pi} \sin^{\frac{3}{2}} x d(\sin x)$$

$$= \frac{2}{5} \sin^{\frac{5}{2}} x \bigg|_0^{\frac{\pi}{2}} - \frac{2}{5} \sin^{\frac{5}{2}} x \bigg|_{\frac{\pi}{2}}^{\pi}$$

$$= \frac{2}{5} - \left(-\frac{2}{5}\right) = \frac{4}{5}.$$ ∎

例 5.3.6 设函数 $f \in C[-a, a]$，证明以下结论：

(1) 若 f 为奇函数，则 $\int_{-a}^a f(x) dx = 0$；

(2) 若 f 为偶函数，则 $\int_{-a}^a f(x) dx = 2\int_0^a f(x) dx$.

证明
$$\int_{-a}^a f(x) dx = \int_{-a}^0 f(x) dx + \int_0^a f(x) dx.$$

等式右端的第一项积分用 $-t$ 替换 x，有

$$\int_{-a}^0 f(x) dx = -\int_a^0 f(-t) dt = \int_0^a f(-t) dt = \int_0^a f(-x) dx,$$

因此

$$\int_{-a}^a f(x) dx = \int_0^a f(-x) dx + \int_0^a f(x) dx = \int_0^a [f(-x) + f(x)] dx.$$

(1) 若函数 f 为奇函数,则 $f(x)+f(-x)=0$. 有
$$\int_{-a}^{a} f(x)\,\mathrm{d}x = 0.$$
(2) 若函数 f 为偶函数,则 $f(x)+f(-x)=2f(x)$. 有
$$\int_{-a}^{a} f(x)\,\mathrm{d}x = 2\int_{0}^{a} f(x)\,\mathrm{d}x.$$

例 5.3.7 证明 $\int_{0}^{\frac{\pi}{2}} \sin^n x\,\mathrm{d}x = \int_{0}^{\frac{\pi}{2}} \cos^n x\,\mathrm{d}x$,其中 n 为正整数.

证明 令 $x=\dfrac{\pi}{2}-t$,则
$$\int_{0}^{\frac{\pi}{2}} \sin^n x\,\mathrm{d}x = \int_{\frac{\pi}{2}}^{0} \sin^n\left(\frac{\pi}{2}-t\right) \mathrm{d}\left(\frac{\pi}{2}-t\right)$$
$$= -\int_{\frac{\pi}{2}}^{0} \cos^n t\,\mathrm{d}t = \int_{0}^{\frac{\pi}{2}} \cos^n t\,\mathrm{d}t = \int_{0}^{\frac{\pi}{2}} \cos^n x\,\mathrm{d}x.$$

注 最后一步是因为积分值与积分变量的选取无关.

例 5.3.8 设函数 f 在区间 $[0,1]$ 上连续. 证明:

(1) $\int_{0}^{\frac{\pi}{2}} f(\sin x)\,\mathrm{d}x = \int_{0}^{\frac{\pi}{2}} f(\cos x)\,\mathrm{d}x$;

(2) $\int_{0}^{\pi} x f(\sin x)\,\mathrm{d}x = \dfrac{\pi}{2}\int_{0}^{\pi} f(\sin x)\,\mathrm{d}x$,并利用这一结果计算 $\int_{0}^{\pi} \dfrac{x\sin x}{1+\cos^2 x}\,\mathrm{d}x$.

证明 (1) 令 $x=\dfrac{\pi}{2}-t$,则
$$\int_{0}^{\frac{\pi}{2}} f(\sin x)\,\mathrm{d}x = \int_{\frac{\pi}{2}}^{0} f\left[\sin\left(\frac{\pi}{2}-t\right)\right]\mathrm{d}\left(\frac{\pi}{2}-t\right) = -\int_{\frac{\pi}{2}}^{0} f\left[\sin\left(\frac{\pi}{2}-t\right)\right]\mathrm{d}t$$
$$= \int_{0}^{\frac{\pi}{2}} f(\cos t)\,\mathrm{d}t = \int_{0}^{\frac{\pi}{2}} f(\cos x)\,\mathrm{d}x.$$

(2) 令 $x=\pi-t$,则
$$\int_{0}^{\pi} xf(\sin x)\,\mathrm{d}x = -\int_{\pi}^{0} (\pi-t)f[\sin(\pi-t)]\,\mathrm{d}t$$
$$= \pi\int_{0}^{\pi} f(\sin t)\,\mathrm{d}t - \int_{0}^{\pi} tf(\sin t)\,\mathrm{d}t$$
$$= \pi\int_{0}^{\pi} f(\sin x)\,\mathrm{d}x - \int_{0}^{\pi} xf(\sin x)\,\mathrm{d}x.$$

移项得
$$\int_{0}^{\pi} xf(\sin x)\,\mathrm{d}x = \frac{\pi}{2}\int_{0}^{\pi} f(\sin x)\,\mathrm{d}x.$$

由上式得
$$\int_{0}^{\pi} \frac{x\sin x}{1+\cos^2 x}\,\mathrm{d}x = \frac{\pi}{2}\int_{0}^{\pi} \frac{\sin x}{1+\cos^2 x}\,\mathrm{d}x = -\frac{\pi}{2}\int_{0}^{\pi} \frac{\mathrm{d}(\cos x)}{1+\cos^2 x}$$
$$= -\frac{\pi}{2}\arctan(\cos x)\Big|_{0}^{\pi} = \frac{\pi^2}{4}.$$

5.3.2 定积分的分部积分法

利用不定积分的分部积分公式及牛顿-莱布尼茨公式,立即可以得到定积分的分部积分公式. 设函数 u,v 在区间 $[a,b]$ 上有连续的导数,由不定积分中的分部积分法,可以得到

$$\int_a^b u\,dv = uv\Big|_a^b - \int_a^b v\,du. \tag{5.3.2}$$

式(5.3.2)被称为定积分的**分部积分公式**.

例 5.3.9 求 $\int_0^{\frac{1}{2}} \arcsin x\,dx$.

解 取 $u = \arcsin x, v = x$，根据式(5.3.2)，有

$$\int_0^{\frac{1}{2}} \arcsin x\,dx = x\arcsin x\Big|_0^{\frac{1}{2}} - \int_0^{\frac{1}{2}} \frac{x}{\sqrt{1-x^2}}dx = \frac{\pi}{12} + \frac{\sqrt{3}}{2} - 1.$$ ∎

例 5.3.10 求 $\int_0^4 e^{\sqrt{x}}\,dx$.

解 令 $\sqrt{x} = t$，则 $x = t^2, dx = 2t\,dt$. 因此

$$\int_0^4 e^{\sqrt{x}}\,dx = \int_0^2 e^t 2t\,dt = 2\int_0^2 t\,de^t = 2\left(te^t\Big|_0^2 - \int_0^2 e^t dt\right) = 2(e^2+1).$$ ∎

例 5.3.11 求 $\int_0^3 \arcsin\sqrt{\frac{x}{1+x}}\,dx$.

解 令 $\arcsin\sqrt{\frac{x}{1+x}} = t$，则由 $\sin^2 t = \frac{x}{1+x}$ 可得 $x = \tan^2 t$. 因此

$$\int_0^3 \arcsin\sqrt{\frac{x}{1+x}}\,dx = \int_0^{\frac{\pi}{3}} t\,d(\tan^2 t) = (t\tan^2 t)\Big|_0^{\frac{\pi}{3}} - \int_0^{\frac{\pi}{3}} \tan^2 t\,dt$$

$$= \frac{\pi}{3} \times 3 - \int_0^{\frac{\pi}{3}} (\sec^2 t - 1)\,dt = \pi - (\tan t - t)\Big|_0^{\frac{\pi}{3}}$$

$$= \pi - \sqrt{3} + \frac{\pi}{3} = \frac{4}{3}\pi - \sqrt{3}.$$ ∎

例 5.3.12 计算下列积分：

(1) $I_n = \int_0^{\frac{\pi}{2}} \sin^n x\,dx \quad (n \in \mathbf{N})$；

(2) $\int_0^{\frac{\pi}{2}} \sin^4 x \cos^2 x\,dx$；

(3) $\int_0^a x^4 \sqrt{a^2 - x^2}\,dx \quad (a > 0)$.

解 (1) 利用式(5.3.2)，当 $n \geq 2$ 时得

$$I_n = \int_0^{\frac{\pi}{2}} \sin^n x\,dx = -\int_0^{\frac{\pi}{2}} \sin^{n-1} x\,d(\cos x)$$

$$= -\sin^{n-1} x \cos x\Big|_0^{\frac{\pi}{2}} + (n-1)\int_0^{\frac{\pi}{2}} \cos^2 x \sin^{n-2} x\,dx$$

$$= (n-1)\int_0^{\frac{\pi}{2}} \sin^{n-2} x\,dx - (n-1)\int_0^{\frac{\pi}{2}} \sin^n x\,dx$$

$$= (n-1)I_{n-2} - (n-1)I_n.$$

移项得
$$I_n = \frac{n-1}{n} I_{n-2} \quad (n=2,3,\cdots).$$

由此递推公式，可得

$$I_n = \frac{n-1}{n} I_{n-2} = \frac{n-1}{n}\frac{n-3}{n-2} I_{n-4} = \cdots = \frac{n-1}{n}\frac{n-3}{n-2}\cdots\frac{2}{3} I_1, \quad n \text{ 为奇数};$$

$$I_n = \frac{n-1}{n} I_{n-2} = \frac{n-1}{n}\frac{n-3}{n-2} I_{n-4} = \cdots = \frac{n-1}{n-3}\frac{n-3}{n-2}\cdots\frac{1}{2} I_0, \quad n \text{ 为偶数}.$$

因为 $$I_1 = \int_0^{\frac{\pi}{2}} \sin x \mathrm{d}x = 1, \quad I_0 = \int_0^{\frac{\pi}{2}} \mathrm{d}x = \frac{\pi}{2},$$

故 $$I_n = \begin{cases} \dfrac{n-1}{n} \dfrac{n-3}{n-2} \cdots \dfrac{4}{5} \times \dfrac{2}{3}, & n \text{ 为奇数}, \\ \dfrac{n-1}{n} \dfrac{n-3}{n-2} \cdots \dfrac{3}{4} \times \dfrac{1}{2} \times \dfrac{\pi}{2}, & n \text{ 为偶数}. \end{cases}$$

利用这一公式计算某些定积分是十分方便的.

(2) $$\int_0^{\frac{\pi}{2}} \sin^4 x \cos^2 x \mathrm{d}x = \int_0^{\frac{\pi}{2}} \sin^4 x (1 - \sin^2 x) \mathrm{d}x$$
$$= \int_0^{\frac{\pi}{2}} \sin^4 x \mathrm{d}x - \int_0^{\frac{\pi}{2}} \sin^6 x \mathrm{d}x$$
$$= \frac{3}{4} \times \frac{1}{2} \times \frac{\pi}{2} - \frac{5}{6} \times \frac{3}{4} \times \frac{1}{2} \times \frac{\pi}{2} = \frac{\pi}{32}.$$

(3) 令 $x = a\sin t$, 则
$$\int_0^a x^4 \sqrt{a^2 - x^2} \mathrm{d}x = a^6 \int_0^{\frac{\pi}{2}} \sin^4 t \cos^2 t \mathrm{d}t = \frac{\pi}{32} a^6. \quad \blacksquare$$

习题 5.3 A

1. 求下列定积分的值：

(1) $\int_{-2}^{1} \dfrac{\mathrm{d}x}{(11+8x)^3}$;

(2) $\int_0^{2\pi} \sin x \cos^3 x \mathrm{d}x$;

(3) $\int_0^{\pi} (1 - \sin^3 x) \mathrm{d}x$;

(4) $\int_0^{\frac{1}{5}} x\sqrt{2-5x} \mathrm{d}x$;

(5) $\int_{-\sqrt{2}}^{\sqrt{2}} \sqrt{8 - 2x^2} \mathrm{d}x$;

(6) $\int_{-\frac{1}{3}}^{\frac{1}{3}} \dfrac{18x - 4}{\sqrt{9x^2 + 6x + 5}} \mathrm{d}x$;

(7) $\int_0^{\frac{\pi}{2}} \sin x \sqrt{\cos x} \mathrm{d}x$;

(8) $\int_0^1 \dfrac{\mathrm{d}x}{\mathrm{e}^x + \mathrm{e}^{-x}}$;

(9) $\int_1^{\mathrm{e}} \dfrac{2 + 3\ln x}{x} \mathrm{d}x$;

(10) $\int_1^{\mathrm{e}^2} \dfrac{1}{x\sqrt{1 + \ln x}} \mathrm{d}x$;

(11) $\int_0^{\pi} \sqrt{1 + \cos 2x} \mathrm{d}x$;

(12) $\int_{-\frac{\pi}{2}}^{\frac{\pi}{2}} \sqrt{\cos x - \cos^3 x} \mathrm{d}x$.

2. 证明下列积分公式 $(m, n \in \mathbf{N})$：

(1) $\int_{-\pi}^{\pi} \sin mx \sin nx \mathrm{d}x = \begin{cases} 0, & m \neq n, \\ \pi, & m = n; \end{cases}$

(2) $\int_{-\pi}^{\pi} \cos mx \cos nx \mathrm{d}x = \begin{cases} 0, & m \neq n, \\ \pi, & m = n; \end{cases}$

(3) $\int_{-\pi}^{\pi} \sin mx \cos nx \mathrm{d}x = 0.$

3. 求下列定积分的值：

(1) $\int_{-\pi}^{\pi} x^4 \sin x \mathrm{d}x$;

(2) $\int_{-\frac{1}{2}}^{\frac{1}{2}} \dfrac{(\arcsin x)^2}{\sqrt{1 - x^2}} \mathrm{d}x$;

(3) $\int_0^{2\pi} |x - \pi| \sin^3 x \mathrm{d}x$;

(4) $\int_{-\frac{3}{4}\pi}^{\frac{3}{4}\pi} (1 + \arctan x) \sqrt{1 + \cos 2x} \mathrm{d}x$.

4. 求 $\int_{-1}^{1} |x| \left(3x^2 + \dfrac{\sin^3 x}{1+\cos x}\right) dx$.

5. 设 $f(x)$ 是连续周期函数,周期为 T. 证明
$$\int_a^{a+T} f(x) dx = \int_0^T f(x) dx \quad (a \text{ 是常数}).$$

6. 求下列定积分的值:

(1) $\int_0^1 x e^{-x} dx$;

(2) $\int_1^e x \ln x \, dx$;

(3) $\int_0^1 e^{\sqrt{x}} dx$;

(4) $\int_0^{e-1} \ln(1+x) dx$;

(5) $\int_0^1 x \arctan x \, dx$;

(6) $\int_0^{\frac{\pi}{2}} e^{2x} \cos 2x \, dx$;

(7) $\int_{\frac{\pi}{4}}^{\frac{\pi}{3}} \dfrac{x}{\sin^2 x} dx$;

(8) $\int_1^2 \dfrac{\ln x}{\sqrt{x}} dx$;

(9) $\int_1^e \sin(\ln x) dx$;

(10) $\int_{\frac{1}{e}}^{e} |\ln x| dx$;

(11) $\int_0^3 \arcsin \sqrt{\dfrac{x}{1+x}} dx$;

(12) $\int_0^1 \cos \sqrt{x} \, dx$;

(13) $\int_0^{\pi} (x \sin x)^2 dx$;

(14) $\int_0^{\pi} x^2 \cos x \, dx$;

(15) $\int_0^1 (1-x^2)^{\frac{m}{2}} dx \quad (m \in \mathbf{N})$;

(16) $I_m = \int_0^{\pi} x \sin^m x \, dx \quad (m \in \mathbf{N})$.

习题 5.3　B

1. 求下列定积分的值:

(1) $\int_0^{\frac{\pi}{4}} \ln(1+\tan x) dx$;

(2) $\int_0^{\pi} \dfrac{x \sin x}{2-\sin^2 x} dx$;

(3) $\int_0^{\frac{\pi}{2}} \dfrac{\cos^3 x}{\sin x + \cos x} dx$;

(4) $\int_0^{10\pi} \dfrac{\sin^3 x + \cos^3 x}{2\sin^2 x + \cos^4 x} dx$;

(5) $\int_{\frac{\pi}{3}}^{\frac{2\pi}{3}} (e^{\cos x} - e^{-\cos x}) dx$;

(6) $\int_{\frac{1}{2}}^{2} \left(1+x-\dfrac{1}{x}\right) e^{x+\frac{1}{x}} dx$;

(7) $\int_0^{n\pi} \sqrt{1-\sin 2x} \, dx \quad (n \in \mathbf{N}_+)$;

(8) $\int_0^{n\pi} x |\sin x| dx \quad (n \in \mathbf{N}_+)$.

2. 证明下列等式:

(1) $\int_0^{\pi} \sin^n x \, dx = 2 \int_0^{\frac{\pi}{2}} \sin^n x \, dx \quad (n \in \mathbf{N})$;

(2) $\int_x^1 \dfrac{dx}{1+x^2} = \int_1^{\frac{1}{x}} \dfrac{dx}{1+x^2} \quad (x > 0)$;

(3) $\int_0^1 x^m (1-x)^n dx = \int_0^1 x^n (1-x)^m dx$;

(4) $\int_a^b f(x) dx = \int_a^b f(a+b-x) dx, f(x)$ 在区间 $[a,b]$ 上连续;

(5) $\int_a^b f(x)dx = (b-a)\int_0^1 f[a+(b-a)x]dx$, $f(x)$ 在区间 $[a,b]$ 上连续；

(6) $\int_0^a 2x^3 f(x^2)dx = \int_0^{a^2} xf(x)dx$, $f(x)$ 在区间 $[0,a]$ 上连续；

(7) $\int_0^{\frac{\pi}{2}} \sin^m x \cos^m x\, dx = \frac{1}{2^m}\int_0^{\frac{\pi}{2}} \cos^m x\, dx$ $(m\in \mathbf{N}_+)$.

3. 设 $f(x) = e^{-x^2}$，求 $\int_0^1 f'(x)f''(x)dx$.

4. 证明 $\int_0^a x^3 f(x^2)dx = \frac{1}{2}\int_0^{a^2} xf(x)dx$ $(a>0)$.

5. 用分部积分法证明

$$\int_0^x f(u)(x-u)du = \int_0^x \left[\int_0^u f(x)dx\right]du.$$

5.4 反常积分

直到现在，我们一直要求定积分满足以下两个条件：
(1) 区间 $[a,b]$ 是有限的；
(2) 被积函数 f 在区间 $[a,b]$ 上有界.
然而实际中，常常遇到不满足其中一个条件，或不满足两个条件的情况，这时它们已经不属于前面说的定积分了. 因此，我们需要将定积分作推广，讨论具有无穷区间或无界被积函数的积分问题，这就是本节要学习的反常积分.

5.4.1 无穷区间上的积分

为了介绍无穷区间上积分的定义，我们先考虑以下实例.

例 5.4.1 在一个由带电量为 Q 的点电荷产生的电场中，求与点 Q 的距离为 a 的点 A 处的电位.

解 根据物理学的知识，点 A 处的电位 V_A 等于点 A 处的单位正电荷移至无穷远处的电场力所做的功.
建立一坐标系，不妨设 Q 位于坐标原点，A 在 x 轴上（图 5.4.1）.

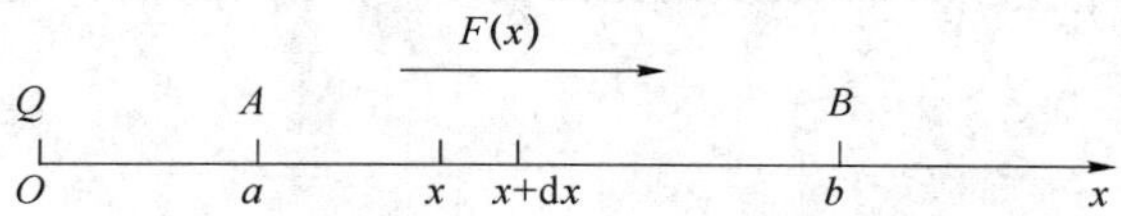

图 5.4.1

你可能认为这个功是无穷的，然而我们发现它其实是一个有限值. 下面是我们得到这个有限值的详细求解过程. 首先求单位正电荷从 A 处到 B 处（与 Q 的距离为 b）电场力所做的功 $W(b)$. 由于与 Q 距离为 x 的任意一点 x 的电场强度为 $k\dfrac{Q}{x^2}$，则当单位正电荷从 x 移动到 $x+dx$ 处时，电场所做的功为

$$dW = k\frac{Q}{x^2}dx.$$

于是,单位电荷从 A 处到 B 处电场力所做的功为

$$W(b) = \int_a^b k\frac{Q}{x^2}\mathrm{d}x = kQ\left(\frac{1}{a} - \frac{1}{b}\right).$$

当 b 趋于无穷,$W(b)$ 的极限存在,且这一极限即所要求的电位,即

$$V_A = \lim_{b\to+\infty} W(b) = \lim_{b\to+\infty}\int_a^b k\frac{Q}{x^2}\mathrm{d}x = \frac{kQ}{a}. \tag{5.4.1}$$

式(5.4.1)中积分在区间 $[a,b]$ 的极限可以看作函数 $f(x) = k\frac{Q}{x^2}$ 在无穷区间 $[a,+\infty)$ 上的积分,记作

$$\int_a^{+\infty} k\frac{Q}{x^2}\mathrm{d}x.$$ ∎

定义 5.4.1(无穷积分) 设函数 f 定义在 $[a,+\infty)$ 上,且对所有的 $b>a$,f 在 $[a,b]$ 上黎曼可积. 若极限

$$\lim_{b\to+\infty}\int_a^b f(x)\mathrm{d}x,$$

存在,则称此极限为 f 在无穷区间 $[a,+\infty)$ 上的**反常积分**简称**无穷积分**,记作

$$\int_a^{+\infty} f(x)\mathrm{d}x = \lim_{b\to+\infty}\int_a^b f(x)\mathrm{d}x.$$

这种情况下,称无穷积分 $\int_a^{+\infty} f(x)\mathrm{d}x$ **存在**或**收敛**. 若极限不存在,则称**无穷积分** $\int_a^{+\infty} f(x)\mathrm{d}x$ **不存在或发散**.

类似地,我们定义无穷积分

$$\int_{-\infty}^b f(x)\mathrm{d}x = \lim_{a\to-\infty}\int_a^b f(x)\mathrm{d}x \tag{5.4.2}$$

及

$$\int_{-\infty}^{+\infty} f(x)\mathrm{d}x = \lim_{a\to-\infty}\int_a^c f(x)\mathrm{d}x + \lim_{b\to+\infty}\int_c^b f(x)\mathrm{d}x, \tag{5.4.3}$$

其中 c 是任意实数且 a 与 b 各自独立地分别趋于无穷.

无穷积分的几何意义

若 $f(x)\geqslant 0, x\in[a,+\infty)$,很容易看出无穷积分的几何意义.

因为 $\int_a^b f(x)\mathrm{d}x$ 表示由曲线 $y=f(x)$,x 轴,直线 $x=a$ 和 $x=b$ 所围区域的面积(图 5.4.2),因此可以认为无穷积分 $\int_a^{+\infty} f(x)\mathrm{d}x$ 表示的是曲线 $y=f(x)$,x 轴和直线 $x=a$ 所围无界区域的面积.

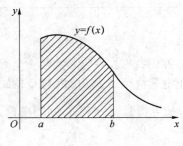

图 5.4.2

例 5.4.2 求由曲线 $y=\dfrac{1}{x^2}$，直线 $x=1$ 和 x 轴所围区域的面积 A（图 5.4.3）.

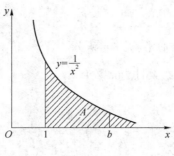

图 5.4.3

解 由图 5.4.3 易得

$$A = \int_1^{+\infty} \frac{1}{x^2}\mathrm{d}x = \lim_{b\to+\infty}\int_1^b \frac{1}{x^2}\mathrm{d}x = \lim_{b\to+\infty}\left(-\frac{1}{x}\right)\Big|_1^b$$
$$= \lim_{b\to+\infty}\left(1-\frac{1}{b}\right) = 1.$$

例 5.4.3 讨论由曲线 $y=\dfrac{1}{x}$，直线 $x=1$ 和 x 轴所围区域的面积 A（图 5.4.4）.

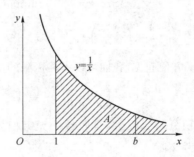

图 5.4.4

解 由于 $\int_1^{+\infty}\dfrac{1}{x}\mathrm{d}x = \lim\limits_{b\to+\infty}\int_1^b \dfrac{1}{x}\mathrm{d}x = \lim\limits_{b\to+\infty}(\ln b - \ln 1) = +\infty.$

此时,极限是无穷的,即无穷积分不存在,因此面积 A 不存在.

例 5.4.4 证明积分 $\int_1^{+\infty}\dfrac{1}{x^p}\mathrm{d}x\,(p>0)$,当 $p>1$ 时收敛;当 $p\leqslant 1$ 时发散.

证明 当 $p\neq 1$ 时,有

$$\int_1^b \frac{1}{x^p}\mathrm{d}x = \frac{1}{1-p}x^{-p+1}\Big|_1^b = \frac{1}{1-p}(b^{-p+1}-1),$$

因此

$$\lim_{b\to+\infty}\int_1^b \frac{1}{x^p}\mathrm{d}x = \lim_{b\to+\infty}\frac{1}{1-p}(b^{-p+1}-1).$$

这里易得当 $p<1$ 时,上述极限趋于无穷,故积分发散;当 $p>1$ 时,极限为 $\dfrac{1}{p-1}$,积分收敛且

$$\int_1^{+\infty}\frac{1}{x^p}\mathrm{d}x = \frac{1}{p-1} \quad (p>1);$$

当 $p=1$ 时,因为

$$\int_1^b \frac{1}{x}dx = \ln b \to +\infty \quad (当 b \to +\infty 时),$$

故 $\int_1^{+\infty} \frac{1}{x}dx$ 发散.

注 例 5.4.4 中的无穷积分通常称为 **p 积分**.

例 5.4.5 求 $\int_0^{+\infty} te^{-pt}dt (p>0$ 且为常数$)$.

解 因为

$$\int_0^b te^{-pt}dt = -\left(\frac{t}{p}e^{-pt} + \frac{1}{p^2}e^{-pt}\right)\bigg|_0^b = -\frac{1}{p}be^{-pb} - \frac{1}{p^2}e^{-pb} + \frac{1}{p^2},$$

所以
$$\int_0^{+\infty} te^{-pt}dt = \lim_{b\to+\infty}\int_0^b te^{-pt}dt = \lim_{b\to+\infty}\left(-\frac{1}{p}be^{-pb} - \frac{1}{p^2}e^{-pb} + \frac{1}{p^2}\right) = \frac{1}{p^2}.$$

例 5.4.6 求 $\int_{-\infty}^{+\infty} \frac{dx}{1+x^2}$.

解 取 $c=0$,则

$$\int_{-\infty}^{+\infty} \frac{dx}{1+x^2} = \lim_{a\to-\infty}\int_a^0 \frac{dx}{1+x^2} + \lim_{b\to+\infty}\int_0^b \frac{dx}{1+x^2}$$

$$= \lim_{a\to-\infty} \arctan x\bigg|_a^0 + \lim_{b\to+\infty} \arctan x\bigg|_0^b$$

$$= -\left(-\frac{\pi}{2}\right) + \frac{\pi}{2} = \pi.$$

在计算无穷积分时,有时为了方便起见,我们可以省略极限的步骤,直接使用无穷符号,例如

$$\int_1^{+\infty} \frac{1}{x^2}dx = \left(-\frac{1}{x}\right)\bigg|_1^{+\infty} = 1.$$

有一些准则可以判定无穷积分是否收敛,且收敛的无穷积分有与对应定积分类似的性质. 感兴趣的读者可阅读相应的参考文献.

5.4.2 具有无穷间断点的反常积分

现在我们把定积分推广到被积函数为无界函数的情形,即被积函数在积分区间上有无穷间断点的情形. 首先考虑如下的问题.

平面区域 A 位于第一象限内,在曲线 $y=\frac{1}{\sqrt{x}}$ 的下方,区域范围由不等式 $0<x\leqslant 1$,及 $0\leqslant y\leqslant \frac{1}{\sqrt{x}}$ 给定(图 5.4.5),求它的面积.

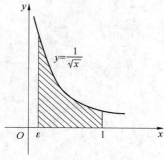

图 5.4.5

与无穷积分的求解过程类似，这一面积可用如下方法求解，即

$$A = \int_0^1 \frac{1}{\sqrt{x}} dx = \lim_{\xi \to 0^+} \int_\xi^1 \frac{1}{\sqrt{x}} dx = \lim_{\xi \to 0^+} (2\sqrt{x}) \Big|_\xi^1 = \lim_{\xi \to 0^+} (2 - 2\sqrt{\xi}) = 2.$$

类似地，我们可以得到无界函数反常积分的定义。

定义 5.4.2（无界函数的积分） 被积函数 f 在积分区间内某一点无界（此点称为 f 的奇点）的积分也是反常积分。

1. 若函数 f 在区间 $(a,b]$ 上连续，则定义

$$\int_a^b f(x) dx = \lim_{\xi \to 0^+} \int_{a+\xi}^b f(x) dx.$$

2. 若函数 f 在区间 $[a,b)$ 上连续，则定义

$$\int_a^b f(x) dx = \lim_{\xi \to 0^+} \int_a^{b-\xi} f(x) dx.$$

3. 若函数 f 在 $[a,c) \cup (c,b]$ 上连续，则定义

$$\int_a^b f(x) dx = \lim_{\xi \to 0^+} \int_a^{c-\xi} f(x) dx + \lim_{\eta \to 0^+} \int_{c+\eta}^b f(x) dx.$$

在 1 和 2 中，若极限存在，则称**积分收敛**且称此极限为反常积分的值；若极限不存在，则称**积分发散**。在 3 中，若两个极限都存在，则称**积分收敛**，否则称**积分发散**。

例 5.4.7 求积分 $\int_0^a \frac{dx}{\sqrt{a^2 - x^2}} (a > 0)$。

解 因为 a 是被积函数的奇点，此积分为无界积分。根据定义有

$$\int_0^a \frac{dx}{\sqrt{a^2 - x^2}} = \lim_{\xi \to 0^+} \int_0^{a-\xi} \frac{dx}{\sqrt{a^2 - x^2}} = \lim_{\xi \to 0^+} \arcsin \frac{x}{a} \Big|_0^{a-\xi} = \frac{\pi}{2}.$$ ■

例 5.4.8 讨论积分 $\int_a^b \frac{dx}{(x-a)^p} (a < b, p > 0)$ 的敛散性。

解 因为 a 是被积函数的奇点，此积分为无界积分。当 $p = 1$，对于任意 $\xi > 0$，

$$\int_{a+\xi}^b \frac{dx}{x-a} = \ln(x-a) \Big|_{a+\xi}^b = \ln(b-a) - \ln \xi.$$

由于 $\lim_{\xi \to 0^+} \ln \xi$ 极限不存在，故当 $p = 1$ 时，$\int_a^b \frac{dx}{(x-a)^p}$ 发散。

当 $p \neq 1$ 时，

$$\lim_{\xi \to 0^+} \int_{a+\xi}^b \frac{dx}{(x-a)^p} = \lim_{\xi \to 0^+} \frac{(x-a)^{1-p}}{1-p} \Big|_{a+\xi}^b$$

$$= \lim_{\xi \to 0^+} \left[\frac{(b-a)^{1-p}}{1-p} - \frac{\xi^{1-p}}{1-p} \right]$$

$$= \begin{cases} \frac{(b-a)^{1-p}}{1-p}, & p < 1, \\ +\infty, & p > 1. \end{cases}$$

因此，当 $p < 1$ 时，$\int_a^b \frac{dx}{(x-a)^p}$ 收敛；当 $p \geq 1$ 时，积分发散。 ■

类似地，无界积分 $\int_a^b \frac{dx}{(b-x)^p} (a < b, p > 0)$ 当 $p < 1$ 时收敛，当 $p \geq 1$ 时发散。通常也把这两种积分叫作**无界函数的 p 积分**。

例 5.4.9 求积分 $\int_0^2 \frac{dx}{\sqrt{x(2-x)}}$。

解
$$\int_0^2 \frac{\mathrm{d}x}{\sqrt{x(2-x)}} = \int_0^1 \frac{\mathrm{d}x}{\sqrt{x(2-x)}} + \int_1^2 \frac{\mathrm{d}x}{\sqrt{x(2-x)}}$$
$$= \lim_{\varepsilon_1 \to 0^+} \int_{\varepsilon_1}^1 \frac{\mathrm{d}x}{\sqrt{x(2-x)}} + \lim_{\varepsilon_2 \to 2^-} \int_1^{\varepsilon_2} \frac{\mathrm{d}x}{\sqrt{x(2-x)}}$$
$$= \lim_{\varepsilon_1 \to 0^+} \int_{\varepsilon_1}^1 \frac{\mathrm{d}(x-1)}{\sqrt{1-(x-1)^2}} + \lim_{\varepsilon_2 \to 2^-} \int_1^{\varepsilon_2} \frac{\mathrm{d}(x-1)}{\sqrt{1-(x-1)^2}}$$
$$= \lim_{\varepsilon_1 \to 0^+} \arcsin(x-1) \Big|_{\varepsilon_1}^1 + \lim_{\varepsilon_2 \to 2^-} \arcsin(x-1) \Big|_1^{\varepsilon_2}$$
$$= 2\arcsin 1 = \pi.$$ ∎

* Γ 函数

现在介绍反常积分中的一个特殊的函数,即
$$\Gamma(\alpha) = \int_0^{+\infty} x^{\alpha-1} \mathrm{e}^{-x} \mathrm{d}x, \quad \alpha \in (0,+\infty).$$

Γ 函数在工程技术有重要的应用. 我们先证明对于任一 $\alpha>0$,反常积分存在. 首先它是无穷积分,当 $0<\alpha<1$ 时它也是无界积分. 可将该积分改写为如下形式:
$$\int_0^{+\infty} x^{\alpha-1} \mathrm{e}^{-x} \mathrm{d}x = \int_0^1 x^{\alpha-1} \mathrm{e}^{-x} \mathrm{d}x + \int_1^{+\infty} x^{\alpha-1} \mathrm{e}^{-x} \mathrm{d}x.$$

当 $\alpha \geqslant 1$ 时,上面的等式右边第一项 $\int_0^1 x^{\alpha-1} \mathrm{e}^{-x} \mathrm{d}x$ 是被积函数连续的定积分,因此这一积分只需考虑 $0<\alpha<1$ 的情况. 此时,它是一个无界积分. 定义
$$F(\varepsilon) = \int_{0+\varepsilon}^1 x^{\alpha-1} \mathrm{e}^{-x} \mathrm{d}x.$$

因为当 ε 单调下降趋于 0^+ 时,$F(\varepsilon)$ 单调递增. 因此,要证当 $\varepsilon \to 0^+$ 时,$F(\varepsilon)$ 有极限,只需证 $F(\varepsilon)$ 在区间 $(0,1]$ 上有界.

对 $0<x<1$,有
$$x^{\alpha-1} \mathrm{e}^{-x} < 2x^{\alpha-1},$$
故对于任一 $\varepsilon \in (0,1]$,可得
$$\int_\varepsilon^1 x^{\alpha-1} \mathrm{e}^{-x} \mathrm{d}x < 2\int_\varepsilon^1 x^{\alpha-1} \mathrm{d}x = 2\frac{1}{\alpha} x^\alpha \Big|_\varepsilon^1 = \frac{2}{\alpha}(1-\varepsilon^\alpha) < \frac{2}{\alpha}.$$

因此根据单调有界定理,无界积分 $\int_0^1 x^{\alpha-1} \mathrm{e}^{-x} \mathrm{d}x$ 当 $0<\alpha<1$ 时收敛.

类似地,可证明无穷积分 $\int_1^{+\infty} x^{\alpha-1} \mathrm{e}^{-x} \mathrm{d}x$ 是收敛的.

应用分部积分法,可得 Γ 函数满足如下递推关系:
$$\Gamma(\alpha+1) = \alpha\Gamma(\alpha). \tag{5.4.4}$$

事实上
$$\Gamma(\alpha+1) = \int_0^{+\infty} x^\alpha \mathrm{e}^{-x} \mathrm{d}x = -x^\alpha \mathrm{e}^{-x} \Big|_0^{+\infty} + \alpha \int_0^{+\infty} x^{\alpha-1} \mathrm{e}^{-x} \mathrm{d}x$$
$$= \alpha \int_0^{+\infty} x^{\alpha-1} \mathrm{e}^{-x} \mathrm{d}x = \alpha\Gamma(\alpha).$$

将 $\alpha=n \in \mathbf{N}_+$ 代入递推关系式(5.4.4)并连续化简 n 次,得
$$\Gamma(n+1) = n\Gamma(n) = \cdots = n!\Gamma(1).$$

因为
$$\Gamma(1) = \int_0^{+\infty} e^{-x} dx = -e^{-x}\Big|_0^{+\infty} = 1,$$
所以
$$\Gamma(n+1) = \int_0^{+\infty} x^n e^{-x} dx = n!.$$

习题 5.4 A

1. 利用反常积分的定义判定下列反常积分的敛散性，如果收敛，计算它的值.

(1) $\int_0^{+\infty} \sin x \, dx$;

(2) $\int_0^{+\infty} e^{-st} dt \quad (s>0)$;

(3) $\int_1^{+\infty} \frac{dx}{\sqrt{x}}$;

(4) $\int_{-\infty}^0 \frac{x}{1+x^2} dx$;

(5) $\int_2^{+\infty} \frac{dx}{(2+x)\sqrt{x}}$;

(6) $\int_5^{+\infty} \frac{dx}{x(x+5)}$;

(7) $\int_{-\infty}^{+\infty} \frac{dx}{x^2+x+1}$;

(8) $\int_1^{+\infty} \frac{\arctan x}{x^2} dx$;

(9) $\int_{-\infty}^{+\infty} \frac{dx}{x^2-2x+2}$;

(10) $\int_{-\infty}^{+\infty} \frac{x}{\sqrt{1+x^2}} dx$;

(11) $\int_0^1 \frac{dx}{\sqrt{1-x}}$;

(12) $\int_{-1}^1 \frac{1}{x^3} \sin \frac{1}{x^2} dx$;

(13) $\int_{-1}^1 \frac{1}{x^2} e^{\frac{1}{x}} dx$;

(14) $\int_0^1 \frac{dx}{x\sqrt{1-x}}$.

2. 判断正误，并简述原因.

(1) $\int_1^{+\infty} \frac{1}{x(1+x)} dx = \int_1^{+\infty} \left(\frac{1}{x} - \frac{1}{x+1}\right) dx = \lim_{b\to+\infty} \ln\frac{x}{1+x}\Big|_1^b = \ln 2$;

(2) $\int_1^{+\infty} \frac{1}{x(1+x)} dx = \int_1^{+\infty} \left(\frac{1}{x} - \frac{1}{x+1}\right) dx = \lim_{b\to+\infty} \ln x\Big|_1^b - \lim_{b\to+\infty} \ln(1+x)\Big|_1^b$,

由于极限都不存在，故积分发散；

(3) $\int_{-\infty}^{+\infty} \frac{2x}{1+x^2} dx = \lim_{a\to+\infty} \int_{-a}^a \frac{2x}{1+x^2} dx = \lim_{a\to+\infty} \ln(1+x^2)\Big|_{-a}^a$
$= \lim_{a\to+\infty} \{\ln(1+a^2) - \ln[1+(-a)^2]\} = 0$;

(4) $\int_{-\infty}^{+\infty} \frac{2x}{1+x^2} dx = \int_{-\infty}^0 \frac{2x}{1+x^2} dx + \int_0^{+\infty} \frac{2x}{1+x^2} dx$
$= \lim_{a\to-\infty} \ln(1+x^2)\Big|_a^0 + \lim_{b\to+\infty} \ln(1+x^2)\Big|_0^b$,

由于极限都不存在，故积分发散；

(5) $\int_0^{+\infty} \frac{1}{(x-2)^2} dx = \lim_{b\to+\infty} \int_0^b \frac{1}{(x-2)^2} dx = \lim_{b\to+\infty} \left(-\frac{1}{x-2}\right)\Big|_0^b = -2$;

(6) $\int_0^1 \frac{1}{x(x-1)} dx = \int_0^1 \left(\frac{1}{x} - \frac{1}{x+1}\right) dx = \lim_{\varepsilon\to 0^+} \int_{0+\varepsilon}^{1-\varepsilon} \left(\frac{1}{x} - \frac{1}{x+1}\right) dx$
$= \lim_{\varepsilon\to 0^+} \ln\frac{x}{1+x}\Big|_{0+\varepsilon}^{1-\varepsilon} = \infty$.

3. 设 $\lim\limits_{x\to+\infty}\left(\dfrac{x+c}{x-c}\right)^x = \int_{-\infty}^{c} x\mathrm{e}^{2x}\,\mathrm{d}x$，求 c.

习题 5.4 B

1. 已知函数 $f(x)=\dfrac{(x+1)^2(x-1)}{x^3(x-2)}$，求
$$I=\int_{-1}^{+\infty}\dfrac{f'(x)}{1+f^2(x)}\mathrm{d}x.$$

2. 若 f 在 $[a,c)\cup(c,b]$ 上连续，且 $x=c$ 是 f 的一个奇点，下面的定义
$$\int_a^b f(x)\mathrm{d}x = \lim_{\varepsilon\to 0}\left|\int_a^{c-\varepsilon}f(x)\mathrm{d}x + \int_{c+\varepsilon}^b f(x)\mathrm{d}x\right|$$
是否正确？为什么？并讨论积分 $\int_0^2\dfrac{\mathrm{d}x}{1-x}$ 的敛散性.

3. 连续函数 $f(t)$ 的拉普拉斯变换定义如下：
$$F(p) = \int_0^{+\infty}\mathrm{e}^{-pt}f(t)\mathrm{d}t,$$
其中 F 的定义域是所有使积分收敛的 p 的集合. 求下列函数 $f(t)=1$，$f(t)=\mathrm{e}^{at}$，$f(t)=t$ 的拉普拉斯变换.

5.5 定积分的应用

我们知道有很多量都可以用定积分来表达,如固体的体积、曲线的长度、抽取地下液体所需做的功、防洪门所受的力、固体平衡点的坐标等. 在本节中我们将应用前面学习过的定积分理论来分析和解决一些几何和物理中的问题. 学习的目的不仅在于建立和计算这些几何量和物理量的公式,更重要的是学习将一个量表示成定积分的微元法.

5.5.1 建立积分表达式的微元法

应用定积分解决问题,需要解决两个问题:
(1) 定积分表达的量应具备哪些特征？
(2) 怎样建立这些量的积分表达式？

在 5.1 节中已经指出,曲边梯形的面积和变速直线运动物体的位移可以用定积分来表达. 它们都具有两个相同的特征:
(1) 都是在区间 $[a,b]$ 上非均匀连续变化的量;
(2) 都具有区间可加性,即分布在 $[a,b]$ 上的总量等于分布在 $[a,b]$ 上各个子区间的局部量之和. 一般情况下,具有这两种特征的量都可以用定积分来描述.

现在来复习一下建立积分的步骤并设法简化它们. 对于区间 $[a,b]$ 上以 $y=f(x)$ ($f(x)\geqslant 0$)

为曲边的曲边梯形(图 5.5.1),为计算整个区域面积 A,需要进行如下步骤.

(1) "分".

将 $[a,b]$ 分成许多小的子区间,并取 $[x,x+\Delta x]$ 作为代表.

(2) "匀".

将在子区间 $[x,x+\Delta x]$ 上的子曲边梯形近似看作高为 $f(x)$ 的矩形,则有
$$\Delta A \approx f(x)\Delta x. \tag{5.5.1}$$

(3) "合".
$$A \approx \sum f(x)\Delta x. \tag{5.5.2}$$

(4) "精".
$$A = \lim_{\Delta x \to 0} \sum f(x)\Delta x = \int_a^b f(x)\mathrm{d}x. \tag{5.5.3}$$

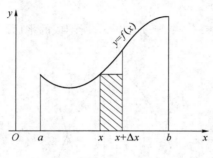

图 5.5.1

通过以上步骤,可知确立积分表达式的关键在于找到原始值的近似值,即式(5.5.1).把在曲线 $y=f(x)$ 下方且在区间 $[a,x]$ 内的曲边梯形面积记为 $A(x)$,即
$$A(x) = \int_a^x f(t)\mathrm{d}t. \tag{5.5.4}$$

故原始面积 ΔA 是函数 $A(x)$ 的增量,即 $\Delta A = A(x+\Delta x) - A(x)$. 且由于
$$\mathrm{d}A(x) = \mathrm{d}\int_a^x f(t)\mathrm{d}t = f(x)\mathrm{d}x,$$

ΔA 的近似值 $f(x)\Delta x$ 恰恰是 $A(x)$ 的微分. 因此,积分元素恰恰是 $A(x)$ 的微分. 问题是:怎么求 $A(x)$ 的微分? 实际上,$A(x)$ 是未知的,且不能通过计算 $A'(x)\Delta x$ 得到微分. 根据微分定义,我们只需要找出线性依赖于 Δx 的 $f(x)\Delta x$,使得 $\Delta A - f(x)\Delta x$ 是关于 Δx 的高阶无穷小. 这在实际应用中通常是已经做好了的. 因此,一般说来,如果某一实际问题中所求量 Q 是与一个变量 x 的变化区间 $[a,b]$ 有关的量,对区间 $[a,b]$ 具有可加性,且部分量 ΔQ 的近似值可表示为 $f(x)\mathrm{d}x$,那么就可以考虑用定积分来表达这个量 Q. 通常写这个量 Q 的积分表达式的步骤是:

(1) 根据问题的具体情况,选择一个变量(如 x)为积分变量,并确定它的变化区间 $[a,b]$;

(2) 在子区间 $[x,x+\mathrm{d}x]$ 上求出相应于这个小区间的部分量 ΔQ 的近似值 $\mathrm{d}Q$,即
$$\Delta Q \approx \mathrm{d}Q = f(x)\mathrm{d}x.$$

(3) 以所求量 Q 的微分元素 $f(x)\mathrm{d}x$ 为被积表达式,在区间 $[a,b]$ 上做定积分,得
$$Q = \int_a^b f(x)\mathrm{d}x.$$

这就是所求量 Q 的积分表达式.

以上过程称为**微元法**(method of element). 下面将介绍如何应用这个方法来解决几何和物理中的一些问题.

5.5.2 平面图形的面积

直角坐标情形

如本章第一节所介绍的,由曲线 $f(x)$ ($f(x)\geqslant 0$),直线 $x=a,x=b(a<b)$ 及 x 轴所围成的曲边梯形的面积 A 是定积分,即

$$A=\int_a^b f(x)\mathrm{d}x.$$

其中被积表达式 $f(x)\mathrm{d}x$ 就是直角坐标系下的面积微元,它表示高为 $f(x)$,底为 $\mathrm{d}x$ 的一个矩形面积. 基于微元法,利用定积分,不但可以计算曲边梯形的面积,还可以计算一些比较复杂的平面图形的面积.

例 5.5.1 求由抛物线 $y=x^2-1$ 与 $y=7-x^2$ 所围成的平面图形的面积 A(图 5.5.2).

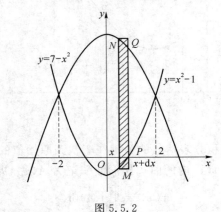

图 5.5.2

解 (1) 确定积分变量和积分区间.

从方程组

$$\begin{cases} y=x^2-1, \\ y=7-x^2, \end{cases}$$

易得两抛物线交点坐标 $(-2,3)$ 和 $(2,3)$,即交点的横坐标为 $x=\pm 2$,所求图形在直线 $x=-2$ 和 $x=2$ 之间. 由于所求面积 A 非均匀连续分布在区间 $[-2,2]$ 上且具有可加性,故我们可以取横坐标 x 为积分变量,它的变化区间为 $[-2,2]$.

(2) 求面积微元.

划分区间 $[-2,2]$,并考虑子区间 $[x, x+\mathrm{d}x]$. 子区间上的面积 ΔA 可近似看作一个矩形的面积,矩形的高为

$$MN=(7-x^2)-(x^2-1)=8-2x^2.$$

易得面积微元为

$$\mathrm{d}A=(8-2x^2)\mathrm{d}x.$$

(3) 建立积分并求解.

总面积 A 就等于面积微元 $\mathrm{d}A=(8-2x^2)\mathrm{d}x$ 在区间 $[-2,2]$ 上的积分,即

$$A=\int_{-2}^{2}(8-2x^2)\mathrm{d}x=2\int_0^2(8-2x^2)\mathrm{d}x=\frac{64}{3}.$$

例 5.5.2 求由抛物线 $\sqrt{y}=x$ 与直线 $y=-x, y=1$ 围成的平面图形的面积 A(图 5.5.3).

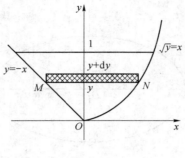

图 5.5.3

解 (1) 确定积分变量和积分区间.

由曲线方程
$$y=x^2, \quad y=-x \quad \text{和} \quad y=1$$
易得三曲线交点坐标为 $(-1,1),(0,0),(1,1)$，即交点的纵坐标为 $y=0,1$，所求图形在直线 $y=0$ 和 $y=1$ 之间. 由于所求面积 A 非均匀连续分布在区间 $[0,1]$ 上且具有可加性，故我们可以取纵坐标 y 为积分变量，它的变化区间为 $[0,1]$.

(2) 求面积微元.

划分区间 $[0,1]$，并考虑子区间 $[y, y+\mathrm{d}y]$. 可将子区间上的面积 ΔA 看作一个矩形的面积，矩形的宽为
$$MN=\sqrt{y}-(-y),$$
则面积微元为
$$\mathrm{d}A=(\sqrt{y}+y)\mathrm{d}y.$$

(3) 建立积分并求解.

总面积为
$$A=\int_0^1 (\sqrt{y}+y)\mathrm{d}y=\frac{7}{6}. \qquad\blacksquare$$

例 5.5.3 求椭圆 $\dfrac{x^2}{a^2}+\dfrac{y^2}{b^2}=1(a>0,b>0)$ 围成的区域面积 A.

解 根据椭圆图形的对称性，所求面积 A 等于它在第一象限的面积 A_1 的四倍(图 5.5.4). 因此
$$A=4A_1=4\int_0^a y\mathrm{d}x.$$
利用椭圆的参数方程
$$\begin{cases} x=a\cos t, \\ y=b\sin t, \end{cases} 0\leqslant t\leqslant \frac{\pi}{2},$$
并代入定积分，有
$$\int_0^a y\mathrm{d}x=\int_{\frac{\pi}{2}}^0 b\sin t(-a\sin t)\mathrm{d}t=-ab\int_{\frac{\pi}{2}}^0 \sin^2 t\mathrm{d}t$$
$$=ab\int_0^{\frac{\pi}{2}} \sin^2 t\mathrm{d}t=ab\times \frac{1}{2}\times \frac{\pi}{2}=\frac{\pi}{4}ab.$$

因此，总面积为
$$A=4A_1=\pi ab.$$

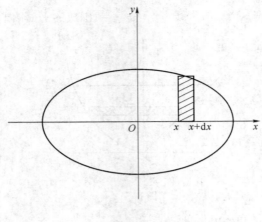

图 5.5.4

极坐标情形

求平面图形面积时,有时候用极坐标来处理会更加方便.

设平面图形是由曲线 $\rho=\rho(\theta)$ 及射线 $\theta=\alpha,\theta=\beta$ 所围成的,其中 $\rho(\theta)$ 在 $[\alpha,\beta]$ 上连续且 $\rho(\theta)\geqslant 0$. 现在要计算该图形(简称曲边扇形,如图 5.5.5 所示)的面积 A.

由于当 θ 在 $[\alpha,\beta]$ 上变动时,极径 $\rho=\rho(\theta)$ 也随之变动,故该曲边扇形的面积不能直接利用扇形面积的公式 $A=\dfrac{1}{2}R^2\theta$ 来计算,需要建立定积分来推导面积计算公式.

取极角 θ 为积分变量,它的变化区间为 $[\alpha,\beta]$,将区间 $[\alpha,\beta]$ 分成 n 个子区间,设其分点为
$$\alpha=\theta_0<\theta_1<\theta_2<\cdots<\theta_{k-1}<\theta_k<\cdots<\theta_{n-1}<\theta_n=\beta.$$
记 $\Delta\theta_k=\theta_k-\theta_{k-1}(k=1,2,\cdots,n)$,$d=\max\limits_{1\leqslant k\leqslant n}\{\Delta\theta_k\}$.

考虑任意小区间 $[\theta,\theta+d\theta]$,对应的窄曲边扇形面积可以用极径为 $\rho=\rho(\theta)$,中心角为 $d\theta$ 的扇形面积来近似,从而得到该窄曲边扇形面积的近似值,即曲边扇形的面积微元为
$$dA=\dfrac{1}{2}[\rho(\theta)]^2 d\theta.$$

以 dA 为积分表达式,在区间 $[\alpha,\beta]$ 上作定积分,便可得所求曲边扇形的面积为
$$A=\dfrac{1}{2}\int_\alpha^\beta [\rho(\theta)]^2 d\theta.$$

如果要求出由射线 $\theta=\alpha,\theta=\beta(\alpha<\beta)$ 及两条连续曲线
$$\rho=\rho_1(\theta),\quad \rho=\rho_2(\theta)\quad (\rho_1(\theta)\leqslant\rho_2(\theta))$$
所围成图形(图 5.5.6)的面积,则该图形面积 A 的计算公式为
$$A=\dfrac{1}{2}\int_\alpha^\beta [\rho_1^2(\theta)-\rho_2^2(\theta)]d\theta.$$

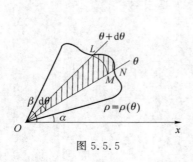

图 5.5.5

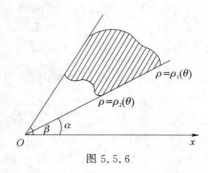

图 5.5.6

例 5.5.4 计算阿基米德螺线

$$\rho = a\theta \quad (a>0)$$

上 θ 从 0 到 2π 的一段弧与极轴所围成图形的面积 A.

解 如图 5.5.7 所示,θ 的变化区间为 $[0,2\pi]$,易得面积微元为

$$dA = \frac{1}{2}[\rho(\theta)]^2 d\theta = \frac{1}{2}a^2\theta^2 d\theta.$$

因此所求面积为

$$A = \int_0^{2\pi} \frac{1}{2}a^2\theta^2 d\theta = \frac{4}{3}a^2\pi^3.$$

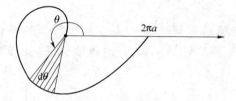

图 5.5.7

例 5.5.5 求心形线 $\rho = a(1+\cos\theta)(a>0)$ 围成图形的面积 A.

解 根据心形线图形的对称性,所求面积 A 等于它位于上半平面的面积 A_1 的两倍 (图 5.5.8),易得面积微元为

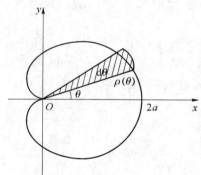

图 5.5.8

$$dA_1 = \frac{1}{2}\rho^2(\theta)d\theta = \frac{1}{2}a^2(1+\cos\theta)^2 d\theta.$$

因此,总面积为

$$A = 2\int_0^\pi \frac{1}{2}\rho^2(\theta)d\theta = a^2\int_0^\pi (1+\cos\theta)^2 d\theta = \frac{3}{2}\pi a^2.$$

5.5.3 曲线的弧长

设一曲线 $\widehat{M_0 M}$ 在区间 (a,b) 上的表达式是函数 $y = f(x)$,求该曲线的弧长.

如图 5.5.9 所示,在曲线 $\widehat{M_0 M}$ 上,取点 $M_0, M_1, \cdots, M_{i-1}, M_i, \cdots, M_{n-1}, M = M_n$. 连接这些点,可得内接在曲线 $\widehat{M_0 M}$ 中的折线 $M_0 M_1 \cdots M_{i-1} M_i \cdots M_{n-1} M_n$. 用 ΔL_i 表示线段 $\overline{M_{i-1} M_i}$ 的长度,折线的长度为

$$L_n = \sum_{i=1}^n \Delta L_i.$$

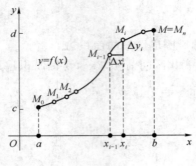

图 5.5.9

曲线 $\widehat{M_0 M}$ 的弧长就等于折线段 $\overline{M_{i-1}M_i}$ 的最大长度趋于零时折线总长度的极限(用 s 表示),如果该极限存在且与点 $M_1,M_2,\cdots,M_{n-1}$ 的选取无关,则弧 $\widehat{M_0 M}$ 的长度 s 就等于下列极限:

$$s = \lim_{\max_{1\leqslant i\leqslant n}\{\Delta L_i\}\to 0} \sum_{i=1}^n \Delta L_i.$$

如果在区间 $[a,b]$ 上,函数 $f(x)$ 与其导数 $f'(x)$ 都连续,则函数 $f(x)$ 在区间 $[a,b]$ 上是平滑的,且它的图像也是光滑曲线.对于光滑曲线的弧长,有如下定理.

定理 5.5.1 光滑曲线是可求弧长的.

定理的证明超出了本书范围,这里不予给出.我们只给出一种计算光滑曲线弧长的方法.

(1) 求弧长微元.

划分区间 $[a,b]$,使得曲线被分成若干个弧段(图 5.5.9).对于子区间 $[x,x+dx]$ 上的弧段 $\widehat{AB}$(图5.5.10),用 Δs 表示 $\widehat{AB}$ 的长度.在子区间 $[x,x+dx]$ 上,线段 $\overline{AB}$ 的长度 $\Delta L = \sqrt{(\Delta x)^2 + (\Delta y)^2}$ 逼近于弧长 $\widehat{AB}$.因此,有

$$\Delta s \approx \Delta L = \sqrt{(\Delta x)^2+(\Delta y)^2} \approx \sqrt{(dx)^2+(dy)^2},$$

故弧长微元为

$$ds = \sqrt{(dx)^2 + (dy)^2}. \tag{5.5.5}$$

而平滑曲线的表达式为 $y=f(x)$,故有

$$ds = \sqrt{1+\left(\frac{dy}{dx}\right)^2}dx = \sqrt{1+[f'(x)]^2}dx.$$

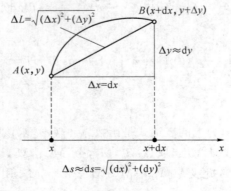

图 5.5.10

(2) 建立积分.

根据微元法,可得所给曲线的弧长为
$$s = \int_a^b \sqrt{1+[f'(x)]^2}\,dx.$$

同样地,如果一平滑曲线的表达式为 $x=g(y)$,用 dy 划分与求和,则由式(5.5.5)可得
$$ds = \sqrt{1+\left(\frac{dx}{dy}\right)^2}\,dy = \sqrt{1+[g'(y)]^2}\,dy.$$

将这两个公式放在一起,我们得到如下光滑曲线的弧长公式:

若 f 在区间 $[a,b]$ 上平滑,曲线 $y=f(x)$ 从 a 到 b 的弧长为
$$s = \int_a^b \sqrt{1+[f'(x)]^2}\,dx;$$

若 g 在区间 $[c,d]$ 上光滑,曲线 $x=g(y)$ 从 c 到 d 的弧长为
$$s = \int_c^d \sqrt{1+[g'(y)]^2}\,dy.$$

例 5.5.6 求下列平面曲线的弧长:

(1) $y=\frac{1}{2p}x^2$ ($p>0$, $0 \leqslant x \leqslant \sqrt{2}p$); (2) $x=\frac{1}{4}y^2 - \frac{1}{2}\ln y$ ($1 \leqslant y \leqslant e$).

解 (1) 因为 $\sqrt{1+[f'(x)]^2} = \sqrt{1+\left(\frac{x}{p}\right)^2} = \frac{1}{p}\sqrt{x^2+p^2}$,

所以弧长 $s = \int_0^{\sqrt{2}p} \frac{1}{p}\sqrt{x^2+p^2}\,dx = \frac{1}{p}\left[\frac{x}{2}\sqrt{x^2+p^2} + \frac{p^2}{2}\ln(x+\sqrt{x^2+p^2})\right]\Big|_0^{\sqrt{2}p}$
$= \frac{p}{2}[\ln(\sqrt{2}+\sqrt{3}) + \sqrt{6}].$

(2) 因为 $\sqrt{1+[g'(y)]^2} = \sqrt{1+\frac{1}{4}\left(y-\frac{1}{y}\right)^2} = \frac{1}{2}\left(y+\frac{1}{y}\right)$,

所以弧长 $s = \frac{1}{2}\int_1^e \left(y+\frac{1}{y}\right)dy = \frac{1}{4}(e^2+1).$ ∎

如果曲线用参数方程表示:
$$\begin{cases} x=\varphi(t), \\ y=\psi(t) \end{cases} (\alpha \leqslant t \leqslant \beta),$$

其中 $\varphi(t)$ 与 $\psi(t)$ 有连续一阶导数,且在给定区间上 $(\varphi'(t),\psi'(t)) \neq \vec{0}$,则 $dx=\varphi'(t)dt$,$dy=\psi'(t)dt$. 将这两式代入式(5.5.5),有
$$ds = \sqrt{[\varphi'(t)]^2 + [\psi'(t)]^2}\,dt.$$

因此,可得参数方程下的弧长公式如下.

若光滑曲线的参数方程为
$$\begin{cases} x=\varphi(t), \\ y=\psi(t) \end{cases} (\alpha \leqslant t \leqslant \beta),$$

则该曲线从 α 到 β 的弧长为
$$s = \int_\alpha^\beta \sqrt{[\varphi'(t)]^2 + [\psi'(t)]^2}\,dt.$$

例 5.5.7 计算星形线的长度,其中星形线方程为
$$\begin{cases} x=a\cos^3 t, \\ y=a\sin^3 t \end{cases} (a>0).$$

解 因为曲线关于两坐标轴都对称(图 5.5.11),故先计算其落在第一象限部分的弧长. 有
$$ds = \sqrt{(-3a\cos^2 t \sin t)^2 + (3a\sin^2 t \cos t)^2}\,dt = 3a\sqrt{\cos^2 t \sin^2 t}\,dt,$$

且参数 t 在第一象限内变化范围是 0 到 $\frac{\pi}{2}$. 因此

$$\frac{1}{4}s = \int_0^{\frac{\pi}{2}} 3a\sqrt{\cos^2 t \sin^2 t}\, dt = 3a \int_0^{\frac{\pi}{2}} \cos t \sin t\, dt$$

$$= 3a\left(\frac{\sin^2 t}{2}\right)\bigg|_0^{\frac{\pi}{2}} = \frac{3a}{2},$$

所以星形线的长度为
$$s = 6a.$$

极坐标下弧长公式

若所给曲线是用极坐标表示的,即

$$\rho = \rho(\theta), \quad \alpha \leqslant \theta \leqslant \beta,$$

则 $x = \rho(\theta)\cos\theta, y = \rho(\theta)\sin\theta$ 可看作曲线的参数方程. 因此,可得如下弧长计算公式:

$$s = \int_\alpha^\beta \sqrt{[x'(\theta)]^2 + [y'(\theta)]^2}\, d\theta = \int_\alpha^\beta \sqrt{[\rho(\theta)]^2 + [\rho'(\theta)]^2}\, d\theta.$$

例 5.5.8 求心形线 $\rho = a(1 + \cos\theta)$ 的长度 s,其中 $a > 0$(图 5.5.12).

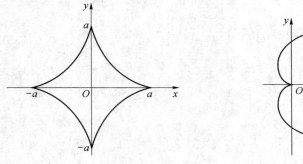

图 5.5.11

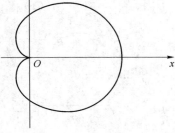

图 5.5.12

解 可先计算所求长度的一半. 这里,$\rho'(\theta) = -a\sin\theta$,极角 θ 从 0 到 π 变化,因此

$$s = 2\int_0^\pi \sqrt{a^2(1+\cos\theta)^2 + a^2\sin^2\theta}\, d\theta = 2a\int_0^\pi \sqrt{2 + 2\cos\theta}\, d\theta$$

$$= 4a\int_0^\pi \cos\frac{\theta}{2}\, d\theta = 8a\left(\sin\frac{\theta}{2}\right)\bigg|_0^\pi = 8a.$$

5.5.4 立体的体积

考虑如图 5.5.13 所示的固体,对任意 $x \in [a, b]$,该固体的横截面积是一个已知的连续函数 $A(x)$. 下面我们用定积分来表示该固体的体积.

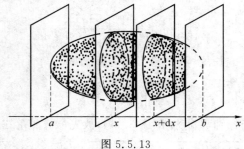

图 5.5.13

为了用积分表示其体积,进行如下步骤.

(1) 求体积微元.

划分区间$[a,b]$使得固体被过分点的垂面切成很多薄片(故该方法也被称为薄片法).考虑子区间$[x,x+dx]$上的薄片,由于横截面积在区间$[x,x+dx]$上是一变量,故求薄片的体积并不容易.在区间$[x,x+dx]$上将横截面的面积近似看作一常数$A(x)$,即我们用底面积为$A(x)$,厚度为dx的薄柱体的体积近似代替薄片的体积,于是可得体积微元

$$dV = A(x)dx.$$

(2) 建立积分.

根据微元法,可得所求固体的体积为

$$V = \int_a^b A(x)dx. \tag{5.5.6}$$

如何用薄片法求固体体积?

应用公式(5.5.6),有如下步骤:

步骤 1. 画出固体图与一典型横截面图;

步骤 2. 求横截面的面积$A(x)$的公式;

步骤 3. 确定积分区间$[a,b]$;

步骤 4. 求$A(x)$在$[a,b]$上的定积分可得固体体积.

例 5.5.9 一平面图形由双曲线 $xy=a(a>0)$,直线 $x=a$, $x=2a$ 与 x 轴所围成(图 5.5.14(a)).求该图形绕下列轴线旋转所产生的旋转体的体积:

(1) 绕 x 轴(图 5.5.14(b));

(2) 绕直线 $y=1$(图 5.5.14(c));

(3) 绕 y 轴(图 5.5.14(d)).

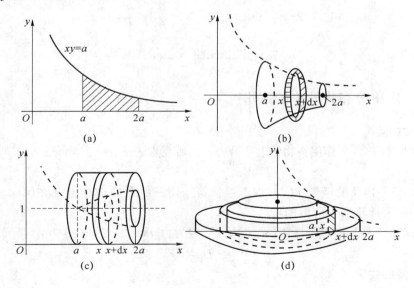

图 5.5.14

解 (1) 容易看出所求体积在$[a,2a]$上非均匀连续分布且具有可加性.为了求体积微元,划分区间$[a,2a]$,使得立体被过分点的垂面切成很多薄片.对于在子区间$[x,x+dx]$上的薄

片,可近似地看成半径为 $y(x)=\dfrac{a}{x}$,厚度为 $\mathrm{d}x$ 的圆柱体,即 $A(x)=\pi y^2=\pi\left(\dfrac{a}{x}\right)^2$. 于是,体积微元为

$$\mathrm{d}V = \pi y^2 \mathrm{d}x = \pi\left(\dfrac{a}{x}\right)^2 \mathrm{d}x.$$

所求旋转体的体积为

$$V = \int_a^{2a} \pi\left(\dfrac{a}{x}\right)^2 \mathrm{d}x = \dfrac{\pi a}{2}.$$

(2) 对于子区间 $[x,x+\mathrm{d}x]$,过点 x 且垂直于 x 轴的该立体横截面是圆环,即它是大半径为 1,小半径为 $1-y(x)=1-\dfrac{a}{x}$ 的圆环,于是

$$A(x)=\pi\times 1^2-\pi\left(1-\dfrac{a}{x}\right)^2=\pi\left(\dfrac{2a}{x}-\dfrac{a^2}{x^2}\right),$$

则

$$\mathrm{d}V = A(x)\mathrm{d}x = \pi\left(\dfrac{2a}{x}-\dfrac{a^2}{x^2}\right)\mathrm{d}x,$$

所以

$$V = \int_a^{2a} A(x)\mathrm{d}x = \pi\int_a^{2a}\left(2\dfrac{a}{x}-\dfrac{a^2}{x^2}\right)\mathrm{d}x = \pi a\left(2\ln 2-\dfrac{1}{2}\right).$$

(3) 从图 5.5.14(d) 可以看出,若将由直线 $y=b, x=a, x=2a$ 与 x 轴围成的矩形绕 y 轴旋转,可得一个内有圆孔的圆柱体. 现在横截面不是矩形,而是曲面梯形. 因此在区间 $[a,2a]$ 上,可将所求立体的体积看作非均匀分布的量. 对于子区间 $[x,x+\mathrm{d}x]$,相应的曲边梯形可近似用高为 $y(x)=\dfrac{a}{x}$,宽为 $\mathrm{d}x$ 的矩形代替. 于是,积分微元为

$$\mathrm{d}V = 2\pi x\times y(x)\mathrm{d}x = 2\pi x\dfrac{a}{x}\mathrm{d}x = 2\pi a\mathrm{d}x,$$

故

$$V = \int_a^{2a} 2\pi a\mathrm{d}x = 2\pi a^2. \qquad\blacksquare$$

5.5.5 定积分在物理中的应用

变力所做的功

众所周知,一常力 f 作用在物体上并沿力方向所在直线从 $x=a$ 运动到 $x=b$ 所做的功为

$$W = f\cdot(b-a).$$

现在,假设力是一连续的函数 $f(x)$(如压缩弹簧),则其所做的功对于 x 在区间 $[a,b]$ 上是非均匀的. 我们需要计算变力所做的功.

划分区间 $[a,b]$,并考虑子区间 $[x,x+\Delta x]$. 因为力 $f(x)$ 连续,可得功 W 微元为

$$\mathrm{d}W = f(x)\mathrm{d}x.$$

因此,变力所做的功为

$$W = \int_a^b f(x)\mathrm{d}x.$$

例 5.5.10 一半径为 R 米的半球形容器盛满了水,则将容器中的水全部抽出需做多少功?

解 选取如图 5.5.15 所示的坐标系,因为抽出各层水所做的功依赖于水层的深度,总功 W 在区间 $[0,R]$ 上非均匀分布且具有可加性.

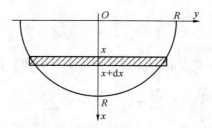

图 5.5.15

于是,划分区间 $[0,R]$ 并考虑子区间 $[x,x+dx]$,则该层的水的体积可近似为
$$dV = \pi y^2(x)dx.$$
注意到水的重力方向与位移方向相反,取 $\rho = 1 \text{ g/cm}^3$,故力的微元为
$$dF = -\rho g dV = -g\pi y^2(x)dx.$$
因为 $x^2 + y^2 = R^2$,故抽出该层水克服重力所做的功近似为
$$dW = -xdF = xg\pi y^2(x)dx = xg\pi(R^2-x^2)dx.$$
于是,抽出容器中所有水所需做的功为
$$W = g\pi \int_0^R x(R^2-x^2)dx = \frac{g\pi R^4}{4} \times 10^4 \text{ J}. \blacksquare$$

两带电点之间的作用力

根据库仑定律,两带电量分别为 q_1,q_2 且相距为 r 的点电荷之间的作用力为
$$F = k\frac{q_1 q_2}{r^2},$$
其中 k 为常数. 考虑一带电点与一带电直导线之间的作用力. 因为导线上各点到带电点的距离不同,于是需要用积分计算它们之间的作用力.

例 5.5.11 有一长度为 l 的均匀带电直导线,电荷线密度为常数 δ,与该导线位于同一直线上,与其一端相距为 a 处有带电量为 q 的点电荷(图 5.5.16). 求它们之间的作用力.

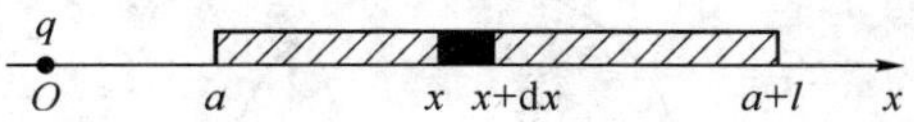

图 5.5.16

解 选取如图 5.5.16 所示的坐标轴,作用力可看作在区间 $[a,a+l]$ 上非均匀分布的量. 对于典型子区间 $[x,x+dx]$,因为 dx 非常小,故这一小段可近似看作在 x 处的点电荷,带电量为
$$dQ = \delta dx.$$
dQ 与带电量 q 的点电荷之间的作用力可根据库仑定律求出,即作用力微元为
$$dF = k\frac{qdQ}{x^2} = k\frac{q\delta}{x^2}dx.$$
因此,可得它们之间的作用力为
$$F = \int_a^{a+l} k\frac{q\delta}{x^2}dx = kq\delta\left(\frac{1}{a} - \frac{1}{a+l}\right). \blacksquare$$

质心

回忆平面内一质点系统的质心的计算. 假设在 xOy 平面有 n 个质点 $P_1, P_2, \cdots, P_n$,其中质点 P_i 的质量为 m_i,且 P_i 的坐标为 $(x_i, y_i)(i=1,2,\cdots,n)$. 我们知道质心坐标应为

$$\bar{x} = \frac{M_y}{m}, \quad \bar{y} = \frac{M_x}{m},$$

其中 $m = \sum_{i=1}^{n} m_i$，M_x 与 M_y 分别是以上质点系关于 x 轴和 y 轴的静力矩，即

$$M_x = \sum_{i=1}^{n} m_i y_i, \quad M_y = \sum_{i=1}^{n} m_i x_i.$$

设一材料曲线 $y = f(x)$ 在区间 $[a,b]$ 上的密度为 $\rho(x)$，下面求该曲线的质心. 首先，在区间 $[x, x+\mathrm{d}x]$ 上用 $\mathrm{d}s$ 表示弧长微元. 因为密度是 $\rho(x)$ 且曲线的表达式为 $y = f(x)(a \leqslant x \leqslant b)$，可得质量 m 的微元为

$$\mathrm{d}m = \rho(x)\mathrm{d}s = \rho(x)\sqrt{1+[f'(x)]^2}\mathrm{d}x.$$

该弧段关于 x 轴和 y 轴的静力矩微元分别为

$$\mathrm{d}M_x = y\mathrm{d}m = f(x)\rho(x)\mathrm{d}s = f(x)\rho(x)\sqrt{1+[f'(x)]^2}\mathrm{d}x,$$

$$\mathrm{d}M_y = x\mathrm{d}m = x\rho(x)\mathrm{d}s = x\rho(x)\sqrt{1+[f'(x)]^2}\mathrm{d}x.$$

因此，所给曲线的质心坐标可用下列定积分表示：

$$\bar{x} = \frac{\int_a^b \mathrm{d}M_y}{\int_a^b \mathrm{d}m} = \frac{\int_a^b x\rho(x)\sqrt{1+[f'(x)]^2}\mathrm{d}x}{\int_a^b \rho(x)\sqrt{1+[f'(x)]^2}\mathrm{d}x},$$

$$\bar{y} = \frac{\int_a^b \mathrm{d}M_x}{\int_a^b \mathrm{d}m} = \frac{\int_a^b f(x)\rho(x)\sqrt{1+[f'(x)]^2}\mathrm{d}x}{\int_a^b \rho(x)\sqrt{1+[f'(x)]^2}\mathrm{d}x}.$$

例 5.5.12 设线材料曲线 $x^2 + y^2 = a^2 (a>0)$ 的密度为常数 ρ，求位于 x 轴上方的半圆 $x^2 + y^2 = a^2 (a>0)$ 的质心（图 5.5.17）.

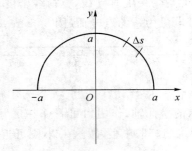

图 5.5.17

解 因为材料曲线的密度为常数 ρ 且曲线方程为 $y = f(x)(a \leqslant x \leqslant b)$，故可根据如下定积分求曲线的质心坐标：

$$\bar{x} = \frac{\int_a^b x\rho\sqrt{1+[f'(x)]^2}\mathrm{d}x}{\int_a^b \rho\sqrt{1+[f'(x)]^2}\mathrm{d}x}, \quad \bar{y} = \frac{\int_a^b f(x)\rho\sqrt{1+[f'(x)]^2}\mathrm{d}x}{\int_a^b \rho\sqrt{1+[f'(x)]^2}\mathrm{d}x}.$$

因为曲线是位于 x 轴上方的半圆 $x^2 + y^2 = a^2 (a>0)$，故有

$$y = \sqrt{a^2 - x^2} \quad (-a \leqslant x \leqslant a), \quad \mathrm{d}s = \sqrt{1+[f'(x)]^2}\mathrm{d}x = \frac{a}{\sqrt{a^2-x^2}}\mathrm{d}x.$$

因此

$$\bar{x} = \frac{\int_{-a}^{a} x \frac{a}{\sqrt{a^2-x^2}} dx}{\int_{-a}^{a} \frac{a}{\sqrt{a^2-x^2}} dx} = 0, \quad \bar{y} = \frac{\int_{-a}^{a} \sqrt{a^2-x^2} \frac{a}{\sqrt{a^2-x^2}} dx}{\int_{-a}^{a} \frac{a}{\sqrt{a^2-x^2}} dx} = \frac{2a^2}{\pi a} = \frac{2a}{\pi}.$$ ∎

习题 5.5　A

1. 求由下列各曲线所围成的平面图形的面积：

(1) 抛物线 $y=\sqrt{x}$ 与直线 $y=x$；

(2) 曲线 $y=\frac{1}{x}$ 与直线 $y=x$ 及 $x=2$；

(3) 抛物线 $y=\frac{1}{4}x^2$ 与直线 $3x-2y-4=0$；

(4) 曲线 $y=9-x^2, y=x^2$ 与直线 $x=0, x=1$；

(5) 曲线 $y=e^x, y=e^{2x}$ 与直线 $y=2$；

(6) 曲线 $y=\ln x$ 与直线 $y=\ln a, y=\ln b$ 及 y 轴 $(b>a>0)$.

2. 求 b 的值，使得直线 $x=b$ 平分曲线 $y=\frac{1}{x^2}$ 与直线 $x=1, x=4$ 及 x 轴所围区域.

3. 求由抛物线 $y=x^2$ 与其在点 $(1,1)$ 处的切线及 x 轴所围区域的面积.

4. 求由下列各曲线所围成的平面图形的面积：

(1) $\rho=2a\cos\theta$；　　　　　　(2) $\begin{cases} x=a\cos^3 t, \\ y=a\sin^3 t; \end{cases}$

(3) $\begin{cases} x=a(t-\sin t), \\ y=a(1-\cos t) \end{cases}$ $(0\leqslant t\leqslant 2\pi)$ 与 x 轴；　(4) $\rho=2a(2+\cos\theta)$.

5. 求对数螺线 $\rho=ae^{\theta}(-\pi\leqslant\theta\leqslant\pi)$ 及射线 $\theta=\pi$ 所围成图形的面积.

6. 求下列曲线的弧长：

(1) $y=x^{\frac{2}{3}}$ 在 $0\leqslant x\leqslant 4$ 之间的部分；

(2) $y=\ln x$ 在 $\sqrt{3}\leqslant x\leqslant\sqrt{8}$ 之间的部分；

(3) $y=1-\ln\cos x$ 在 $0\leqslant x\leqslant\frac{\pi}{4}$ 之间的部分；

(4) $x=\frac{1}{4}y^2-\frac{1}{2}\ln y$ 在 $1\leqslant y\leqslant e$ 之间的部分；

(5) 圆的渐伸线 $\begin{cases} x=a(\cos t+t\sin t), \\ y=a(\sin t-t\cos t) \end{cases}$ $(a>0, 0\leqslant t\leqslant 2\pi)$；

(6) 星形线 $\begin{cases} x=a\cos^3 t, \\ y=a\sin^3 t \end{cases}$ 的全长；

(7) 对数螺线 $\rho=e^{a\theta}$ 在 $0\leqslant\theta\leqslant 4$ 之间的部分；

(8) 心形线 $\rho=a(1+\cos\theta)$ 的全长.

7. 弧 $\overset{\frown}{ON}$ 是摆线 $\begin{cases} x=a(t-\sin t), \\ y=a(1-\cos t) \end{cases}$ 的第一段弧，其中 O 是原点. 试在 $\overset{\frown}{ON}$ 上找一点 P 使得

$|OP|:|PN|=1:3$,其中$|OP|$和$|PN|$分别是OP和PN的长度.

8. 求下列各曲线所围成的图形按指定轴旋转所产生的旋转体体积:

(1) $y=x^2$,$y=\sqrt{x}$,绕 x 轴;

(2) $\dfrac{x}{a^2}+\dfrac{y^2}{b^2}=1$,分别绕 x 轴和 y 轴;

(3) $y=\sin x(0\leqslant x\leqslant \pi)$与 x 轴,分别绕 x 轴,y 轴和直线 $y=1$;

(4) 摆线 $\begin{cases} x=a(t-\sin t), \\ y=a(1-\cos t) \end{cases}$ $(0\leqslant t\leqslant 2\pi)$与 x 轴,绕 y 轴.

9. 设有一截锥体,其高为 h,上下底均为椭圆,椭圆的轴长分别为 $2a,2b$ 和 $2A,2B$,求该截锥体的体积.

10. 有一椭圆板,长短轴分别为 a 和 b.将其垂直放入水中,且长轴与水平面平行.分别求以下两种情况下该板一侧受到的水的压力:

(1) 水面刚好淹没该板的一半;

(2) 水面刚好淹没该板.

11. 以下各种容器中均装满水,分别求把各容器中的水全部从容器口抽出克服重力所做的功:

(1) 容器为圆锥形,高为 H,底面半径为 R;

(2) 容器为圆台形,高为 H,上底半径为 R,下底半径为 r,$R>r$;

(3) 容器为抛物线 $y=2x^2(0\leqslant x\leqslant 2)$的弧段绕 y 轴旋转所产生的旋转体.

习题 5.5 B

1. 求下列各曲线所围成的平面图形的面积:

(1) 闭曲线 $y^2=x^2-x^4$;

(2) 闭曲线 $\rho=a\sin 3\theta$,其中 a 是常数;

(3) 双纽线 $\rho^2=4\sin 2\theta$;

(4) 双纽线 $\rho^2=2\cos 2\theta$ 与圆 $\rho=1$ 的公共部分;

(5) 星形线 $\begin{cases} x=a\cos^3 t \\ y=a\sin^3 t \end{cases}$ 之外,圆 $x^2+y^2=a^2$ 之内的部分;

(6) 曲线 $y=\sqrt{1-x^2}+\arccos x$,直线 $x=-1$ 及 x 轴.

2. 求下列各平面曲线的弧长:

(1) 星形线 $x^{\frac{2}{3}}+y^{\frac{2}{3}}=a^{\frac{2}{3}}(a>0)$;

(2) $y(x)=\int_{-\sqrt{3}}^{x}\sqrt{3-t^2}\,dt$(整个弧长);

(3) $y^2=\dfrac{2}{3}(x-1)^2$ 被抛物线 $y^2=\dfrac{x}{3}$ 所截部分;

(4) 曲线 $\rho=a\sin^3\dfrac{\theta}{3}(a>0)$(整个弧长).

3. 求下列各曲线所围成的图形按指定轴旋转所产生的旋转体体积:

(1) $x^2+y^2=a^2$ 绕直线 $x=-b(b>a>0)$；

(2) 心形线 $\rho=4(1+\cos\theta)$ 和射线 $\theta=0,\theta=\dfrac{\pi}{2}$，绕 y 轴.

4. 证明由平面图形 $0\leqslant a\leqslant x\leqslant b,0\leqslant y\leqslant f(x)$ 绕 y 轴旋转所成的旋转体体积为
$$V=2\pi\int_a^b xf(x)\mathrm{d}x.$$

5. 计算曲线 $y=\sin x(0\leqslant x\leqslant\pi)$ 和 x 轴所围成的图形绕 y 轴旋转所得旋转体体积.

6. 设一立体的底面为抛物线 $y=2x^2$ 与直线 $y=1$ 围成的图形，而任一垂直于 y 轴的截面分别是：

(1) 正方形；

(2) 等边三角形；

(3) 半圆形.

分别求以上三种情况下立体的体积.

7. 设抛物线 $y=ax^2+bx+c$ 通过点 $(0,0)$，且当 $x\in[0,1]$ 时，$y\geqslant 0$. 试确定 a,b,c 的值，使得抛物线 $y=ax^2+bx+c$ 与直线 $x=1$ 及 x 轴所围成图形的面积为 $\dfrac{4}{9}$，且使该图形绕 x 轴旋转而成的旋转体的体积最小.

第 6 章

微 分 方 程

通常,我们在研究事物的变化规律时,首先根据问题的特殊性质及其相关知识建立数学模型.有关连续量变化规律的数学模型往往是含有函数导数或者微分的关系式,这样的关系式就是微分方程,而所研究的变化规律,就是微分方程满足一定条件的解.求出满足该微分方程的未知函数就是解微分方程.在本章中我们先介绍微分方程的基本概念,然后重点阐述几类微分方程的积分求解.

6.1 微分方程的基本概念

6.1.1 微分方程举例

首先,通过两个实例来介绍有关微分方程的基本概念.

例 6.1.1 设 xOy 平面上某一曲线通过点 $(1,2)$,且在该曲线上任意点 $P(x,y)$ 处的切线斜率是 $2x$,求该曲线的方程.

解 由导数的几何意义,所求曲线 $y=f(x)$ 应该满足

$$\frac{dy}{dx}=2x \quad \text{或} \quad dy=2xdx. \tag{6.1.1}$$

这一方程涉及了未知函数 $y=f(x)$ 的导函数(或微分).将式(6.1.1)两边对 x 积分得

$$y=\int 2xdx=x^2+C, \tag{6.1.2}$$

其中 C 是任意常数.

等式(6.1.2)表示一族曲线.由于所求曲线过点 $(1,2)$,即

$$x=1, \quad y=2, \tag{6.1.3}$$

将式(6.1.3)代入式(6.1.2)得

$$2=1+C,$$
$$C=1.$$

于是
因此,所求曲线方程为

$$y=x^2+1. \tag{6.1.4}$$

例 6.1.2 设一质量为 m 的质点从高度 H 处自由下落(见图6.1.1),其初速度为 V_0 方向向上.若空气阻力忽略不计,试求质点在 t 时刻的高度 $h(t)$.

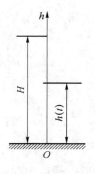

图 6.1.1

解 设质点开始下落的初始时刻为 $t=0$，且在下落过程中任意时刻 t 质点的高度为 $h=h(t)$. 根据牛顿定律，h 满足以下方程：

$$m\frac{\mathrm{d}^2 h}{\mathrm{d}t^2}=-mg,$$

或

$$\frac{\mathrm{d}^2 h}{\mathrm{d}t^2}=-g. \tag{6.1.5}$$

为求 $h(t)$，将式(6.1.5)两边积分得

$$\frac{\mathrm{d}h}{\mathrm{d}t}=-gt+C_1. \tag{6.1.6}$$

再次积分得

$$h=-\frac{1}{2}gt^2+C_1 t+C_2, \tag{6.1.7}$$

其中 C_1 与 C_2 都是任意常数.

所求函数 $h(t)$ 需满足以下两个附加条件，称为**初始条件**：

$$h|_{t=0}=H;\quad V|_{t=0}=\frac{\mathrm{d}h}{\mathrm{d}t}\bigg|_{t=0}=V_0. \tag{6.1.8}$$

将这些条件代入式(6.1.7)得

$$C_1=V_0,\quad C_2=H.$$

因此所求的函数 $h(t)$ 为

$$h(t)=-\frac{1}{2}gt^2+V_0 t+H. \tag{6.1.9}$$

式(6.1.9)就是物理学自由落体运动中在物体下落过程中高 h 随时间 t 变化的一般规律. ∎

上述两个例子中的关系式(6.1.1)和(6.1.5)都含有未知函数的导数，它们都是微分方程.

6.1.2 基本概念

所谓微分方程，就是含有未知函数及其导数的方程.

定义 6.1.1(常微分方程) 称形如

$$F(x,y,y',y'',\cdots,y^{(n)})=0 \tag{6.1.10}$$

的等式为常微分方程(简称为微分方程)，其中 x 是自变量，y 是自变量 x 的一元函数，y'，y''，$\cdots$，$y^{(n)}$ 是 y 对 x 的导数.

6.1.1 节中的两个例子 $\dfrac{\mathrm{d}y}{\mathrm{d}x}=2x$ 和 $\dfrac{\mathrm{d}^2 h}{\mathrm{d}t^2}=-g$ 就是两个简单的微分方程.

定义 6.1.2(方程的阶) 微分方程的阶是指方程所含的未知函数的最高阶导数的阶数.
例如,方程

$$\frac{\mathrm{d}y}{\mathrm{d}x}=2x, \quad y\mathrm{d}x+x\mathrm{d}y=0, \quad \frac{\mathrm{d}y}{\mathrm{d}x}+2y^2+xy=0$$

都是一阶方程. 而以下方程

$$\frac{\mathrm{d}^2 h}{\mathrm{d}t^2}=g, \quad y''+3y'+3y=\mathrm{e}^x, \quad y''+(y')^3=x$$

的阶数都是 2.

定义 6.1.3(解,通解,特解及初始条件,初值问题)

(1) 如果将函数 $y=\varphi(x)$ 代入微分方程后,微分方程可化为一恒等式,那么函数 $y=\varphi(x)$ 就称为该微分方程的**解**. 确切地说,设函数 $y=\varphi(x)$ 在区间 I 上具有 n 阶导数,且满足

$$F(x,\varphi(x),\varphi'(x),\cdots,\varphi^{(n)}(x))=0, \quad x\in I,$$

则称 $y=\varphi(x)$ 是方程(6.1.10)在区间 I 上的一个**解**,I 称作该解的存在区间.

(2) 如果微分方程的解中包含任意常数,且其中独立任意常数的个数等于该方程的阶数,则这样的解称为微分方程的通解. 例如,若 n 阶微分方程(6.1.10)的解 $y=\varphi(x,C_1,C_2,\cdots,C_n)$ 包含 n 个独立的任意常数 $C_1,C_2,\cdots,C_n$,则此解即为**通解**.

注 这里所说的独立任意常数是说它们不能合并而使得任意常数的个数减少.

(3) 若所有的常数都已给出,则称此解为微分方程的**特解**.

(4) 由于通解中含有任意常数,所以它不能完全确定地反映某一客观事物的规律性. 要完全确定地反映客观事物的规律性,必须确定这些常数的值. 根据问题的实际情况,提出确定通解中任意常数的条件称为**初始条件**.

对于 n 阶微分方程(6.1.10),通解中有 n 个独立的任意常数,因而初值条件的通常提法是

$$y(x_0)=y_0, \quad y'(x_0)=y_1, \quad \cdots, \quad y^{(n-1)}(x_0)=y_{n-1},$$

其中 $y_0,y_1,\cdots,y_{n-1}$ 是预先给定的数值.

求微分方程满足初始条件的解的问题称为初值问题. 微分方程(6.1.10)的初值问题为

$$\begin{cases} F(x,y,y',y'',\cdots,y^{(n)})=0, \\ y(x_0)=y_0, y'(x_0)=y_1,\cdots,y^{(n-1)}(x_0)=y_{n-1}. \end{cases}$$

初值问题又称为 Cauchy 问题(Cauchy,1789—1857,法国数学家).

例如,解(6.1.2)与(6.1.7)分别是方程(6.1.1)与方程(6.1.5)的通解;(6.1.3)与(6.1.8)分别是方程(6.1.1)与方程(6.1.5)的初始条件;解(6.1.4)与(6.1.9)分别是方程(6.1.1)与方程(6.1.5)的特解.

$h=-\frac{1}{2}gt^2+C_1 t$ 与 $h=-\frac{1}{2}gt^2+C_1+2C_2$ 都是方程 $\frac{\mathrm{d}^2 h}{\mathrm{d}t^2}=-g$ 的解,但它们都不是方程的通解,因为前者只包含一个任意常数,而后者看似有两个任意常数,但它们可以化成一个常数 $C=C_1+2C_2$.

例 6.1.3 验证 $y=\frac{1}{x+C}$ 是微分方程 $y'+y^2=0$ 的通解.

解 将 $y=\frac{1}{x+C}$ 与 $y'=-\frac{1}{(x+C)^2}$ 代入所给微分方程可得

$$-\frac{1}{(x+C)^2}+\left(\frac{1}{x+C}\right)^2=0.$$

因此，函数 $y=\dfrac{1}{x+C}$ 是微分方程 $y'+y^2=0$ 的通解. ∎

习题 6.1

1. 指出下列微分方程的阶：
(1) $y'-2y=x+2$；
(2) $x^2y''-3xy'+y=x^4e^x$；
(3) $(1+x^2)(y')^3-2xy=0$；
(4) $xy'''+\cos^2(y')+y=\tan x$；
(5) $x\ln x\,dy+(y-\ln x)dx=0$；
(6) $L\dfrac{d^2Q}{dt^2}+R\dfrac{dQ}{dt}+\dfrac{Q}{C}=0$.

2. 请指出下列各题中的函数 y 是否是所给微分方程的解？并说明理由.
(1) $xy'=2y, y=5x^2$；
(2) $y''+y=0, y=3\sin x-4\cos x$；
(3) $y''-2y'+y=0, y=x^2e^x$；
(4) $y''-(\lambda_1+\lambda_2)y'+\lambda_1\lambda_2(y')^2+yy'-2y'=0, y=\ln x$.

3. 求下列曲线的方程：
(1) 曲线上任一点 $P(x,y)$ 处的切线的斜率都是 x^2；
(2) 曲线上任一点 $P(x,y)$ 到原点的距离等于点 P 与点 Q 之间的距离，其中点 Q 是曲线上过点 P 的切线与 x 轴的交点.

6.2 一阶微分方程

一阶微分方程的一般形式为
$$F(x,y,y')=0.$$
若此方程可以解出 y'，则可写成如下形式：
$$y'=f(x,y).$$

6.2.1 一阶可分离变量方程

定义 6.2.1(一阶可分离变量方程) 若一阶微分方程 $y'=f(x,y)$ 有如下形式：
$$\frac{dy}{dx}=g(x)h(y), \tag{6.2.1}$$
则称该微分方程为**可分离变量**的.

若 $h(y)\neq 0$，则方程两边同除以 $h(y)$，并分离变量，可得
$$\frac{dy}{h(y)}=g(x)dx. \tag{6.2.2}$$
设 $y=y(x)$ 是方程(6.2.1)的解. 将其代入方程(6.2.1)或等价方程(6.2.2)可得
$$\frac{y'(x)dx}{h[y(x)]}=g(x)dx.$$
两边积分得
$$\int\frac{y'(x)}{h[y(x)]}dx=\int g(x)dx+C.$$

这里,为了达到强调任意常数的目的,通常明确将其写出. 由不定积分的第一换元积分法易见

$$\int \frac{\mathrm{d}y}{h(y)} = \int g(x)\mathrm{d}x + C. \qquad (6.2.3)$$

由方程(6.2.3)确定的隐函数 $y=y(x,C)$ 是方程(6.2.1)的通解. 这种通过分离变量来求解微分方程的方法称为分离变量法.

若 $h(y)$ 有零点 y_0,即 $h(y_0)=0$,则 $y=y_0$ 也是方程(6.2.1)的解. 方程(6.2.1)全部解为

$$\begin{cases} y=y(x,C), \\ y=y_0. \end{cases}$$

在许多情况下,解 $y=y_0$ 有可能包含在通解中.

例 6.2.1 求方程 $\dfrac{\mathrm{d}y}{\mathrm{d}x}=2xy$ 的通解.

解 容易看出该方程为可分离变量的. 设 $y\neq 0$ 并分离变量得

$$\frac{\mathrm{d}y}{y}=2x\mathrm{d}x.$$

两边积分

$$\int \frac{\mathrm{d}y}{y} = \int 2x\mathrm{d}x + C_1,$$

所以

$$\ln|y|=x^2+C_1.$$

故

$$|y|=\mathrm{e}^{x^2+C_1}=\mathrm{e}^{C_1}\mathrm{e}^{x^2},$$

或

$$y=C\mathrm{e}^{x^2},$$

其中 $C=\pm\mathrm{e}^{C_1}$ 是任意非零常数.

显然 $y=0$ 也是所求方程的解,若常数 C 可取零,此解包含在通解 $y=C\mathrm{e}^{x^2}$ 中. 因此,所求方程的通解为 $y=C\mathrm{e}^{x^2}$,其中 C 是任意常数,并且通解也是所求方程的全部解. ■

例 6.2.2 求方程 $xy\mathrm{d}x+(x^2+1)\mathrm{d}y=0$ 满足初始条件 $y|_{x=0}=1$ 的特解.

解 分离变量可得

$$\frac{\mathrm{d}y}{y}=-\frac{x}{x^2+1}\mathrm{d}x.$$

两边积分得

$$\ln|y|=-\frac{1}{2}\ln(x^2+1)+C_1,$$

因此方程的通解为

$$y=\frac{C}{\sqrt{x^2+1}},$$

其中 $C=\pm\mathrm{e}^{C_1}$.

将初始条件 $y|_{x=0}=1$ 代入到通解中可得

$$C=1.$$

因此,所求特解为

$$y=\frac{1}{\sqrt{x^2+1}}.$$

■

6.2.2 可化为分离变量的微分方程

这里只介绍两种简单的情形.

1. 一阶齐次微分方程

定义 6.2.2 具有如下形式的一阶微分方程

$$\frac{dy}{dx}=f\left(\frac{y}{x}\right) \tag{6.2.4}$$

称为**齐次微分方程**.

例如,方程 $\frac{dy}{dx}=3\left(\frac{y}{x}\right)^2$ 与 $\frac{dy}{dx}=\frac{2y}{x}+5$ 都是齐次微分方程. 方程 $\frac{dy}{dx}=\frac{5x+6y}{x-3y}$ 也是齐次微分方程,因为它可以化为

$$\frac{dy}{dx}=\frac{5+6\frac{y}{x}}{1-3\frac{y}{x}}.$$

齐次微分方程可通过变量替换化成可分离变量的微分方程.

设 $u=\frac{y}{x}$,即 $y=ux$,因此

$$\frac{dy}{dx}=u+x\frac{du}{dx}.$$

将其代入方程(6.2.4)有

$$u+x\frac{du}{dx}=f(u),$$

或

$$x\frac{du}{dx}=f(u)-u.$$

它是可分离变量的微分方程.通过分离变量得到它的解 $u=u(x,C)$ 之后,方程(6.2.4)的通解可由代换 $u=\frac{y}{x}$ 或 $y=xu(x,C)$ 求得.

例 6.2.3 求解微分方程 $x\frac{dy}{dx}-y=2\sqrt{xy}$ $(x>0)$.

解 两边同除以 x 并移项得

$$\frac{dy}{dx}=\frac{y}{x}+2\sqrt{\frac{y}{x}}, \tag{6.2.5}$$

该方程为齐次微分方程.

设 $u=\frac{y}{x}$ 或 $y=xu$,则

$$\frac{dy}{dx}=u+x\frac{du}{dx}.$$

代入方程(6.2.5)得

$$x\frac{du}{dx}=2\sqrt{u}. \tag{6.2.6}$$

分离变量有

$$\frac{du}{2\sqrt{u}}=\frac{dx}{x} \quad (u\neq 0),$$

两边积分,可得

$$\sqrt{u}=\ln x+C_1 \quad \text{或} \quad e^{\sqrt{u}}=Cx,$$

其中 $C=\mathrm{e}^{C_1}$. 根据变换 $u=\dfrac{y}{x}$, 可得所求方程的通解为

$$\mathrm{e}^{\sqrt{\frac{y}{x}}}=Cx \quad \text{或} \quad y=x(\ln Cx)^2. \tag{6.2.7}$$

容易看出 $u=0$ 也满足方程(6.2.6). 注意到 $u=0$ 等价于 $y=0$, 因此 $y=0$ 也是所求方程的解. 显然 $y=0$ 没有包含在通解(6.2.7)中(不能从式(6.2.7)中选择适当常数 C 得到). 因此所求方程的全部解为

$$\begin{cases} y=x(\ln Cx)^2, & C>0, \\ y=0. \end{cases}$$ ∎

例 6.2.4 求方程 $\dfrac{\mathrm{d}y}{\mathrm{d}x}=\dfrac{y}{y-x}$ 的通解.

解 等式右端的分子与分母分别除以 y, 得

$$\frac{\mathrm{d}y}{\mathrm{d}x}=\frac{1}{1-\dfrac{x}{y}} \quad (y\neq 0),$$

因此

$$\frac{\mathrm{d}x}{\mathrm{d}y}=1-\frac{x}{y}. \tag{6.2.8}$$

它是一个齐次微分方程. 设 $u=\dfrac{x}{y}$ 或 $x=yu$, 则

$$\frac{\mathrm{d}x}{\mathrm{d}y}=u+y\frac{\mathrm{d}u}{\mathrm{d}y},$$

代入方程(6.2.8)得

$$y\frac{\mathrm{d}u}{\mathrm{d}y}=1-2u, \tag{6.2.9}$$

分离变量得

$$\frac{\mathrm{d}u}{1-2u}=\frac{\mathrm{d}y}{y},$$

两边积分得

$$-\frac{1}{2}\ln|1-2u|=\ln|y|+C_1 \quad \text{或} \quad (1-2u)=Cy^{-2},$$

其中 $C=\pm\mathrm{e}^{-2C_1}$. 根据变换 $u=\dfrac{x}{y}$, 可得所求方程的通解为

$$\left(1-\frac{2x}{y}\right)=Cy^{-2} \quad \text{或} \quad y^2-2xy=C.$$ ∎

2. 可化为一阶齐次的微分方程

现在我们考虑如下形式的微分方程：

$$\frac{\mathrm{d}y}{\mathrm{d}x}=\frac{a_1x+b_1y+c_1}{a_2x+b_2y+c_2}, \tag{6.2.10}$$

其中 a_1,a_2,b_1,b_2,c_1,c_2 是常数. 当 $c_1=c_2=0$ 时, 方程(6.2.10)是一阶齐次的微分方程, 所以能求其通解. 当 c_1,c_2 不同时为零时, 方程(6.2.10)不是一阶齐次的微分方程, 但此方程也可经过变量替换化为分离变量的方程.

我们分三种情形来讨论.

(1) $\dfrac{a_1}{a_2}=\dfrac{b_1}{b_2}=\dfrac{c_1}{c_2}=k$(常数)情形.

这时方程化为
$$\frac{dy}{dx}=k.$$
因此,原方程有通解 $y=kx+C$,其中 C 为任意常数.

(2) $\dfrac{a_1}{a_2}=\dfrac{b_1}{b_2}=k\neq\dfrac{c_1}{c_2}$ 情形.

令 $u=a_2x+b_2y$,这时有
$$\frac{du}{dx}=a_2+b_2\frac{dy}{dx}=a_2+b_2\frac{ku+c_1}{u+c_2},$$
是变量分离方程.因此,求解上述变量分离方程,最后代回原变量即可得方程(6.2.10)的解.

(3) $\dfrac{a_1}{a_2}\neq\dfrac{b_1}{b_2}$ 情形.

由于方程右端分子、分母都是 x,y 的一次多项式,因此
$$\begin{cases}a_1x+b_1y+c_1=0,\\a_2x+b_2y+c_2=0\end{cases} \tag{6.2.11}$$
表示 XOY 平面上两条相交的直线,设交点为 (h,k). 若令
$$\begin{cases}X=x-h,\\Y=y-h,\end{cases}$$
则式(6.2.11)变化为
$$\begin{cases}a_1X+b_1Y=0,\\a_2X+b_2Y=0,\end{cases}$$
从而原方程化为
$$\frac{dY}{dX}=\frac{a_1X+b_1Y}{a_2X+b_2Y}=g\left(\frac{X}{Y}\right).$$
因此,求解上述变量分离方程,最后代回原变量即可得方程(6.2.10)的解.

上述解题的方法和步骤也适用于比方程(6.2.10)更一般的方程类型:
$$\frac{dy}{dx}=f\left(\frac{a_1x+b_1y+c_1}{a_2x+b_2y+c_2}\right).$$

例 6.2.5 求解微分方程
$$\frac{dy}{dx}=\frac{x-y+1}{x+y-3}. \tag{6.2.12}$$

解 设 $a_1=1,b_1=-1,a_2=1,b_2=1$,易见 $\dfrac{a_1}{a_2}\neq\dfrac{b_1}{b_2}$.

因此解方程组
$$\begin{cases}x-y+1=0,\\x+y-3=0,\end{cases}$$
得 $x=1,y=2$. 令
$$\begin{cases}X=x-1,\\Y=y-2,\end{cases}$$
则方程(6.2.12)变为
$$\frac{dY}{dX}=\frac{X-Y}{X+Y}=\frac{1-\dfrac{Y}{X}}{1+\dfrac{Y}{X}}. \tag{6.2.13}$$

这是一阶齐次方程.再令 $u=\dfrac{Y}{X}$,即 $Y=uX$,则方程(6.2.13)化为

$$\frac{du}{dX} = \frac{1-2u-u^2}{X(1+u)},$$

分离变量

$$\frac{dX}{X} = \frac{1+u}{1-2u-u^2}du.$$

两边积分得

$$\ln X^2 = -\ln|u^2+2u-1|+C_1,$$

因此

$$X^2(u^2+2u-1) = \pm e^{C_1}.$$

记 $C = \pm e^{C_1}$，并代回变量 $u = \dfrac{Y}{X}$ 得

$$Y^2 + 2XY - X^2 = C.$$

易证

$$u^2 + 2u - 1 = 0,$$

即

$$Y^2 + 2XY - X^2 = 0$$

也是方程(6.2.13)的解. 从而方程(6.2.13)的通解为

$$Y^2 + 2XY - X^2 = C,$$

其中 C 为任意常数.

代回原变量，得原方程的通解为

$$(y-2)^2 + 2(x-1)(y-2) - (x-1)^2 = C,$$

或

$$y^2 + 2xy - x^2 - 6y - 2x = C,$$

其中 C 为任意常数. ∎

6.2.3 一阶线性微分方程

定义 6.2.3(一阶线性微分方程) 若一阶微分方程可写成如下形式：

$$y' + P(x)y = Q(x), \tag{6.2.14}$$

则该方程称为**一阶线性微分方程**.

若 $Q(x) \equiv 0$，方程(6.2.14)变成

$$y' + P(x)y = 0, \tag{6.2.15}$$

称之为**一阶线性齐次微分方程**. 若 $Q(x) \neq 0$，方程(6.2.14)称为**一阶线性非齐次微分方程**.

例如，方程 $y' = 2xy$ 是线性齐次微分方程，而方程 $y' = 2xy + 1$ 是线性非齐次微分方程.

注 这里的"齐次"含义与齐次方程中的"齐次"含义不同.

1. 一阶线性齐次微分方程的通解

易见 $y = 0$ 是方程(6.2.15)的解. 当 $y \neq 0$ 时，线性齐次微分方程(6.2.15)可通过分离变量求解，分离变量得

$$\frac{dy}{y} = -P(x)dx.$$

两边积分后有

$$\ln|y| = -\int P(x)dx + C_1,$$

因此

$$y = Ce^{-\int P(x)dx},$$

其中 $C=\pm e^{C_1}$ 是任意非零常数.

若常数 C 可取零,则解 $y=0$ 也包含在通解 $y=Ce^{-\int P(x)dx}$ 中,因此,所求方程的通解为
$$y=Ce^{-\int P(x)dx}, \tag{6.2.16}$$
其中 C 是任意常数.

2. 一阶线性非齐次微分方程的通解——常数变易法

设 $y=f(x)$ 是方程(6.2.14)的解,则 $f(x)/e^{-\int P(x)dx}$ 一定是 x 的函数,用 $h(x)$ 表示.那么所求方程的解有如下形式:
$$y=h(x)e^{-\int P(x)dx}. \tag{6.2.17}$$

通过将常数换成变量求通解的方法称为常数变易法.常数变易法是 1774 年由法国数学家 Lagrange(1736—1813)提出的.

下面只需确定未知函数 $h(x)$ 即可.

由于
$$y'=h'(x)e^{-\int P(x)dx}-P(x)h(x)e^{-\int P(x)dx}, \tag{6.2.18}$$
将式(6.2.17)与式(6.2.18)代入式(6.2.14)有
$$h'(x)e^{-\int P(x)dx}-P(x)h(x)e^{-\int P(x)dx}+P(x)h(x)e^{-\int P(x)dx}=Q(x),$$
化简得
$$h'(x)=Q(x)e^{\int P(x)dx},$$
因此
$$h(x)=\int Q(x)e^{\int P(x)dx}dx+C.$$

将 $h(x)$ 的表达式代入式(6.2.17)可得
$$y=e^{-\int P(x)dx}\left(\int Q(x)e^{\int P(x)dx}dx+C\right), \tag{6.2.19}$$
它是线性非齐次微分方程(6.2.14)的通解.

将式(6.2.19)改写成两项之和
$$y=Ce^{-\int P(x)dx}+e^{-\int P(x)dx}\int Q(x)e^{\int P(x)dx}dx.$$

上式右端第一项是对应的齐次微分方程(6.2.15)的通解,第二项是线性非齐次微分方程(6.2.14)的一个特解.由此可知,一阶线性非齐次微分方程的通解等于**对应的齐次微分方程的通解与非齐次微分方程的一个特解之和**.

例 6.2.6 求微分方程 $y'+y=x$ 的通解.

解 $y'+y=x$ 是一阶线性非齐次微分方程.因此,设 $P(x)=1,Q(x)=x$,则由公式(6.2.19)得通解
$$y=e^{-\int P(x)dx}\left(\int Q(x)e^{\int P(x)dx}dx+C\right)$$
$$=e^{-\int 1dx}\left(\int xe^{\int 1dx}dx+C\right)$$
$$=e^{-x}(xe^x-e^x+C) \quad (C \text{ 为任意常数}).$$

注 此题也可以用常数变易法去求解.

首先,用分离变量法求得一阶线性齐次微分方程 $y'+y=0$ 的通解为

$$y = Ce^{-x}.$$

接下来用常数变易法求一阶线性非齐次微分方程 $y' + y = x$ 的通解.

设

$$y = h(x)e^{-x} \qquad (6.2.20)$$

是所求方程的解,其中 $h(x)$ 是待定函数.将其代入所求方程得

$$h'(x)e^{-x} - h(x)e^{-x} + h(x)e^{-x} = x,$$

即

$$h'(x) = xe^x,$$

所以

$$h(x) = \int xe^x dx = xe^x - e^x + C.$$

将其代入式(7.2.16)可得所求方程的通解为

$$y = (xe^x - e^x + C)e^{-x} = Ce^{-x} + x - 1 \quad (C \text{ 为任意常数}).\blacksquare$$

例 6.2.7 求方程 $\dfrac{dy}{dx} = \dfrac{y}{y^3 + x}$ 的通解及满足初始条件 $y|_{x=0} = 1$ 的特解.

解 这一方程看上去似乎不属于我们已经学过的类型.但若将 y 看作自变量,并重写方程

$$\frac{dx}{dy} = \frac{y^3 + x}{y} = \frac{x}{y} + y^2, \qquad (6.2.21)$$

则它是未知函数 $x = x(y)$ 的一阶线性非齐次微分方程.

我们首先利用一阶线性非齐次微分方程的通解公式(6.2.19)求方程的通解.

设 $P(y) = -\dfrac{1}{y}, Q(y) = y^2$,则

$$\begin{aligned}x &= e^{-\int P(y)dy}\left(\int Q(y)e^{\int P(y)dy}dy + C\right) \\ &= e^{\int \frac{1}{y}dx}\left(\int y^2 e^{-\int \frac{1}{y}dx}dx + C\right) \\ &= \frac{1}{2}y^3 + Cy \quad (C \text{ 为任意常数}).\end{aligned}$$

现在求方程满足初始条件的特解.

将初始条件 $y|_{x=0} = 1$ 代入通解,可得

$$C = -\frac{1}{2}.$$

因此,所求方程的特解是

$$x = \frac{1}{2}y(y^2 - 1).\blacksquare$$

注 (1) 在求解微分方程时,当求解 $\dfrac{dy}{dx} = f(x,y)$ 遇到困难时,转而求解 $\dfrac{dx}{dy} = \dfrac{1}{f(x,y)}$ 是一个常用的技巧.

(2) 此题也可以用常数变易法去求解.

6.2.4 伯努利微分方程

定义 6.2.4 形如

$$\frac{dy}{dx} + P(x)y = Q(x)y^\alpha$$

的微分方程称为**伯努利方程**,其中 α 为常数,且 $\alpha \neq 0, 1$.

伯努利方程可通过适当的变换化为线性方程. 为展示这一过程,方程两边都除以 y^α 可得

$$y^{-\alpha}\frac{\mathrm{d}y}{\mathrm{d}x}+P(x)y^{1-\alpha}=Q(x). \tag{6.2.22}$$

这里做变换 $z=y^{1-\alpha}$,有

$$\frac{\mathrm{d}z}{\mathrm{d}x}=(1-\alpha)y^{-\alpha}\frac{\mathrm{d}y}{\mathrm{d}x}.$$

则式(6.2.22)可化成如下一阶线性微分方程:

$$\frac{\mathrm{d}z}{\mathrm{d}x}+(1-\alpha)P(x)z=(1-\alpha)Q(x). \tag{6.2.23}$$

因此,伯努利方程可以做变换 $z=y^{1-\alpha}$ 得到一阶线性方程(6.2.23),也就是说伯努利方程的通解可由求方程(6.2.23)的通解得到. 如果想求全部解,需要检验 $y=0$ 是否也是方程的解.

例 6.2.8 求方程 $\frac{\mathrm{d}y}{\mathrm{d}x}-xy=-\mathrm{e}^{-x^2}y^3$ 的通解.

解 容易看出方程是伯努利方程,两边都除以 y^3 得

$$y^{-3}\frac{\mathrm{d}y}{\mathrm{d}x}-xy^{-2}=-\mathrm{e}^{-x^2}. \tag{6.2.24}$$

设 $z=y^{-2}$,则 $\frac{\mathrm{d}z}{\mathrm{d}x}=-2y^{-3}\frac{\mathrm{d}y}{\mathrm{d}x}$,代入方程(6.2.24)可得

$$\frac{\mathrm{d}z}{\mathrm{d}x}+2xz=2\mathrm{e}^{-x^2}.$$

它是一个一阶线性非齐次方程,不难求出它的通解为

$$z=\mathrm{e}^{-x^2}(2x+C).$$

通过变换 $z=y^{-2}$,可得所求方程的通解为

$$y^2=\mathrm{e}^{x^2}/(2x+C).$$

显然 $y=0$ 也是所求方程的解,但不能通过选择合适 C 使其包含在通解中,因此,原方程的全部解为

$$\begin{cases} y^2=\dfrac{\mathrm{e}^{x^2}}{2x+C} \quad (C \text{ 为任意常数}), \\ y=0. \end{cases}$$ ■

6.2.5 其他可化为一阶线性微分方程的例子

例 6.2.9 求方程 $yy'+2xy^2-x=0$ 满足初始条件 $y|_{x=0}=1$ 的特解.

解 此方程不属于前面所提到的任何类型,但若将其重写为如下形式:

$$\frac{1}{2}(y^2)'+2xy^2-x=0,$$

则由变换 $u=y^2$,可将其化为一阶线性非齐次微分方程

$$u'+4xu=2x. \tag{6.2.25}$$

易求得方程(6.2.25)的通解为

$$u=C\mathrm{e}^{-2x^2}+\frac{1}{2}.$$

因此
$$y^2 = Ce^{-2x^2} + \frac{1}{2}.$$

将初始条件 $y|_{x=0}=1$ 代入,可得 $C=\frac{1}{2}$. 故所求的特解是
$$y^2 = \frac{1}{2}(e^{-2x^2}+1).$$

例 6.2.10 求方程 $\frac{1}{\sqrt{y}}y' - \frac{4x}{x^2+1}\sqrt{y} = x$ 的通解.

解 此方程不属于前面所提到的任何类型,但若将其重写为如下形式:
$$2(\sqrt{y})' - \frac{4x}{x^2+1}\sqrt{y} = x,$$

则由变换 $u=\sqrt{y}$,可将其化为一阶线性非齐次微分方程
$$2u' - \frac{4x}{x^2+1}u = x. \tag{6.2.26}$$

由公式(6.2.19)可得式(6.2.26)的通解为
$$u = \frac{1}{4}(x^2+1)[C+\ln(x^2+1)].$$

因此,所求方程的通解为
$$y = \frac{1}{16}(x^2+1)^2[C+\ln(x^2+1)]^2 \quad (C \text{ 为任意常数}).$$

例 6.2.11 求方程 $y' = \cos(x+y)$ 的通解.

解 设 $u=x+y$,故 $u'=1+y'$,则所求方程可化为
$$u' = \cos u + 1 = 2\cos^2 \frac{u}{2}.$$

根据分离变量法可得
$$\int \frac{\mathrm{d}u}{2\cos^2 \frac{u}{2}} = \int \mathrm{d}x.$$

因此
$$\tan \frac{u}{2} = x+C,$$

由变换 $u=x+y$,可得所求方程的通解如下:
$$\tan \frac{x+y}{2} = x+C \quad (C \text{ 为任意常数}).$$

例 6.2.12 求方程 $xy'+y = y(\ln x + \ln y)$ 的通解.

解 由于方程的右边可写为 $y\ln(xy)$,且左边恰好是 $\frac{\mathrm{d}}{\mathrm{d}x}(xy)$,可尝试做变换 $u=xy$,则所求方程化为
$$\frac{\mathrm{d}u}{\mathrm{d}x} = \frac{u}{x}\ln u.$$

分离变量得
$$\frac{\mathrm{d}u}{u\ln u} = \frac{\mathrm{d}x}{x},$$

两边积分可得
$$\ln|\ln u| = \ln|x| + \ln|C| = \ln|Cx|,$$

即
$$u = e^{Cx}.$$
因此,所求方程的通解为
$$y = \frac{1}{x} e^{Cx} \quad (C \text{ 为任意常数}).$$

习题 6.2

1. 用分离变量法求下列微分方程的通解或特解:

(1) $\dfrac{dy}{dx} = \dfrac{x}{y}$;

(2) $dy + y\tan x\, dx = 0$;

(3) $\dfrac{dy}{dx} = \dfrac{\sqrt{1-y^2}}{\sqrt{1-x^2}}$;

(4) $\dfrac{x}{1+y} dx - \dfrac{y}{1+x} dy = 0, y|_{x=0} = 1$;

(5) $(xy^2 + x)dx + (y - x^2 y)dy = 0$;

(6) $y'\sin x = y\ln y$;

(7) $(1+x^2)dy - \sqrt{1-y^2}\, dx = 0$;

(8) $\arctan y\, dy + (1+y^2)x\, dx = 0$;

(9) $(\cos y - 2x)' = 1$.

2. 求下列一阶齐次微分方程的通解或特解:

(1) $(2x^2 - y^2) + 3xy\dfrac{dy}{dx} = 0$;

(2) $xy' = y\ln\dfrac{y}{x}$;

(3) $(x^3 + y^3)dx - 3xy^2 dy = 0$;

(4) $y' = \dfrac{x}{y} + \dfrac{y}{x}, y|_{x=-1} = 2$;

(5) $(1 + e^{\frac{x}{y}})dx + e^{\frac{x}{y}}(1 - \dfrac{x}{y})dy = 0$.

3. 求下列一阶线性非齐次微分方程的通解:

(1) $xy' + y = e^x$;

(2) $xy' - y = x^2 e^x$;

(3) $\cos^2 x \dfrac{dy}{dx} + y = \tan x$;

(4) $\tan t \dfrac{dx}{dt} - x = 5$;

(5) $x\ln x\, dy + (y - \ln x)dx = 0$;

(6) $(1+x^2)y' - 2xy = (1+x^2)^2$;

(7) $\dfrac{ds}{dt} + s\cos t = \dfrac{1}{2}\sin 2t$;

(8) $xy' - y = \dfrac{x}{\ln x}$.

4. 求下列伯努利微分方程的通解或特解:

(1) $3y^2 y' - y^3 = x + 1$;

(2) $y' - x^2 y^2 = y$;

(3) $y' + 2xy = 2x^3 y^3$;

(4) $yy' - y^2 = x^2$;

(5) $x^2 y' + xy = y^2, y|_{x=1} = 1$.

5. 用适当的变量替换求下列微分方程的通解:

(1) $(x+y)^2 y' = a^2$ (a 是常数);

(2) $\dfrac{dy}{dx} = (x+y)^2$;

(3) $y' = \dfrac{1}{e^y + x}$;

(4) $y' = \sin^2(x - y + 1)$;

(5) $x\, dy - y\, dx = y^2 e^y dy$.

6. 求下列微分方程的通解:

(1) $\dfrac{dy}{dx} = \dfrac{x+y+2}{x-y-3}$; (2) $\dfrac{dy}{dx} = \dfrac{1+x-y}{2+x-y}$.

7. 已知一微分方程 $\dfrac{dy}{dx} = \varphi\left(\dfrac{ax+by+c}{dx+ey+f}\right)$，其中 $\varphi(u)$ 是连续函数，且 a,b,c,d,e,f 都是常数。

(1) 若 $ae \neq bd$，证明可选取适当的常数 h 与 k，使得所给微分方程可以通过变换 $x=u+h$，$y=v+k$ 化为齐次微分方程；

(2) 若 $ae=bd$，证明所给微分方程可通过适当的变换化成一个可分离变量的微分方程。

6.3 可降阶的二阶微分方程

一般来说，方程的阶数越高，求解也就越复杂。有一些简单的高阶微分方程可用适当的变量代换降低阶数化为低阶微分方程求解。以二阶微分方程为例，具有如下形式

$$y'' = f(x, y, y')$$

的一些二阶微分方程可用适当的变量代换降低阶数化为一阶微分方程来求解，这类微分方程称为可降阶的。本节将介绍三类可降阶的二阶微分方程的求解。

(1) $y'' = f(x)$

此方程很简单，只需将 $f(x)$ 连续积分两次即可。

例 6.3.1 求方程 $y'' = \sin x$ 的通解。

解 对方程两边积分得

$$y' = -\cos x + C_1,$$

及 $y = \int (-\cos x + C_1) dx + C_2 = -\sin x + C_1 x + C_2$ （C_1, C_2 是两个任意常数）。∎

(2) $y'' = f(x, y')$

此方程的右端不显含未知函数 y。

令 $y' = p(x)$，则 $y'' = \dfrac{dp}{dx}$，方程可化为

$$\dfrac{dp}{dx} = f(x, p).$$

这是一个关于未知函数 $p(x)$ 的一阶微分方程。两边积分，可得其通解为

$$p = g(x, C_1),$$

从 $p = \dfrac{dy}{dx}$，即 $\dfrac{dy}{dx} = g(x, C_1)$，得原方程的通解为

$$y = \int g(x, C_1) dx + C_2.$$

例 6.3.2 求方程 $y'' + y' = 2x^2 + 1$ 的通解。

解 所给方程是不显含未知函数 y 的二阶微分方程。设 $y' = p(x)$，则 $y'' = \dfrac{dp}{dx} = p'$，代入原微分方程得

$$p' + p = 2x^2 + 1,$$

这是一阶线性非齐次微分方程。

设 $P(x) = 1, Q(x) = 2x^2 + 1$，则由式 (6.2.19) 得

$$p = e^{-\int P(x)dx}\left(\int Q(x)e^{\int P(x)dx}dx + C\right)$$
$$= e^{-\int 1dx}\left(\int(2x^2+1)e^{\int 1dx}dx + C\right)$$
$$= Ce^{-x} + 2x^2 - 4x + 5,$$

或
$$y' = Ce^{-x} + 2x^2 - 4x + 5.$$

两边积分得
$$y = C_1 + C_2 e^{-x} + \frac{2}{3}x^3 - 2x^2 + 5x \quad (C_1, C_2 \text{ 为两个任意常数}).\quad\blacksquare$$

例 6.3.3 求方程 $(1+x^2)y'' = 2xy'$ 满足初始条件 $y|_{x=0}=1, y'|_{x=0}=3$ 的特解.

解 所给方程是不显含未知函数 y 的二阶微分方程. 设 $y' = p(x)$, 则 $y'' = \dfrac{dp}{dx}$, 代入微分方程得

$$(1+x^2)\frac{dp}{dx} = 2xp.$$

分离变量可得
$$\frac{dp}{p} = \frac{2x}{1+x^2}dx.$$

两边积分得
$$\ln|p| = \ln(1+x^2) + \ln|C_1|,$$

于是
$$p = C_1(1+x^2),$$

或
$$\frac{dy}{dx} = C_1(1+x^2). \tag{6.3.1}$$

再次积分可得原方程的通解为
$$y = C_1\left(x + \frac{1}{3}x^3\right) + C_2. \tag{6.3.2}$$

将初始条件 $y'|_{x=0}=3, y|_{x=0}=1$ 分别代入式(6.3.1)和式(6.3.2), 可得
$$C_1 = 3, \quad C_2 = 1.$$

因此, 所求微分方程的特解是
$$y = x^3 + 3x + 1. \quad\blacksquare$$

(3) $y'' = f(y, y')$

这一方程的右端不显含自变量 x. 为了求出它的解, 我们令 $y' = p(y)$, 并利用复合函数求导法则知

$$y'' = \frac{dp}{dx} = \frac{dp}{dy}\cdot\frac{dy}{dx} = p\frac{dp}{dy}.$$

因此, 方程可化为
$$p\frac{dp}{dy} = f(y, p). \tag{6.3.3}$$

这是一个关于 $p(y)$ 的一阶微分方程. 若方程(6.3.3)的通解为 $p = g(y, C_1)$, 因为 $p = y'$, 可知
$$\frac{dy}{dx} = g(y, C_1).$$

分离变量可得
$$\frac{dy}{g(y, C_1)} = dx.$$

将上述方程积分,可得原问题的解.

例 6.3.4 求方程 $yy''-(y')^2=0$ 的通解.

解 所给方程是不显含自变量 x 的二阶微分方程. 设 $y'=p(y)$,则 $y''=\dfrac{\mathrm{d}p}{\mathrm{d}x}=\dfrac{\mathrm{d}p}{\mathrm{d}y}\cdot\dfrac{\mathrm{d}y}{\mathrm{d}x}=p\dfrac{\mathrm{d}p}{\mathrm{d}y}$,代入微分方程得

$$yp\frac{\mathrm{d}p}{\mathrm{d}y}-p^2=0,$$

即
$$p\left(y\frac{\mathrm{d}p}{\mathrm{d}y}-p\right)=0,$$

或
$$\begin{cases}p=0,\\ y\dfrac{\mathrm{d}p}{\mathrm{d}y}-p=0.\end{cases}$$

由 $p=0$,可得 $\dfrac{\mathrm{d}y}{\mathrm{d}x}=0$,故 $y=C$.

由方程 $y\dfrac{\mathrm{d}p}{\mathrm{d}y}-p=0$ 可得

$$p=C_1 y \quad \text{或} \quad \frac{\mathrm{d}y}{\mathrm{d}x}=C_1 y.$$

因此
$$y=C_2 \mathrm{e}^{C_1 x}, \tag{6.3.4}$$

其中 C_1 为任意非零常数,C_2 为任意常数.

显然,当 $C_1=0$ 时式(6.3.4)包含 $y=C$. 因此,所求方程的通解为

$$y=C_2 \mathrm{e}^{C_1 x},$$

其中 C_1,C_2 为任意常数. ∎

例 6.3.5 求方程 $yy''-(y')^2=y^2\ln y$ 的通解.

解 所给方程是不显含自变量 x 的二阶微分方程. 设 $y'=p(y)$,则 $y''=\dfrac{\mathrm{d}p}{\mathrm{d}x}=\dfrac{\mathrm{d}p}{\mathrm{d}y}\dfrac{\mathrm{d}y}{\mathrm{d}x}=p\dfrac{\mathrm{d}p}{\mathrm{d}y}$,代入原方程可得

$$yp\frac{\mathrm{d}p}{\mathrm{d}y}-p^2=y^2\ln y.$$

这是一个伯努利方程,设 $u(y)=p^2(y)$,可得方程

$$u'-\frac{2}{y}u=2y\ln y.$$

由公式(6.2.19)求解可得

$$u=y^2(\ln^2 y+C_1),$$

或
$$p=\sqrt{y^2(\ln^2 y+C_1)}.$$

因此
$$y'=\sqrt{y^2(\ln^2 y+C_1)}.$$

分离变量解得

$$\ln(\ln y+\sqrt{\ln^2 y+C_1})=x+C_2. \qquad \blacksquare$$

习题 6.3

1. 求下列微分方程的通解:

(1) $y'' = \dfrac{1}{1+x^2}$;　　　　　　(2) $y''' = \cos x + \sin x$;

(3) $y''' = y''$;　　　　　　　　　　(4) $y'' = y' + x$;

(5) $2y'' + 5y' = 5x^2 - 2x - 1$;　　(6) $y'' = \dfrac{1}{2y'}$;

(7) $y'' + \dfrac{2}{1-y}(y')^2 = 0$;　　(8) $y'' - 2(y')^2 = 0$.

2. 求下列微分方程在给定初始条件下的特解：

(1) $y^3 y'' + 1 = 0, y|_{x=1} = 1, y'|_{x=1} = 0$;

(2) $y'' - a(y')^2 = 0$ (a 是常数)，$y|_{x=0} = 0, y'|_{x=0} = -1$;

(3) $y''' = e^{ax}$ (a 是常数)，$y|_{x=1} = y'|_{x=1} = y''|_{x=1} = 0$;

(4) $y'' + (y')^2 = 1, y|_{x=0} = 0, y'|_{x=0} = 0$.

6.4　高阶线性微分方程

6.4.1　高阶线性微分方程举例

例 6.4.1(弹簧的机械振动)　考虑如图 6.4.1 所示的简单减震装置问题. 设一质量为 m 的物体安装在弹簧上,当物体稳定在位置 O 时,作用在物体上的重力大小等于弹簧的弹力,方向相反,这个位置是物体的平衡位置. 若在垂直方向有一随时间周期变化的外界强迫力 $f_1(t) = H \sin pt$ 作用在物体上,物体受外力驱使而上下振动.试求振动过程中位移与时间的关系所满足的微分方程.

解　选取物体的平衡位置为坐标原点,垂直向下为 x 轴正方向. 设振动初始时刻为 $t=0$ 且 t 时刻物体距离平衡点 O 的距离是 $x(t)$,可建立 $x(t)$ 所满足的方程.

振动过程中,物体受到三个力的作用:外界强迫力、介质阻力和弹力.

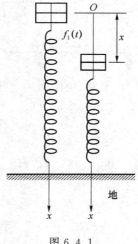

图 6.4.1

根据胡克定律,弹力

$$f = -kx,$$

其中 k 是弹簧的弹性系数. 设振动过程中物体所受的介质阻力 f_0 与运动速度 v 成正比, 即

$$f_0 = -\mu v = -\mu \frac{dx}{dt},$$

其中 μ 为介质的阻尼系数, 负号表示阻力方向与速度方向相反. 因此根据牛顿第二定律可得

$$ma = -kx - \mu \frac{dx}{dt} + f_1(t).$$

由于加速度 $a = \dfrac{d^2 x}{dt^2}$, 则 $x(t)$ 应满足微分方程:

$$m\frac{d^2 x}{dt^2} + \mu \frac{dx}{dt} + kx = H \sin pt.$$

将微分方程改写为

$$\frac{d^2 x}{dt^2} + 2\delta \frac{dx}{dt} + \omega^2 x = h \sin pt, \tag{6.4.1}$$

其中 $\delta = \dfrac{\mu}{2m}, \omega = \sqrt{\dfrac{k}{m}}, h = \dfrac{H}{m}$.

由于物体在原点处由静止开始运动, 且运动的初始时刻是 $t=0$, 故此运动还应满足初始条件:

$$x\Big|_{t=0} = 0, \quad v\Big|_{t=0} = \frac{dx}{dt}\Big|_{t=0} = 0. \tag{6.4.2}$$

于是, 振动过程中位移随时间的变化规律应满足微分方程(6.4.1)及初始条件(6.4.2).

显然式(6.4.1)是一个二阶线性微分方程. ∎

例 6.4.2(*L-C-R* **电路中的电压变化规律**) 图 6.4.2 所示是一个 *L-C-R* 电路图, 其中 R 为电阻, L 为电感, C 为电容. 设电容器已经充电且它的两极板间电压为 E. 当开关 K 闭合后, 电容器放电且此时电路中将有电流 i 通过并产生电磁振荡. 求电容器两极板间的电压 u_C 的变化规律所满足的微分方程.

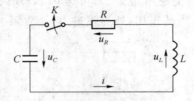

图 6.4.2

解 根据回路电压定律可知, 电容、电感、电阻上的电压 u_C, u_L, u_R 应满足如下关系:

$$u_L + u_R + u_C = 0. \tag{6.4.3}$$

由于 $i = C \dfrac{du_C}{dt}$, 故

$$u_R = Ri = RC \frac{du_C}{dt}, \quad u_L = L \frac{di}{dt} = LC \frac{d^2 u_C}{dt^2}.$$

代入式(6.4.3)可得

$$LC \frac{d^2 u_C}{dt^2} + RC \frac{du_C}{dt} + u_C = 0,$$

或

$$\frac{d^2 u_C}{dt^2} + \frac{R}{L} \frac{du_C}{dt} + \frac{1}{LC} u_C = 0. \tag{6.4.4}$$

这是一个二阶线性微分方程. 设开关闭合时刻 $t=0$，根据所给条件，u_C 还应满足如下初始条件：

$$u_C|_{t=0}=E, \quad \frac{\mathrm{d}u_C}{\mathrm{d}t}\bigg|_{t=0}=\frac{1}{C}i\bigg|_{t=0}=0.$$

6.4.2 线性微分方程解的结构

定义 6.4.1(二阶线性微分方程) 二阶线性微分方程的一般形式为

$$\frac{\mathrm{d}^2 y}{\mathrm{d}x^2}+P_1(x)\frac{\mathrm{d}y}{\mathrm{d}x}+P_2(x)y=F(x), \tag{6.4.5}$$

其中未知函数 $y(x)$ 及其导数都是线性的.

若 $F(x)\equiv 0$，即

$$\frac{\mathrm{d}^2 y}{\mathrm{d}x^2}+P_1(x)\frac{\mathrm{d}y}{\mathrm{d}x}+P_2(x)y=0, \tag{6.4.6}$$

则方程称为**二阶线性齐次微分方程**；若 $F(x)\neq 0$，则式(6.4.5)称为**二阶线性非齐次微分方程**.

一般地，一个 n 阶线性微分方程可写成如下形式

$$y^{(n)}(x)+P_1(x)y^{(n-1)}(x)+\cdots+P_{n-1}(x)y'(x)+P_n(x)y(x)=F(x).$$

类似地，若 $F(x)\neq 0$，方程称为 **n 阶线性非齐次微分方程**，否则称为 **n 阶线性齐次微分方程**.

定理 6.4.1(解的叠加性) 若函数 $y_1(x)$ 与 $y_2(x)$ 是齐次线性方程(6.4.6)的两个解，则它们的任意线性组合

$$y(x)=c_1 y_1(x)+c_2 y_2(x) \tag{6.4.7}$$

也是方程(6.4.6)的解.

证明 将函数 $y=c_1 y_1+c_2 y_2$ 代入方程，则

$$(c_1 y_1''+c_2 y_2'')+P_1(x)(c_1 y_1'+c_2 y_2')+P_2(x)(c_1 y_1+c_2 y_2)$$
$$=c_1[y_1''+P_1(x)y_1'+P_2(x)y_1]+c_2[y_2''+P_1(x)y_2'+P_2(x)y_2]$$
$$=c_1\times 0+c_2\times 0=0.$$

众所周知，二阶方程的通解恰好包含两个任意常数. 如果找到方程(6.4.6)两个解 y_1 和 y_2，那么它们的线性组合 $c_1 y_1+c_2 y_2$ 是否一定是方程(6.4.6)的通解？答案是否定的，因为 y_1 与 y_2 可能是线性相关的. 例如，假设 $y_2=3y_1$，则

$$y=c_1 y_1+c_2 y_2=(c_1+3c_2)y_1. \tag{6.4.8}$$

可以看到两个任意常数可以写成一个任意常数 $c=c_1+3c_2$，因此它不是方程的通解.

定义 6.4.2(函数的线性相关性) 设 $f_i(x)(i=1,2,\cdots,n)$ 是定义在区间 I 的 n 个函数. 若存在 n 个不全为零的常数 $c_1,c_2,\cdots,c_n$，使得

$$c_1 f_1(x)+c_2 f_2(x)+\cdots+c_n f_n(x)=0 \tag{6.4.9}$$

对所有的 $x\in I$ 都成立，则称此 n 个函数 $f_i(x)(i=1,2,\cdots,n)$ 在区间 I 上**线性相关**，否则，称它们在区间 I 上**线性无关**.

例 6.4.3 证明函数 e^x 与 $2\mathrm{e}^x$ 在区间 $I=(-\infty,+\infty)$ 上线性相关.

证明 取 $c_1=-2$ 且 $c_2=1$，恒等式

$$-2\times \mathrm{e}^x+1\times 2\mathrm{e}^x=0$$

对所有的 $x\in(-\infty,+\infty)$ 成立. 因此，e^x 与 $2\mathrm{e}^x$ 在区间 I 上线性相关.

例 6.4.4 证明函数 $\cos 2x$ 与 $\sin 2x$ 在区间 $I=(-\infty,+\infty)$ 上线性无关.

证明 假设存在常数 c_1 与 c_2 使得
$$c_1\sin 2x+c_2\cos 2x=0$$
对所有的 $x\in I$ 成立.

取 $x=\dfrac{\pi}{4}$ 及 $x=0$,可得
$$\begin{cases}c_1\times 1+c_2\times 0=0,\\ c_1\times 0+c_2\times 1=0,\end{cases}$$
则
$$c_1=c_2=0.$$
故函数 $\cos 2x$ 与 $\sin 2x$ 在区间 $I=(-\infty,+\infty)$ 上线性无关. ∎

例 6.4.5 证明函数组 $1,x,x^2,\cdots,x^{n-1}$ 在任何区间 I 上线性无关.

证明 假设它们线性相关,则必存在 n 个不全为零的常数 $c_i(i=0,1,2,\cdots,n-1)$,使得
$$c_0+c_1x+c_2x^2+\cdots+c_{n-1}x^{n-1}=0 \tag{6.4.10}$$
对所有的 $x\in I$ 成立.由于式(6.4.10)是关于 x 的 $n-1$ 次代数方程,由代数学基本定理可知,它最多有 $n-1$ 个实根,换句话说,至多只有 I 中的 $n-1$ 个点使得式(6.4.10)成立.这一矛盾说明要使式(6.4.10)在区间 I 上成立,只能是所有的 $c_i=0(i=0,1,\cdots,n-1)$ 均为零.因此所给函数组在任何区间 I 上都线性无关.

对于区间 I 上两函数 $f_1(x)$ 与 $f_2(x)$,假设在 I 上有 $f_1(x)\not\equiv 0$,它们线性相关的条件为当且仅当存在一常数 c,使得
$$\frac{f_2(x)}{f_1(x)}=c,\quad \text{对任意 } x\in I. \tag{6.4.11}$$

例如,函数 e^{2x} 与 e^{3x} 在任何区间上均线性无关,因为
$$\frac{\mathrm{e}^{2x}}{\mathrm{e}^{3x}}=\mathrm{e}^{-x}\neq c.$$ ∎

定理 6.4.2(二阶线性齐次方程通解的结构) 若 $y_1(x)$ 与 $y_2(x)$ 是方程(6.4.6)的两个线性无关的解,则方程(6.4.6)的通解为
$$y=c_1y_1(x)+c_2y_2(x), \tag{6.4.12}$$
其中 c_1,c_2 是两个任意常数.此外,方程(6.4.6)的每一个解都可以由式(6.4.12)表出.

定理 6.4.2 中的结论 1 可由定理 6.4.1 与定义 6.4.2 得出(结论 2 的证明超出本书讨论范围,略去).这一定理可推广到 n 阶线性齐次方程.

定理 6.4.3(n 阶线性齐次方程通解的结构) 若 $y_1(x),y_2(x),\cdots,y_n(x)$ 是方程
$$y^{(n)}(x)+P_1(x)y^{(n-1)}(x)+\cdots+P_{n-1}(x)y'(x)+P_n(x)y(x)=0$$
的 n 个线性无关的解,则此方程的通解为
$$y=c_1y_1(x)+c_2y_2(x)+\cdots+c_ny_n(x), \tag{6.4.13}$$
其中,$c_1,c_2,\cdots,c_n$ 是 n 个任意常数.此外,方程的每一个解都可以由式(6.4.13)表出.

定理 6.4.4(线性非齐次方程通解的结构) 设函数 $\overline{y}$ 是二阶线性非齐次方程(6.4.5)的一个特解,函数 $Y=c_1y_1+c_2y_2$ 是其对应线性齐次方程(6.4.6)的通解,则方程(6.4.5)的任意解均可由下式表出
$$y=Y+\overline{y}=c_1y_1+c_2y_2+\overline{y}. \tag{6.4.14}$$

证明 将式(6.4.14)代入式(6.4.5)可得

$$Y'' + \overline{y}'' + P_1(x)(Y' + \overline{y}') + P_2(x)(Y + \overline{y})$$
$$= [Y'' + P_1(x)Y' + P_2(x)Y] + [\overline{y}'' + P_1(x)\overline{y}' + P_2(x)\overline{y}]$$
$$= 0 + F(x) = F(x),$$

因此 y 是方程(6.4.5)的通解.

下证方程(6.4.5)的任意解 $\hat{y}$ 均可由式(6.4.14)表出. 也就是说, $\hat{y}$ 可由表达式(6.4.14)得出. 事实上, 由于

$$\hat{y}'' - \overline{y}'' + P_1(x)(\hat{y}' - \overline{y}') + P_2(x)(\hat{y} - \overline{y})$$
$$= [\hat{y}'' + P_1(x)\hat{y}' + P_2(x)\hat{y}] - [\overline{y}'' + P_1(x)\overline{y}' + P_2(x)\overline{y}]$$
$$= F(x) - F(x) = 0,$$

因此 $\hat{y} - \overline{y}$ 是相应齐次方程的一个解, 并可由

$$\hat{y} - \overline{y} = c_1 y_1 + c_2 y_2$$

选取适当常数 c_1 与 c_2 得到. 从而 $\hat{y} = c_1 y_1 + c_2 y_2 + \overline{y}$, 其中 c_1, c_2 是适当的常数. ∎

定理 6.4.5(线性非齐次方程特解的叠加原理) 若 y_1 与 y_2 分别是两线性非齐次方程

$$y'' + P_1(x)y' + P_2(x)y = F_1(x) \quad \text{与} \quad y'' + P_1(x)y' + P_2(x)y = F_2(x)$$

的两个解, 则 $y_1 + y_2$ 必是以下方程的解:

$$y'' + P_1(x)y' + P_2(x)y = F_1(x) + F_2(x). \tag{6.4.15}$$

证明 将 $y_1 + y_2$ 代入方程(6.4.15)可得

$$(y_1'' + y_2'') + P_1(x)(y_1' + y_2') + P_2(x)(y_1 + y_2)$$
$$= [y_1'' + P_1(x)y_1' + P_2(x)y_1] + [y_2'' + P_1(x)y_2' + P_2(x)y_2]$$
$$= F_1(x) + F_2(x).$$
∎

例 6.4.6 设 $\overline{y} = \dfrac{1}{2}e^x$ 是某二阶非齐次方程的特解, 且 $y_1 = \cos x, y_2 = \sin x$ 是其对应线性齐次方程的两个解. 求此二阶线性非齐次方程的通解.

解 显然 $\cos x$ 与 $\sin x$ 线性无关, 因此所给线性齐次方程的通解为

$$Y = c_1 \cos x + c_2 \sin x.$$

由于 $\overline{y} = \dfrac{1}{2}e^x$ 是特解, 可得二阶线性非齐次方程的通解为

$$y = Y + \overline{y} = c_1 \cos x + c_2 \sin x + \dfrac{1}{2}e^x.$$
∎

习题 6.4

1. 下列函数组哪些是线性相关的? 哪些是线性无关的? 给出简要说明.
   (1) x, x^2; (2) $x, 3x$;
   (3) e^{-x}, e^x; (4) $e^{3x}, 6^{3x}$;
   (5) $e^x \cos 2x, e^x \sin 2x$; (6) $\sin 2x, \cos x \sin x$;
   (7) $e^{x^2}, 2xe^{x^2}$; (8) $\ln x, x\ln x$.

2. 设 $x = \varphi(t)$ 具有 n 阶连续导数, 且 $\varphi'(t) \neq 0$. 请证明在自变量的变换 $x = \varphi(t)$ 下, n 阶线性微分方程仍是 n 阶线性微分方程, 并且线性齐次微分方程仍变为线性齐次微分方程.

3. 设 $e^x, x^2 e^x$ 是某二阶线性齐次微分方程的两个特解. 证明它们线性无关并求该微分方程的通解.

4. 验证 $y_1 = x$ 与 $y_2 = \sin x$ 是方程 $(y')^2 - yy'' = 1$ 的两个线性无关的解. $y = c_1 x + c_2 \sin x$ 是该方程的通解吗?

5. 设 y_1 与 y_2 线性无关. 证明若 $A_1 B_2 - A_2 B_1 \neq 0$, 则 $A_1 y_1 + A_2 y_2$ 与 $B_1 y_1 + B_2 y_2$ 也线性无关.

6. 设 $y_1 = 1 + x + x^3, y_2 = 2 - x - x^3$ 是某二阶线性非齐次微分方程的两个特解, 且 $y_1^* = x$ 是对应线性齐次微分方程的一个特解. 求此二阶非线性微分方程满足初始条件 $y|_{x=0} = 5$ 与 $y'|_{x=0} = -2$ 的特解.

7. 设 $y_1 = x, y_2 = x + e^x, y_3 = 1 + x + e^x$ 都是微分方程
$$y'' + a_1(x) y' + a_2(x) y = Q(x)$$
的解. 求此微分方程的通解.

6.5 常系数线性微分方程

6.5.1 常系数线性齐次微分方程

常系数线性齐次微分方程的一般形式为
$$y^{(n)} + a_1 y^{(n-1)} + a_2 y^{(n-2)} + \cdots + a_n y = 0, \tag{6.5.1}$$
其中 $a_1, a_2, \cdots, a_n$ 均为实常数. 本节将介绍求解方程(6.5.1)的方法. 为简洁起见, 这里仅讨论二阶微分方程, 但此方法可推广至 n 阶微分方程.

常系数二阶线性齐次方程的一般形式为
$$y'' + ay' + by = 0, \tag{6.5.2}$$
其中 a 与 b 都是实常数.

回顾一阶常系数线性齐次微分方程 $\dfrac{\mathrm{d}y}{\mathrm{d}x} + ay = 0$ 的通解是
$$y = C e^{-ax}.$$
这启发我们对方程(6.5.2)也去试求指数函数形式的解
$$y = e^{\lambda x},$$
其中 λ 为某一待定常数, 可以是实的, 也可以是复的.

设 $y = e^{\lambda x}$, 则
$$y' = \lambda e^{\lambda x}, \quad y'' = \lambda^2 e^{\lambda x}.$$
将上式代入方程(6.5.2)可得
$$e^{\lambda x}(\lambda^2 + a\lambda + b) = 0.$$
由于 $e^{\lambda x} \neq 0$, 故有
$$\lambda^2 + a\lambda + b = 0. \tag{6.5.3}$$

显然, 二次代数方程(6.5.3)的每一个根 λ, 就对应微分方程(6.5.2)的一个解 $e^{\lambda x}$. 代数方程(6.5.3)称为线性齐次微分方程(6.5.2)的**特征方程**, 它的根称为**特征值**或**特征根**.

特征方程(6.5.3)有两个根, 设为 λ_1 和 λ_2. 下面根据特征根的不同情况分别进行讨论.

(1) λ_1 和 λ_2 是两不同实根,即 $\lambda_1 \neq \lambda_2$ 为实数.

由上面的讨论易知
$$y_1 = e^{\lambda_1 x}, \quad y_2 = e^{\lambda_2 x}$$
是方程的两个解.

另外,由于
$$\frac{e^{\lambda_1 x}}{e^{\lambda_2 x}} = e^{(\lambda_1 - \lambda_2)x} \neq 常数,$$
从而这两个解是线性无关的. 因此根据定理 6.4.2,方程(6.5.2)的通解为
$$y = c_1 e^{\lambda_1 x} + c_2 e^{\lambda_2 x},$$
其中 c_1 与 c_2 是任意常数.

(2) λ_1 和 λ_2 都是实数且相等,即 $\lambda_1 = \lambda_2 = -\frac{1}{2}a$.

此时,只能得到方程(6.5.2)的一个特解 $y_1 = e^{\lambda_1 x}$,还需找出另一个与 y_1 线性无关的特解 $y_2(x)$. 由于 y_2 与 y_1 线性无关,则 y_2 与 y_1 的比值不是常数,且还是 x 的函数,设比值为 $h(x)$,即
$$\frac{y_2}{y_1} = h(x) \quad 或 \quad y_2 = h(x) y_1. \tag{6.5.4}$$

下面来求 $h(x)$.

将 y_2 求导,得
$$y_2' = h' y_1 + h y_1', \quad y_2'' = h'' y_1 + 2h' y_1' + h y_1''.$$
将它们代入方程(6.5.2)可得
$$e^{\lambda_1 x}[(\lambda_1^2 + a\lambda_1 + b)h + (2\lambda_1 + a)h' + h''] = 0.$$
由于 λ_1 是重根,有 $\lambda_1^2 + a\lambda_1 + b = 0$ 且 $2\lambda_1 + a = 0$,将其代入以上方程并消去 $e^{\lambda_1 x}$ 可得
$$h'' = 0,$$
解得
$$h = c_0 x + c_1.$$

因为这里只需要得到一个不为常数的解,所以不妨取 $h = x$ 并将其代入式(6.5.4),由此得方程(6.5.2)的另一个与 y_1 线性无关的特解为
$$y_2 = x e^{\lambda_1 x}.$$
从而,齐次方程(6.5.2)的通解为
$$y = c_1 y_1 + c_2 y_2 = (c_1 + c_2 x) e^{\lambda_1 x},$$
其中 c_1 与 c_2 是任意常数.

(3) λ_1 与 λ_2 是一对共轭复根,设 $\lambda_1 = \alpha + i\beta, \lambda_2 = \alpha - i\beta (\beta \neq 0)$.

此时,$y_1 = e^{(\alpha + i\beta)x}$ 与 $y_2 = e^{(\alpha - i\beta)x}$ 是齐次方程(6.5.2)的两个特解. 它们显然线性无关,但这种复数形式的解不便使用. 为了得到实数形式的解,可利用欧拉公式,将这些解改写为
$$y_1 = e^{\alpha x}(\cos \beta x + i\sin \beta x), \quad y_2 = e^{\alpha x}(\cos \beta x - i\sin \beta x).$$
根据解的叠加原理可知
$$\frac{1}{2}(y_1 + y_2) = e^{\alpha x} \cos \beta x \quad 与 \quad \frac{1}{2i}(y_1 - y_2) = e^{\alpha x} \sin \beta x$$
都仍是方程(6.5.2)的解,它们显然线性无关. 因此方程(6.5.2)的通解为
$$y = e^{\alpha x}(c_1 \cos \beta x + c_2 \sin \beta x),$$
其中 c_1 与 c_2 是任意常数.

综上所述,求二阶常系数线性齐次微分方程

$$y'' + ay' + by = 0 \qquad (6.5.5)$$

的通解的步骤如下.

第一步:写出微分方程的特征方程

$$\lambda^2 + a\lambda + b = 0.$$

第二步:求出特征方程的两个特征根 λ_1, λ_2.

第三步:根据两个特征根的不同情形,按照表 6.5.1 写出微分方程(6.5.5)的通解.

表 6.5.1

特征根 λ_1, λ_2	微分方程 $y'' + ay' + by = 0$ 的通解
两个不相等的实根 λ_1, λ_2	$y = c_1 e^{\lambda_1 x} + c_2 e^{\lambda_2 x}$
两个相等的实根 $\lambda_1 = \lambda_2$	$y = (c_1 + c_2 x) e^{\lambda_1 x}$
一对共轭复根 $\lambda_{1,2} = \alpha \pm i\beta (\beta \neq 0)$	$y = e^{\alpha x}(c_1 \cos \beta x + c_2 \sin \beta x)$

例 6.5.1 求微分方程 $y'' + 7y' + 12y = 0$ 的通解.

解 所给方程的特征方程为

$$\lambda^2 + 7\lambda + 12 = 0,$$

其特征值为

$$\lambda_1 = -3, \quad \lambda_2 = -4.$$

因此,原微分方程的通解为

$$y = c_1 e^{-3x} + c_2 e^{-4x}.$$

例 6.5.2 求微分方程 $y'' - y = 0$ 的通解.

解 所给方程的特征方程为

$$\lambda^2 - 1 = 0,$$

且其特征值为

$$\lambda_{1,2} = \pm 1.$$

因此,原微分方程的通解为

$$y = c_1 e^x + c_2 e^{-x}.$$

例 6.5.3 求微分方程 $y'' + 2y' + 5y = 0$ 的通解.

解 所给方程的特征方程为

$$\lambda^2 + 2\lambda + 5 = 0,$$

且其特征值为

$$\lambda_1 = -1 + 2i, \quad \lambda_2 = -1 - 2i.$$

因此,原微分方程的通解为

$$y = e^{-x}(c_1 \cos 2x + c_2 \sin 2x).$$

例 6.5.4 求微分方程 $y'' - 12y' + 36y = 0$ 的通解以及满足初始条件 $y(0) = 1, y'(0) = 0$ 的特解.

解 所给方程的特征方程为

$$\lambda^2 - 12\lambda + 36 = 0,$$

且其特征值为

$$\lambda_1 = \lambda_2 = 6.$$

因此,原微分方程的通解为

$$y = e^{6x}(c_1 + c_2 x).$$

代入初始条件有
$$\begin{cases} 1 = e^0(c_1 + c_2 \cdot 0) = c_1, \\ 0 = 6e^0(c_1 + c_2 \cdot 0) + c_2 e^0 = 6c_1 + c_2, \end{cases}$$

则
$$c_1 = 1, \quad c_2 = -6.$$

因此，所求微分方程的特解为
$$y = e^{6x}(1 - 6x).$$

上面讨论二阶常系数线性齐次微分方程所用的方法以及方程的通解形式可推广到 n 阶常系数线性齐次微分方程上去，对此我们不再讨论，只简单地叙述如下．

为求解 n 阶常系数线性齐次方程
$$y^{(n)} + a_1 y^{(n-1)} + a_2 y^{(n-2)} + \cdots + a_n y = 0,$$

可先写出它的特征方程
$$\lambda^n + a_1 \lambda^{n-1} + a_2 \lambda^{n-2} + \cdots + a_n = 0,$$

求出特征值，根据这些特征根可以写出其对应微分方程的线性无关的特解如下：

(1) 若特征值是一单实根 λ，则对应的特解为 $e^{\lambda x}$；

(2) 若特征值是一对共轭单复根 $\alpha \pm i\beta$，则对应的特解是
$$e^{\alpha x} \cos \beta x \text{ 与 } e^{\alpha x} \sin \beta x;$$

(3) 若特征值包含 $k(k \geqslant 2)$ 重实复根 λ，则对应有 k 个线性无关的特解
$$e^{\lambda x}, x e^{\lambda x}, x^2 e^{\lambda x}, \cdots, x^{k-1} e^{\lambda x};$$

(4) 若特征值包含 $k(k \geqslant 2)$ 重共轭复根 $\alpha \pm i\beta$，则对应有 $2k$ 个线性无关的特解
$$e^{\alpha x} \cos \beta x, e^{\alpha x} \sin \beta x, x e^{\alpha x} \cos \beta x, x e^{\alpha x} \sin \beta x, \cdots, x^{k-1} e^{\alpha x} \cos \beta x, x^{k-1} e^{\alpha x} \sin \beta x.$$

从代数学知道，n 次代数方程有 n 个根（重根按重数计算）．而特征方程的每一个根都对应着通解中的一项，且每项各含一个任意函数．这样就得到 n 阶常系数线性齐次方程的通解
$$y = c_1 y_1 + c_2 y_2 + \cdots\cdots + c_n y_n.$$

例 6.5.5 求微分方程 $y^{(4)} - 2y''' - 3y'' + 8y' - 4y = 0$ 的通解．

解 所给方程的特征方程为
$$\lambda^4 - 2\lambda^3 - 3\lambda^2 + 8\lambda - 4 = 0,$$

特征值为
$$\lambda_1 = 2, \lambda_2 = -2, \lambda_3 = 1, \lambda_4 = 1.$$

故原方程对应于 λ_1 与 λ_2 的两个特解为 e^{2x} 与 e^{-2x}，对应于 $\lambda_3 = \lambda_4 = 1$ 的两个特解为 e^x 与 $x e^x$．可以证明 $\{e^{2x}, e^{-2x}, e^x, x e^x\}$ 线性无关（证明留给读者）．故原方程的通解为
$$y = c_1 e^{2x} + c_2 e^{-2x} + c_3 e^x + c_4 x e^x.$$

例 6.5.6 求微分方程 $y^{(4)} - 4y''' + 10y'' - 12y' + 5y = 0$ 的通解．

解 所给方程的特征方程为
$$\lambda^4 - 4\lambda^3 + 10\lambda^2 - 12\lambda + 5 = 0,$$

特征值为
$$\lambda_1 = \lambda_2 = 1, \lambda_3 = 1 + 2i, \lambda_4 = 1 - 2i.$$

则对应的线性无关的特解为
$$e^x, x e^x, e^x \cos 2x \text{ 及 } e^x \sin 2x.$$

故所求通解为

$$y=(c_1+c_2x)e^x+e^x(c_3\cos 2x+c_4\sin 2x)=e^x(c_1+c_2x+c_3\cos 2x+c_4\sin 2x).$$ ∎

6.5.2 常系数线性非齐次方程

本节着重讨论二阶常系数线性非齐次微分方程的解法，并对 n 阶方程的解法作必要的说明.

二阶常系数线性非齐次方程的一般形式为

$$y''+ay'+by=F(x). \tag{6.5.6}$$

对于二阶常系数线性非齐次方程，我们可以先求出对应的二阶常系数线性齐次微分方程的通解，以及方程(6.5.6)相应的一个特解，根据非齐次方程通解结构定理可知，非齐次方程的通解就是其对应的齐次方程的通解与一个特解之和. 在 6.5.1 节里，我们介绍了求解二阶常系数线性齐次微分方程通解的方法，下面我们针对方程(6.5.6)中非齐次项 $F(x)$ 的几种常见的特殊类型进行讨论，介绍求其特解的待定系数法.

$1°\ F(x)=P_m(x)e^{\mu x}$，其中 μ 是常数，且 $P_m(x)$ 是一个 m 次($m\geqslant 0$)多项式，即

$$P_m(x)=a_mx^m+a_{m-1}x^{m-1}+\cdots+a_1x+a_0.$$

要求方程(6.5.6)的特解，需要找到一个函数 $y^*(x)$ 满足方程(6.5.6). 由于 $F(x)$ 是一个多项式与函数 $e^{\mu x}$ 的乘积，又因为它的导数也是一个多项式与指数函数的乘积，想到应该令

$$y^*(x)=Z(x)e^{\mu x}, \tag{6.5.7}$$

其中 $Z(x)$ 是一待定多项式. 将式(6.5.7)代入方程(6.5.6)并消去 $e^{\mu x}$ 后可得

$$(\mu^2+a\mu+b)Z(x)+(2\mu+a)Z'(x)+Z''(x)=P_m(x). \tag{6.5.8}$$

多项式 $Z(x)$ 的次数的选取，应使式(6.5.8)左边的多项式次数等于 $P_m(x)$ 的次数.

我们分以下三种情况讨论.

(1) μ 不是特征值. 此时，

$$\mu^2+a\mu+b\neq 0.$$

由于 $P_m(x)$ 是一个 m 次($m\geqslant 0$)多项式，要使(6.5.8)的两端恒等，那么 $Z(x)$ 也应是一个 m 次多项式，即令

$$Z(x)=B_mx^m+B_{m-1}x^{m-1}+\cdots+B_1x+B_0\triangleq Q_m(x). \tag{6.5.9}$$

将式(6.5.9)代入恒等式(6.5.8)并比较等式两边 x 同次幂的系数，可确定系数 $B_i(i=0,1,\cdots,m)$. 从而，可得方程(6.5.6)的特解 $y^*(x)=Q_m(x)e^{\mu x}$.

(2) μ 是单重的特征值. 此时，

$$\mu^2+a\mu+b=0,\quad 2\mu+a\neq 0.$$

为使(6.5.8)的两端恒等，那么 $Z'(x)$ 必须是 m 次多项式. 此时可令

$$Z(x)=x(B_mx^m+B_{m-1}x^{m-1}+\cdots+B_1x+B_0)=xQ_m(x).$$

从而，可得方程(6.5.6)的特解 $y^*(x)=xQ_m(x)e^{\mu x}$.

(3) μ 是二重特征值. 这表明

$$\mu^2+a\mu+b=0,\quad 2\mu+a=0.$$

为使(6.5.8)的两端恒等，那么 $Z''(x)$ 必须是 m 次多项式. 此时可令

$$Z(x)=x^2(B_mx^m+B_{m-1}x^{m-1}+\cdots+B_1x+B_0)=x^2Q_m(x).$$

从而，可得方程(6.5.6)的特解 $y^*(x)=x^2Q_m(x)e^{\mu x}$.

综上所述，当 $F(x)=P_m(x)e^{\mu x}$，其中 μ 是常数，且 $P_m(x)$ 是一个 m 次($m\geqslant 0$)多项式时，方

程(6.5.6)有如下形式的特解

$$y^* = \begin{cases} Q_m(x)e^{\mu x}, & \text{当 } \mu \text{ 不是特征根时,} \\ x^k Q_m(x)e^{\mu x}, & \text{当 } \mu \text{ 是 } k \text{ 重特征根时}(k=1 \text{ 或 } 2), \end{cases}$$

其中 $Q_m(x)$ 是与 $P_m(x)$ 次数相同的多项式.

例 6.5.7 求微分方程 $y'' - 5y' + 6y = xe^{2x}$ 的通解.

解 对应齐次方程的特征方程为

$$\lambda^2 - 5\lambda + 6 = 0,$$

故特征值为 $\lambda_1 = 2, \lambda_2 = 3$.

因此齐次方程的通解为

$$Y = c_1 e^{2x} + c_2 e^{3x}.$$

现在求非齐次方程的一个特解.

由于 $\mu = 2$ 是单重的特征值,故有如下形式的特解:

$$y^* = x(B_0 + B_1 x)e^{2x}.$$

求导后代入原方程,并化简可得

$$-2B_1 x + 2B_1 - B_0 = x.$$

比较等式两边同次幂的系数可得

$$-2B_1 = 1, \quad 2B_1 - B_0 = 0.$$

从而

$$B_1 = -\frac{1}{2}, \quad B_0 = -1.$$

于是,所求特解为

$$y^* = -\left(x + \frac{x^2}{2}\right)e^{2x}.$$

所以,原方程的通解为

$$y = Y + y^* = c_1 e^{2x} + c_2 e^{3x} - \left(x + \frac{x^2}{2}\right)e^{2x}. \quad \blacksquare$$

2° $F(x) = P_m(x)e^{\mu x} \cos vx$ 或 $F(x) = P_m(x)e^{\mu x} \sin vx$,其中 μ, v 是常数,$P_m(x)$ 是一个 m 次 ($m \geq 0$) 多项式.

这里也可以用处理情形 1° 的方法. 容易证明(证明留给读者)若函数 $y = y_R(x) \pm i y_I(x)$ 是方程

$$y'' + a(x)y' + b(x)y = f_1(x) \pm i f_2(x)$$

的解,其中 i 是虚数单位,则其实部与虚部,即 $y_R(x)$ 与 $y_I(x)$,分别是方程

$$y'' + a(x)y' + b(x)y = f_1(x)$$

与

$$y'' + a(x)y' + b(x)y = f_2(x)$$

的解.

因此,对于给定方程

$$y'' + a(x)y' + b(x)y = P_m(x)e^{\mu x} \cos vx \tag{6.5.10}$$

或

$$y'' + a(x)y' + b(x)y = P_m(x)e^{\mu x} \sin vx, \tag{6.5.11}$$

可先利用待定系数法求微分方程

$$y'' + ay' + by = P_m(x)e^{\mu x} \cos vx + i P_m(x)e^{\mu x} \sin vx = P_m(x)e^{(\mu + iv)x} \tag{6.5.12}$$

如下形式的特解:

$$y^* = \begin{cases} Q_m(x)e^{(\mu+iv)x}, & \text{当 } \mu+iv \text{ 不是特征根时,} \\ xQ_m(x)e^{(\mu+iv)x}, & \text{当 } \mu+iv \text{ 是特征根时,} \end{cases}$$

其中 $Q_m(x)$ 是与 $P_m(x)$ 具有相同次数的复值多项式. 然后分出 y^* 的实部 $y_R^*(x)$ 与虚部 $y_I^*(x)$, 即分别是方程(6.5.10)与方程(6.5.11)的特解.

但用此方法求一个特解, 我们需要进行复数运算, 有时候是比较复杂的. 因此, 导出一种不进行复数运算就能求特解的方法颇为重要. 为此, 我们将 y^* 中的 m 次复值多项式 $Q_m(x)$ 可改写为

$$Q_m(x) = Z_m(x) + i\widetilde{Z}_m(x),$$

其中 Z_m 与 $\widetilde{Z}_m$ 都是 m 次实系数多项式.

于是 $\quad y^* = x^k [Z_m(x) + i\widetilde{Z}_m(x)]e^{\mu x}(\cos vx + i\sin vx)$
$$= x^k e^{\mu x}[Z_m(x)\cos vx - \widetilde{Z}_m(x)\sin vx] + ix^k e^{\mu x}[\widetilde{Z}_m(x)\cos vx + Z_m(x)\sin vx].$$

从而其实部与虚部分别为

$$y_R^* = x^k e^{\mu x}[Z_m(x)\cos vx - \widetilde{Z}_m(x)\sin vx]$$

和
$$y_I^* = x^k e^{\mu x}[\widetilde{Z}_m(x)\cos vx + Z_m(x)\sin vx].$$

这表明我们可直接假设原非齐次方程(6.5.10)或(6.5.11)的特解为

$$y^* = x^k e^{\mu x}[R_m(x)\cos vx + \widetilde{R}_m(x)\sin vx],$$

其中 $R_m(x)$ 与 $\widetilde{R}_m(x)$ 都是与 $P_m(x)$ 次数相同的实系数多项式. 若 $\mu \pm iv$ 不是特征值, 则 $k=0$; 若 $\mu \pm iv$ 是特征值, 则 $k=1$.

例 6.5.8 求微分方程 $y'' + 3y = \sin 2x$ 的特解.

解 对应齐次方程的特征方程为

$$\lambda^2 + 3 = 0,$$

故特征值为 $\lambda_1 = \sqrt{3}i, \lambda_2 = -\sqrt{3}i$.

由于 $\mu + iv = 2i$ 不是特征值, 故原方程的特解可设为

$$y^* = A\cos 2x + B\sin 2x,$$

则
$$(y^*)' = -2A\sin 2x + 2B\cos 2x,$$
$$(y^*)'' = -4A\cos 2x - 4B\sin 2x.$$

代入原方程并整理得

$$-A\cos 2x - B\sin 2x = \sin 2x.$$

比较等式两边的系数有

$$A = 0, \quad B = -1.$$

因此原方程的特解为

$$y^* = -\sin 2x. \quad \blacksquare$$

例 6.5.9 求微分方程 $y'' - 3y' + 2y = x\cos x$ 满足初始条件 $y(0) = \frac{22}{25}, y'(0) = \frac{19}{25}$ 的特解.

解 对应齐次方程的特征方程为

$$\lambda^2 - 3\lambda + 2 = 0,$$

故特征值为 $\lambda_1 = 1, \lambda_2 = 2$.

对应的齐次方程的通解为
$$Y=c_1\mathrm{e}^x+c_2\mathrm{e}^{2x}.$$

由于 $\mu+\mathrm{i}v=\mathrm{i}$ 不是特征值,故原方程的特解可设为
$$y^*=(A_0+A_1x)\cos x+(B_0+B_1x)\sin x.$$

代入原方程并整理得
$$(A_0-3A_1-3B_0+2B_1)\cos x+(3A_0+B_0-2A_1-3B_1)\sin x+$$
$$(A_1-3B_1)x\cos x+(3A_1+B_1)x\sin x=x\cos x.$$

比较等式两边的系数有
$$A_0-3A_1-3B_0+2B_1=0,\quad 3A_0+B_0-2A_1-3B_1=0,$$
$$A_1-3B_1=1,\quad 3A_1+B_1=0,$$

从而
$$A_0=-\frac{3}{25},B_0=-\frac{17}{50},A_1=\frac{1}{10},B_1=-\frac{3}{10}.$$

因此
$$y^*=\left(-\frac{3}{25}+\frac{1}{10}x\right)\cos x-\left(\frac{17}{50}+\frac{3}{10}x\right)\sin x.$$

根据线性非齐次方程的通解的结构可知原方程的通解为
$$y=Y+y^*=c_1\mathrm{e}^x+c_2\mathrm{e}^{2x}+\left(-\frac{3}{25}+\frac{1}{10}x\right)\cos x-\left(\frac{17}{50}+\frac{3}{10}x\right)\sin x.$$

从而
$$y'=c_1\mathrm{e}^x+2c_2\mathrm{e}^{2x}-\frac{12}{50}\cos x-\frac{9}{50}\sin x-\frac{3}{10}x\cos x-\frac{1}{10}x\sin x.$$

将初始条件代入以上两式,可得
$$c_1+c_2-\frac{3}{25}=y(0)=\frac{22}{25},$$
$$c_1+2c_2-\frac{6}{25}=y'(0)=\frac{19}{25},$$

从而
$$c_1=1,\quad c_2=0.$$

于是,所求特解为
$$y=\mathrm{e}^x+\left(-\frac{3}{25}+\frac{1}{10}x\right)\cos x-\left(\frac{17}{50}+\frac{3}{10}x\right)\sin x.$$ ∎

例 6.5.10 求微分方程 $y''-2y'+y=4x\mathrm{e}^x+\cos x+\sin 2x$ 的通解.

解 对应齐次方程的特征方程为
$$\lambda^2-2\lambda+1=0,$$

故特征值为 $\lambda_1=\lambda_2=1$.

因此对应齐次方程的通解为
$$Y=c_1\mathrm{e}^x+c_2x\mathrm{e}^x.$$

注意到自由项的形式,由线性非齐次微分方程特解的叠加原理,先设方程特解为
$$y^*=y_1^*+y_2^*+y_3^*,$$

其中 y_1^*,y_2^* 和 y_3^* 分别为方程
$$y''-2y'+y=4x\mathrm{e}^x, \qquad (6.5.13)$$
$$y''-2y'+y=\cos x, \qquad (6.5.14)$$
和
$$y''-2y'+y=\sin 2x \qquad (6.5.15)$$
的特解.

由于 $\lambda_1=1$ 是二重特征根,故设方程(6.5.13)的特解为

$$y_1^* = x^2(A_0 + A_1 x)e^x.$$

将 y_1^* 代入方程(6.5.13),解得

$$A_0 = \frac{2}{3}, \quad A_1 = 0.$$

于是,方程(6.5.13)的特解为

$$y_1^* = \frac{2}{3}x^3 e^x.$$

由于 $\mu + \mathrm{i}v = \mathrm{i}$ 不是特征值,故设方程(6.5.14)的特解为

$$y_2^* = B_0 \cos x + B_1 \sin x.$$

将 y_2^* 代入方程(6.5.14),解得

$$B_0 = 0, \quad B_1 = -\frac{1}{2}.$$

于是,方程(6.5.14)的特解为

$$y_2^* = -\frac{1}{2}\sin x.$$

又由于 $\mu + \mathrm{i}v = 2\mathrm{i}$ 不是特征值,故设方程(6.5.15)的特解为

$$y_3^* = C_0 \cos 2x + C_1 \sin 2x.$$

将 y_3^* 代入方程(6.5.15),解得

$$C_0 = \frac{4}{25}, \quad C_1 = -\frac{3}{25}.$$

于是,方程(6.5.15)的特解为

$$y_3^* = \frac{4}{25}\cos 2x - \frac{3}{25}\sin 2x.$$

根据线性非齐次方程的通解的结构可知原方程的通解为

$$y = Y + y^* = c_1 e^x + c_2 x e^x + \frac{2}{3}x^3 e^x - \frac{1}{2}\sin x + \frac{4}{25}\cos 2x - \frac{3}{25}\sin 2x.$$

上述求特解的方法可推广到一般 n 阶常系数线性非齐次微分方程情形:

$$y^{(n)} + a_1 y^{(n-1)} + a_2 y^{(n-2)} + \cdots + a_{n-1} y' + a_n y = F(x),$$

其中 $F(x)$ 是 1° 或 2° 中所示的函数.

若 μ(或 $\mu + \mathrm{i}v$)是对应特征方程的 k 重根,$k = 0, 1, \cdots, n$(或 $k = 0, 1, \cdots, \left[\dfrac{n}{2}\right]$),则可令特解为

$$y^* = x^k Q_m(x) e^{\mu x} \text{(或 } y^* = x^k e^{\mu x}[R_m(x)\cos vx + \widetilde{R}_m(x)\sin vx]),$$

其中 $Q_m(x), R_m(x)$ 及 $\widetilde{R}_m(x)$ 均是与 $P_m(x)$ 同次数的待定多项式.

例 6.5.11 求微分方程 $y^{(6)} + y^{(5)} - 2y^{(4)} = x - 1$ 的通解.

解 对应齐次方程的特征方程为

$$\lambda^6 + \lambda^5 - 2\lambda^4 = \lambda^4(\lambda - 1)(\lambda + 2) = 0,$$

故特征值为 $\lambda_1 = 0$(4 重根),$\lambda_2 = 1$(单根),$\lambda_3 = -2$(单根).
于是对应线性齐次方程的通解为

$$Y = c_0 + c_1 x + c_2 x^2 + c_3 x^3 + c_4 e^x + c_5 e^{-2x}.$$

由于 $\mu = 0$ 是 4 重特征值,故令原方程的特解为

$$y^* = x^4(Ax+B).$$

代入原方程得
$$120A - 240Ax - 48B = x - 1.$$

比较同次幂系数,得
$$-240A = 1, \quad 120A - 48B = -1,$$

从而
$$A = -\frac{1}{240}, \quad B = \frac{1}{96}.$$

于是,原方程的通解为
$$y = c_0 + c_1 x + c_2 x^2 + c_3 x^3 + c_4 e^x + c_5 e^{-2x} + \frac{1}{96}x^4 - \frac{1}{240}x^5.$$ ■

习题 6.5

1. 求下列微分方程的通解:
(1) $y'' + y' - 2y = 0$;
(2) $y'' - 9y' = 0$;
(3) $y'' + 8y' + 15y = 0$;
(4) $y'' - 6y' + 9y = 0$;
(5) $\dfrac{d^2 x}{dt^2} + 9x = 0$;
(6) $\dfrac{d^2 x}{dt^2} + x = 0$;
(7) $y'' - 5y' + 6y = 0$;
(8) $y'' - 4y' + 5y = 0$;
(9) $4\dfrac{d^2 x}{dt^2} - 20\dfrac{dx}{dt} + 25x = 0$;
(10) $\dfrac{d^2 x}{dt^2} + 2\dfrac{dx}{dt} + 2x = 0$;
(11) $y''' - 3ay'' + 3a^2 y' - a^3 y = 0$;
(12) $y^{(4)} + 2y'' + y = 0$.

2. 求下列微分方程满足给定初始条件的特解:
(1) $y'' - y = 0, y|_{x=0} = 0, y'|_{x=0} = 1$;
(2) $y'' + 2y' + 2y = 0, y|_{x=0} = 1, y'|_{x=0} = -1$;
(3) $4y'' + 4y' + y = 0, y|_{x=0} = 2, y'|_{x=0} = 0$;
(4) $y'' + 4y' + 29y = 0, y|_{x=0} = 0, y'|_{x=0} = 15$;
(5) $y'' + 2y' + 10y = 0, y|_{x=0} = 1, y'|_{x=0} = 2$;
(6) $y^{(4)} - a^4 y = 0 (a > 0), y|_{x=0} = 1, y'|_{x=0} = 0, y''|_{x=0} = -a^2, y'''|_{x=0} = 0$.

3. 写出下列微分方程具有待定系数的特解形式:
(1) $y'' - 5y' + 4y = (x^2 + 1)e^x$;
(2) $x'' - 6x' + 9x = (2x+1)e^{3x}$;
(3) $y'' - 4y' + 8y = 3e^x \sin x$;
(4) $y'' + a_1 y' + a_2 y = A$,其中 a_1, a_2, A 是实常数.

4. 求下列各微分方程的通解或满足初始条件的特解:
(1) $2y'' + y' - y = 2e^x$;
(2) $y'' + a^2 y = e^x$;
(3) $y'' - 7y' + 12y = x$;
(4) $y'' - 3y' = -6x + 2$;
(5) $2y'' + 5y' = 5x^2 - 2x - 1$;
(6) $y'' + 3y' + 2y = 3xe^{-x}$;
(7) $y'' - 2y' + 5y = e^x \sin 2x$;
(8) $y'' - 6y' + 9y = (x+1)e^{3x}$;
(9) $y'' - 4y' + 4y = x^2 e^{2x}$;
(10) $y'' + 4y = x \cos x$;
(11) $y'' + 4y = \cos 2x, y(0) = 0, y'(0) = 2$;
(12) $y'' - 10y' + 9y = e^{2x}, y(0) = \dfrac{6}{7}, y'(0) = \dfrac{33}{7}$.

6.6 *欧拉微分方程

一般地,高于一阶的非线性微分方程用初等方法求解是比较困难的.然而,一些特殊类型的方程可通过适当的变换把它化成常系数线性微分方程,从而使求解问题变得简单.下面,我们将介绍在后续课程中颇有用处的一类方程——欧拉微分方程.

具有如下形式的方程

$$x^n \frac{d^n y}{dx^n} + a_1 x^{n-1} \frac{d^{n-1} y}{dx^{n-1}} + \cdots + a_{n-1} x \frac{dy}{dx} + a_n y = f(x)$$

称为欧拉方程,其中 $a_1, a_2, \cdots, a_n$ 都是常数.

这类方程可通过变换

$$x = e^\tau \quad \text{或} \quad \tau = \ln x$$

化为常系数线性微分方程,下面通过例子具体说明.

例 6.6.1 求微分方程 $x^2 y'' - xy' + y = 0$ 的通解.

解 这是一个欧拉微分方程.令

$$x = e^\tau \quad \text{或} \quad \tau = \ln x,$$

从而

$$\frac{dy}{dx} = \frac{dy}{d\tau} \frac{d\tau}{dx} = \frac{1}{x} \frac{dy}{d\tau}, \quad \frac{d^2 y}{dx^2} = \frac{1}{x^2} \left(\frac{d^2 y}{d\tau^2} - \frac{dy}{d\tau} \right).$$

代入原方程,化简可得

$$\frac{d^2 y}{d\tau^2} - 2 \frac{dy}{d\tau} + y = 0.$$

这是一个二阶常系数线性齐次微分方程,容易求得其通解为

$$y = (c_1 \tau + c_2) e^\tau.$$

把变量 τ 换成 $\ln x$ 可得原方程的通解为

$$y = (c_1 \ln x + c_2) x.$$ ∎

例 6.6.2 求微分方程

$$(x+2)^2 \frac{d^3 y}{dx^3} + (x+2) \frac{d^2 y}{dx^2} + \frac{dy}{dx} = 1$$

的通解.

解 令 $x+2 = t$,原方程化为

$$t^2 \frac{d^3 y}{dt^3} + t \frac{d^2 y}{dt^2} + \frac{dy}{dt} = 1.$$

这不是欧拉方程,但两边乘以 t 就可化成欧拉方程,即

$$t^3 \frac{d^3 y}{dt^3} + t^2 \frac{d^2 y}{dt^2} + t \frac{dy}{dt} = t.$$

再令 $t = e^\tau$,欧拉方程可化为

$$\frac{d^3 y}{d\tau^3} - 2 \frac{d^2 y}{d\tau^2} + 2 \frac{dy}{d\tau} = e^\tau.$$

易求得它的通解为

$$y = c_0 + e^\tau(c_1\cos\tau + c_2\sin\tau) + e^\tau.$$

所以,原方程的通解为

$$y = c_0 + (x+2)[c_1\cos\ln(x+2) + c_2\sin\ln(x+2) + 1].$$ ∎

习题 6.6

求下列微分方程的通解:

(1) $x^2 y'' + xy' - y = 0$;

(2) $x^2 y'' - 2y = 0$;

(3) $y'' - \dfrac{y'}{x} + \dfrac{y}{x^2} = \dfrac{2}{x}$;

(4) $x^2 y'' - 2xy' + 2y = \ln^2 x - 2\ln x$;

(5) $x^3 y''' + 3x^2 y'' - 2xy' + 2y = 0$;

(6) $x^2 y'' + xy' - 4y = x^3$;

(7) $x^3 y''' + xy' - y = 3x^4$;

(8) $x^3 y''' - x^2 y'' + 2xy' - 2y = x^3 + 3x$.

6.7 微分方程的应用

微分方程是运用数学知识,特别是微积分学去解决实际问题的一个重要渠道. 现在, 微分方程在很多学科领域内有着重要的应用, 如电磁场问题、自动控制、各种电子学装置的设计、弹道的计算、飞机和导弹飞行的稳定性的研究、化学反应过程稳定性的研究等. 这些问题都可以化为求常微分方程的解,或者化为研究解的性质的问题. 本节我们介绍微分方程在一些实际问题中的应用,首先需要建立数学模型,即根据实际问题的背景和相关知识建立适当的微分方程及其初始条件,然后再求微分方程满足一定条件的解.

例 6.7.1 设一平面曲线上任一点 P 到原点的距离等于点 P 与点 Q 之间的距离, 其中 Q 点是曲线过点 P 的切线与 x 轴的交点. 求该平面曲线的方程(图 6.7.1).

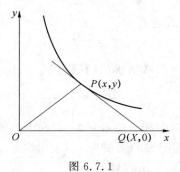

图 6.7.1

解 设 $P(x,y)$ 是所求曲线 $y = f(x)$ 上任意一点. 根据假设可知确定曲线方程的条件是

$$|OP| = |PQ|. \tag{6.7.1}$$

为求 $|PQ|$ 的长度, 我们先写出切线 PQ 的方程:

$$Y - y = y'(X - x),$$

其中 (X, Y) 是切线上的动点.

令 $Y=0$，交点 Q 横坐标为 $X=x-\dfrac{y}{y'}$，从而

$$|PQ|=\sqrt{(x-X)^2+y^2}=\sqrt{\left(\dfrac{y}{y'}\right)^2+y^2}.$$

因此，由条件(6.7.1)知

$$\sqrt{x^2+y^2}=\sqrt{\left(\dfrac{y}{y'}\right)^2+y^2}.$$

化简可得

$$x^2=\left(\dfrac{y}{y'}\right)^2 \quad \text{或} \quad y'=\pm\dfrac{y}{x}.$$

易得方程的通解为

$$y=Cx \quad \text{或} \quad y=\dfrac{C}{x}.$$

显然，这两族曲线都满足题意要求．一族是双曲线 $y=\dfrac{C}{x}$，另一族是射线 $y=Cx$. ∎

例 6.7.2 试在第一象限中求一光滑曲线，此曲线与 y 轴相交于点 $A(0,1)$，且曲线上任一点处所作 x 轴的垂线与两坐标轴及曲线本身所围图形的面积值等于这段曲线 $\overset{\frown}{AP}$ 的弧长值．

解 设 $P(x,y)$ 是所求曲线 $y=f(x)$ 上任意一点．

根据假设可知

$$\int_0^x f(t)\,dt=\int_0^x \sqrt{1+(f'(t))^2}\,dt.$$

两边对 x 求导得

$$f(x)=\sqrt{1+(f'(t))^2} \quad \text{或} \quad f'(x)=\pm\sqrt{f^2(x)-1}.$$

从而，只需解初值问题

$$\begin{cases} y'(x)=\pm\sqrt{y^2-1}, \\ y|_{x=0}=1. \end{cases}$$

此微分方程式是可分离变量的，其通解为

$$\ln(y+\sqrt{y^2-1})=C\pm x.$$

将初值 $y|_{x=0}=1$ 代入上式得 $C=0$，故所求的曲线为

$$y=\dfrac{e^x+e^{-x}}{2}=\operatorname{ch} x.$$ ∎

例 6.7.3 设有连结点 $O(0,0)$ 和 $A(1,1)$ 的一段向上凸的曲线弧 $\overset{\frown}{OA}$，对于 $\overset{\frown}{OA}$ 上任一点 $P(x,y)$，曲线弧 $\overset{\frown}{OP}$ 与直线 $\overline{OP}$ 所围图形的面积为 x^2，求曲线弧 $\overset{\frown}{OA}$ 的方程．

解 曲线弧的方程为 $y=f(x)$．由题意

$$\int_0^x f(t)\,dt-\dfrac{1}{2}xy=x^2.$$

两边对 x 求导得

$$f(x)-\dfrac{1}{2}(y+xy')=2x,$$

即

$$\dfrac{dy}{dx}=-4+\dfrac{y}{x}.$$

令 $u=\dfrac{y}{x}$,则 $\dfrac{dy}{dx}=u+x\dfrac{du}{dx}$,从而原方程变为

$$x\frac{du}{dx}=-4.$$

分离变量并积分得

$$u=-4\ln x+C.$$

将 $u=\dfrac{y}{x}$ 代入上式并化简,得原方程的通解为

$$y=-4x\ln x+Cx.$$

由于曲线过点 $A(1,1)$,知 $C=1$,故所求的曲线方程为

$$y=-4x\ln x+x.$$ ■

例 6.7.4 求例 6.4.1 中建立的微分方程并加以讨论.

解 例 6.4.1 中的微分方程是

$$x''+2\delta x'+\omega^2 x=h\sin pt, \tag{6.7.2}$$

其中 $\delta=\dfrac{\mu}{2m},\omega=\sqrt{\dfrac{k}{m}},h=\dfrac{H}{m}$.这里 μ 为介质的阻尼系数,m 为物体的质量,k 为弹簧的弹性系数,且 $h\sin pt$ 为周期变化的外界强迫力.这一方程称为**强迫振动方程**,对应齐次方程

$$y''+2\delta y'+\omega^2 y=0 \tag{6.7.3}$$

被称为**自由振动方程**.   ■

1. 自由振动*

考虑齐次方程(6.7.3).它的特征方程为

$$\lambda^2+2\delta\lambda+\omega^2=0,$$

故特征值为

$$\lambda_1=-\delta+\sqrt{\delta^2-\omega^2},\quad \lambda_2=-\delta-\sqrt{\delta^2-\omega^2}.$$

下面分三种情况讨论.

(1) $\delta^2-\omega^2>0$.此时,方程(6.7.3)的通解为

$$x=c_1 e^{\lambda_1 t}+c_2 e^{\lambda_2 t}(\lambda_1<0,\lambda_2<0).$$

它满足当 $t\to+\infty$ 时,$x\to 0$.这说明不会产生振动(图 6.7.2).

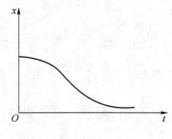

图 6.7.2

(2) $\delta^2-\omega^2=0$.此时,$\lambda_1=\lambda_2=-\delta$,因此通解为

$$x=(c_1+c_2 t)e^{-\delta t}.$$

当 $t\to+\infty$ 时,$x\to 0$,但不如之前情况迅速,这是由于 $c_1+c_2 t$ 项(图 6.7.2).

(3) $\delta^2-\omega^2<0$.此时,有一对共轭复的特征根

$$\lambda_{1,2} = -\delta \pm i\sqrt{\omega_2 - \delta_2},$$

则其通解为
$$x = e^{-\delta t}(c_1 \cos\sqrt{\omega^2 - \delta^2}\, t + c_2 \sin\sqrt{\omega^2 - \delta^2}\, t)$$
$$= A e^{-\delta t} \sin(\sqrt{\omega^2 - \delta^2}\, t + \varphi),$$

其中 $A = \sqrt{c_1^2 + c_2^2}$ 及 $\varphi = \arctan\dfrac{c_1}{c_2}$ 都是任意常数.

① $\delta \neq 0$. 当 $t \to +\infty$ 时，运动的振幅 $Ae^{-\delta t}$ 逐渐趋于零，这是一阻尼振动(图 6.7.3).

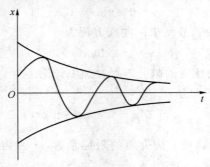

图 6.7.3

② $\delta = 0$. 此时有
$$x = A\sin(\sqrt{\omega^2 - \delta^2}\, t + \varphi),$$

这种振动称为**谐振动**.

2. 强迫振动*

方程形如
$$x'' + 2\delta x' + \omega^2 x = h\sin pt.$$

我们只考虑 $\delta \neq 0$ 且 $\delta^2 - \omega^2 < 0$ 的情况. 于是特解可有如下形式：
$$x^* = A_1 \cos pt + A_2 \sin pt.$$

由于 ip 不是特征根，将其代入方程(6.7.2)并比较等式两边的系数可得
$$\begin{cases} (\omega^2 - p^2)A_1 + 2\delta p A_2 = 0, \\ (\omega^2 - p^2)A_2 - 2\delta p A_1 = h, \end{cases}$$

从而
$$A_1 = -\frac{2\delta p h}{(\omega^2 - p^2)^2 + 4\delta^2 p^2}, \quad A_2 = \frac{h(\omega^2 - p^2)}{(\omega^2 - p^2)^2 + 4\delta^2 p^2}.$$

于是
$$x^* = \frac{h(\omega^2 - p^2)}{(\omega^2 - p^2)^2 + 4\delta^2 p^2}\sin pt - \frac{2\delta p h}{(\omega^2 - p^2)^2 + 4\delta^2 p^2}\cos pt = B\sin(pt - \psi),$$

其中
$$B = \frac{h}{\sqrt{(\omega^2 - p^2)^2 + 4\delta^2 p^2}}, \quad \psi = \arctan\frac{2p\delta}{\omega^2 - p^2}.$$

所以强迫振动方程的通解为
$$x = A e^{-\delta t}\sin(\sqrt{\omega^2 - \delta^2}\, t + \varphi) + B\sin(pt - \psi).$$

通解的第一项随着 t 的增加而减小，即
$$x \approx x^* = B\sin(pt - \psi), \quad t \gg 1.$$

换句话说，它主要取决于外界强迫力的作用. 这里 p 是强迫力周期运动的频率.

当阻尼 μ 很小时，振动的振幅为

$$B = \frac{h}{\sqrt{(\omega^2-p^2)^2+4\delta^2 p^2}} \approx \frac{h}{|\omega^2-p^2|}.$$

显然,当外界强迫力的频率接近弹簧的固有频率时,振幅 B 将会很大.这时就会产生所谓的共振现象.共振现象在很多问题中有很大的破坏作用.它可能引起机器损坏、桥梁折断以及建筑物倒塌等严重事故.例如,1831 年一队士兵以整齐的步伐通过英国曼彻斯特附近的布劳顿吊桥时,由于整齐的步伐产生了周期性的外力,且这个外力的频率非常接近吊桥的固有频率,从而引起了共振,导致了吊桥的倒塌.

因此,在一些工程问题中,常常需要事先算出固有频率,从而调整有关参数并采取各种措施避免共振现象的发生.

另外,有时共振又很有用.例如,收音机与电视机必须要调节频率使之与所接收的电台、电视台广播频率相同,产生共振,才能收到所需要的信息.

习题 6.7

1. 一曲线过点 $(1,0)$ 且曲线上任一点 $P(x,y)$ 处的切线在 y 轴上的截距等于 P 点与原点 O 的距离.求该曲线的方程.

2. 一曲线过点 $(2,8)$ 和原点 $(0,0)$,且两坐标轴及曲线上任意一点 (x,y) 分别向两坐标轴所作的垂线围成一矩形.该曲线将此矩形分成两部分,其中一部分的面积是另一部分的两倍.求该曲线的方程.

3. 设一降落伞质量为 m,启动时的初速度为 v_0.若空气阻力与速度成正比,求降落伞的速度 v 与时间 t 的关系.

4. 一容器内有含 1 kg 盐的 10 L 盐溶液.现在以 3 L/min 的速度向里注水,同时以 2 L/min 的速度向外抽取盐溶液.求一小时后容器内的含盐总量.

5. 根据经济学原理,市场上商品价格的变化率与需求量和供应量的差成正比.设一特定商品,供应量为 Q_1,需求量为 Q_2,它们分别是价格 P 的下列线性函数:
$$Q_1 = -a+bP, \quad Q_2 = c-dP,$$
其中 a,b,c,d 均为正实数.求商品价格变化率与时间 t 的关系.

6. 令 $y(t)$ 表示时刻 t 时鱼缸内水的高度,$V(t)$ 表示水的体积.水从鱼缸底部的面积为 a 的小孔漏出.托里拆利定律指出
$$\frac{dV}{dt} = -a\sqrt{2gy},$$
其中 g 是重力加速度.

(1) 设鱼缸是一高 6 m、半径 2 m 的圆柱体,$g=980$ cm/s^2,小孔是半径为 1 cm 的圆形孔.证明 y(以厘米为单位)满足如下微分方程:
$$\frac{dy}{dt} = -\frac{7\sqrt{10}}{288}\sqrt{y};$$

(2) 设在时刻 $t=0$ 时鱼缸是满的,求在时刻 t 时水的高度,及将水排完所需的时间.

7. 学习曲线是指描述一个人学习新技能的能力 $y(t)$ 的曲线图.设 M 是一个人学习新技能能力的最大值,且比例 $\dfrac{dy}{dt}$ 满足

$$\frac{dy}{dt}=a[M-y(t)],$$

其中 a 正常数。求此学习曲线，假设 $y(0)=0$。

8. 探照灯的反射镜是由一旋转曲面绕一平面曲线形成的。它要求通过反射后所有从光源处发出的光变成与旋转轴平行的光束。

(1) 求平面曲线的方程；

(2) 设计一探照灯使得交叉面的最大半径为 R，最大深度为 H。求平面曲线的方程。

9. 根据下列两种情况，建立肿瘤增长的数学模型并求解。

(1) 设肿瘤体积增长率正比于 V^b，其中 V 是肿瘤的体积，b 是常数。开始时，肿瘤的体积是 V_0。当 $b=\frac{2}{3}$ 及 $b=1$ 时，求肿瘤体积 V 的变化率，用 t 表示。若 $b=1$，肿瘤体积增大一倍需多长时间？

(2) 设肿瘤体积的增长率的形式是 $k(t)V$，这里 $k(t)$ 是时间 t 的减函数，$k(t)$ 在 t 时刻的变化率正比于 $k(t)$ 的值。求函数 $V(t)$，肿瘤增长一倍所需时间及体积增长的上限。

10. 设一物体以初速度 v_0 沿斜面下滑，斜面的倾角为 θ，且物体与斜面的摩擦系数为 μ。证明物体下滑的距离随时间 t 的变化规律为

$$s=\frac{1}{2}g(\sin\theta-\mu\sin\theta)t^2+v_0 t.$$

11. 一质量为 m 的质点，由静止初始状态沉入液体，下沉时液体的阻力与下沉的速度成正比。求质点的运动规律。

参考文献

[1] C. B. Boyer. *Newton as an Originator of Polar Coordinates*. American Mathematical Monthly 56: 73-78(1949).
[2] J. Coolidge. *The Origin of Polar Coordinates*. American Mathematical Monthly 59: 78-85(1952).
[3] Z. Ma, M. Wang and F. Brauer. *Fundamentals of Advanced Mathematics*. Higher Education Press (2005).
[4] D. E. Smith. *History of Mathematics*, Vol II. Boston: Ginn and Co., 324(1925).
[5] J. Stewart. *Calculus*. Higher Education Press (2004).